工业机器人一体化系列教材

第十四届威海市自然科学优秀学术成果

工业机器人机电装调与维修一体化教程

主　编　韩鸿鸾　周永钢　王术娥
副主编　袁雪芬　郑建强　丛培兰

西安电子科技大学出版社

内 容 简 介

本书是根据高等职业院校工业机器人专业的教学要求，并结合工业机器人技能鉴定标准编写的。在编写过程中，充分考虑了工业机器人装调与维修初学者的实际需求。

本书包括工业机器人装调与维修基础、工业机器人的安装与校准、工业机器人机械部件的装调与维修、工业机器人强电装置的装调与维修、工业机器人弱电装置的装调与维修、工业机器人常见故障的诊断与维修、工业机器人典型部件与直角坐标工业机器人的装调与维修等七个模块。在附录中还提供了工业机器人常用词汇中英文对照表，以方便读者。

本书适合高等职业学校、高等专科学校、成人教育高校及本科院校的二级职业技术学院、技术(技师)学院、高级技工学校、继续教育学院和民办高校的机电专业、机器人专业的师生使用，也可以作为工厂中工业机器人装调与维修初学者的参考书。

图书在版编目(CIP)数据

工业机器人机电装调与维修一体化教程 / 韩鸿鸾，周永钢，王术娥主编. —西安：西安电子科技大学出版社，2020.3(2023.1 重印)
ISBN 978-7-5606-5553-6

Ⅰ. ①工… Ⅱ. ①韩… ②周… ③王… Ⅲ. ①工业机器人—机电一体化—设备安装—高等职业教育—教材 ②工业机器人—机电一体化—机电设备—调试方法—高等职业教育—教材 ③工业机器人—机电一体化—机电设备—维修—高等职业教育—教材
Ⅳ. ①TP242.2

中国版本图书馆 CIP 数据核字(2019)第 269830 号

策　　划　毛红兵　刘小莉
责任编辑　宁晓蓉
出版发行　西安电子科技大学出版社(西安市太白南路 2 号)
电　　话　(029)88202421　88201467　　邮　　编　710071
网　　址　www.xduph.com　　电子邮箱　xdupfxb001@163.com
经　　销　新华书店
印刷单位　陕西天意印务有限责任公司
版　　次　2020 年 3 月第 1 版　2023 年 1 月第 3 次印刷
开　　本　787 毫米×1092 毫米　1/16　印 张 28.5
字　　数　681 千字
印　　数　2001～4000 册
定　　价　65.00 元
ISBN 978 - 7 - 5606 - 5553 - 6 / TP

XDUP 5855001 -3

如有印装问题可调换

工业机器人一体化系列教材编写委员会名单

前　言

为了提高职业院校人才培养质量，满足产业转型升级对高素质复合型、创新型技术技能人才的需求，《国家职业教育改革实施方案》和教育部关于双高计划的文件中，提出了“教师、教材、教法”三教改革的系统性要求。

国务院印发的《国家职业教育改革实施方案》提出，从2019年开始，在职业院校、应用型本科高校启动“学历证书+若干职业技能等级证书”制度试点(以下称1+X证书制度试点)工作。

本套教材是基于“1+X”的“课证融通”教材，具体地说就是与高等职业学校工业机器人技术专业教学标准和工业机器人应用编程职业技能等级标准、工业机器人操作与运维职业技能等级标准的不同级别(初级、中级、高级)对接，并与专业课程学习考核对接的教材。

为了实现职业技能等级标准与各个层次职业教育的专业教学标准相互对接，不同等级的职业技能标准应与不同教育阶段学历职业教育的培养目标和专业核心课程的学习目标相对应，保持培养目标和教学要求的一致性。具体来说，初级对应中职、中级对应高职、高级对应持续本科和应用大学。

为认真贯彻党的十九大精神，进一步把贯彻落实全国高校思想政治工作会议和《中共中央国务院关于加强和改进新形势下高校思想政治工作的意见》精神引向深入，大力提升高校思想政治工作质量，中共教育部党组特制定了《高校思想政治工作质量提升工程实施纲要》。由此，实施课程思政也是当下职业教育教材建设的首要任务。

为此，我们按照“信息化＋课证融通＋自学报告+企业文化+课程思政+工匠精神+工作单”等多位一体的表现模式策划、编写了专业理论与实践一体化课程系列教材。

本套教材按照“以学生为中心、以学习成果为导向、促进自主学习”的思路进行教材开发设计，将“企业岗位(群)任职要求、职业标准、工作过程或产品”作为教材主体内容，将“以德树人、课程思政”有机融合到教材中，提供丰富、适用和引领创新作用的多种类型立体化、信息化课程资源，实现教材多功能作用并构建深度学习的管理体系。

我们通过校企合作和广泛的企业调研，对工业机器人专业的教材进行了统筹设计。最终确定工业机器人专业教材包括《工业机器人工作站的集成一体化教程》《工业机器人现场编程与调试一体化教程》《工业机器人的组成一体化教程》《工业机器人操作与应用一体化教程》《工业机器人离线编程与仿真一体化教程》《工业机器人机电装调与维修一体化教程》《工业机器人的三维造型与设计一体化教程》《工业机器人视觉系统一体化教程》等八种。

本套教材以多个学习性任务为载体，通过项目导向、任务驱动等多种“情境化”的表现形式，突出过程性知识，引导学生学习相关知识，获得经验、诀窍、实用技术、操作规范等与岗位能力形成直接相关的知识和技能，使其知道在实际岗位工作中“如何做”以及

“如何做会做得更好”。

在编写过程中对课程教材进行了系统性改革和模式创新，对课程内容进行了系统化、规范化和体系化设计，按照多位一体模式进行策划设计。本套教材通过理念和模式创新形成了以下特点和创新点：

(1) 基于岗位知识需求，系统化、规范化地构建课程体系和教材内容。

(2) 通过教材的多位一体表现模式和教、学、做之间的引导和转换，强化学生学中做、做中学训练，潜移默化地提升岗位管理能力。

(3) 采用任务驱动式的教学设计，强调互动式学习、训练，激发学生的学习兴趣和动手能力，快速有效地将知识内化为技能、能力。

(4) 针对学生的群体特征，以可视化内容为主，通过图示、图片、电路图、逻辑图、教学资源等形式表现学习内容，降低学生的学习难度，培养学生的兴趣和信心，提高学生自主学习的效率。

本套教材注重职业素养的培养，以德树人，通过操作规范、安全操作、职业标准、环保、人文关爱等知识的有机融合，提高学生的职业素养和道德水平。

本书由韩鸿鸾、周永钢、王术娥任主编，由袁雪芬、郑建强、丛培兰任副主编。本书在编写过程中得到了柳道机械、天润泰达、西安乐博士、上海 ABB、KUKA、淄博环鑫家电配件有限公司等工业机器人生产企业与北汽黑豹(威海)汽车有限公司、山东新北洋信息技术股份有限公司、豪顿华(英国)、联桥仲精机械(日本)有限公司等工业机器人应用企业的大力支持，同时得到了众多职业院校的帮助，有的职业院校还安排了编审人员，在此深表谢意。

本书配有课件、综合测试答案等资源，读者可到出版社网站下载。本书亦配有教学资源，以二维码的形式呈现在各模块末尾，读者可用移动终端扫码播放。

由于编者水平有限，书中缺陷及疏漏在所难免，敬请广大读者给予批评指正。

编　者

2019 年 5 月

目 录

笔记

模块一

工业机器人装调与维修基础

近年来，我国机器人行业在国家政策的支持下顺势而为，发展迅速，已连续多年成为世界第一大工业机器人市场。工业机器人不仅是现代化企业进行生产的一种重要物质基础，是完成生产过程的重要技术手段，也已经深入到人们生活的各个方面。图1-1是2014中国高新技术论坛上展示的工业机器人。

图1-1　2014中国高新技术论坛上展示的工业机器人

模块目标

知 识 目 标	能 力 目 标
1. 了解机器人的分类 2. 掌握工业机器人的应用领域 3 了解工业机器人的工作原理 4. 掌握机器人的基本术语与图形符号 5. 掌握机器人故障诊断基本知识 6. 了解工业机器人故障产生的规律	1. 能根据机器人运动空间规划标定空间 2. 能识读进口机器人标牌及产品简要说明 3. 能应用激光干涉仪等精密仪器 4. 能根据工作内容选择仪器、仪表 5. 会应用装配工具与工装 6. 能使用量具、检具检验零部件的配合尺寸 7. 能确定工业机器人的运动轴与坐标系

笔记

任务一　认识工业机器人

任务导入

工业机器人的研究工作是20世纪50年代初从美国开始的。日本、俄罗斯、欧洲的研制工作比美国大约晚10年，但日本的发展速度比美国快。欧洲特别是西欧各国比较注重工业机器人的研制和应用，其中英国、德国、瑞典、挪威等国的技术水平较高，产量也较大。

工业机器人作为高端制造装备的重要组成部分，技术附加值高，应用范围广，是我国先进制造业的重要支撑技术和信息化社会的重要生产装备，对未来生产、社会发展以及增强军事国防实力都具有十分重要的意义。工业机器人在游乐场和复杂零件焊接方面的应用分别如图1-2和图1-3所示。

图1-2　工业机器人在游乐场中的应用

图1-3　工业机器人在复杂零件焊接方面的应用

笔记

任务目标

知 识 目 标	能 力 目 标
1. 掌握工业机器人的应用领域 2. 了解工业机器人的分类	1. 能确定不同工业机器人的工作空间 2. 能根据需要选择不同的工业机器人

任务实施

一、工业机器人的产生

教师讲解

工业机器人的研究工作是20世纪50年代初从美国开始的。第二次世界大战期间，由于核工业和军事工业的发展，美国原子能委员会的阿尔贡研究所研制了“遥控机械手”，用于代替人生产和处理放射性材料。1948年，这种较简单的机械装置被改进，开发出了机械式的主从机械手(见图1-4)。它由两个结构相似的机械手组成，主机械手在控制室，从机械手在有辐射的作业现场，两者之间相隔有透明的防辐射墙。操作者用手操纵主机械手，控制系统会自动检测主机械手的运动状态，并控制从机械手跟随主机械手运动，从而解决放射性材料的操作问题。这种被称为主从控制的机器人控制方式至今仍在很多场合中应用。

课程思政

思维方式
历史思维
辩证思维
系统思维
创新思维

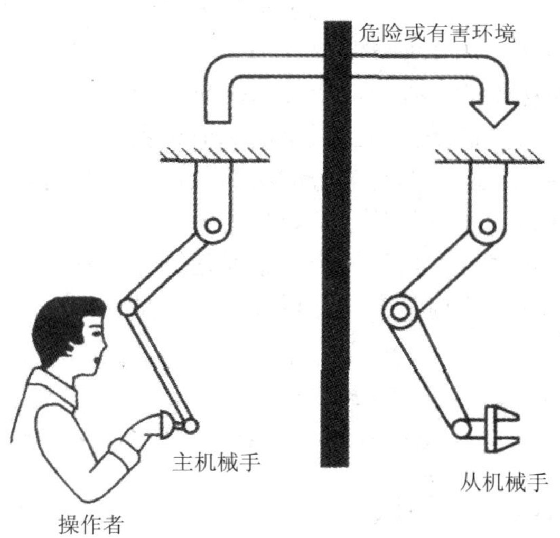

图1-4　主从机械手

由于航空工业的需求，1952年美国麻省理工学院(MIT)成功开发了第一代数控(CNC)机床，并进行了与CNC机床相关的控制技术及机械零部件的研究，为机器人的开发奠定了技术基础。

1954年，美国人乔治·德沃尔(George Devol)提出了一个关于工业机器

笔记

人的技术方案，设计并研制了世界上第一台可编程的工业机器人样机，将之命名为“Universal Automation”，并申请了该项机器人专利。这种机器人是一种可编程的零部件操作装置，其工作方式为：首先，移动机械手的末端执行器，并记录下整个动作过程；然后，机器人反复再现整个动作过程。后来，在此基础上，Devol 与 Engerlberge 合作创建了美国万能自动化公司(Unimation)，于 1962 年生产了第一台机器人，取名 Unimate(见图 1-5)。这种机器人采用极坐标式结构，外形像坦克炮塔，可以实现回转、伸缩、俯仰等动作。

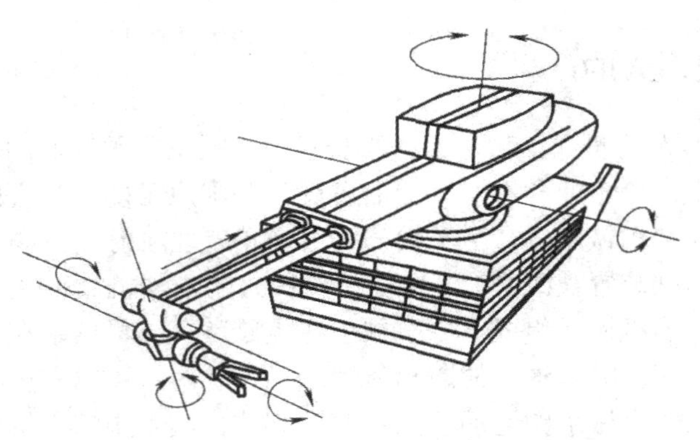

图 1-5 Unimate 机器人

在从 Devol 申请专利到真正实现设想的 8 年时间里，美国机床与铸造公司(AMF)也在从事机器人的研究工作，并于 1960 年生产了一台被命名为 Versation 的圆柱坐标型的数控自动机械，以 Industrial Robot(工业机器人)的名称进行宣传。通常认为这是世界上最早的工业机器人。

Unimate 和 Versation 这两种型号的机器人以“示教再现”的方式在汽车生产线上成功地代替工人进行传送、焊接、喷漆等作业，它们在工作中体现出来的经济效益、可靠性、灵活性令其他发达国家工业界为之倾倒。于是，Unimate 和 Versation 作为商品开始在世界市场上销售。

工厂参观

带领学生参观当地工厂，了解工业机器人的应用，并对工厂中的工业机器人进行分类(若条件不允许，可通过视频让学生了解工业机器人)。参观时要注意安全。

二、工业机器人的应用领域

1. 喷涂机器人

喷涂机器人(如图 1-6 所示)能在恶劣环境下连续工作，并具有工作灵活、工作精度高等特点，被广泛应用于汽车、大型结构件等的喷涂生产线，以保证产品的加工质量，提高生产效率，减轻操作人员劳动强度。

笔记

图 1-6　喷涂机器人

2. 焊接机器人

用于焊接的机器人一般分为图 1-7 所示的点焊机器人和图 1-8 所示的弧焊机器人两种。焊接机器人作业精确，可以不知疲劳地连续工作，但在作业中存在部件稍有偏位或焊缝形状有所改变的现象。人工作业时能看到焊缝，因此可以随时作出调整，而焊接机器人是按事先编好的程序工作的，不能很快调整。

图 1-7　Fanuc S-420 点焊机器人

图 1-8　弧焊机器人

笔记

3. 上下料机器人

目前我国大部分生产线上的机床装卸工作仍由人工完成，其劳动强度大，生产效率低，而且具有一定的危险性，已经满足不了生产自动化的发展趋势。为提高工作效率，降低成本，并使生产线发展为柔性生产系统，应现代机械行业自动化生产的要求，越来越多的企业已经开始利用上下料机器人(如图1-9所示)进行上下料了。

图1-9　数控机床用上下料机器人

4. 装配机器人

装配机器人(如图1-10所示)是专门为装配而设计的工业机器人，与一般工业机器人比较，它具有精度高、柔顺性好、工作范围小、能与其他系统配套使用等特点。使用装配机器人可以保证产品质量，降低成本，提高生产自动化水平。

(a) 装配机器人

(b) 装配机器人的应用

图1-10　装配机器人

5. 搬运机器人

在建筑工地和海港码头，总能看到大吊车的身影，应当说吊车装运比起

 笔记

早先的工人肩扛手抬已经进步多了，但这只是机械代替了人力，或者说吊车只是机器人的维形，它还得完全依靠人操作和控制定位等，不能自主作业。图 1-11 所示的搬运机器人可进行自主的搬运。当然，有时也可应用机械手进行搬运，图 1-12 就是山东立人智能科技有限公司生产的机械手。

图 1-11　搬运机器人

图 1-12　机械手

6. 码垛机器人

码垛机器人(如图 1-13 所示)主要用于工业码垛。

图 1-13　码垛机器人

笔记

7. 包装机器人

计算机、通信和消费性电子行业(3C 行业)和化工、食品、饮料、药品工业是包装机器人的主要应用领域。图 1-14 是包装机器人在工作。3C 行业的产品产量大、周转速度快、成品包装任务繁重；化工、食品、饮料、药品包装由于行业特殊，人工作业涉及安全、卫生、清洁、防水、防菌等方面的问题，因此都需要利用包装机器人来完成物品的包装作业。

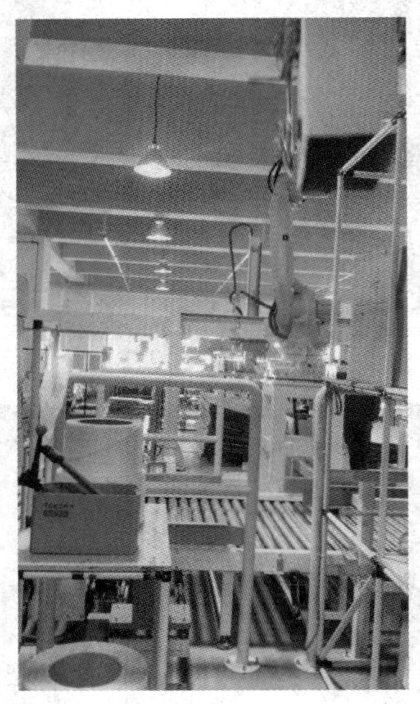

图 1-14 包装机器人在工作

8. 喷丸机器人

图 1-15 所示的喷丸机器人比人工清理效率高出 10 倍以上，而且工人可以避开污浊、嘈杂的工作环境，操作者只要改变计算机程序，就可以轻松更换不同的清理工艺。

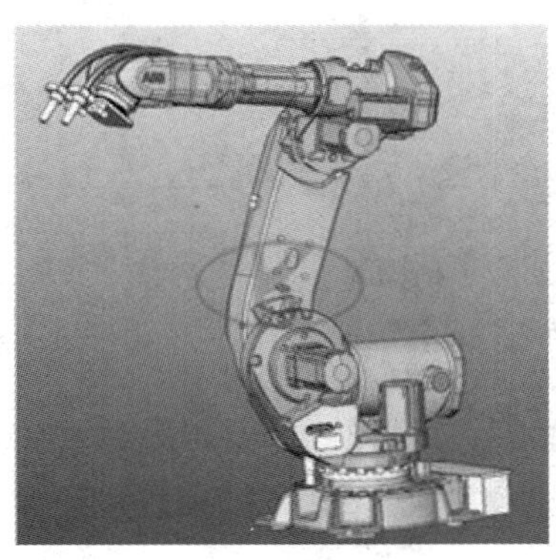

(a) 机器人

(b) 喷丸机器人的应用

图 1-15 喷丸机器人

笔记

9. 吹玻璃机器人

类似灯泡一类的玻璃制品都是先将玻璃熔化，然后人工吹制成形的。熔化的玻璃温度高达1100℃以上，无论从事搬运还是吹制工作，工人的劳动强度都很大，而且有害身体，工作的技术难度要求也很高。法国赛博格拉斯公司开发了两种 6 轴工业机器人，可完成“采集”(搬运)和“吹制”玻璃两项工作。

10. 核工业机器人

核工业机器人(如图 1-16 所示)主要用于以核工业为背景的危险、恶劣场所，特别针对核电站、核燃料后处理厂及三废处理厂等放射性环境现场，可以对核设施中的设备装置进行检查、维修和简单事故处理等工作。

图 1-16　核工业机器人

11. 机械加工机器人

机械加工机器人具有加工能力，本身有加工工具，如刀具等，刀具的运动是由机器人的控制系统控制的。机械加工机器人主要用于切割(见图 1-17)、去毛刺(见图 1-18)与轻型加工(见图 1-19)、抛光与雕刻等。这类加工比较复杂，一般采用离线编程来完成。机械加工机器人有的已经具有了加工中心的某些特性，如刀库等。图 1-20 所示的雕刻工业机器人的刀库如图 1-21 所示。但这类工业机器人的机械加工能力远远低于数控机床，其刚度、强度等都没有数控机床好。

笔记

图 1-17　激光切割机器人工作站

图 1-18　去毛刺机器人工作站

图 1-19　轻型加工机器人工作站

笔记

图 1-20　雕刻工业机器人

图 1-21　雕刻工业机器人的刀库

查一查：工业机器人还有哪些应用？

教师讲解

三、机器人的分类

机器人的分类方式很多，国际上没有统一的标准。

日本工业机器人学会(JIRA)将机器人进行如下分类：

第一类：人工操作机器人。此类机器人由操作员操作，具有多自由度。

第二类：固定顺序机器人。此类机器人可以按预定的方法有步骤地依次执行任务，其执行顺序难以修改。

第三类：可变顺序机器人。同第二类，但其顺序易于修改。

第四类：示教再现(playback)机器人。操作员引导机器人手动执行任务，记录下这些动作并由机器人以后再现执行，即机器人按照记录的信息重复执行同样的动作。

> 青少年是祖国的未来、民族的希望。我们党立志于中华民族千秋伟业，必须培养一代又一代拥护中国共产党领导和我国社会主义制度、立志为中国特色社会主义事业奋斗终身的有用人才。在这个根本问题上，必须旗帜鲜明、毫不含糊。这就要求我们把下一代教育好、培养好，从学校抓起、从娃娃抓起。在大中小学循序渐进、螺旋上升地开设思想政治理论课非常必要，是培养一代又一代社会主义建设者和接班人的重要保障。
>
> ——习近平在学校思想政治理论课教师座谈会上的讲话

第五类：数控机器人。操作员为机器人提供运动程序，并不是手动示教执行任务。

第六类：智能机器人。机器人具有感知外部环境的能力，即使其工作环境发生变化，也能够成功地完成任务。

美国机器人学会(RIA)只将以上第三类至第六类视作机器人。

法国机器人学会(AFR)将机器人进行如下分类：

类型 A：手动控制远程机器人的操作装置。

类型 B：具有预定周期的自动操作装置。

类型 C：具有连续性轨迹或点轨迹的可编程伺服控制机器人。

类型 D：同类型 C，但能够获取环境信息。

从不同的角度可以有不同的分类。

1. 按照机器人的发展阶段分类

(1) 第一代机器人——示教再现型机器人。1947 年，为了搬运和处理核燃料，美国橡树岭国家实验室研发了世界上第一台遥控的机器人。1962 年美国又研制成功 PUMA 通用示教再现型机器人，这种机器人通过一个计算机来控制一个多自由度的机械，通过示教存储程序和信息，工作时把信息读取出来，然后发出指令，这样机器人可以重复地根据操作员当时示教的结果，再现出这种动作。例如汽车的点焊机器人，只要把点焊的过程示教完以后，它就总是重复这样一种工作。

(2) 第二代机器人——感觉型机器人。示教再现型机器人对于外界的环境没有感知，对于操作力的大小、工件存在不存在、焊接的好与坏，机器人并不知道，因此，20 世纪 70 年代后期，人们开始研究第二代机器人，即感觉型机器人，这种机器人拥有类似人的某种感觉，如力觉、触觉、滑觉、视觉、听觉等，它能够通过感觉来感受和识别工件的形状、大小、颜色。

(3) 第三代机器人——智能型机器人。智能型机器人是 20 世纪 90 年代以来发明的。这种机器人带有多种传感器，可以进行复杂的逻辑推理、判断及决策，在变化的内部状态与外部环境中，自主决定自身的行为。

2. 按照控制方式分类

(1) 操作型机器人：能自动控制，可重复编程，具有多个功能，有几个自由度，可固定或运动，用于相关自动化系统。

(2) 程控型机器人：按预先要求的顺序及条件，依次控制机器人的机械动作。

(3) 示教再现型机器人：通过引导或其他方式，先教会机器人动作，输入工作程序，机器人则自动重复进行作业。

(4) 数控型机器人：不必使机器人动作，通过数值、语言等对机器人进行示教，机器人根据示教后的信息进行作业。

(5) 感觉控制型机器人：利用传感器获取的信息控制机器人的动作。

(6) 适应控制型机器人：机器人能适应环境的变化，控制其自身的行动。

笔记

(7) 学习控制型机器人：机器人能“体会”工作的经验，具有一定的学习功能，并将所“学”的经验用于工作中。

(8) 智能机器人：以人工智能决定其行动的机器人。

有些机器人本地区应用得较少，可以采用视频、动画等进行多媒体教学。

多媒体教学

3. 从应用环境角度分类

目前，国际上的机器人学者从应用环境的角度出发将机器人分为三类：制造环境下的工业机器人、非制造环境下的服务与仿人型机器人、网络机器人。下面对后两种分类进行举例说明。

1) 网络机器人

网络机器人有两类。一类是把标准通信协议和标准人-机接口作为基本设施，再将它们与有实际观测操作技术的机器人融合在一起，即可实现无论何时何地，无论谁都能使用的远程环境观测操作系统。这种网络机器人基于Web服务器的网络机器人技术，以Internet为构架，将机器人与Internet连接起来，采用客户端/服务器(C/S)模式，允许用户在远程终端上访问服务器，把高层控制命令通过服务器传送给机器人控制器，同时机器人的图像采集设备把机器人运动的实时图像再通过网络服务器反馈给远端用户，从而达到间接控制机器人的目的，实现对机器人的远程监视和控制。

另一类网络机器人是一种特殊的机器人，如图1-22所示，其“特殊”在于网络机器人没有固定的“身体”。网络机器人本质上是网络自动程序，它存在于网络程序中，目前主要用来自动查找和检索互联网上的网站和网页内容。

图1-22　网络机器人

2) 林业机器人

图1-23所示的六足伐木机器人除了具有传统伐木机械的功能之外，最大的特点就在于其巨型的昆虫造型了，因此它能够更好地适应复杂的路况，而不至于像轮胎或履带驱动的产品那样行动不便。

图1-23　六足伐木机器人

笔记

3) 农业机器人

图 1-24 所示为采摘草莓的机器人。这款机器人内置有能够感应色彩的摄像头，可以轻而易举地分辨出草莓和绿叶，利用事先设定的色彩值，再配合独特的机械结构，它就可以判断出草莓的成熟度，并将符合要求的草莓采摘下来。

图 1-24　采摘草莓的机器人

4) 军用机器人

军用机器人按应用的环境不同分为地面军用机器人、空中军用机器人、水下军用机器人和空间军用机器人几类。

(1) 地面军用机器人。所谓地面军用机器人，是指在地面上使用的机器人系统，它们不仅可以在和平时期帮助民警排除炸弹，完成要地保安任务，在战时还可以代替士兵执行扫雷、侦察和攻击等各种任务。图 1-25 所示是山东立人智能科技有限公司生产的排爆地面军用机器人。

图 1-25　排爆地面军用机器人

笔记

(2) 空中军用机器人。空中机器人一般是指无人驾驶飞机，如图 1-26 所示，是一种以无线电遥控或由自身程序控制为主的不载人飞机，机上无驾驶舱，但安装有自动驾驶仪、程序控制装置等设备，广泛用于空中侦察、监视、通信、反潜、电子干扰等。

图 1-26　无人驾驶飞机

(3) 水下军用机器人。无人遥控潜水器也称水下机器人，是一种工作于水下的极限作业机器人，能潜入水中代替人完成某些操作，又称潜水器。图 1-27 为“水下龙虾”机器人。

图 1-27　“水下龙虾”机器人

(4) 空间军用机器人。从广义上讲，一切航天器都可以称为空间机器人，如宇宙飞船、航天飞机、人造卫星、空间站等。图 1-28 是美国的火星探测器。航天界对空间机器人的定义一般是指用于开发太空资源、空间建设和维修、协助空间生产和科学实验、星际探索等方面的带有一定智能的各种机械手、探测小车等应用设备。在未来的空间活动中，将有大量的空间加工、空间生产、空间装配、空间科学实验和空间维修等工作要做，这样大量的工作不可能仅仅只靠宇航员去完成，还必须充分利用空间机器人。图 1-29 是空间机器人正在维修人造卫星。

笔记

图 1-28　美国的火星探测器

图 1-29　空间机器人正在维修人造卫星

5) 服务机器人

服务机器人是机器人家族中的一个年轻成员，到目前为止尚没有一个严格的定义。服务机器人的应用范围很广，主要从事维护保养、修理、运输、清洗、保安、救援、消防(图 1-30 是山东立人智能科技有限公司生产的消防机器人)、监护等工作。国际机器人联合会经过几年的搜集整理，给了服务机器人一个初步的定义：服务机器人是一种半自主或全自主工作的机器人，它能完成有益于人类健康的服务工作，但不包括从事生产的设备。这里，我们把其他一些贴近人们生活的机器人也列入其中。

图 1-30　消防机器人

教师讲解

4. 按照机器人的运动形式分类

1) 直角坐标型机器人

这种机器人的外形轮廓与数控镗铣床或三坐标测量机相似，如图 1-31 所示。3 个关节都是移动关节，关节轴线相互垂直，相当于笛卡儿坐标系的 x、y 和 z 轴。它主要用于生产设备的上下料，也可用于高精度的装卸和检测作业。

笔记

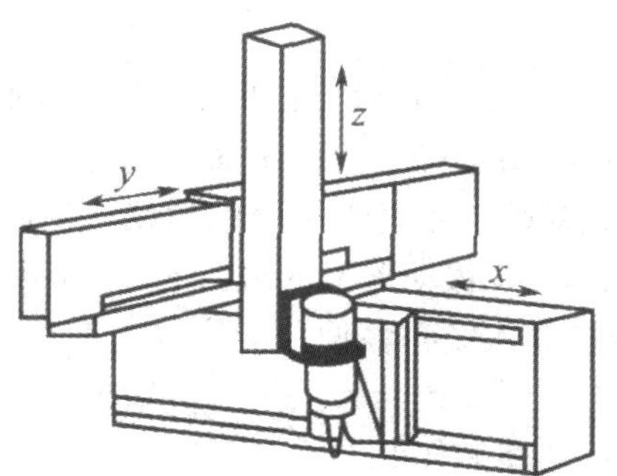

图 1-31　直角坐标型机器人

2) 圆柱坐标型机器人

如图 1-32 所示，这种机器人以 θ、z 和 r 为参数构成坐标系。手腕参考点的位置可表示为 $P=(\theta, z, r)$。其中，r 是手臂的径向长度，θ 是手臂绕水平轴的角位移，z 是在垂直轴上的高度。如果 r 不变，操作臂的运动将形成一个圆柱表面，空间定位比较直观。操作臂收回后，其后端可能与工作空间内的其他物体相碰，移动关节不易防护。

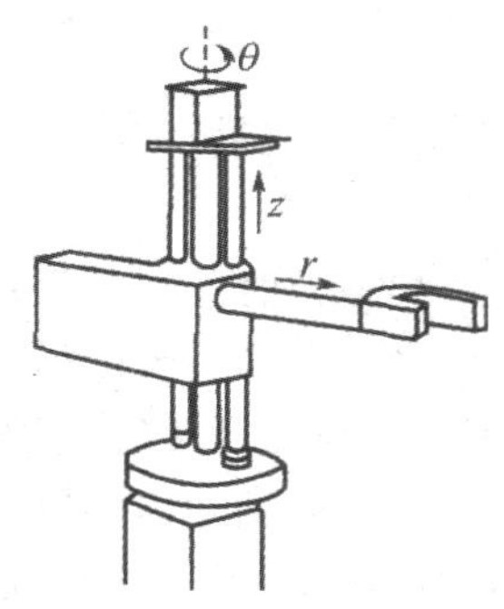

图 1-32　圆柱坐标型机器人

3) 球(极)坐标型机器人

如图 1-33 所示，球(极)坐标型机器人腕部参考点运动所形成的最大轨迹表面是半径为 r 的球面的一部分，以 θ、φ、r 为坐标，任意点可表示为 $P=(\theta, \phi, r)$。这类机器人占地面积小，工作空间较大，移动关节不易防护。

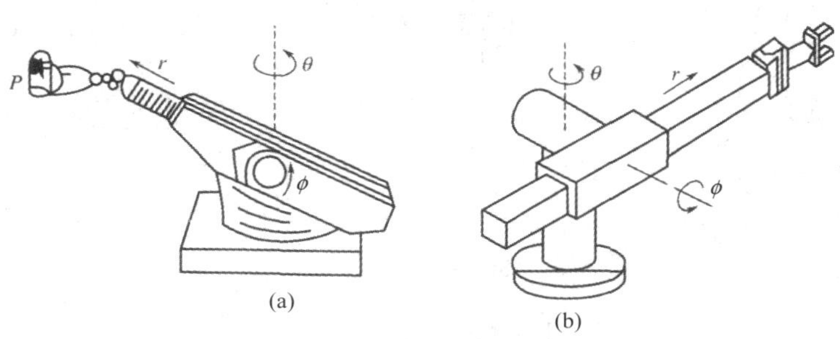

图 1-33　球(极)坐标型机器人

笔记

4) 平面双关节型机器人

平面双关节型机器人(Selective Compliance Assembly Robot Arm，SCARA)有 3 个旋转关节，其轴线相互平行，在平面内进行定位和定向，另一个关节是移动关节，用于完成末端件垂直于平面的运动。手腕参考点的位置是由两旋转关节的角位移 ϕ_1、ϕ_2 和移动关节的位移 z 决定的，即 $P = (\phi_1, \phi_2, z)$，如图 1-34 所示。这类机器人结构轻便、响应快。例如 Adept I 型 SCARA 机器人的运动速度可达 10 m/s，比一般关节式机器人快数倍。它最适用于平面定位而在垂直方向进行装配的作业。

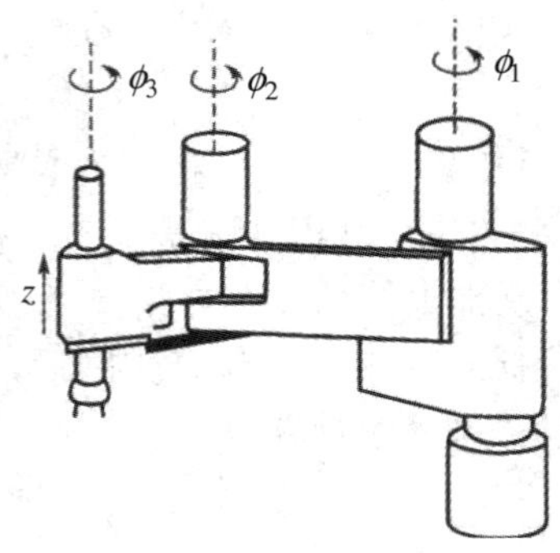

图 1-34　SCARA 机器人

5) 关节型机器人

这类机器人由 2 个肩关节和 1 个肘关节进行定位，由 2 个或 3 个腕关节进行定向。其中，一个肩关节绕铅直轴旋转，另一个肩关节实现俯仰，这两个肩关节轴线正交，肘关节平行于第二个肩关节轴线，如图 1-35 所示。这种构形动作灵活，工作空间大，在作业空间内手臂的干涉最小，结构紧凑，占地面积小，关节上相对运动部位容易密封防尘。这类机器人的运动较复杂，运动学反解困难，确定末端件执行器的位姿不直观，进行控制时计算量比较大。

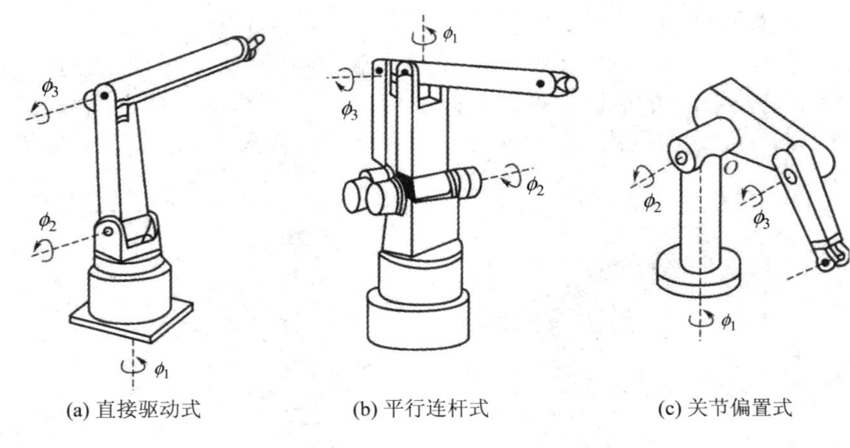

图 1-35　关节型机器人

把学生带到工业机器人旁边，边操作边讲解，应注意人员与设备安全。

对于不同坐标类型的机器人，其特点、工作范围及其性能也不同，如表1-1所示。

表1-1　不同坐标类型机器人的性能比较

直角坐标型	
特点	在直线方向上移动，运动容易想象； 通过计算机控制实现，容易达到高精度； 占地面积大，运动速度低； 直线驱动部分难以密封防尘，容易被污染
工作空间	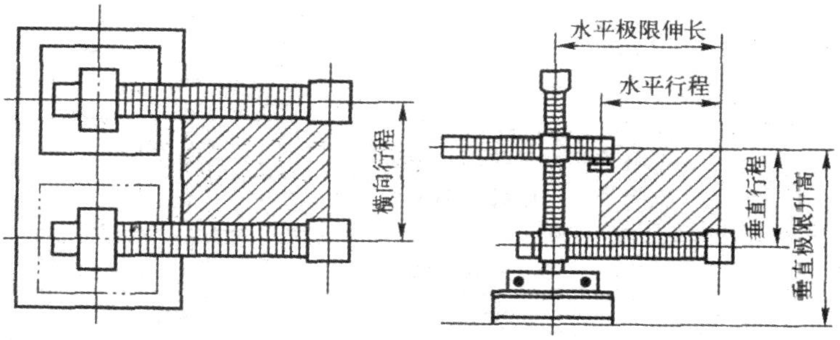
圆柱坐标型	
特点	容易想象和计算，直线部分可采用液压驱动，可输出较大的动力； 能够伸入型腔式机器内部，它的手臂可以到达的空间受到限制，不能到达近立柱或近地面的空间； 直线驱动部分难以密封防尘； 后臂工作时，手臂后端会碰到工作范围内的其他物体
工作空间	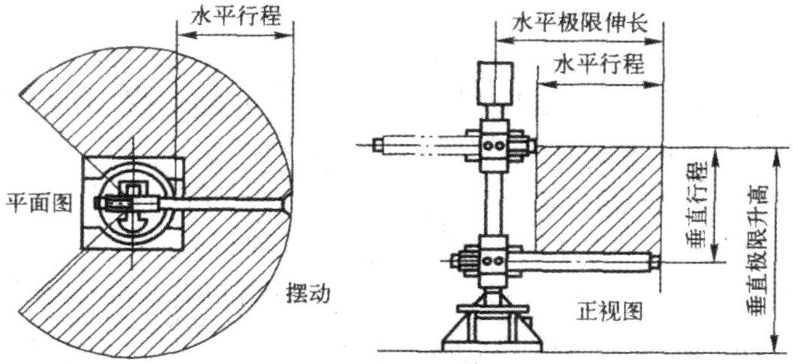
球(极)坐标型	
特点	中心支架附近的工作范围大，两个转动驱动装置容易密封，覆盖工作空间较大； 坐标复杂，难于控制； 直线驱动装置仍存在密封及工作死区的问题

笔记

续表

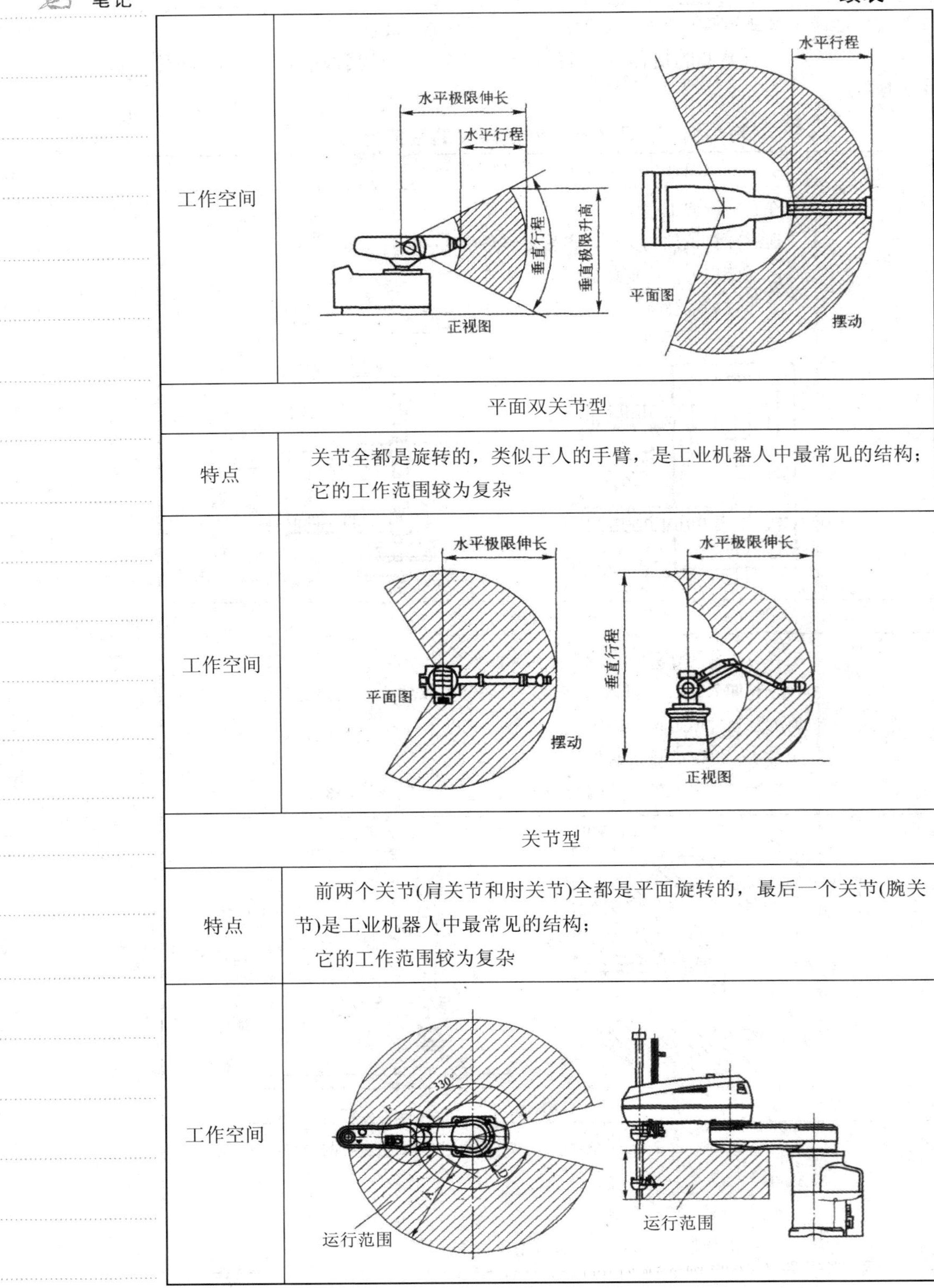

工作空间	
平面双关节型	
特点	关节全部是旋转的，类似于人的手臂，是工业机器人中最常见的结构； 它的工作范围较为复杂
工作空间	
关节型	
特点	前两个关节(肩关节和肘关节)全都是平面旋转的，最后一个关节(腕关节)是工业机器人中最常见的结构； 它的工作范围较为复杂
工作空间	

5. 按照机器人移动性来分类

按照移动性，可将机器人分为半移动式机器人(机器人整体固定在某个位置，只有部分可以运动，例如机械手)和移动机器人。

6. 按照机器人的移动方式来分类

按照移动方式，可将机器人分为轮式移动机器人、步行移动机器人(单腿式、双腿式和多腿式)、履带式移动机器人、爬行机器人、蠕动式机器人和游动式机器人等类型。

7. 按照机器人的功能和用途来分类

按照功能和用途，可将机器人分为医疗机器人、军用机器人、海洋机器人、助残机器人、清洁机器人和管道检测机器人等。

8. 按照机器人的作业空间分类

按照作业空间，可将机器人分为陆地室内移动机器人、陆地室外移动机器人、水下机器人、无人飞机和空间机器人等。

9. 按机器人的驱动方式分类

1) 气动式机器人

气动式机器人以压缩空气来驱动其执行机构。这种驱动方式的优点是空气来源方便、动作迅速、结构简单、造价低；缺点是空气具有可压缩性，致使工作速度的稳定性较差。因气源压力一般只有 60 MPa 左右，故此类机器人适宜抓举力要求较小的场合。

2) 液动式机器人

相对于气力驱动，液力驱动的机器人具有大得多的抓举能力，可高达上百千克。液力驱动式机器人结构紧凑，传动平稳且动作灵敏，但对密封的要求较高，且不宜在高温或低温的场合工作，要求的制造精度较高，成本较高。

3) 电动式机器人

目前越来越多的机器人采用电力驱动式，这不仅是因为电动机可供选择的品种众多，更因为可以运用多种灵活的控制方法。电力驱动是利用各种电动机产生的力或力矩，直接或经过减速机构驱动机器人，以获得所需的位置、速度、加速度。电力驱动具有无污染、易于控制、运动精度高、成本低、驱动效率高等优点，其应用最为广泛。电力驱动又可分为步进电动机驱动、直流伺服电动机驱动、无刷伺服电动机驱动等。

4) 新型驱动方式机器人

伴随着机器人技术的发展，出现了利用新的工作原理制造的新型驱动器，如静电驱动器、压电驱动器、形状记忆合金驱动器、人工肌肉及光驱动器等。

10. 按机器人的控制方式分类

1) 非伺服机器人

非伺服机器人按照预先编好的程序工作，使用限位开关、制动器、插销

笔记

板和定序器来控制机器人的运动。插销板用来预先规定机器人的工作顺序，而且往往是可调的。定序器是一种按照预定的正确顺序接通驱动装置的能源。驱动装置接通能源后，就带动机器人的手臂、腕部和手部等装置运动。

当它们移动到由限位开关所规定的位置时，限位开关切换工作状态，给定序器送去一个工作任务已经完成的信号，并使终端制动器动作，切断驱动能源，使机器人停止运动。非伺服机器人工作能力比较有限。

2) 伺服控制机器人

伺服控制机器人通过传感器取得的反馈信号与来自给定装置的综合信号比较后，得到误差信号，经过放大后用以激发机器人的驱动装置，进而带动手部执行装置以一定规律运动，到达规定的位置或速度等，这是一个反馈控制系统。伺服系统的被控量可为机器人手部执行装置的位置、速度、加速度和力等。伺服控制机器人有比非伺服机器人更强的工作能力。

伺服控制机器人按照控制的空间位置不同，又可以分为点位伺服控制和连续轨迹伺服控制。

(1) 点位伺服控制。点位伺服控制机器人的受控运动方式为从一个点位目标移向另一个点位目标，只在目标点上完成操作。机器人可以以最快和最直接的路径从一个端点移到另一端点。按点位方式进行控制的机器人，其运动为空间点到点之间的直线运动，在作业过程中只控制几个特定工作点的位置，不对点与点之间的运动过程进行控制。在点位伺服控制的机器人中，所能控制点数的多少取决于控制系统的复杂程度。通常，点位伺服控制机器人适用于只需要确定终端位置而对编程点之间的路径和速度不作主要考虑的场合。点位控制主要用于点焊、搬运机器人。

(2) 连续轨迹伺服控制。连续轨迹伺服控制机器人能够平滑地跟随某个规定的路径，其轨迹往往是某条不在预编程端点停留的曲线路径。按连续轨迹方式进行控制的机器人，其运动轨迹可以是空间的任意连续曲线。机器人在空间的整个运动过程都处于控制之下，能同时控制两个以上的运动轴，使得手部位置可沿任意形状的空间曲线运动，而手部的姿态也可以通过腕关节的运动得以控制，这对于焊接和喷涂作业是十分有利的。连续轨迹伺服控制机器人具有良好的控制和运行特性，由于数据是依时间采样的，而不是依预先规定的空间采样，因此机器人的运行速度较快、功率较小、负载能力也较小。连续轨迹伺服控制机器人主要用于弧焊、喷涂、打飞边、去毛刺和检测机器人。

多媒体教学

11. 按机器人关节连接布置形式分类

按关节连接布置形式，机器人可分为串联机器人和并联机器人(见图 1-36)两类。从运动形式来看，并联机构可分为平面机构和空间机构，可细分为平面移动机构、平面移动转动机构、空间纯移动机构、空间纯转动机构和空间混合运动机构。

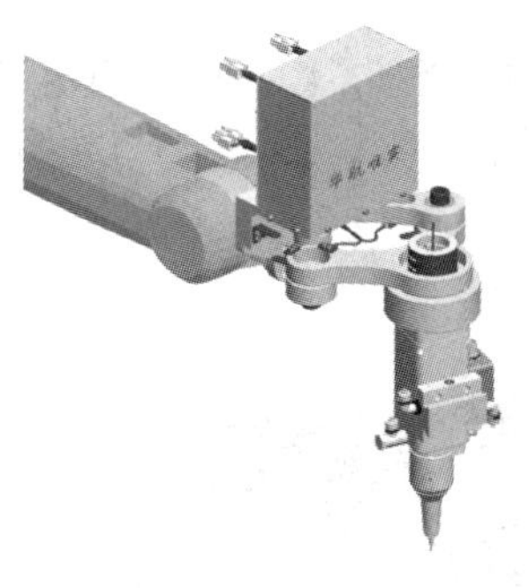

(a) 2 自由度并联机构

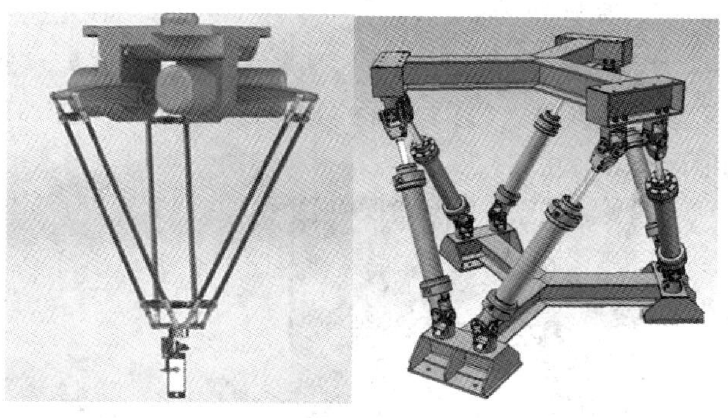

(b) 3 自由度并联机构　(c) 6 自由度并联机构

图 1-36　并联机器人

看一看：你们学校的机器人属于哪一种？

工匠精神

工匠精神是指工匠对自己的产品精雕细琢，精益求精、更完美的精神理念。工匠们喜欢不断雕琢自己的产品，不断改善自己的工艺，享受着产品在双手中升华的过程。工匠精神的目标是打造本行业最优质的，其他同行无法匹敌的卓越产品

任务扩展

机器人在新领域中的应用

1. 医用机器人

医用机器人是一种智能型服务机器人，它能独自编制操作计划，依据实际情况确定动作程序，然后把动作变为操作机构的运动。医用机器人拥有强大的感觉系统、智能及模拟装置，可识别周围及自身情况，可从事医疗或辅助医疗工作。

医用机器人种类很多，按照其用途不同，有运送物品机器人、移动病人机器人(图 1-37)、临床医疗用机器人(图 1-38)和为残疾人服务的机器人(图 1-39)、护理机器人、医用教学机器人等。

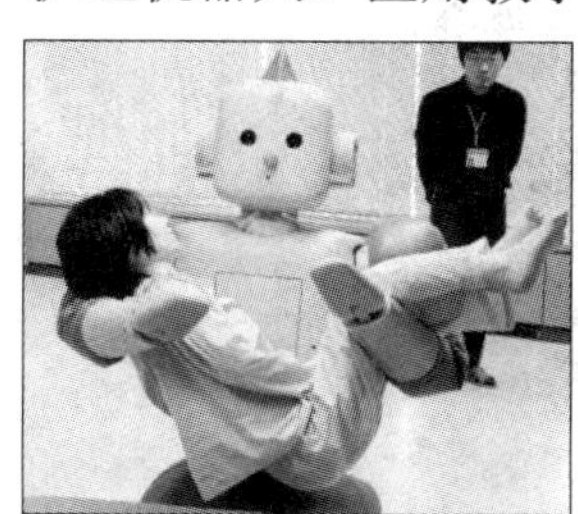

图 1-37　移动病人机器人

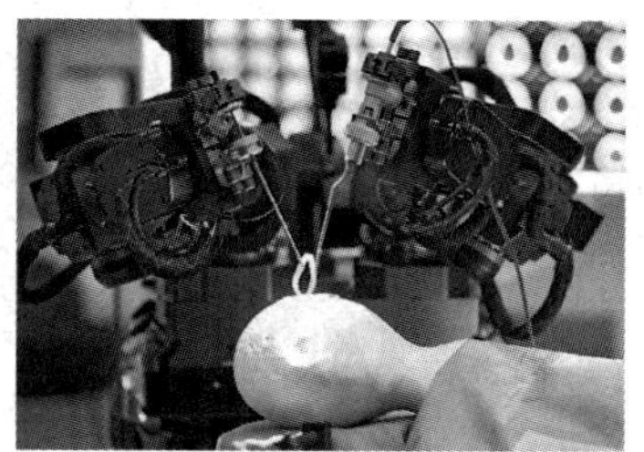

图 1-38　做开颅手术的机器人

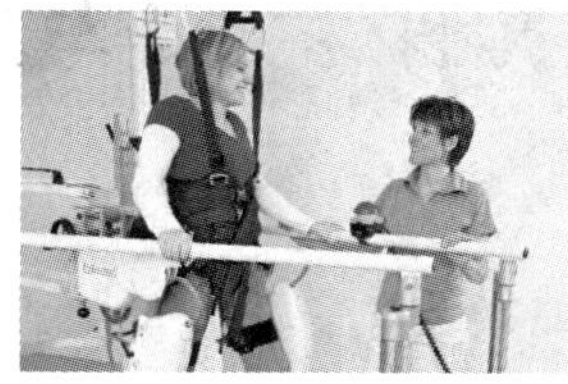

图 1-39　MGT 型下肢康复训练机器人

笔记

2. 其他机器人

其他服务机器人包括健康福利服务机器人、公共服务机器人(图 1-40)、家庭服务机器人(图 1-41)、娱乐机器人(图 1-42)、建筑机器人(图 1-43)与教育机器人等。

图 1-40　保安巡逻机器人

图 1-41　家庭清洁机器人

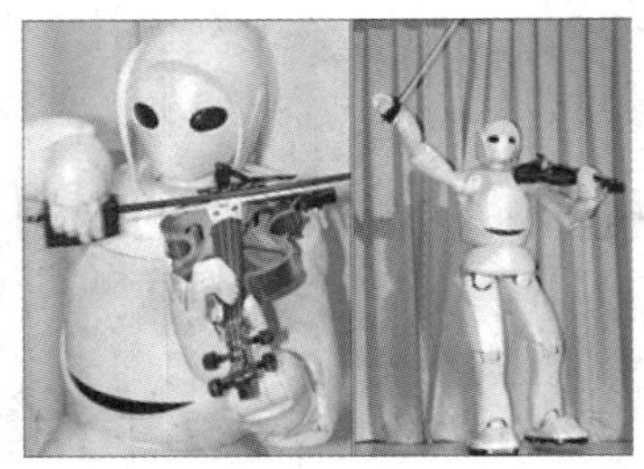

图 1-42　演奏机器人

图 1-43　建筑机器人

任务二　机器人的组成与工作原理

任务导入

工业机器人通常由执行机构、驱动系统、控制系统和传感系统四部分组成，如图 1-44 所示。工业机器人各组成部分之间的相互作用关系如图 1-45 所示。

笔记

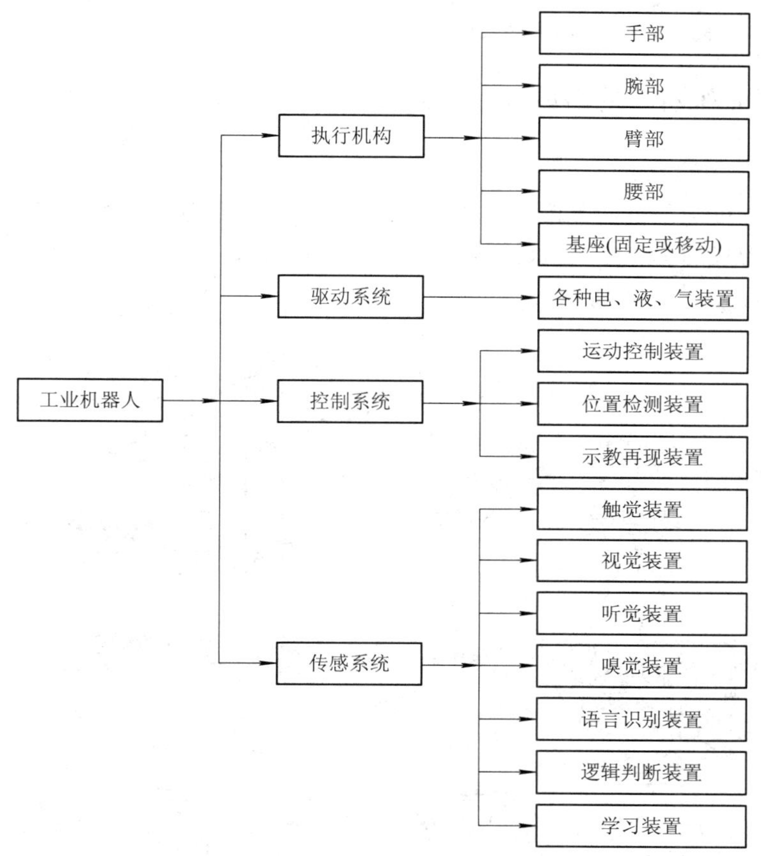

图 1-44　工业机器人的组成

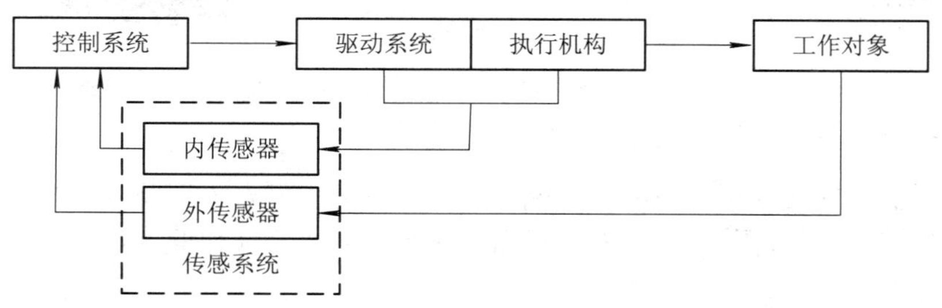

图 1-45　工具机器人各组成部分之间的关系

任务目标

知 识 目 标	能 力 目 标
1. 掌握工业机器人的组成 2. 掌握工业机器人的工作原理	1. 能标识工业机器人各部位的名称 2. 能针对不同的工业机器人说明其工作原理

笔记

任务实施

现场教学

把学生带到工业机器人旁边进行现场教学，要注意安全。

一、工业机器人的组成

1. 执行机构

执行机构是机器人赖以完成工作任务的实体，通常由一系列连杆、关节或其他形式的运动副所组成。从功能的角度可分为手部、腕部、臂部、腰部和基座，如图1-46所示。

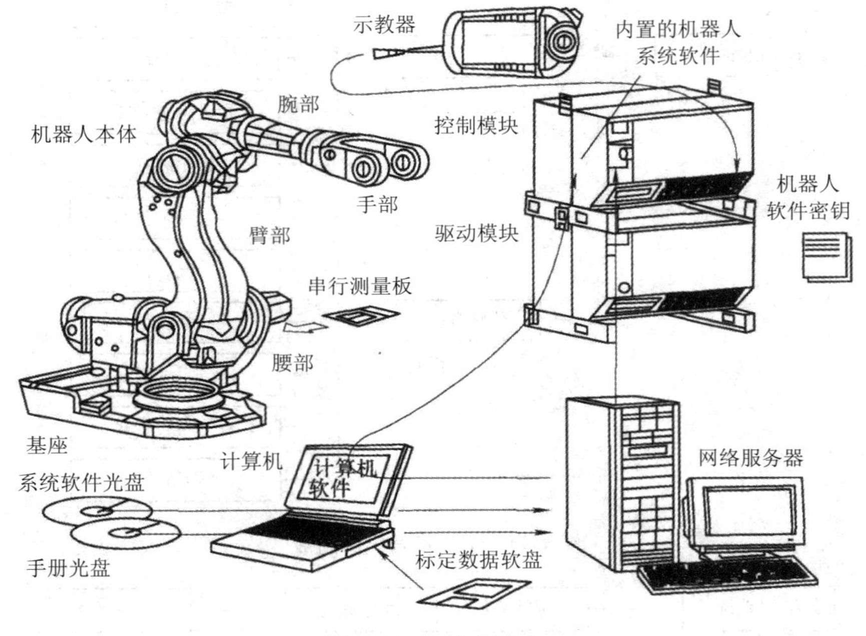

图1-46　工业机器人

1) 手部

工业机器人的手部也叫作末端执行器，是装在机器人手腕上直接抓握工件或执行作业的部件。手部对于机器人来说是决定完成作业好坏、作业柔性好坏的关键部件之一。

手部可以像人手那样有手指，也可以没有手指；可以是类似人手的手爪，也可以是进行某种作业的专用工具，比如机器人手腕上的焊枪、油漆喷头等。各种手部的工作原理不同，结构形式各异。常用的手部按其夹持原理的不同，可分为机械式、磁力式和真空式三种。

2) 腕部

工业机器人的腕部是连接手部和臂部的部件，起支撑手部的作用。机器人一般具有六个自由度才能使手部达到目标位置和处于期望的姿态。腕部的

笔记

自由度主要是实现所期望的姿态，并扩大臂部运动范围。手腕按自由度个数可分为单自由度手腕、二自由度手腕和三自由度手腕。腕部实际所需要的自由度数目应根据机器人的工作性能要求来确定。在有些情况下，腕部具有两个自由度：翻转和俯仰或翻转和偏转。有些专用机器人没有手腕部件，而是直接将手部安装在手臂部件的前端；有的腕部为了特殊要求还有横向移动自由度。

3) 臂部

工业机器人的臂部是连接腰部和腕部的部件，用来支撑腕部和手部，获得较大的运动范围。臂部一般由大臂、小臂(或多臂)所组成。臂部总质量较大，受力一般比较复杂，在运动时，直接承受腕部、手部和工件的静、动载荷，尤其在高速运动时，将产生较大的惯性力(或惯性力矩)，引起冲击，影响定位精度。

4) 腰部

腰部是连接臂部和基座的部件，通常是回转部件。它的回转再加上臂部的运动，就能使腕部作空间运动。腰部是执行机构的关键部件，它的制作误差、运动精度和平稳性对机器人的定位精度有决定性的影响。

5) 基座

基座是整个机器人的支持部分，有固定式和移动式两类。移动式基座用来扩大机器人的活动范围，有的是专门的行走装置，有的是轨道、滚轮机构。基座必须有足够的刚度和稳定性。

2. 驱动系统

工业机器人的驱动系统是向执行系统各部件提供动力的装置，包括驱动器和传动机构两部分，它们通常与执行机构连成一体。驱动器通常有电动、液压、气动装置以及把它们结合起来应用的综合驱动系统。常用的传动机构有谐波传动、螺旋传动、链传动、带传动以及各种齿轮传动机构等。工业机器人驱动系统的组成如图 1-47 所示。

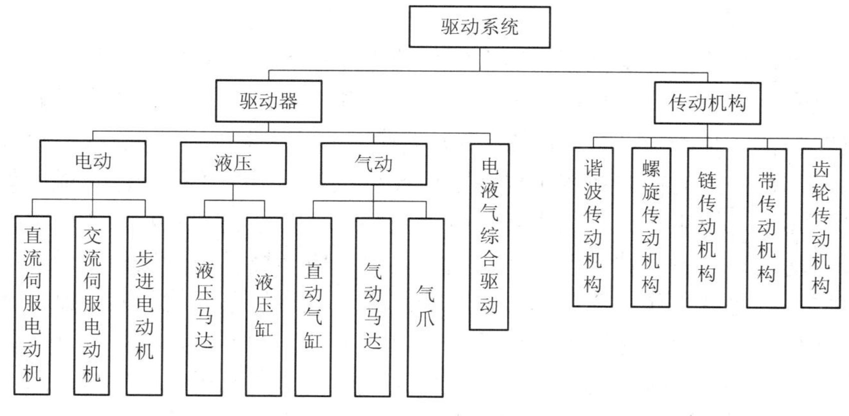

图 1-47　工业机器人驱动系统的组成

笔记

1) 气力驱动

气力驱动系统通常由气缸、气阀、气罐和空压机等组成，以压缩空气来驱动执行机构进行工作。其优点是空气来源方便、动作迅速、结构简单、造价低、维修方便、防火防爆、漏气对环境无影响，缺点是操作力小、体积大。由于空气的可压缩性大、速度不易控制、响应慢、动作不平稳、有冲击，因此只能用于点位控制。因气源压力一般只有 60 MPa 左右，故此类机器人适宜抓举力要求较小的场合。

2) 液压驱动

液压驱动系统通常由液动机(各种油缸、油马达)、伺服阀、油泵、油箱等组成，以压缩机油来驱动执行机构进行工作。其特点是操作力大、体积小、传动平稳且动作灵敏、耐冲击、耐振动、防爆性好。相对于气力驱动，液压驱动的机器人具有大得多的抓举能力，可高达上百千克。但液压驱动系统对密封的要求较高，且不宜在高温或低温的场合工作，要求的制造精度较高，成本较高。

3) 电力驱动

电力驱动是利用电动机产生的力或力矩，直接或经过减速机构驱动机器人，以获得所需的位置、速度和加速度。电力驱动具有电源易取得，无环境污染，响应快，驱动力较大，信号检测、传输、处理方便，可采用多种灵活的控制方案，运动精度高，成本低，驱动效率高等优点，是目前机器人使用最多的一种驱动方式。驱动电动机一般采用步进电动机、直流伺服电动机以及交流伺服电动机。由于电动机转速高，通常还须采用减速机构。目前有些机构已开始采用无须减速机构的特制电动机直接驱动，这样既可简化机构，又可提高控制精度。

4) 其他驱动方式

除以上三种驱动方式，还有的采用混合驱动，即液、气或电、气混合驱动。

3. 控制系统

控制系统的任务是根据机器人的作业指令程序以及从传感器反馈回来的信号支配机器人的执行机构完成固定的运动和功能。若工业机器人不具备信息反馈特征，则为开环控制系统；若具备信息反馈特征，则为闭环控制系统。

工业机器人的控制系统主要由主控计算机和关节伺服控制器组成，如图 1-48 所示。上位主控计算机主要根据作业要求完成编程，并发出指令控制各伺服驱动装置使各杆件协调工作，同时还要完成环境状况、周边设备之间的信息传递和协调工作。关节伺服控制器用于实现驱动单元的伺服控制、轨迹插补计算以及系统状态监测。机器人的测量单元一般安装在执行部件中的位置检测元件(如光电编码器)和速度检测元件(如测速电机)中，这些检测量反馈到控制器中用于闭环控制、监测或者进行示教操作。人机接口除了包括一般的计算机键盘、鼠标外，通常还包括手持控制器(示教盒)，通过手持控制器可以对机器人进行控制和示教操作。

笔记

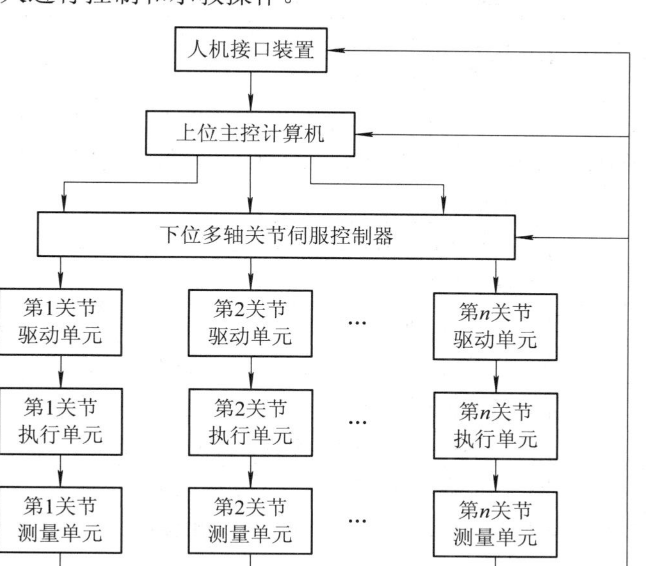

图 1-48　工业机器人控制系统的一般构成

企业文化

企业家创新精神的三个界定

第一、创新是实践的创新。

第二、企业家精神是创新实践的精神。

第三、企业家战略是创新市场的战略

工业机器人通常具有示教再现和位置控制两种方式。示教再现控制就是操作人员通过示教装置把作业内容编制成程序，输入记忆装置，在外部给出启动命令后，机器人从记忆装置中读出信息并送到控制装置，发出控制信号，由驱动机构控制机械手的运动，在一定精度范围内按照记忆装置中的内容完成给定的动作。实质上，工业机器人与一般自动化机械的最大区别就是它具有“示教再现”功能，因而表现出通用、灵活的“柔性”特点。

工业机器人的位置控制方式有点位控制和连续路径控制两种。其中，点位控制方式只关心机器人末端执行器的起点和终点位置，而不关心这两点之间的运动轨迹，这种控制方式可完成无障碍条件下的点焊、上下料、搬运等操作。连续路径控制方式不仅要求机器人以一定的精度达到目标点，而且对移动轨迹也有一定的精度要求，如机器人喷漆、弧焊等操作。实质上这种控制方式是以点位控制方式为基础，在每两点之间用满足精度要求的位置轨迹插补算法实现轨迹连续化的。

4. 传感系统

传感系统是机器人的重要组成部分，按其采集信息的位置，一般可分为内部和外部两类传感器。内部传感器是完成机器人运动控制所必需的传感器，如位置、速度传感器等，用于采集机器人内部信息，是构成机器人不可缺少的基本元件。外部传感器检测机器人所处环境、外部物体状态或机器人与外部物体的关系。常用的外部传感器有力觉传感器、触觉传感器、接近传感器、视觉传感器等。一些特殊领域应用的机器人还可能需要具有温度、湿度、压力、滑动量、化学性质等感觉能力的传感器。机器人传感器的分类如表 1-2

所示。

表 1-2　机器人传感器的分类

内部传感器	用途	机器人的精确控制
	检测的信息	位置、角度、速度、加速度、姿态、方向等
	所用传感器	微动开关、光电开关、差动变压器、编码器、电位计、旋转变压器、测速发电机、加速度计、陀螺、倾角传感器、力(或力矩)传感器等
外部传感器	用途	了解工件、环境或机器人在环境中的状态，对工件进行灵活、有效的操作
	检测的信息	工件和环境：形状、位置、范围、质量、姿态、运动、速度等 机器人与环境：位置、速度、加速度、姿态等 对工件的操作：非接触(间隔、位置、姿态等)、接触(障碍检测、碰撞检测等)、触觉(接触觉、压觉、滑觉)、夹持力等
	所用传感器	视觉传感器、光学测距传感器、超声测距传感器、触觉传感器、电容传感器、电磁感应传感器、限位传感器、压敏导电橡胶、弹性体加应变片等

传统的工业机器人仅采用内部传感器，用于对机器人运动、位置及姿态进行精确控制。使用外部传感器，使得机器人对外部环境具有一定程度的适应能力，从而表现出一定程度的智能。

二、机器人的基本工作原理

现在广泛应用的工业机器人很多都是第一代机器人，它的基本工作原理是示教再现，如图 1-49 所示。

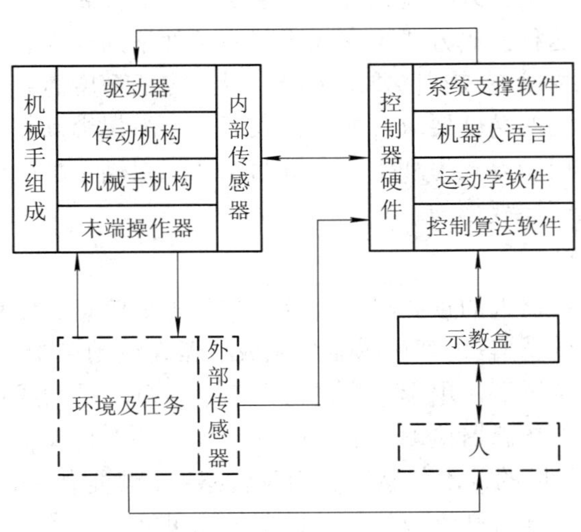

图 1-49　机器人工作原理

示教也称为导引，即由用户引导机器人，一步步将实际任务操作一遍，机器人在引导过程中自动记忆示教的每个动作的位置、姿态、运动参数、工艺参数等，并自动生成一个连续执行全部操作的程序。

完成示教后，只需给机器人一个启动命令，机器人将精确地按示教动作一步步完成全部操作，这就是示教与再现。

1. 机器人手臂的运动

机器人的机械臂由数个刚性杆体和旋转或移动的关节连接而成，是一个开环关节链，开链的一端固接在机座上，另一端是自由的，安装着末端执行器(如焊枪)。在机器人操作时，机器人手臂前端的末端执行器必须与被加工工件处于相适应的位置和姿态，而这些位置和姿态是由若干个臂关节的运动所合成的。

机器人运动控制中，必须要知道机械臂各关节变量空间和末端执行器的位置和姿态之间的关系，这就是机器人运动学模型。一台机器人机械臂的几何结构确定后，其运动学模型即可确定，这是机器人运动控制的基础。

2. 机器人轨迹规划

机器人机械手端部从起点的位置和姿态到终点的位置和姿态的运动轨迹空间曲线叫做路径。

轨迹规划的任务是用一种函数来“内插”或“逼近”给定的路径，并沿时间轴产生一系列“控制设定点”，用于控制机械手运动。目前常用的轨迹规划方法有空间关节插值法和笛卡尔空间规划两种方法。

3. 机器人机械手的控制

当一台机器人机械手的动态运动方程已给定，它的控制目的就是按预定性能要求保持机械手的动态响应。但是由于机器人机械手的惯性力、耦合反应力和重力负载都随运动空间的变化而变化，因此要对它进行高精度、高速度、高动态品质的控制是相当复杂而困难的。

目前工业机器人上采用的控制方法是把机械手上每一个关节都当作一个单独的伺服机构，即把一个非线性的、关节间耦合的变负载系统简化为线性的非耦合单独系统。

任务扩展

机器人应用与外部的关系

机器人技术是集机械工程学、计算机科学、控制工程、电子技术、传感器技术、人工智能、仿生学等学科为一体的综合技术，它是多学科科技革命的必然结果。每一台机器人都是一个知识密集和技术密集的高科技机电一体化产品。机器人与外部的关系如图 1-50 所示。

笔记

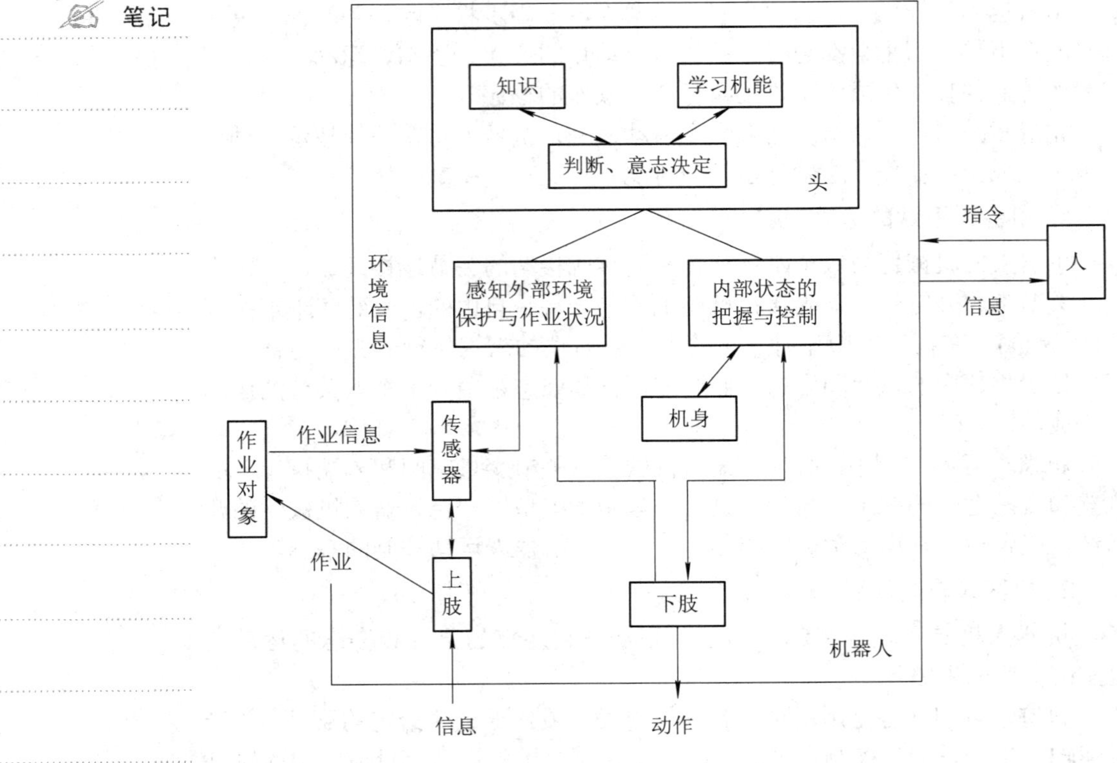

图 1-50　机器人与外部的关系

机器人技术涉及的研究领域如下：

(1) 实现类似人类的感觉机能的传感器技术。

(2) 实现与人类智能或控制机能相似能力的人工智能或计算机科学。

(3) 假肢技术。

(4) 把人类作业技能具体化的工业机器人技术。

(5) 实现动物行走机能的行走技术。

(6) 以实现生物机能为目的的生物学技术。

任务三　机器人的基本术语与图形符号

任务导入

表 1-3 为机器人操作方式提供了图形符号示例，可用来标识机器人的常规操作方式。图形符号可包含附加的描述性文字，以便尽可能清楚地提供关于方式选择与期望性能的信息。不同的工业机器人其标牌也是不同的。

笔记

表 1-3　机器人操作方式

方　式	图形符号	ISO 7000 中的图形
自动		0017
手动降速		0096
手动高速		0026 和 0096 结合

任务目标

知 识 目 标	能 力 目 标
1. 掌握机器人的基本术语 2. 掌握机器人的图形符号体系	1. 能应用图形符号来表示不同的工业机器人 2. 能识别不同工业机器人上的符号 3. 能识读不同工业机器人标牌及产品简要说明

任务实施

教师讲解

一、机器人的基本术语

1. 关节

关节(Joint)即运动副，是允许机器人手臂各零件之间发生相对运动的机构，是两构件直接接触并能产生相对运动的活动连接。如图 1-51 所示，A、B 两部件可以组成活动连接。

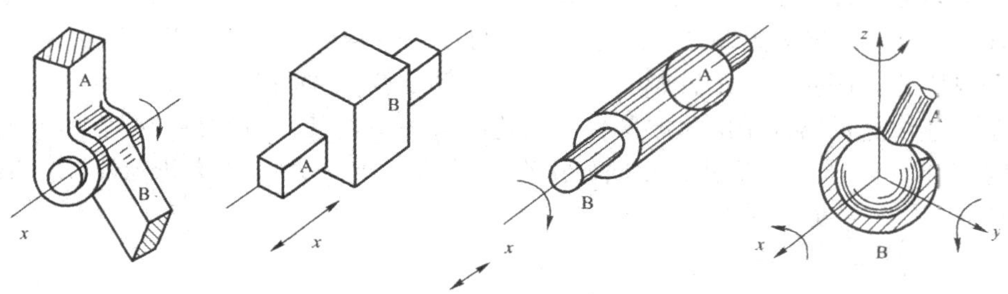

(a) 回转副　　(b) 移动副　　(c) 回转移动副　　(d) 球面副

图 1-51　机器人的关节

笔记

高副机构(Higher pair)简称高副，指的是运动机构的两构件通过点或线的接触而构成的运动副。例如，齿轮副和凸轮副就属于高副机构。平面高副机构拥有两个自由度，即相对接触面切线方向的移动和相对接触点的转动。相对而言，通过面的接触而构成的运动副叫作低副机构。

关节是各杆件间的结合部分，是实现机器人各种运动的运动副。由于机器人的种类很多，其功能要求不同，因此关节的配置和传动系统的形式也不同。机器人常用的关节有移动、旋转运动副。一个关节系统包括驱动器、传动器和控制器，属于机器人的基础部件，是整个机器人伺服系统中的一个重要环节，其结构、重量、尺寸对机器人性能有直接影响。

(1) 回转关节。回转关节又叫做回转副、旋转关节，是连接两杆件(如手臂与机座、手臂与手腕)的组件，能使其中一件相对于另一件绕固定轴线转动，两个构件之间只作相对转动。回转关节由驱动器、回转轴和轴承组成。多数电动机能直接产生旋转运动，但常需各种齿轮、链、带传动或其他减速装置，以获取较大的转矩。

(2) 移动关节。移动关节又叫作移动副、滑动关节、棱柱关节，是两杆件间的组件，能使其中一件相对于另一件作直线运动，两个构件之间只作相对移动。它采用直线驱动方式传递运动，包括直角坐标结构的驱动、圆柱坐标结构的径向驱动和垂直升降驱动，以及极坐标结构的径向伸缩驱动。直线运动可以直接由气缸或液压缸和活塞产生，也可以采用齿轮齿条、丝杠-螺母等传动元件把旋转运动转换成直线运动。

(3) 圆柱关节。圆柱关节又叫作回转移动副、分布关节，是两杆件间的组件，能使其中一件相对于另一件移动或绕一个移动轴线转动，两个构件之间除了作相对转动之外，同时还可以作相对移动。

(4) 球关节。球关节又叫做球面副，是两杆件间的组件，能使其中一件相对于另一件在三个自由度上绕一固定点转动，即组成运动副的两构件能绕一球心作三个独立的相对转动。

2. 连杆

连杆(Link)指机器人手臂上被相邻两关节分开的部分，是保持各关节间固定关系的刚体，是机械连杆机构中两端分别与主动和从动构件铰接以传递运动和力的杆件。例如在往复活塞式动力机械和压缩机中，用连杆来连接活塞与曲柄。连杆多为钢件，其主体部分的截面多为圆形或工字形，两端有孔，孔内装有青铜衬套或滚针轴承，供装入轴销而构成铰接。

连杆是机器人中的重要部件，它连接着关节，其作用是将一种运动形式转变为另一种运动形式，并把作用在主动构件上的力传给从动构件以输出功率。

3. 刚度

刚度(Stiffness)是机器人机身或臂部在外力作用下抵抗变形的能力。它用外力和在外力作用方向上的变形量(位移)之比来度量。在弹性范围内，刚度是零件载荷与位移成正比的比例系数，即引起单位位移所需的力。它的倒数称为柔度，即单位力引起的位移。刚度可分为静刚度和动刚度。

在任何力的作用下，体积和形状都不发生改变的物体叫做刚体(Rigid-body)。在物理学上，理想的刚体是一个固体的、尺寸值有限的、形变情况可以被忽略的物体。不论是否受力，刚体内任意两点的距离都不会改变。在运动中，刚体上任意一条直线在各个时刻的位置都保持平行。

笔记

课程思政

“三全育人”即全员育人、全程育人、全方位育人，是中共中央、国务院《关于加强和改进新形势下高校思想政治工作的意见》提出的坚持全员、全过程、全方位育人的要求。“三全育人”综合改革既是对当下育人项目、载体、资源的整合，更是对长远育人格局、体系、标准的重新建构

二、机器人的图形符号体系

1. 运动副的图形符号

机器人所用的零件和材料以及装配方法等与现有的各种机械完全相同。机器人常用的关节有移动、旋转运动副，常用的运动副图形符号如表 1-4 所示。

表 1-4　常用的运动副图形符号

运动副名称		运动副符号	
		两运动构件构成的运动副	两构件之一固定时的运动副
平面运动副	转动副	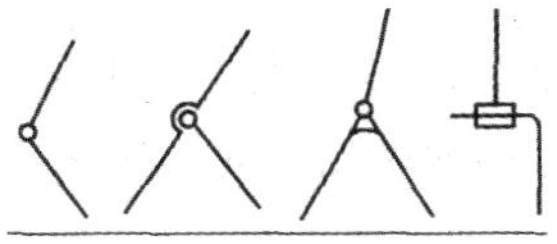	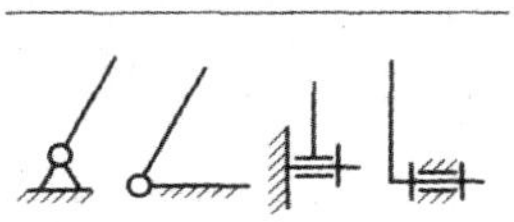
	移动副	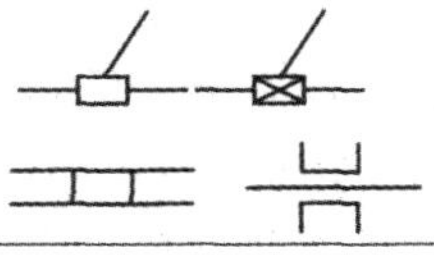	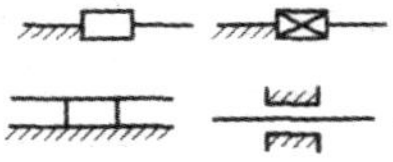
	平面高副		
空间运动副	螺旋副	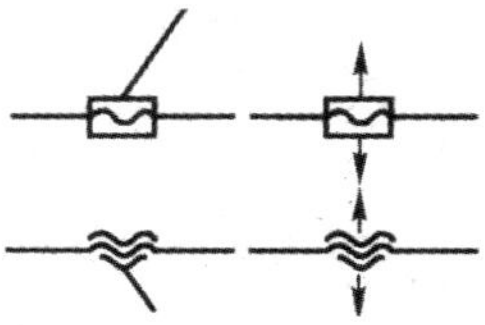	
	球面副及球销副	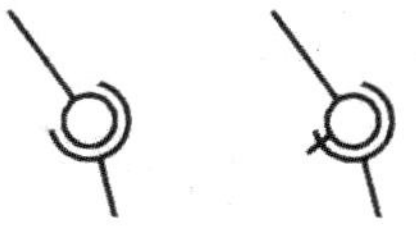	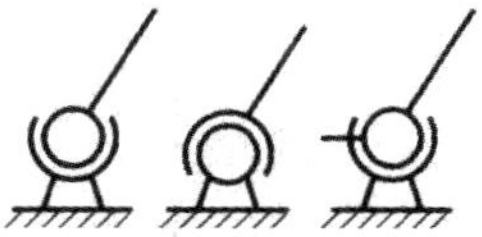

2. 基本运动的图形符号

机器人的基本运动与现有的各种机械也完全相同。常用的基本运动图形符号如表 1-5 所示。

笔记

表 1-5　常用的基本运动图形符号

序　号	名　称	符　号
1	直线运动方向	单向　双向
2	旋转运动方向	单向　双向
3	连杆、轴关节的轴	
4	刚性连接	
5	固定基础	
6	机械联锁	

3. 运动机能的图形符号

机器人的运动机能常用的图形符号如表 1-6 所示。

表 1-6　机器人的运动机能常用的图形符号

编号	名　称	图形符号	参考运动方向	备　注
1	移动(1)			
2	移动(2)			
3	回转机构			
4	旋转(1)	① ②		① 一般常用的图形符号 ② 表示①的侧向的图形符号
5	旋转(2)	① ②		① 一般常用的图形符号 ② 表示①的侧向的图形符号
6	差动齿轮			
7	球关节			
8	握持			

续表

笔记

编号	名 称	图形符号	参考运动方向	备 注
9	保持			包括已成为工具的装置。工业机器人的工具此处未作规定
10	机座			

4. 运动机构的图形符号

机器人的运动机构常用的图形符号如表 1-7 所示。

表 1-7 机器人的运动机构常用的图形符号

序号	名 称	自由度	符 号	参考运动方向	备 注
1	直线运动关节(1)	1			
2	直线运动关节(2)	1		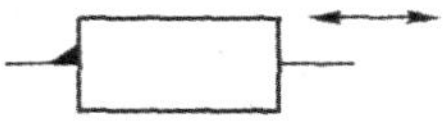	
3	旋转运动关节(1)	1	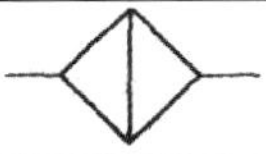	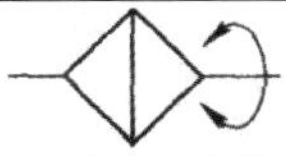	
4	旋转运动关节(2)	1			平面
5		1	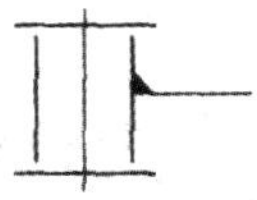	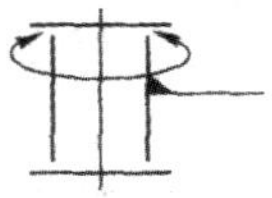	立体
6	轴套式关节	2		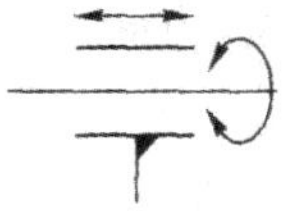	
7	球关节	3		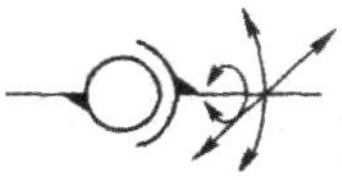	
8	末端操作器		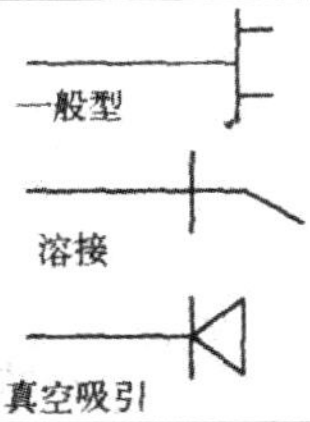 一般型 溶接 真空吸引		用途示例

三、机器人的图形符号表示

机器人的描述方法包括机器人机构简图、机器人运动原理图、机器人传动原理图、机器人速度描述方程、机器人位姿运动学方程、机器人静力学描述方程等。

机器人的机构简图是描述机器人组成机构的直观图形表达形式，是将机器人的各个运动部件用简便的符号和图形表达出来，该图可用上文所述图形符号体系中的文字与代号表示。常见工业机器人的机构简图如图 1-52 所示。

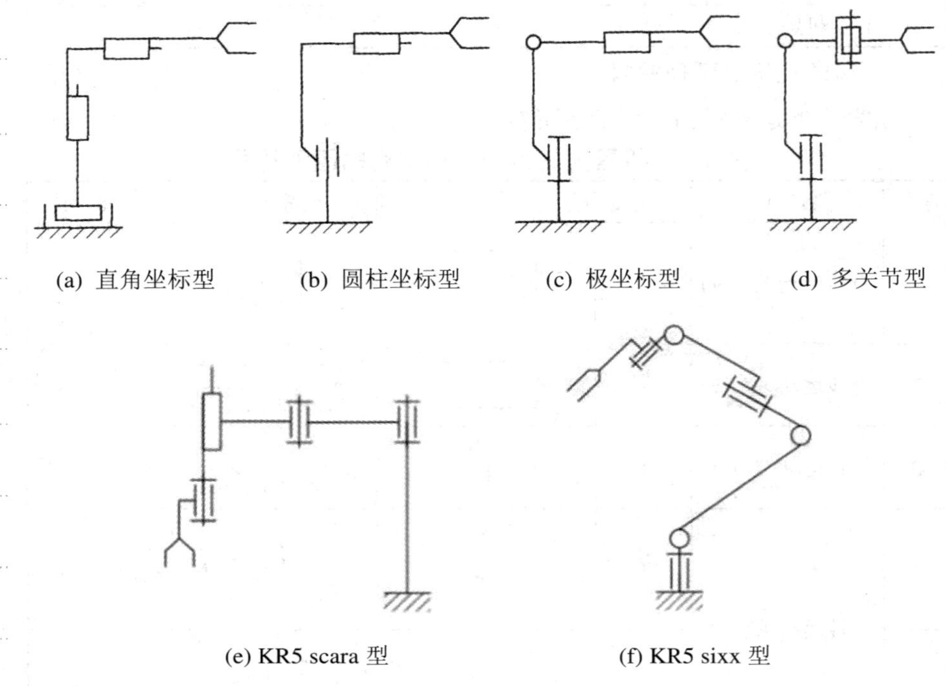

(a) 直角坐标型　(b) 圆柱坐标型　(c) 极坐标型　(d) 多关节型

(e) KR5 scara 型　(f) KR5 sixx 型

图 1-52　典型机器人机构简图

四、机器人的标牌

工业机器人的一些关键部件都贴有标牌，不同的标牌其含义不同。对于不同类型的工业机器人，含义相同的标牌其形式也不完全相同。图 1-53 是 KUKA 工业机器人标牌的安装位置，不允许将其去除或使其无法识别，无法识别的标牌必须更换。表 1-8 是 KUKA 工业机器人标牌的含义。

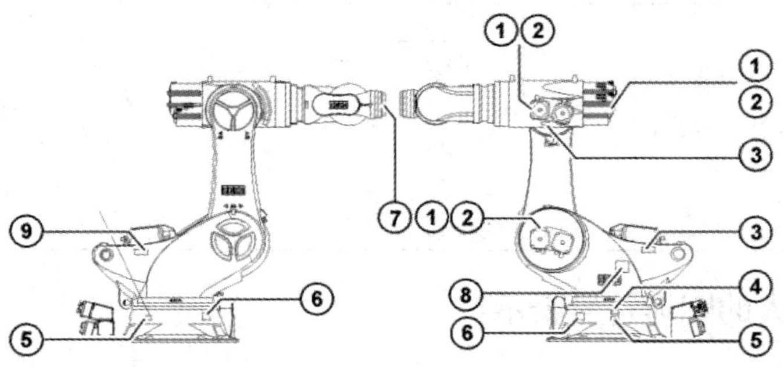

图 1-53　KUKA 工业机器人标牌安装位置

笔记

表 1-8　KUKA 工业机器人标牌的含义

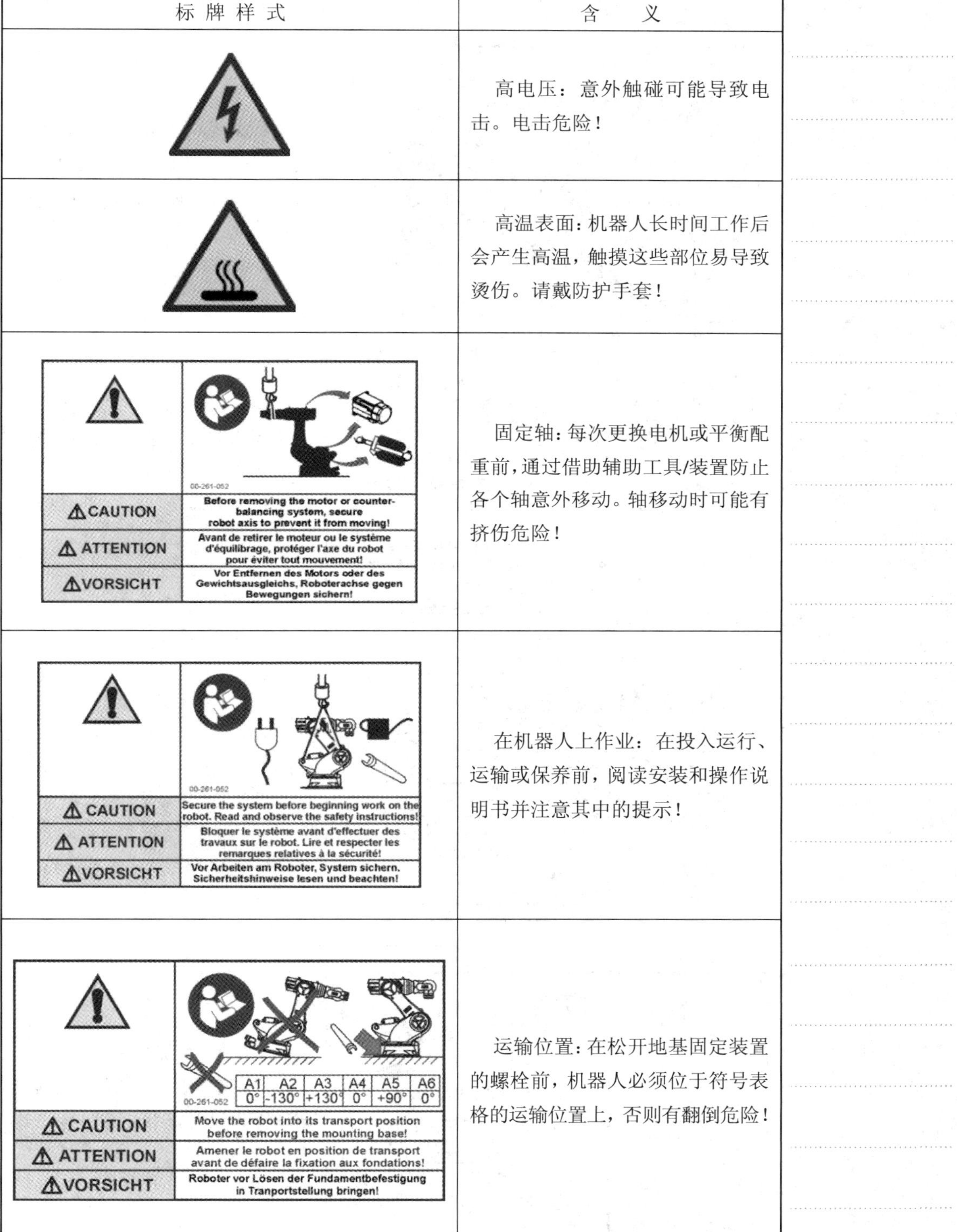

标牌样式	含　　义
	高电压：意外触碰可能导致电击。电击危险！
	高温表面：机器人长时间工作后会产生高温，触摸这些部位易导致烫伤。请戴防护手套！
00-261-052 CAUTION: Before removing the motor or counter-balancing system, secure robot axis to prevent it from moving! ATTENTION: Avant de retirer le moteur ou le système d'équilibrage, protéger l'axe du robot pour éviter tout mouvement! VORSICHT: Vor Entfernen des Motors oder des Gewichtsausgleichs, Roboterachse gegen Bewegungen sichern!	固定轴：每次更换电机或平衡配重前，通过借助辅助工具/装置防止各个轴意外移动。轴移动时可能有挤伤危险！
00-261-052 CAUTION: Secure the system before beginning work on the robot. Read and observe the safety instructions! ATTENTION: Bloquer le système avant d'effectuer des travaux sur le robot. Lire et respecter les remarques relatives à la sécurité! VORSICHT: Vor Arbeiten am Roboter, System sichern. Sicherheitshinweise lesen und beachten!	在机器人上作业：在投入运行、运输或保养前，阅读安装和操作说明书并注意其中的提示！
A1 0° A2 -130° A3 +130° A4 0° A5 +90° A6 0° 00-261-052 CAUTION: Move the robot into its transport position before removing the mounting base! ATTENTION: Amener le robot en position de transport avant de défaire la fixation aux fondations! VORSICHT: Roboter vor Lösen der Fundamentbefestigung in Tranportstellung bringen!	运输位置：在松开地基固定装置的螺栓前，机器人必须位于符号表格的运输位置上，否则有翻倒危险！

笔记

续表

标牌样式	含义
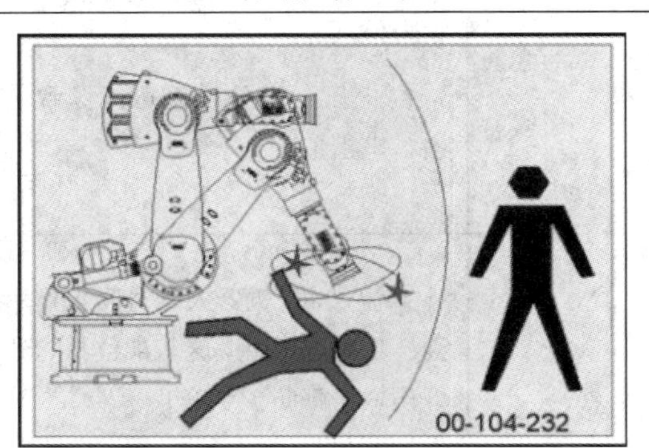	危险区域：如果机器人准备就绪或处于运行中，则禁止在该机器人的危险区域中停留，否则有受伤危险！
Schrauben M10 Qualitat 10.9 Einschraubtiefe min. 12 max. 16mm Klemmlänge min. 12mm Fastening srews M10 quality 10.9 Engagement length min. 12 max. 16mm Screw grip min. 12mm Vis M10 qualite 10.9 Longueur vissée min. 12 max. 16mm Longueur de serrage min. 12mm Art.Nr. 00-139-033	机器人腕部的装配法兰：该标牌上注明的数值适用于将工具安装在腕部的装配法兰上并且必须遵守
	铭牌：内容符合机器指令
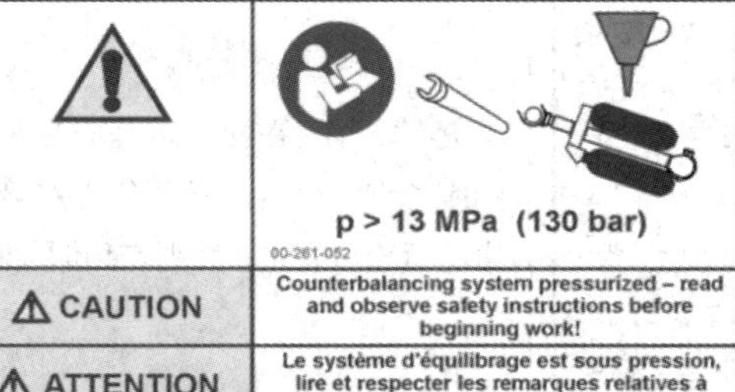	平衡配重：系统有油压和氮气压力，在平衡配重上作业前，阅读安装和操作说明书并注意包含在其中的提示。有受伤危险！

KUKA 工业机器人控制柜标牌的安装位置如图 1-54 所示，各标牌含义如表 1-9 所示。

笔记

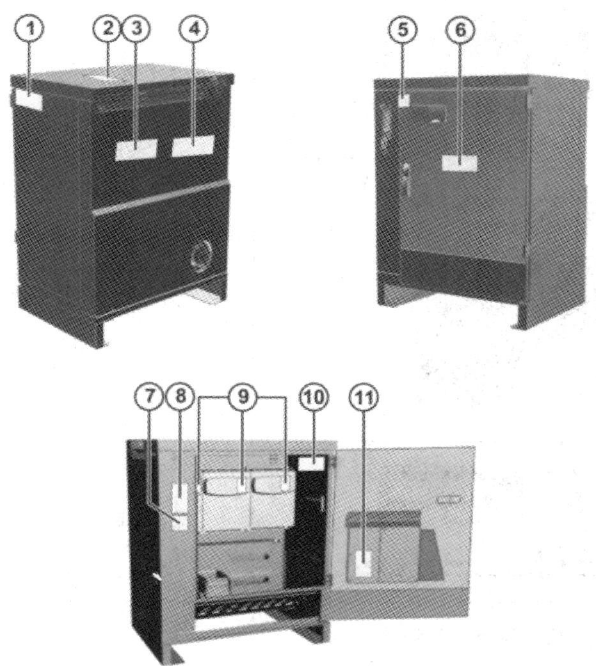

图 1-54　KUKA 工业机器人控制柜的标牌

表 1-9　KUKA 工业机器人控制柜标牌含义

样　式	含　义
KUKA KUKA Roboter GmbH Zugspitzstraße 140 86165 Augsburg, Germany Typ / Type / Type: KRC4 Artikel-Nr. / Article No. / No. d'article: 11017969 Serien-Nr. / Serial No. / No. de Série: 214648 Baujahr / Date / Année de fabric.: 40/2012 Gewicht / Weight / Poids: 216kg Anschlußspg. / Supply Voltage / Tension: 3x480V Netzfrequenz / Frequency / Fréquence: 50/60Hz Vollaststrom / charge full-load current / Courant pleine: 10A Netzsicherung / Mains Fuse / Fusible de secteur: 25A CE TÜV AN 11017969　SN 214648 SC4	机器人控制器铭牌
CAUTION TRANSPORTATION DIRECTIONS TRANSPORT DISPOSITION	小心(运输)
WARNING Burn Hazard. Do NOT touch. Allow to cool before servicing.	表面高温警告

笔记

续表一

样　式	含　义
WARNING Crush hazard. Keep hands clear. Follow lock-out procedures before servicing.	手受伤警告
	提示(KR C4 主开关)
DANGER Electrical hazards. Authorized personnel only.	危险(触电)
DANGER Arc flash hazard Disconnect main power before servicing equipment	危险(电弧)
WARNING DISCONNECT AND LOCKOUT MAIN POWER BEFORE SERVICING EQUIPMENT ATTENTION AVANT D´EXÉCUTER DES TRAVAUX D´ENTRETIEN, COUPEZ L´ALIMENTATION DE COURANT Ue (V) Icu (kA) 220/240~ 42 380/440~ 18 500/525~ 10 THIS DOOR IS MECHANICALLY INTERLOCKED WITH THE DISCONNECT OPERATING HANDLE TO OPEN DOOR MOVE DISCONNECT OPERATING HANDLE TO OFF POSITION	警告(电压/电流，SCCR 分析)
DANGER <=780VDC 180s	危险(≤780 VDC/等待时间 180 s)

续表二

笔记

样　式	含　义
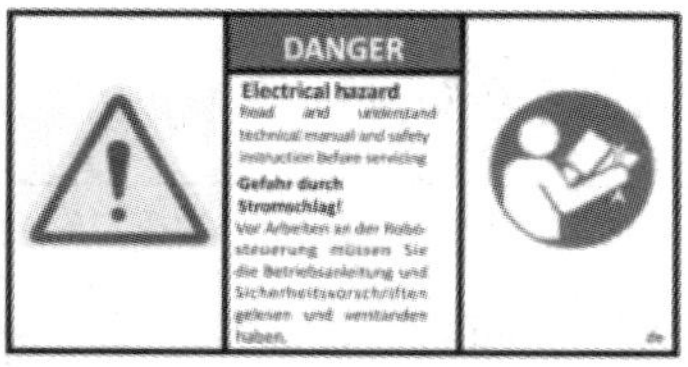 DANGER Electrical hazard Read and understand technical manual and safety instruction before servicing Gefahr durch Stromschlag! Vor Arbeiten an der Robotersteuerung müssen Sie die Betriebsanleitung und Sicherheitsvorschriften gelesen und verstanden haben.	危险(阅读操作手册)
 KUKA Roboter GmbH Zugspitzstraße 140 86165 Augsburg, Germany Typ　Type　Type　KPC4 Artikel-Nr.　Article No.　No.d'article　213059 Serien-Nr.　Serial No.　No.de Série　321806 Baujahr　Date　Année de fabric.　20/2013 Spannung　Supply Voltage　Tension　24V DC	控制系统 PC 铭牌
 ⑫ ⑫ PC-BATTERY REPLACE WITH PILE POUR ORDINATEUR REMPLACEZ PAR: PRE CR 2032 3V	提示(更换 PC 电池)
 ⑬ ⑬ REPLACE WITH: REMPLACEZ PAR: 0000115723	提示(更换电池)

笔记

任务扩展

工业机器人十大品牌及其标识

FANUC	KUKA	NACHi	Simple & friendly Kawasaki Robot	ABB
发那科 (FANUC)	库卡 (KUKA)	不二越 (NACHI)	川崎 (Kawasaki)	ABB
STÄUBLI	COMAU ROBOTICS	EPSON EXCEED YOUR VISION 爱普生工业机器人	YASKAWA	SIASUN 新松 Beyond Expectation
史陶比尔 (Stäubli)	柯马 (COMAU)	爱普生 (EPSON)	安川 (YASKAWA)	新松 (SIASUN)

任务四　工业机器人运动轴与坐标系的确定

任务导入

工业机器人在生产中，一般需要配备除了自身性能特点要求外的外围设备，如转动工件的回转台、移动工件的移动台等。这些外围设备的运动和位置控制都需要与工业机器人相配合，并要求具有相应的精度。通常机器人运动轴按其功能可划分为机器人轴、基座轴和工装轴，基座轴和工装轴统称外部轴，如图 1-55 所示。

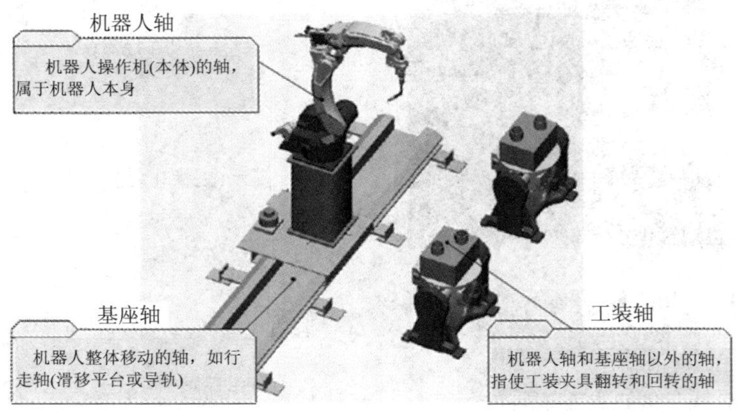

图 1-55　机器人系统中各运动轴

笔记

任务目标

知 识 目 标	能 力 目 标
1. 掌握工业机器人坐标系的方法 2. 掌握常见工业机器人坐标系的名称	1. 能确定不同工业机器人的坐标系 2. 能看懂不同工业机器人的常用坐标系

任务实施

一、工业机器人的运动轴

教师讲解

工业机器人轴是指操作本体的轴，属于机器人本身，目前商用的工业机器人大多以 8 轴为主。基座轴是使机器人移动的轴的总称，主要指行走轴(移动滑台或导轨)，工装轴是除机器人轴、基座轴以外轴的总称，指使工件、工装夹具翻转和回转的轴，如回转台、翻转台等。实际生产中常用的是 6 关节工业机器人，该机器人操作机有 6 个可活动的关节(轴)。图 1-56 为典型机器人各运动轴。表 1-10 为常见工业机器人本体运动轴的定义，不同的工业机器人本体运动轴的定义是不同的。KUKA 机器人 6 轴分别定义为 A1、A2、A3、A4、A5 和 A6；ABB 工业机器人则定义为轴 1、轴 2、轴 3、轴 4、轴 5 和轴 6。其中 A1、A2 和 A3 轴(轴 1、轴 2 和轴 3)称为基本轴或主轴，用于保证末端执行器达到工作空间的任意位置；A4、A5 和 A6 轴(轴 4、轴 5 和轴 6)称为腕部轴或次轴，用于实现末端执行器的任意空间姿态。

工匠精神

大国工匠精神主要表现在以下五个方面：执着专注、作风严谨、精益求精、敬业守信、推陈出新

表 1-10　常见工业机器人本体运动轴的定义

轴类型	轴名称				动作说明
	ABB	FANUC	YASKAWA	KUKA	
主轴(基本轴)	轴 1	J1	S 轴	A1	本体回旋
	轴 2	J2	L 轴	A2	大臂运动
	轴 3	J3	U 轴	A3	小臂运动
次轴(腕部运动)	轴 4	J4	R 轴	A4	手腕旋转运动
	轴 5	J5	B 轴	A5	手腕上下摆运动
	轴 6	J6	T 轴	A6	手腕圆周运动

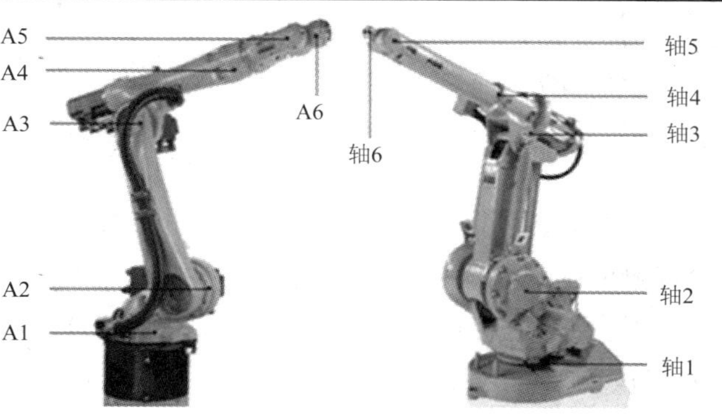

(a) KUKA 机器人　　(b) ABB 机器人

笔记

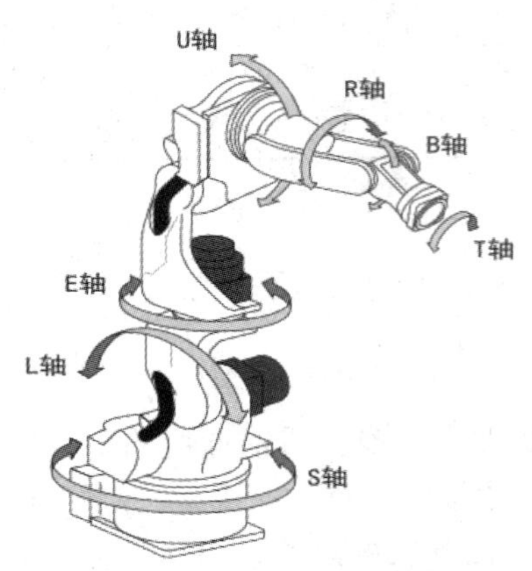

(c) YASKAWA 工业机器人

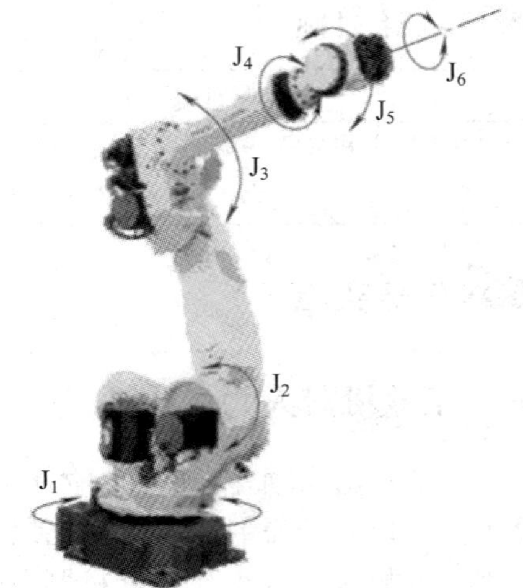

(d) FANUC 工业机器人

图 1-56　典型机器人各运动轴

二、机器人坐标系的确定

1. 机器人坐标系的确定原则

机器人程序中所有点的位置都是和一个坐标系相联系的，同时，这个坐标系也可能和另外一个坐标系有联系。

机器人的各种坐标系都由正交的右手定则来决定，如图 1-57 所示。当围绕平行于 X、Y、Z 轴线的各轴旋转时，分别定义为 A、B、C。A、B、C 分别以 X、Y、Z 轴的正方向上右手螺旋前进的方向为正方向(如图 1-58 所示)。

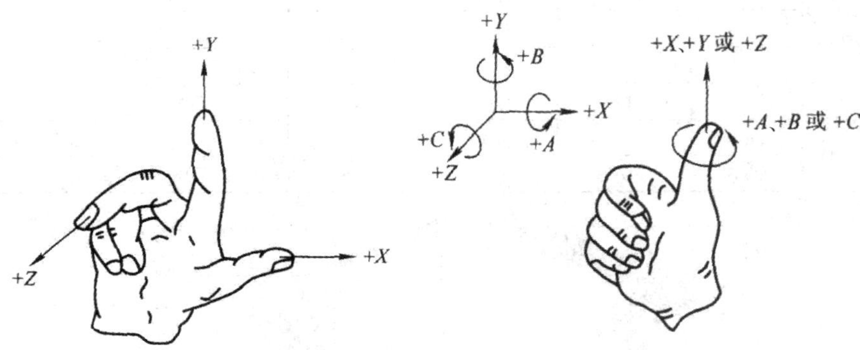

图 1-57　右手坐标系　　　图 1-58　旋转坐标系

2. 常用坐标系的确定

常用的坐标系是绝对坐标系、机座坐标系、机械接口坐标系和工具坐标系，如图 1-59 所示。

笔记

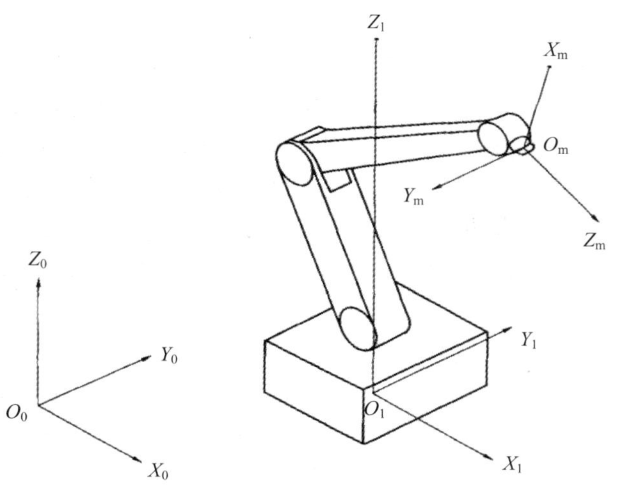

图 1-59　坐标系示例

1) 绝对坐标系

绝对坐标系与机器人的运动无关，是以地球为参照系的固定坐标系，其符号为：$O_0—X_0—Y_0—Z_0$。绝对坐标系的原点 O_0 由用户根据需要来确定；$+Z_0$ 轴与重力加速度的矢量共线，但其方向相反；$+X_0$ 轴根据用户的使用要求来确定。

2) 基座坐标系

基座坐标系是以机器人基座安装平面为参照系的坐标系，如图 1-60 所示，其符号为：$O_1—X_1—Y_1—Z_1$。基座坐标系的原点由机器人制造厂规定；$+Z_1$ 轴垂直于机器人基座安装面，指向机器人机体；X_1 轴的方向由原点指向机器人工作空间中心点 C_w(见 GB/T12644—2013)在基座安装面上的投影，当由于机器人的构造不能实现此约定时，X_1 轴的方向可由制造厂规定。

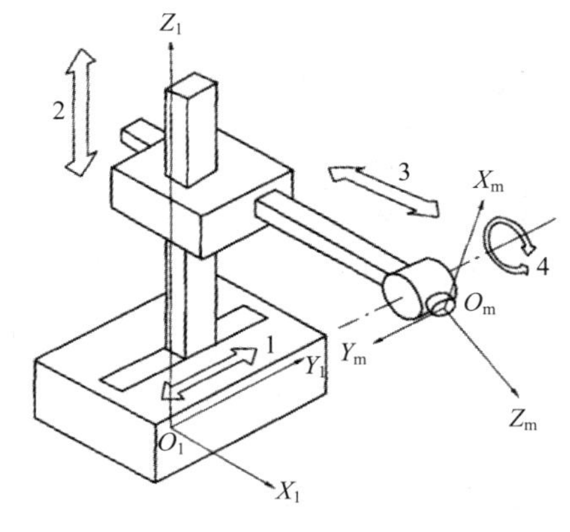

(a) 直角坐标机器人

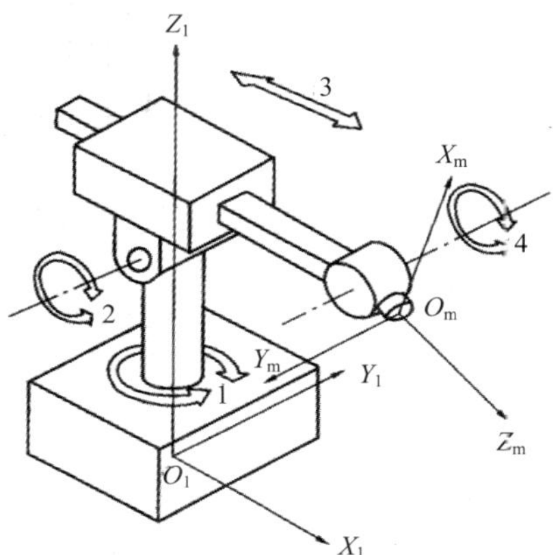

(b) 极坐标机器人

图 1-60　基座坐标系

笔记

3) 机械接口坐标系

如图 1-61 所示，机械接口坐标系是以机械接口为参照系的坐标系，其符号为：O_m—X_m—Y_m—Z_m。机械接口坐标系的原点 O_m 是机械接口的中心；$+Z_m$ 轴的方向垂直于机械接口中心，并由此指向末端执行器；$+X_m$ 轴是由机械接口平面和 X_1、Z_1 平面(或平行于 X_1、Z_1 的平面)的交线来定义的。机器人的主、副关节轴处于运动范围的中间位置。当机器人的构造不能实现此约定时，应由制造厂规定主关节轴的位置。$+X_m$ 轴的指向是远离 Z_1 轴。

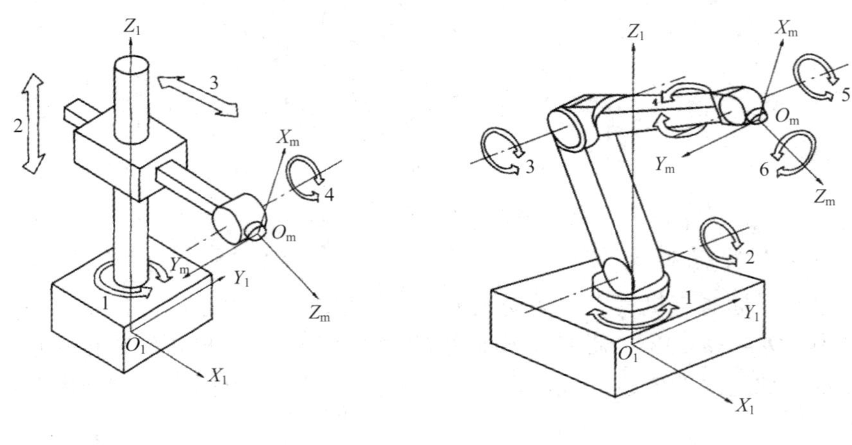

(a) 圆柱坐标机器人　　(b) 关节坐标机器人

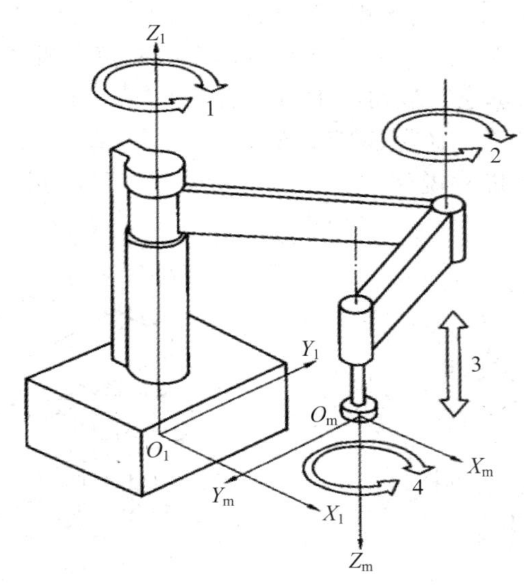

(c) SCARA 机器人

图 1-61　机械接口坐标系

4) 工具坐标系

工具坐标系是以安装在机械接口上的末端执行器为参照系的坐标系，如

图 1-62 所示，其符号为：O_t—X_t—Y_t—Z_t。工具坐标系的原点 O_t 是工具中心点(TCP)；$+Z_t$ 轴与工具有关，通常是工具的指向；在平板式夹爪型夹持器夹持时，$+Y_t$ 在手指运动平面的方向。

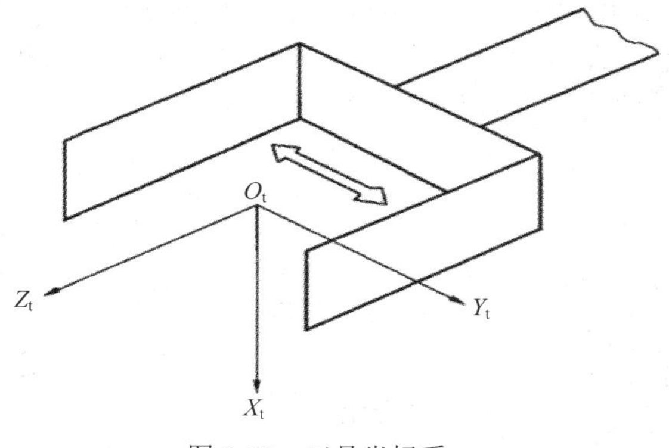

图 1-62　工具坐标系

现场教学

三、工业机器人常用坐标系

1. 基坐标系(Base Coordinate System)

基坐标系又称为基座坐标系，位于机器人基座，如图 1-60 和图 1-63 所示，它是最便于机器人从一个位置移动到另一个位置的坐标系。基坐标系在机器人基座中有相应的零点，这使固定安装的机器人的移动具有可预测性。在正常配置的机器人系统中，当人站在机器人的前方并在基坐标系中微动控制，将控制杆拉向自己一方时，机器人将沿 X 轴移动；向两侧移动控制杆时，机器人将沿 Y 轴移动；扭动控制杆时，机器人将沿 Z 轴移动。

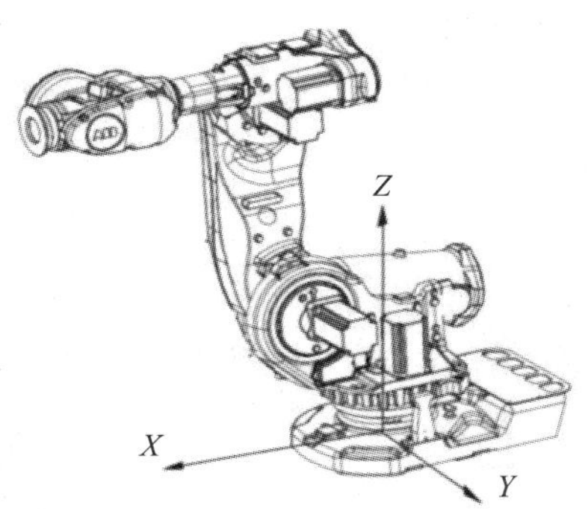

图 1-63　机器人的基坐标系

2. 世界坐标系(World Coordinate System)

世界坐标系又称为大地坐标系或绝对坐标系。如果机器人安装在地面，在基坐标系下示教编程很容易。然而，当机器人吊装时，机器人末端移动直观性差，因而示教编程较为困难。另外，两台或更多台机器人共同协作完成

笔记

一项任务时，例如，一台安装于地面，另一台倒置，倒置机器人的基坐标系也将上下颠倒，如图 1-64 所示。如果分别在两台机器人的基坐标系中进行运动控制，则很难预测相互协作运动的情况。在此情况下，可以定义一个世界坐标系，选择共同的世界坐标系取而代之。若无特殊说明，单台机器人世界坐标系和基坐标系是重合的。当在工作空间内同时有几台机器人时，使用公共的世界坐标系进行编程有利于机器人程序间的交互。

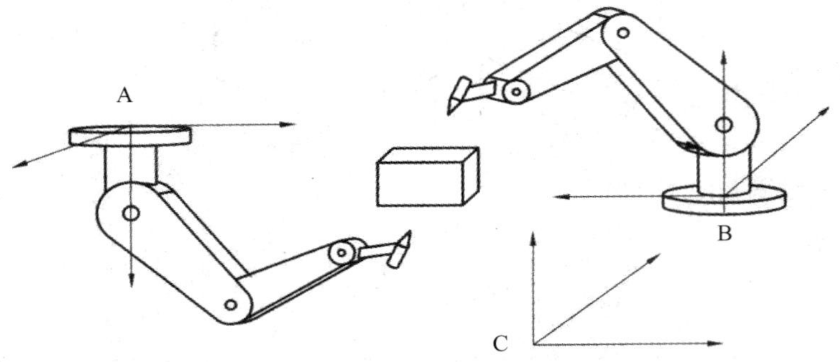

A—基坐标系；B—基坐标系；C—世界坐标系

图 1-64　世界坐标系

3. 用户坐标系(User Coordinate System)

机器人可以和不同的工作台或夹具配合工作，在每个工作台上建立一个用户坐标系。机器人大部分采用示教编程的方式，步骤繁琐，对于相同的工件，在一个工作台上完成工件加工示教编程后，如果用户的工作台发生变化，不必重新编程，只需相应地变换到当前的用户坐标系下。用户坐标系是在基坐标系或者世界坐标系下建立的。如图 1-65 所示，用两个用户坐标系来表示不同的工作平台。

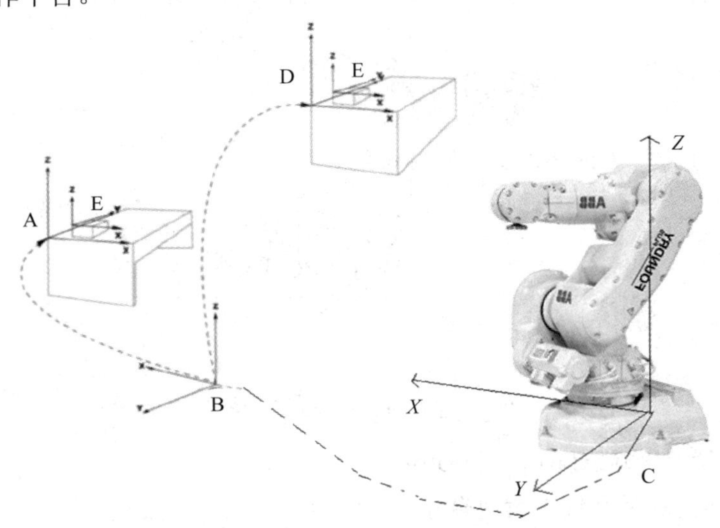

A—用户坐标系；B—大地坐标系；C—基坐标系；D—移动用户坐标系；E—工件坐标系

图 1-65　用户坐标系

笔记

4. 工件坐标系(Object Coordinate System)

工件坐标系与工件相关，通常是最适于对机器人进行编程的坐标系。工件坐标系定义工件相对于大地坐标系(或其他坐标系)的位置，如图 1-66 所示。

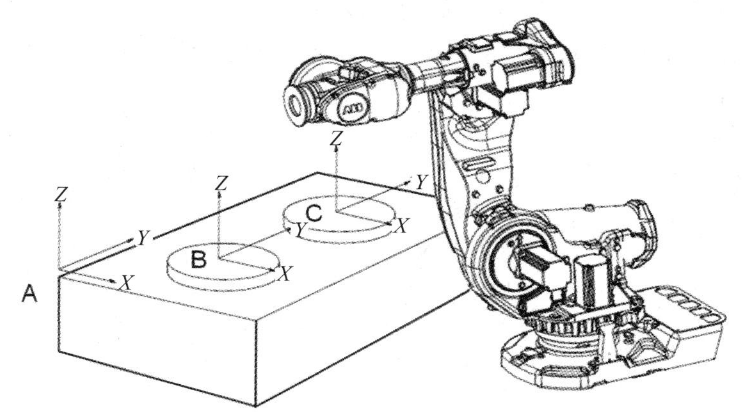

A—大地坐标系；B—工件坐标系 1；C—工件坐标系 2

图 1-66　工件坐标系

工件坐标系是拥有特定附加属性的坐标系，主要用于简化编程。工件坐标系拥有两个框架：用户框架(与大地基座相关)和工件框架(与用户框架相关)。机器人可以拥有若干工件坐标系，或者表示不同工件，或者表示同一工件在不同位置的若干副本。对机器人进行编程就是在工件坐标系中创建目标和路径。重新定位工作站中的工件时，只需更改工件坐标系的位置，所有路径将即刻随之更新。允许操作以外轴或传送导轨移动的工件，因为整个工件可连同其路径一起移动。

5. 置换坐标系(Displacement Coordinate System)

置换坐标系又称为位移坐标系，有时需要对同一个工件、同一段轨迹在不同的工位上加工，为了避免每次重新编程，可以定义一个置换坐标系。置换坐标系是基于工件坐标系定义的，如图 1-67 所示。当置换坐标系被激活后，程序中的所有点都将被置换。

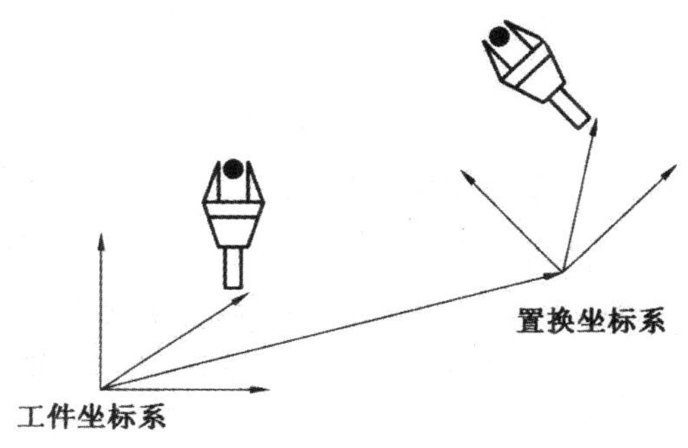

图 1-67　置换坐标系

笔记

6. 腕坐标系(Wrist Coordinate System)

腕坐标系和工具坐标系都是用来定义工具的方向的。在简单的应用中，腕坐标系可以定义为工具坐标系，腕坐标系和工具坐标系重合。腕坐标系的 Z 轴和机器人的第 6 根轴重合，如图 1-68 所示，坐标系的原点位于末端法兰盘的中心，X 轴的方向与法兰盘上标识孔的方向相同或相反，Z 轴垂直向外，Y 轴符合右手法则。

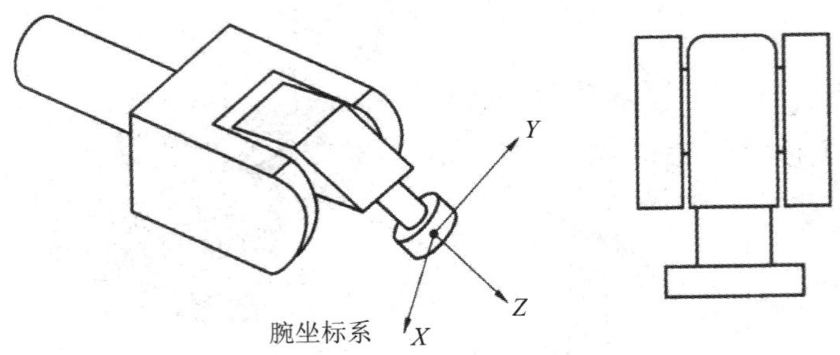

图 1-68　腕坐标系

7. 工具坐标系(Tool Coordinate System)

安装在末端法兰盘上的工具需要在其中心点(TCP)定义一个工具坐标系，通过坐标系的转换，可以操作机器人在工具坐标系下运动，以方便操作。如果工具磨损或更换，只需重新定义工具坐标系，而不用更改程序。工具坐标系建立在腕坐标系下，即两者之间的相对位置和姿态是确定的。图 1-62 与图 1-69 表示不同工具的工具坐标系的定义。

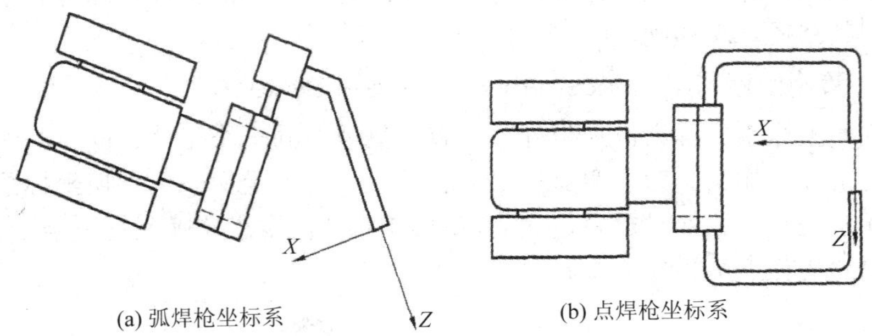

图 1-69　工具坐标系

8. 关节坐标系(Joint Coordinate System)

关节坐标系用来描述机器人每个独立关节的运动，如图 1-70 所示。所有关节类型可能不同(如移动关节、转动关节等)。假设将机器人末端移动到期望的位置，如果在关节坐标系下操作，可以依次驱动各关节运动，从而引导机器人末端到达指定的位置。

笔记

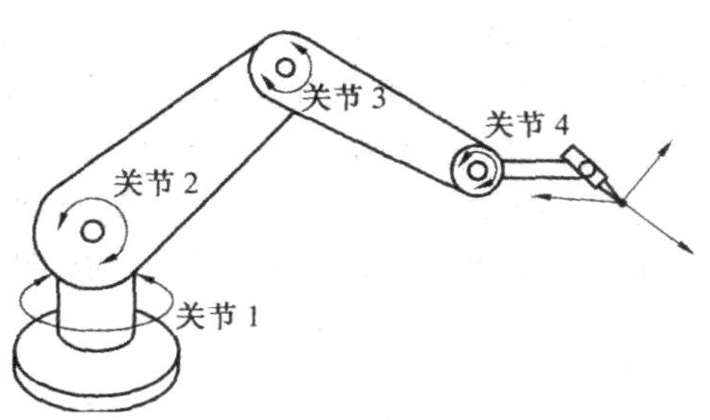

图 1-70　关节坐标系

任务扩展

工业机器人技术参数

1. 技术参数

技术参数是各工业机器人制造商在产品供货时所提供的技术数据。尽管各厂商所提供的技术参数项目不完全一样，工业机器人的结构、用途等有所不同，且用户的要求也不同，但是，工业机器人的主要技术参数一般都应有自由度、精度、工作范围、最大工作速度、承载能力等。

1) 自由度

自由度是指机器人所具有的独立坐标轴运动的数目，不应包括手爪(末端操作器)的开合自由度。在三维空间中描述一个物体的位置和姿态(简称位姿)需要 6 个自由度。但是，工业机器人的自由度是根据其用途而设计的，可能小于 6 个自由度，也可能大于 6 个自由度。例如，PUMA562 机器人具有 6 个自由度，如图 1-71 所示，可以进行复杂空间曲面的弧焊作业。从运动学的

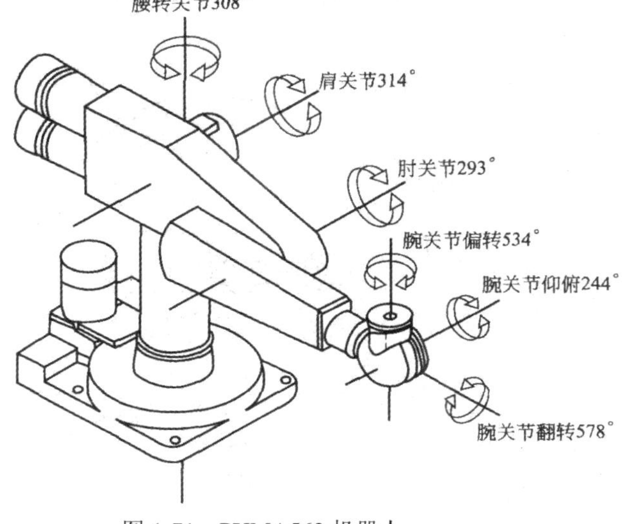

图 1-71　PUMA562 机器人

笔记

观点看，在完成某一特定作业时具有多余自由度的机器人，就叫做冗余自由度机器人，简称冗余度机器人。例如，PUMA562 机器人执行印制电路板上接插电子器件的作业时就称为冗余度机器人。利用冗余的自由度，可以增加机器人的灵活性，躲避障碍物和改善动力性能。人的手臂(大臂、小臂、手腕)共有 7 个自由度，所以工作起来很灵巧，手部可回避障碍物，从不同方向到达同一个目的点。

2) 工作范围

工作范围是指机器人手臂末端或手腕中心所能到达的所有点的集合，也叫做工作区域。因为末端操作器的形状和尺寸是多种多样的，所以为了真实反映机器人的特征参数，工作范围是指不安装末端操作器时的工作区域。工作范围的形状和大小是十分重要的，机器人在执行某作业时可能会因为存在手部不能到达的作业死区(deadzone)而不能完成任务。图 1-72 和图 1-73 分别为 PUMA 机器人和 A4020 机器人的工作范围。

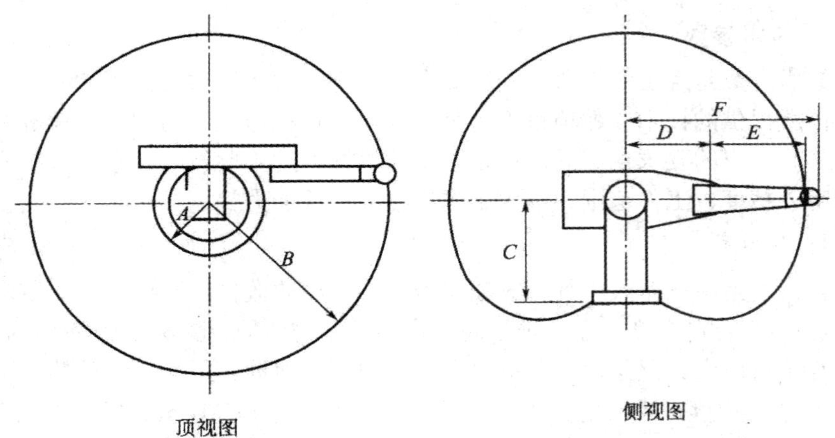

图 1-72　PUMA 机器人工作范围

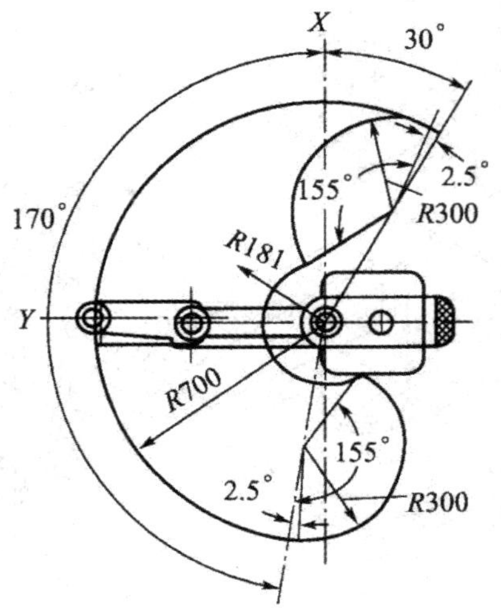

图 1-73　A4020 装配机器人工作范围

笔记

3) 最大工作速度

机器人在保持运动平稳性和位置精度的前提下所能达到的最大速度称为额定速度。其某一关节运动的速度称为单轴速度，由各轴速度分量合成的速度称为合成速度。

机器人在额定速度和规定性能范围内，末端执行器所能承受负载的允许值称为额定负载。在限制作业条件下，为了保证机械结构不损坏，末端执行器所能承受负载的最大值称为极限负载。

对于结构固定的机器人，其最大行程为定值，因此额定速度越高，运动循环时间越短，工作效率也越高。而机器人每个关节的运动过程一般包括启动加速、匀速运动和减速制动三个阶段。如果机器人负载过大，则会产生较大的加速度，造成启动、制动阶段时间增长，从而影响机器人的工作效率。对此，就要根据实际工作周期来平衡机器人的额定速度。

4) 承载能力

承载能力是指机器人在工作范围内的任何位姿上所能承受的最大重量，通常可以用质量、力矩或惯性矩来表示。承载能力不仅取决于负载的质量，而且与机器人运行的速度和加速度的大小和方向有关。一般低速运行时承载能力强。为安全考虑，将承载能力这个指标确定为高速运行时的承载能力。通常，承载能力不仅指负载质量，还包括机器人末端操作器的质量。

5) 分辨率

机器人的分辨率由系统设计检测参数决定，并受到位置反馈检测单元性能的影响。分辨率可分为编程分辨率与控制分辨率。编程分辨率是指程序中可以设定的最小距离单位，又称为基准分辨率。控制分辨率是位置反馈回路能检测到的最小位移量。当编程分辨率与控制分辨率相等时，系统性能达到最高。

6) 精度

机器人的精度主要体现在定位精度和重复定位精度两个方面。

定位精度是指机器人末端操作器的实际位置与目标位置之间的偏差，由机械误差、控制算法误差与系统分辨率等部分组成。

重复定位精度是指在相同环境、相同条件、相同目标动作、相同命令的条件下，机器人连续重复运动若干次时，其位置会在一个平均值附近变化，变化的幅度代表重复定位精度，是关于精度的一个统计数据。因重复定位精度不受工作载荷变化的影响，所以通常用它作为衡量示教再现型工业机器人水平的重要指标。

图 1-74 为重复定位精度的几种典型情况。图 1-74(a)为重复定位精度的测定；图 1-74(b)为合理的定位精度，良好的重复定位精度；图 1-74(c)为良好的定位精度，很差的重复定位精度；图 1-74(d)为很差的定位精度，良好的重复定位精度。

笔记

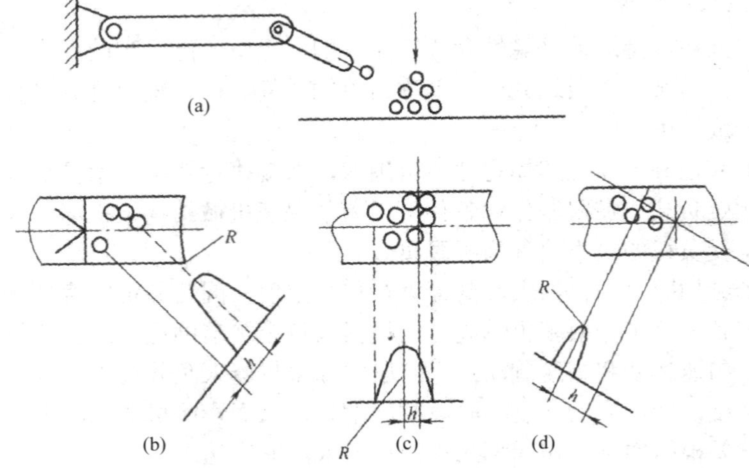

图 1-74　重复定位精度的典型情况

7) 其他参数

除上述参数以外，对于一个完整的机器人还有下列参数描述其技术规格。

(1) 控制方式。控制方式是指机器人控制轴的方式，是伺服还是非伺服，伺服控制方式是实现连续轨迹还是点到点的运动。

(2) 驱动方式。驱动方式是指关节执行器的动力源形式，通常有气动、液压、电动等形式。

(3) 安装方式。安装方式是指机器人本体在工作场合的安装形式，通常有地面安装、架装、吊装等。

(4) 动力源容量。动力源容量是指机器人动力源的规格和消耗功率的大小，如气压的大小、耗气量、液压高低、电压形式与大小、消耗功率等。

(5) 本体质量。本体质量是指机器人在不加任何负载时本体的重量，用于选择运输、安装方式等。

(6) 环境参数。环境参数是指机器人在运输、存储和工作时需要提供的环境条件，如温度、湿度、振动、防护等级和防爆等级等。

2. 典型机器人的技术参数

图 1-75 所示工业机器人的技术参数见表 1-11～表 1-13。

(a) IRB 2600

(b) 控制柜 IRC 5

(c) 示教器

图 1-75　IRB 2600 工业机器人

笔记

表 1-11　IRB 2600 工业机器人技术参数

序号	项　目		规　格
1	控制轴数		6
2	负载		12 kg
3	最大到达距离		1850 mm
4	重复定位精度		±0.04 mm
5	重量		284 kg
6	防护等级		IP67
7	最大动作速度 (运动范围)	1 轴	175°/s (±180°)
		2 轴	175°/s (−95°～155°)
		3 轴	175°/s (−180°～75°)
		4 轴	360°/s (±400°)
		5 轴	360°/s (−120°～120°)
		6 轴	360°/s (±400°)
8	可达范围	IRB 2600-12/1.85	

表 1-12　控制柜 IRC 5 技术参数

序号	项　目	规 格 描 述
1	控制硬件	多处理器系统 PCI 总线 Pentium ® CPU 大容量存储用闪存或硬盘 备用电源，以防电源故障 USB 存储接口

笔记

续表

序号	项　目	规 格 描 述
2	控制软件	对象主导型设计 高级 RAPID 机器人编程语言 可移植、开放式、可扩展 PC-DOS 文件格式 ROBOTWare 软件产品 预装软件，另提供光盘
3	安全性	安全紧急停机 带监测功能的双通道安全回路 3 位启动装置 电子限位开关，5 路安全输出(监测第 1～7 轴)
4	辐射	EMC/EMI 屏蔽
5	功率	4 KVA
6	输入电压	AC 200 V～600 V　50 Hz～60 Hz
7	防护等级	IP54

表 1-13　示教器技术参数

序号	项　目	规　格
1	材质	强化塑料外壳(含护手带)
2	重量	1 kg
3	操作键	快捷键+操作杆
4	显示屏	彩色图形界面，6.7 英寸触摸屏
5	操作习惯	支持左右手互换
6	外部存储	USB
7	语言	中英文切换

任务五　工业机器人常见故障与装调维修

任务导入

机器人装调与维修所用工具很多，比如图 1-76 所示的梅花 L 型套装扳手就是必备工具。

笔记

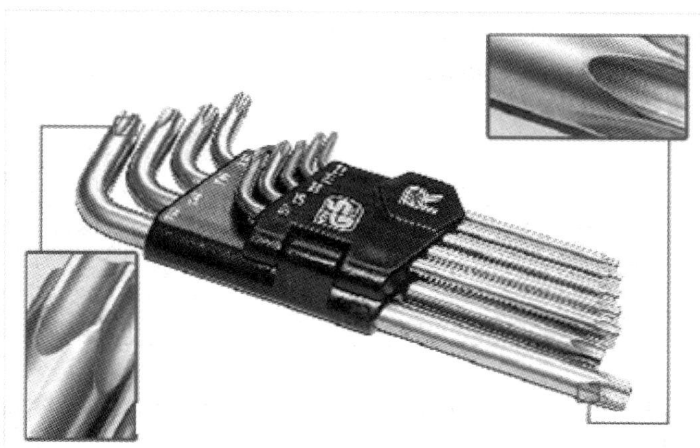

图 1-76 梅花 L 型套装扳手

任务目标

知识目标	能力目标
1. 掌握机器人故障发生的规律	1. 会使用激光干涉仪等精密仪器
2. 了解工业机器人故障产生的原因	2. 能根据工作内容选择仪器、仪表
3. 掌握工业机器人维修的方法	3. 会应用装配工具与工装
4. 了解工业机器人维修的原则	4. 能使用量具、检具检验零部件的配合尺寸

任务实施

教师讲解

一、工业机器人故障产生的规律

1. 工业机器人性能或状态

工业机器人在使用过程中，其性能或状态随着使用时间的推移而逐步下降，呈现如图 1-77 所示的曲线。很多故障发生前会有一些预兆，即所谓潜在故障，其可识别的物理参数表明一种功能性故障即将发生。功能性故障表明工业机器人丧失了规定的性能标准。

图 1-77 中的“*P*”点表示性能已经恶化，并发展到可识别潜在故障的程度，这可能表明金属疲劳的一个裂纹将导致零件折断；可能是振动，表明即将发生轴承故障；可能是一个过热点，表明电动机将损坏；可能是一个齿轮齿面过多的磨损等。“*F*”点表示潜在故障已变成功能故障，即它已质变到损坏的程度。*P*–*F* 间隔就是从潜在故障显露到转变为功能性故障的时间间隔，各种故障的 *P*–*F* 间隔差别很大，可由几秒到好几年，突发故障的 *P*–*F* 间隔就很短。较长的间隔意味着有更多的时间来预防功能性故障的发生，此时如果积极主动地寻找潜在故障的物理参数，以采取新的预防技术，就能避免功能性故障，争得较长的使用时间。

笔记

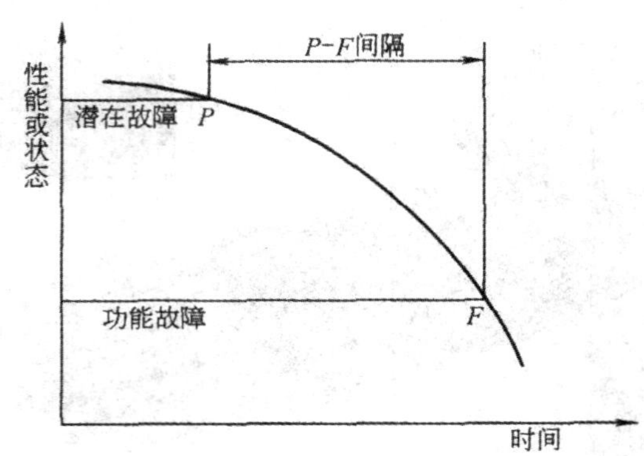

图 1-77 设备性能或状态曲线

2. 机械磨损故障

工业机器人在使用过程中，运动机件相互产生摩擦，表面互相刮削、研磨，加上化学物质的侵蚀，就会造成磨损。磨损过程大致分为下述三个阶段。

(1) 磨合阶段。磨合阶段多发生于新设备启用初期，主要特征是摩擦表面的凸峰、氧化皮、脱炭层很快被磨去，使摩擦表面更加贴合。这一过程时间不长，而且对工业机器人有益，通常称为“跑合”，如图 1-78 的 *Oa* 段。

(2) 稳定磨损阶段。由于跑合的结果，使运动表面工作在耐磨层，而且相互贴合，接触面积增加，单位接触面上的应力减小，因而磨损增加缓慢，可以持续很长时间，如图 1-78 所示的 *ab* 段。

(3) 急剧磨损阶段。随着磨损逐渐积累，零件表面抗磨层的磨耗超过极限程度，磨损速率急剧上升。理论上将正常磨损的终点作为合理磨损的极限。

根据磨损规律，工业机器人的修理应安排在稳定磨损终点 *b* 为宜。这时，既能充分利用原零件性能，又能防止急剧磨损出现。也可稍有提前，以预防急剧磨损，但不可拖后。若使工业机器人带病工作，势必使磨损加剧，造成不必要的经济损失。在正常情况下，*b* 点的时间一般为 7～10 年。

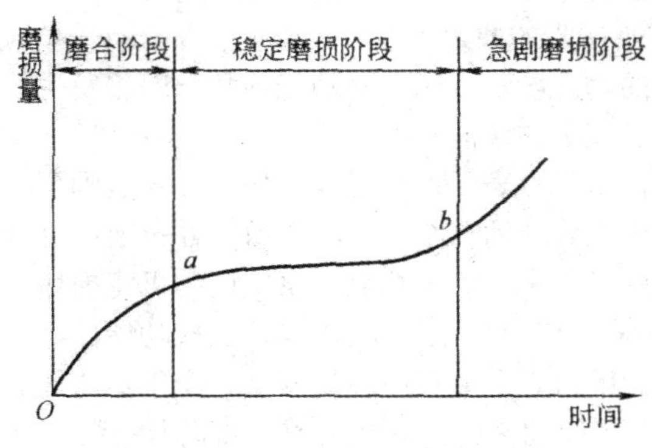

图 1-78 典型磨损过程

3. 工业机器人故障率曲线

与一般设备相同，工业机器人的故障率随时间变化的规律可用图 1-79 所

示的浴盆曲线(也称失效率曲线)表示。整个使用寿命期根据工业机器人的故障频率大致分为 3 个阶段，即早期故障期、偶发故障期和耗损故障期。

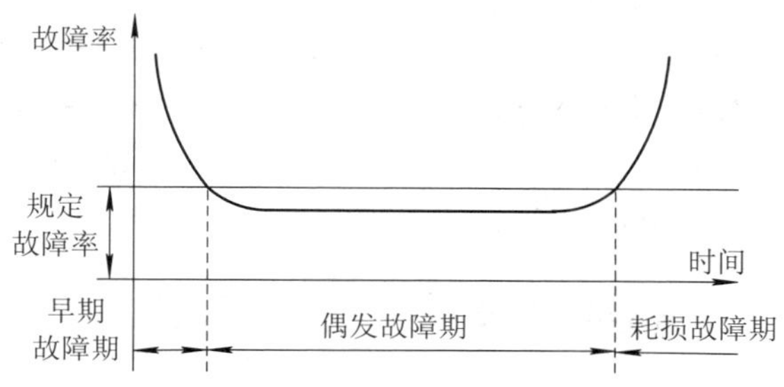

图 1-79　工业机器人故障规律(浴盆曲线)

1) 早期故障期

这个时期工业机器人故障率高，但随着使用时间的增加迅速下降。这段时间的长短随产品、系统的设计与制造质量而异，约为 10 个月。工业机器人使用初期之所以故障频繁，可从以下几个方面寻找原因：

(1) 机械部分。工业机器人虽然在出厂前进行过磨合，但时间较短，而且主要是对齿轮进行磨合。由于零件的加工表面存在着微观的和宏观的几何形状偏差，部件的装配可能存在误差，因而，在工业机器人使用初期会产生较大的磨合磨损，使设备相对运动部件之间产生较大的间隙，导致故障的发生。

(2) 电气部分。工业机器人的控制系统使用了大量的电子元器件，这些元器件虽然在制造厂经过了严格的筛选和整机老化测试，但在实际运行时，由于电路发热、交变负荷、浪涌电流及反电势的冲击，某些性能较差的元器件经不住考验，因电流冲击或电压击穿而失效，或特性曲线发生变化，从而导致整个系统不能正常工作。

(3) 液压部分。由于出厂后运输及安装阶段的时间较长，使得液压系统中某些部位长时间无油，气缸中润滑油干涸，而油雾润滑又不可能立即起作用，造成油缸或气缸可能产生锈蚀。此外，新安装的空气管道若清洗不干净，一些杂物和水分也可能进入系统，造成液压气动部分的初期故障。

除此之外，元件、材料等也会造成早期故障，一般发生在保修期以内。因此，工业机器人购买后应尽快使用，使早期故障尽量显示在保修期内。

质量管理体系七项基本原则

以顾客为中心、领导作用、全员参与、过程方法、改进、循证决策、关系管理

2) 偶发故障期

工业机器人在经历了初期的各种老化、磨合和调整后，开始进入相对稳定的偶发故障期，即正常运行期。正常运行期约为 7～10 年。在这个阶段，故障率低而且相对稳定，近似常数。偶发故障是由于偶然因素引起的。

3) 耗损故障期

耗损故障期出现在工业机器人使用的后期，其特点是故障率随着运行时

笔记

间的增加而升高。出现这种现象的基本原因是工业机器人的零部件及电子元器件经过长时间的运行，由于疲劳、磨损、老化等原因，使用寿命已接近完结，从而处于频发故障状态。

工业机器人故障率曲线变化的三个阶段，真实地反映了从磨合、调试、正常工作到大修或报废的故障率变化规律，加强工业机器人的日常管理与维护保养，可以延长偶发故障期。准确地找出拐点，可避免过剩修理或修理范围扩大，以获得最佳的投资效益。

二、工业机器人故障诊断技术

由维修人员的感觉器官对工业机器人进行问、看、听、触、嗅等的诊断，称为实用诊断技术，实用诊断技术有时也称为直观诊断技术。

1. 问

弄清故障是突发的，还是渐发的，工业机器人开动时有哪些异常现象。对比故障前后工件的精度和表面粗糙度，以便分析故障产生的原因。传动系统是否正常，出力是否均匀，背吃刀量和进给量是否减小等。润滑油品牌号是否符合规定，用量是否适当。工业机器人何时进行过保养检修等。

2. 看

(1) 看转速。观察主传动速度的变化。如：带传动的线速度变慢，可能是传动带过松或负荷太大。对主传动系统中的齿轮，主要看它是否跳动、摆动。对传动轴主要看它是否弯曲或晃动。

(2) 看颜色。齿轮运转不正常就会发热。长时间升温会使工业机器人外表颜色发生变化，大多呈黄色。油箱里的油也会因温升过高而变稀，颜色发生变化；有时也会因久不换油、杂质过多或油变质而变成深墨色。当然，工业机器人外表颜色发生变化也可能是特殊应用的工业机器人没有做好防护而引起的，比如在喷涂工业机器人上常会出现这种现象。

(3) 看伤痕。工业机器人零部件的碰伤损坏部位很容易发现，发现裂纹时应作记号，隔一段时间后再比较它的变化情况，以便进行综合分析。

(4) 看工件。对于工业加工工业机器人，若工件表面粗糙度 *Ra* 数值大，甚至出现波纹，则可能是工业机器人齿轮啮合不良造成的。

(5) 看变形。观察工业机器人的坐标轴是否变形，第六轴是否跳动。

(6) 看油箱。主要观察油是否变质，确定其能否继续使用。

3. 听

一般运行正常的工业机器人，其声响具有一定的音律和节奏，并保持持续的稳定。

4. 触

(1) 温升。人的手指触觉是很灵敏的，能相当可靠地判断各种异常的温升，其误差可准确到 3℃～5℃。

笔记

(2) 振动。轻微振动可用手感鉴别，可找一个固定基点，用一只手去同时触摸便可以比较出振动的大小，特别是在第六轴上。

(3) 伤痕和波纹。肉眼看不清的伤痕和波纹，若用手指去摸则可以很容易地感觉出来。摸的方法是：对圆形零件要沿切向和轴向分别去摸；对平面则要左右、前后均匀去摸；摸时不能用力太大，轻轻把手指放在被检查面上接触便可，特别是对于新进或刚安装的工业机器人。

(4) 爬行。用手摸可直观地感觉出来。爬行现象在现代工业机器人上出现的不是太多，但在应用丝杠、液压及钢丝传动的工业机器人上出现得就很多了。

(5) 松或紧。对于 KUKA 工业机器人，卸开其防护后，用手转动轴或同步齿形带，即可感到接触部位的松紧是否均匀适当。

5. 嗅

剧烈摩擦或电器元件绝缘破损短路时，会使附着的油脂或其他可燃物质发生氧化蒸发或燃烧产生油烟气、焦糊气等异味，应用嗅觉诊断的方法可收到较好的效果。

实物教学

在教学时，教师尽量把实物拿到课堂上，让学生有一个感性认识。当然，也可以采用视频教学。

三、机器人的安装调试

1. 工业机器人的拆卸及装配工具(见表 1-14)

表 1-14　拆卸及装配工具

名　称	外　观　图	说　明
单头钩形扳手		分为固定式和调节式，可用于扳动在圆周方向上开有直槽或孔的圆螺母
端面带槽或孔的圆螺母扳手		可分为套筒式扳手和双销叉形扳手
弹性挡圈装卸用钳子		分为轴用弹性挡圈装卸用钳子和孔用弹性挡圈装卸用钳子

笔记

续表一

名称	外观图	说明
弹性手锤		可分为木锤和铜锤
拉锥度平键工具	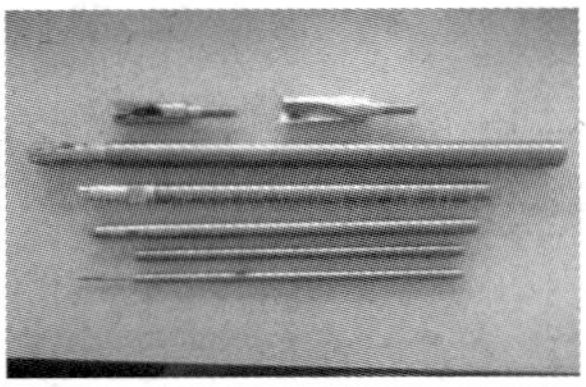	可分为冲击式拉锥度平键工具和抵拉式拉锥度平键工具
拔销器		拉带内螺纹的小轴、圆锥销工具
拉卸工具	 	拆装轴上的滚动轴承、皮带轮式联轴器等零件时，常用拉卸工具。拉卸工具常分为螺杆式及液压式两类，螺杆式拉卸工具分两爪、三爪和铰链式
检验棒		可分为带标准锥柄检验棒、圆柱检验棒和专用检验棒
限力扳手	 电子式  预置式  机械式	又称为扭矩扳手、扭力扳手

笔记

续表二

名 称	外 观 图	说 明
装轴承胎具		适用于装轴承的内、外圈
钩头楔键拆卸工具		用于拆卸钩头楔键
校准摆锤		A：用作校准传感器的校准摆锤 B：转动盘适配器 C：传感器锁紧螺钉 D、E：传感器电缆
SEMD		零点校准工具

2. 工业机器人机械装调与维修专用工具

1) 用于预安装轴承外环的压轴工具

用于将轴承外环安装到倾斜机壳上的压轴工具包含的部件如图 1-80 所示。

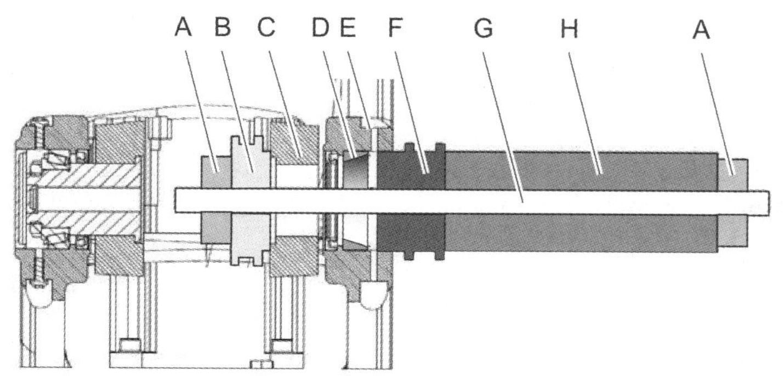

A—螺纹垫圈(2 pcs)；B—支持垫圈(3HAC040029-001)；C—上臂；D—外环轴承；E—倾斜机壳；F—压紧垫圈(3HAC040028-002)；G——螺纹杆 M16；H—液压缸

图 1-80 用于预安装轴承外环的压轴工具

笔记

2) 用于拆装轴的压轴工具

用于更换轴的压轴工具可用来进行拆卸和重新安装操作。用于拆卸轴的压轴工具和辅助轴衬如图 1-81 所示。

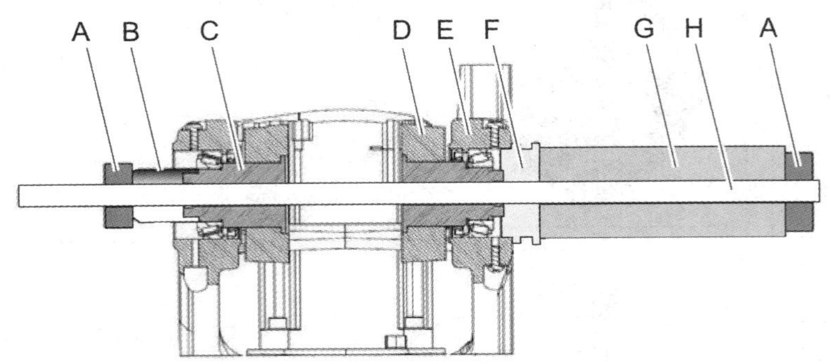

A—螺纹垫圈(2 pcs)；B—辅轴(3HAC040035-001)，仅用于拆卸；C—轴 2 轴；D—上臂；E—倾斜机壳；F—支撑轴衬(3HAC040029-002)；G—液压缸；H—螺纹杆 M16

图 1-81 用于拆卸轴的压轴工具

用于安装轴的压轴工具如图 1-82 所示。在安装轴时，必须使用图 1-81 中的螺纹垫圈(标记为 A)，否则不能完全将轴压入。

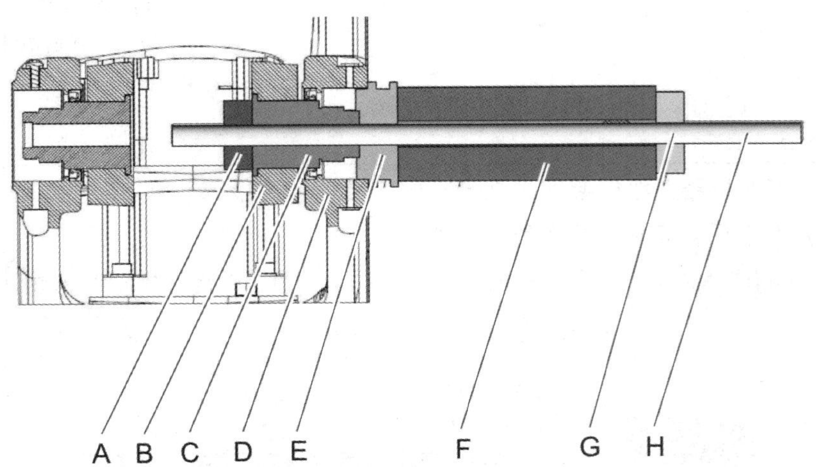

A—螺纹垫圈(3HAC040029-001)；B—上臂；C—轴 3 轴；D—倾斜机壳；E—支持轴衬；F—液压缸；G—螺纹垫圈；H—螺纹杆(M16)

图 1-82 用于安装轴的压轴工具

3) 上臂压轴工具

上臂压轴工具用于将 T 形环和轴承装配到上臂。卸下和重新安装时使用同样的工具，但受压轴衬替换成了支撑轴衬，参阅图 1-83 中标记为 D 的部件。

笔记

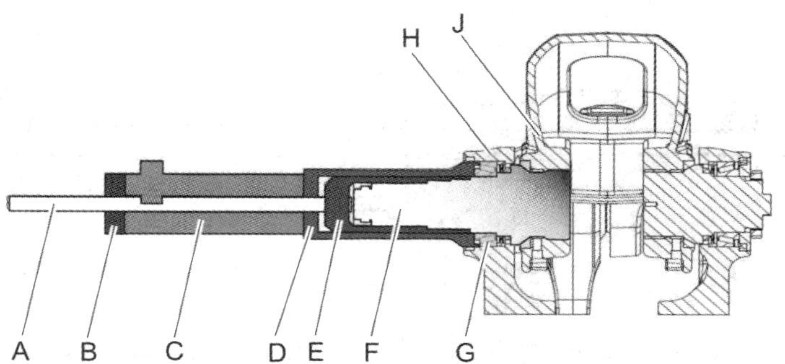

A—螺纹杆(M16)；B—螺纹垫圈(3HAC040021-004)；C—液压缸(3HAC040021-005)；D—支撑轴衬(3HAC040026-003)，仅在装配时使用；E—辅轴(3HAC040026-002)；F—轴；G—轴承；H—下臂；J—上臂

图 1-83 上臂压轴工具

4) 中间连接件压紧工具

中间连接件压紧工具如图 1-84 所示。

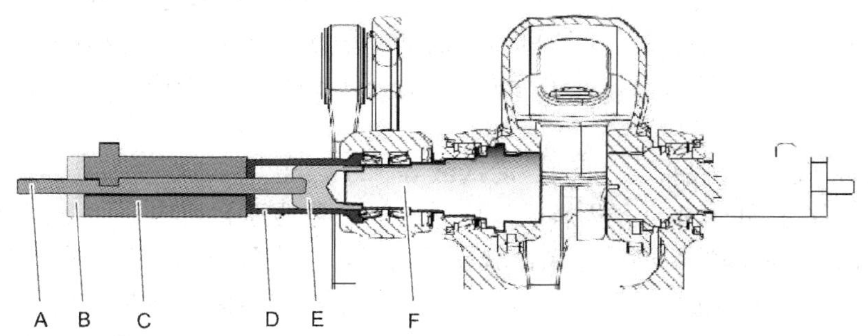

A—螺纹杆(M16)；B—螺纹垫圈；C—液压缸；D—受压轴衬；E—辅轴；F—轴

图 1-84 中间连接件压紧工具

5) 平行杆安装/拆卸工具

图 1-85 显示卸下平行杆时，如何使用安装/拆卸工具。

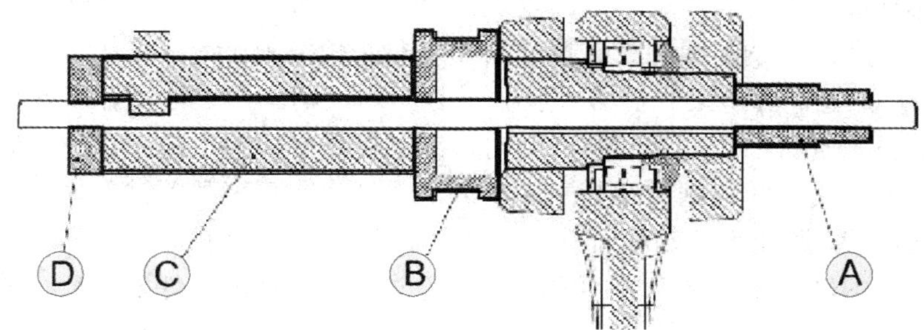

A—螺纹轴衬；B—支持轴衬；C—液压缸；D—螺纹垫圈

图 1-85 拆卸工具

图 1-86 显示重新安装平行杆时，如何使用安装/拆卸工具。

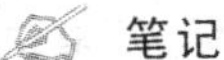
笔记

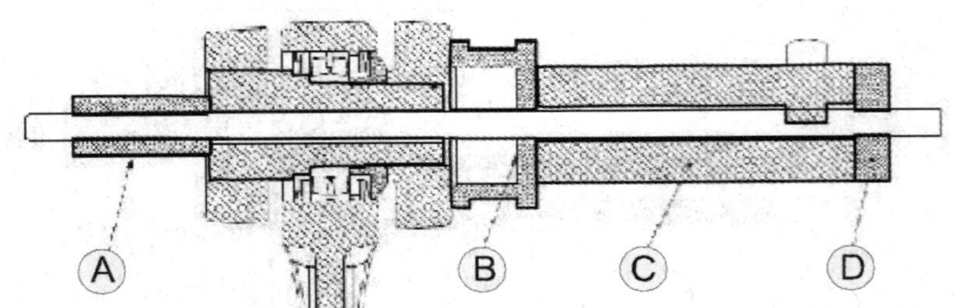

A—螺纹轴衬；B—支持轴衬；C—液压缸；D—螺纹垫圈

图 1-86　安装工具

教师讲解

3. 工业机器人机械部件拆卸的一般原则

(1) 首先必须熟悉工业机器人的技术资料和图样，弄懂机械传动原理，掌握各个零部件的结构特点、装配关系以及定位销、轴套、弹簧卡圈、锁紧螺母、锁紧螺钉与顶丝的位置和退出方向。

(2) 拆卸前，首先切断并拆除工业机器人的电源和车间动力联系的部位。

(3) 在切断电源后，工业机器人的拆卸程序要坚持与装配程序相反的原则。先拆外部附件，再将整机拆成部件总成，最后全部拆成零件，按部件归并放置。

(4) 放空润滑油、切削液、清洗液等。

(5) 在拆卸工业机器人轴孔装配件时，通常应坚持用多大力装配就基本上用多大力拆卸的原则。如果出现异常情况，应查找原因，防止在拆卸中将零件碰伤、拉毛甚至损坏。热装零件要利用加热来拆卸，如热装轴承可用热油加热轴承外圈进行拆卸。滑动部件拆卸时，要考虑到滑动面间油膜的吸力。一般情况下不允许进行破坏性拆卸。

(6) 拆卸工业机器人大型零件要坚持慎重、安全的原则。拆卸中要仔细检查锁紧螺钉及压板等零件是否拆开。吊挂时，必须粗估零件重心位置，合理选择直径适宜的吊挂绳索及吊挂受力点。注意受力平衡，防止零件摆晃，避免吊挂绳索脱开与断裂等事故发生。吊装中设备不得磕碰，要选择合适的吊点慢吊轻放，钢丝绳和设备接触处要采取保护措施。

(7) 要坚持拆卸工业机器人服务于装配的原则。如果被拆卸工业机器人设备的技术资料不全，拆卸中必须对拆卸过程做必要的记录，以便安装时遵照“先拆后装”的原则重新装配。在拆卸中，为防止搞乱关键件的装配关系和配合位置，避免重新装配时精度降低，应在装配件上用划针做出明显标记。拆卸出来的轴类零件应悬挂起来，防止弯曲变形。精密零件要单独存放，避免损坏。

(8) 先小后大，先易后难，先地面后高空，先外围后主机，必须要解体的设备要尽量少分解，同时又要满足包装要求，最终达到设备重新安装后的精度性能同拆卸前一致。为加强岗位责任，采用分工负责制，谁拆卸、谁

笔记

安装。

(9) 所有的电线、电缆不准剪断，拆下来的线头都要有标号，对有些线头没有标号的，要先补充后再拆下，线号不准丢失，拆线前要进行三对照(内部线号、端子板号、外部线号)，确认无误后方可拆卸，否则要调整线号。

(10) 拆卸中要保证设备的绝对安全，要选用合适的工具，不得随便代用，更不得使用大锤敲击。

(11) 不要拔下设备的电气柜内插线板，应该用胶带纸封住加固。

(12) 做好拆卸记录，并交相关人员。

4. 常用的拆卸方法

(1) 击卸法。利用锤子或其他重物在敲击零件时产生的冲击能量把零件卸下。

(2) 拉拔法。采用专门的拉拔器进行拆卸。对精度较高不允许敲击或无法用击卸法拆卸的零部件，应使用拉拔法。

(3) 顶压法。利用螺旋 C 形夹头、机械式压力机、液压式压力机或千斤顶等工具和设备进行拆卸。顶压法适用于形状简单的过盈配合件。

(4) 温差法。利用材料热胀冷缩的性能加热包容件，使配合件在温差条件下失去过盈量，实现拆卸。拆卸尺寸较大、配合过盈量较大的配合件或无法用击卸、顶压等方法拆卸时，或为使过盈量较大、精度较高的配合件容易拆卸，可采用此种方法。

(5) 破坏法。若必须拆卸焊接、铆接等固定连接件，或轴与套互相咬死，或为保存主件而破坏副件时，可采用车、锯、钻、割等方法进行破坏性拆卸。

实物教学

在教学时，教师尽量把实物拿到课堂上，让学生有一个感性认识。当然，也可以采用视频教学。

5. 机器人装调与维修的常用仪表(见表 1-15)

表 1-15　工业机器人装调与维修(维护)的常用仪表

名　称	外　观　图	说　明
百分表		用于测量零件相互之间的平行度、轴线与导轨的平行度、导轨的直线度、工作台台面平面度以及主轴的端面圆跳动、径向圆跳动和轴向窜动
杠杆 百分表		用于受空间限制的工件，如内孔跳动、键槽等。使用时应注意使测量运动方向与测头中心垂直，以免产生测量误差

笔记

续表一

名称	外　观　图	说　明
千分表及杠杆千分表	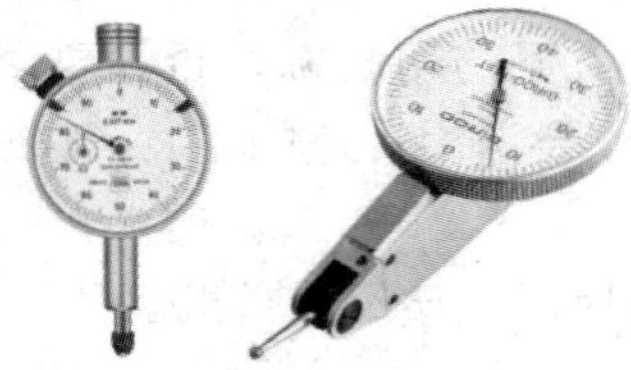	工作原理与百分表和杠杆百分表一样，只是分度值不同，常用于精密的修理
水平仪		是工业机器人制造和修理中最常用的测量仪器之一，用来测量导轨在垂直面内的直线度、工作台台面的平面度以及两件相互之间的垂直度、平行度等。水平仪按其工作原理可分为水准式水平仪和电子水平仪
转速表	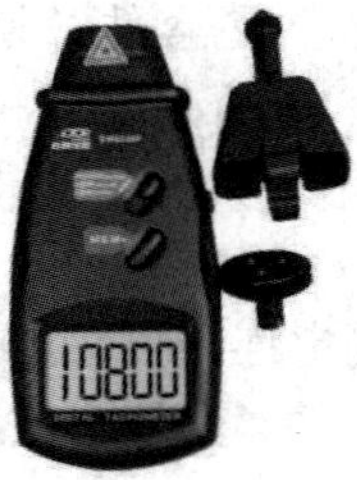	常用于测量伺服电动机的转速，是检查伺服调速系统的重要依据之一。常用的转速表有离心式转速表和数字式转速表等
万用表	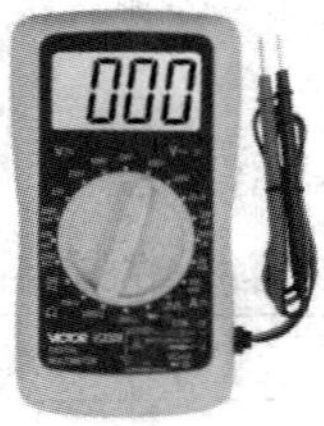	有机械式和数字式两种，可用来测量电压、电流和电阻等
相序表	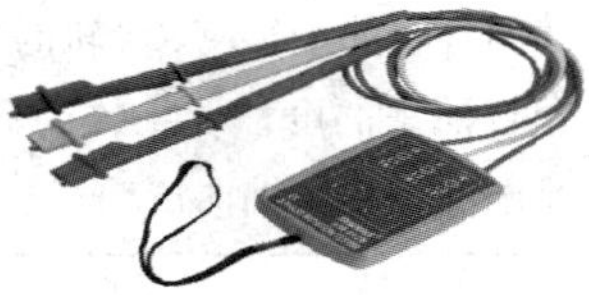	用于检查三相输入电源的相序，在维修晶闸管伺服系统时是必需的
逻辑脉冲测试笔	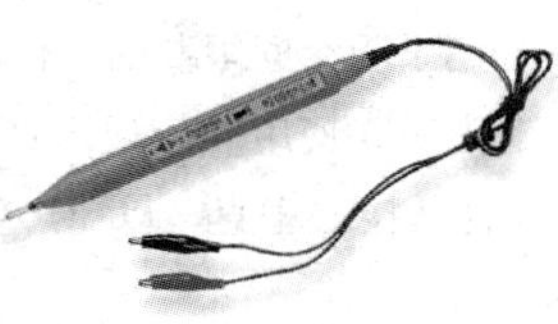	对芯片或功能电路板的输入端注入逻辑电平脉冲，用逻辑测试笔检测输出电平，以判别其功能是否正常

笔记

续表二

名　称	外　观　图	说　明
测振仪		是振动检测中最常用、最基本的仪器，它将测振传感器输出的微弱信号放大、变换、积分、检波后，在仪器仪表或显示屏上直接显示被测设备的振动值大小。为了适应现场测试的要求，测振仪一般都做成便携式与笔式
故障检测系统		由分析软件、微型计算机和传感器组成多功能的故障检测系统，可实现多种故障的检测和分析
红外测温仪		红外测温指利用红外辐射原理，将对物体表面温度的测量转换成对其辐射功率的测量，采用红外探测器和相应的光学系统接受被测物不可见的红外辐射能量，并将其变成便于检测的其他能量形式予以显示和记录
短路追踪仪		短路是电气维修中经常碰到的故障现象，使用万用表寻找短路点往往很费劲。如遇到电路中某个元器件击穿电路，由于在两条线之间可能并接有多个元器件，用万用表测量出哪个元件短路比较困难。再如对于变压器绕组局部轻微短路的故障，一般万用表测量是无能为力的，而采用短路故障追踪仪则可以快速找出电路板上的短路点
示波器		主要用于模拟电路的测量，它可以显示频率相位、电压幅值，双频示波器可以比较信号相位关系，可以测量测速发电机的输出信号，其频带宽度在 5 MHz 以上，有两个通道

笔记

续表三

名　称	外　观　图	说　明
逻辑分析仪		按多线示波器的思路发展而成，不过它在测量幅度上已经按数字电路的高低电平进行了 1 和 0 的量化，在时间轴上也按时钟频率进行了数字量化。因此可以测得一系列的数字信息，再配以存储器及相应的触发机构或数字识别器，使多通道上同时出现的一组数字信息与测量者所规定的目标字相符合时，触发逻辑分析仪，以便将需要分析的信息存储下来
微机开发系统		这种系统配置进行微机开发的硬软件工具。在微机开发系统的控制下对被测系统中的 CPU 进行实时仿真，从而取得对被测系统实时控制
特征分析仪		可从被测系统中取得 4 个信号，即启动、停止、时钟和数据信号，使被测电路在一定信号的激励下运行起来。其中时钟信号决定进行同步测量的速率。因此，可将一对信号“锁定”在窗口上，观察数据信号波形特征
故障检测仪		这种新的数据检测仪器各自出发点不同，具有不同的结构和测试方法。有的是按各种不同时序信号来同时激励标准板和故障板，通过比较两种板对应节点响应波形的不同来查找故障。有的则是根据某一被测对象类型，利用一台微机配以专门接口电路及连接工装夹具与故障机相连，再编写相关的测试程序对故障进行检测
IC 在线测试仪		是一种使用通用微机技术的新型数字集成电路在线测试仪器。它的主要特点是能对电路板上的芯片直接进行功能、状态和外特性测试，确认其逻辑功能是否失效

技能训练

让学生学会以下仪器的基本操作方法。

四、工业机器人装调维修常用仪器

在工业机器人的故障检测过程中，借助一些必要的仪器是必要的也是有

笔记

效的，这些专用的仪器能从定量分析角度直接反映故障点状况，起到决定性作用。

1. 激光干涉仪

激光干涉仪可对工业机器人、三测机及各种定位装置进行高精度的(位置和几何)精度校正，可完成各项参数的测量，如线形位置精度、重复定位精度、角度、直线度、垂直度、平行度及平面度等。

激光干涉仪用于工业机器人精度的检测及长度、角度、直线度、直角等的测量精度高、效率高、使用方便、测量长度可达十几米甚至几十米，精度达微米级。其应用见图 1-87。

图 1-87　激光干涉仪的应用

2. 三坐标测量仪

三坐标测量仪是通过 X、Y、Z 三个轴测量各种零部件及总成的各个点和元素的空间坐标，用以评价长度、直径、形状误差、位置误差的一种测量设备，如图 1-88 所示。它配备了高精度的导轨、测头和控制系统，并使用计算机程序来自动控制检测流程，计算输出测量结果。三坐标测量仪器在三个相互垂直的方向上有导向机构、测长元件、数显装置。有一个能够放置工件的工作台(大型和巨型不一定有)，测头可以以手动或机动方式轻快地移动到被测点上，由读数设备和数显装置把被测点的坐标值显示出来。

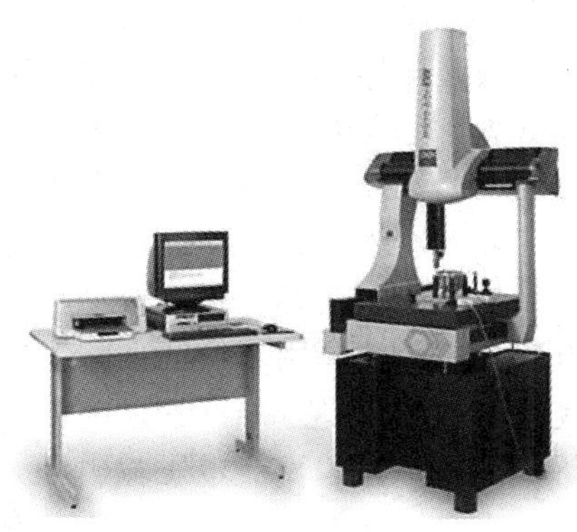

图 1-88　三坐标测量仪器

笔记

任务扩展

工业机器人故障维修

课程思政

习近平总书记在全国高校思想政治工作会议上强调："要用好课堂教学这个主渠道，思想政治理论课要坚持在改进中加强""其他各门课都要守好一段渠、种好责任田，使各类课程与思想政治理论课同向同行，形成协同效应"。习近平总书记的这一重要论述是"课程思政"的总源头

1. 工业机器人故障维修的原则

(1) 先外部后内部。工业机器人是机械、液压、电气一体化的设备，故其故障的发生必然要从机械、液压、电气这三者综合反映出来。工业机器人的检修要求维修人员掌握先外部后内部的原则，即当工业机器人发生故障后，维修人员应先采用望、嗅、听、问等方法，由外向内逐一进行检查。比如：工业机器人的行程开关、按钮开关、液压气动元件以及印制线路板插头座、边缘接插件与外部或相互之间的连接部位、电控柜插座或端子排这些机电设备之间的连接部位，因其接触不良造成信号传递失灵，是产生工业机器人故障的重要因素。此外，工业环境中温度、湿度的变化，油污或粉尘对元件及线路板的污染，机械的振动等对于信号传送通道的接插件都将产生严重影响。在检修中重视这些因素，首先检查相关部位就可以迅速排除较多的故障。另外，尽量避免随意地启封、拆卸，不适当地大拆大卸，往往会扩大故障，使工业机器人大伤元气，丧失精度，降低性能。

(2) 先机械后电气。工业机器人是一种自动化程度高、技术复杂的先进机械加工设备。机械故障一般较易察觉，而控制系统故障的诊断则难度要大些。先机械后电气就是首先检查机械部分是否正常，行程开关是否灵活，气动、液压部分是否存在阻塞现象等。因为工业机器人的故障中有很大部分是由机械动作失灵引起的。所以，在故障检修之前，首先注意排除机械性的故障，往往可以达到事半功倍的效果。

(3) 先静后动。维修人员本身要做到先静后动，不可盲目动手，应先询问工业机器人操作人员故障发生的过程及状态，阅读工业机器人说明书、图样资料后，方可动手查找处理故障。其次，对有故障的工业机器人也要本着先静后动的原则，先在工业机器人断电的静止状态，通过观察、测试、分析，确认为非恶性循环性故障或非破坏性故障后，方可给工业机器人通电。在运行工况下，进行动态的观察、检验和测试，查找故障，对恶性的破坏性故障，必须先行处理排除危险后，方可通电，在运行工况下进行动态诊断。

(4) 先公用后专用。公用性的问题往往影响全局，而专用性的问题只影响局部。如果工业机器人的几个进给轴都不能运动，这时应先检查和排除各轴公用的控制系统、电源、液压等公用部分的故障，然后再设法排除某轴的局部问题。又如电网或主电源故障是全局性的，因此一般应首先检查电源部分，看看断路器或熔断器是否正常，直流电压输出是否正常。总之，只有先解决影响一大片的主要矛盾，局部的、次要的矛盾才有可能迎刃而解。

(5) 先简单后复杂。当出现多种故障互相交织掩盖、一时无从下手时，

笔记

应先解决容易的问题，后解决较大的问题。常常在解决简单故障的过程中，难度大的问题也可能变得容易，或者在排除容易故障时受到启发，对复杂故障的认识更为清晰，从而也有了解决办法。

(6) 先一般后特殊。在排除某一故障时，要先考虑最常见的可能原因，然后再分析很少发生的特殊原因。

(7) 先动口再动手。对于有故障的电气设备，不应急于动手，应先询问故障产生的前后经过及故障现象。对于生疏的设备，还应先熟悉电路原理和结构特点，遵守相应规则。拆卸前要充分熟悉每个电气部件的功能、位置、连接方式以及与周围其他器件的关系，在没有组装图的情况下，应一边拆卸一边画草图，并记上标记。

(8) 先清洁后维修。对污染较重的电气设备，先对其按钮、接线点、接触点进行清洁，检查外部控制键是否失灵。许多故障都是由脏污及导电尘块引起的，一经清洁故障往往会排除。

(9) 先电源后设备。电源部分的故障率在整个故障设备中占的比例很高，所以先检修电源往往可以事半功倍。

(10) 先外围后内部。先不要急于更换损坏的电气部件，在确认外围设备电路正常时，再考虑更换损坏的电气部件。

(11) 先直流后交流。检修时，必须先检查直流回路静态工作点，再检查交流回路动态工作点。

(12) 先故障后调试。对于调试和故障并存的电气设备，应先排除故障，再进行调试，调试必须在电气线路正常的前提下进行。

2. 维修前的准备

接到用户的维修要求后，应尽可能直接与用户联系，以便尽快地获取现场信息、现场情况及故障信息。如工业机器人的报警指示或故障现象、用户现场有无备件等。据此预先分析可能出现的故障原因与部位，而后在出发到现场之前，准备好有关的技术资料与维修服务工具、仪器备件等，做到有备而去。

每台工业机器人都应设立维修档案(见表 1-16)，将出现过的故障现象、时间、诊断过程、故障的排除做出详细的记录，就像医院的病历一样。这样做的好处是给以后的故障诊断带来很大的方便和借鉴，有利于工业机器人的故障诊断。

表 1-16　某单位工业机器人维修档案

工业机器人维修档案　　　　年　月　日

设备名称		控制系统维修	年　次
目的	故障维修(　　)　改造(　　)	维修者	
		编　号	
理由			

笔记

以下内容由维修单位填。

<table>
<tr><td colspan="2">维修单位名称</td><td colspan="3"></td><td>维修者</td><td></td></tr>
<tr><td colspan="2">故障现象及部位</td><td colspan="5"></td></tr>
<tr><td colspan="2">原因</td><td colspan="5"></td></tr>
<tr><td colspan="2">排除方法</td><td colspan="5"></td></tr>
<tr><td colspan="2">再次发生</td><td colspan="3">预见</td><td colspan="2">有(　) 无(　) 其他(　)</td></tr>
<tr><td colspan="5">对使用者的要求</td><td colspan="2"></td></tr>
<tr><td colspan="7">年　月　日</td></tr>
<tr><td>费用</td><td colspan="4">无偿(　　) 有偿(　)</td><td colspan="2"></td></tr>
<tr><td rowspan="2">内容</td><td>零件名</td><td>修理费</td><td>交通费</td><td>其他</td><td rowspan="2">停机时间</td><td></td></tr>
<tr><td></td><td></td><td></td><td></td><td></td></tr>
<tr><td>对修理要求的处理</td><td></td><td></td><td></td><td></td><td></td><td></td></tr>
</table>

这里应强调实事求是，特别是操作者失误造成的故障应详细记载。该表只作为故障诊断的参考，而不能作为对操作者惩罚的依据。否则，操作者不如实记录，只能产生恶性循环，造成不应有的损失。这是故障诊断前的准备工作的重要内容，没有这项内容，故障诊断将进行得很艰难，造成的损失也是不可估量的。

模块一资源

综合测试一

一、填空题

1. ________年________月 19 日，国务院正式印发《中国制造 2025》，其中指出，要把________作为两化深度融合的主攻方向。

2. ________年，________国人提出了一个关于工业机器人的技术方案，设计并研制了世界上第一台可编程的工业机器人样机。

3. 按照日本工业机器人学会(JIRA)的标准，可将机器人分六类：第一类为________；第二类为固定顺序机器人；第三类为________；第四类为示教再现(playback)机器人；第五类为数控机器人；第六类为________。

4. 机器人按照其移动性可分为________机器人和________机器人。

5. 机器人按照其移动方式可分为________机器人、________机器人、履带式移动机器人、爬行机器人、________机器人和________机器人等类型。

6. 机器人按照其作业空间可分为________机器人、陆地室外移动机器人、水下机器人、________和________机器人等。

笔记

7. 工业机器人通常由__________、驱动系统、__________和传感系统四部分组成。

8. 工业机器人用的传感器有__________传感器与__________传感器两种。

9. 通常机器人运动轴按其功能可划分为__________轴、__________轴和__________轴，其中__________轴和__________轴统称外部轴。

10. 工业机器人常用的坐标系是__________坐标系、__________坐标系、__________坐标系和__________坐标系。

11. 工业机器人的使用寿命期根据其故障频率大致分为 3 个阶段，即__________期、__________期和__________期。

12. 由维修人员的感觉器官对工业机器人进行____________、看、听、__________、嗅等的诊断，称为“直观诊断技术”。

13. 工业机器人常用的拆卸方法有____________法、____________法、顶压法、温差法和__________法。

二、问答题

1. 简述工业机器人的应用。
2. 按照控制方式工业机器人分为哪几类？
3. 按照机器人的运动形式工业机器人分为哪几类？
4. 按照机器人的驱动方式工业机器人分为哪几类？
5. 工业机器人的执行机构由哪几部分组成？
6. 工业机器人常用的坐标系有哪几种？
7. 工业机器人常用的技术参数有哪几种？
8. 简述工业机器人机械部件的拆卸的一般原则。
9. 工业机器人故障维修的基本原则有哪些？

三、应用题

1. 将所在学校所用工业机器人用图形符号表示出来。
2. 查看所在学校所用工业机器人标牌，并区别不同品牌工业机器人的标牌。
3. 确定所在学校所用的工业机器人常用坐标系的方向。

综合测试答案(部分)

笔记

操作与应用

工作单

<table>
<tr><td>姓名</td><td></td><td>工作名称</td><td colspan="2">工业机器人装调与维修基础</td></tr>
<tr><td>班级</td><td></td><td>小组成员</td><td colspan="2"></td></tr>
<tr><td>指导教师</td><td></td><td>分工内容</td><td colspan="2"></td></tr>
<tr><td>计划用时</td><td></td><td>实施地点</td><td colspan="2"></td></tr>
<tr><td>完成日期</td><td colspan="2"></td><td>备注</td><td></td></tr>
<tr><td colspan="5">工作准备</td></tr>
<tr><td colspan="3">资　料</td><td>工具</td><td>设　备</td></tr>
<tr><td colspan="3"></td><td></td><td rowspan="4"></td></tr>
<tr><td colspan="3"></td><td></td></tr>
<tr><td colspan="3"></td><td></td></tr>
<tr><td colspan="3"></td><td></td></tr>
<tr><td colspan="5">工作内容与实施</td></tr>
<tr><td colspan="2">工作内容</td><td colspan="3">实　　施</td></tr>
<tr><td colspan="2">1. 简述工业机器人的应用领域</td><td colspan="3"></td></tr>
<tr><td colspan="2">2. 简述工业机器人常用的技术参数</td><td colspan="3"></td></tr>
<tr><td colspan="2">3. 简述工业机器人机械部件的拆卸原则</td><td colspan="3"></td></tr>
<tr><td colspan="2">4. 简述工业机器人故障维修的基本原则</td><td colspan="3"></td></tr>
<tr><td colspan="2">5. 画出机器人的图形符号</td><td colspan="3"></td></tr>
<tr><td colspan="2">6. 画出工作站的坐标系</td><td colspan="3"></td></tr>
</table>

笔记

工 作 评 价

	评 价 内 容				
	完成的质量(60 分)	技能提升能力(20 分)	知识掌握能力(10 分)	团队合作(10 分)	备注
自我评价					
小组评价					
教师评价					

1. 自我评价

序号	评 价 项 目		是	否
1	是否明确人员的职责			
2	能否按时完成工作任务的准备部分			
3	工作着装是否规范			
4	是否主动参与工作现场的清洁和整理工作			
5	是否主动帮助同学			
6	是否完成了清洁工具和维护工具的摆放			
7	是否执行6S规定			
8	能否完成任务			
9	完成任务正确与否			
评价人		分数		时间	年　　月　　日

2. 小组评价

序号	评 价 项 目	评 价 情 况
1	与其他同学的沟通是否顺畅	
2	是否尊重他人	
3	工作态度是否积极主动	
4	是否服从教师的安排	
5	着装是否符合标准	
6	能否正确地理解他人提出的问题	
7	能否按照安全和规范的规程操作	
8	能否保持工作环境的干净整洁	
9	是否遵守工作场所的规章制度	

笔记

续表

序号	评 价 项 目	评 价 情 况
10	是否有工作岗位的责任心	
11	是否全勤	
12	是否能正确对待肯定和否定的意见	
13	团队工作中的表现如何	
14	是否达到任务目标	
15	存在的问题和建议	

3. 教师评价

课程	工业机器人 机电装调与维修	工作名称	工业机器人装调 与维修基础	完成地点	
姓名		小组成员			
序号	项 目		分 值	得 分	
1	简答题		40		
2	图形符号		30		
3	坐标系		30		

自 学 报 告

自学任务	确定不同工业机器人的工作范围
自学内容	
收 获	
存在问题	
改进措施	
总 结	

笔记

模块二

工业机器人的安装与校准

图 2-1 是 ABB 公司生产的 IRB 1600 工业机器人，可以用于上下料、物料搬运、弧焊、切割、分配、装配、码垛与包装、测量、压铸、注塑等工业场合。但并不是买来就可以完成这些工作，而是与图 2-2 所示已经安装好的 GSK 工业机器人一样，根据不同的要求进行安装与校准才可以。还要根据工业机器人自身的要求定期维护，以避免故障的发生。

图 2-1　IRB 1600 工业机器人

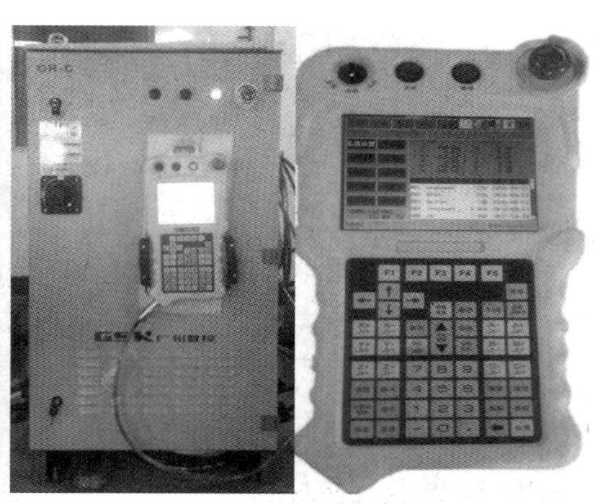

图 2-2　已安装的 GSK 工业机器人

笔记

模块目标

知 识 目 标	能 力 目 标
1. 了解机器人本体电器布置图、电气安装接线图知识 2. 掌握机器人的机械结构维护知识 3. 掌握机器人的电气系统维护知识 4. 掌握机器人液路设备的维护知识 5. 掌握机器人周边设备的维护知识 6. 掌握机器人整机结构知识 7. 了解校准设备的结构知识 8. 掌握常用调试工具的使用知识	1. 能检查机器人系统的紧固件是否松动，连接件磨损状况 2. 能检查机器人继电器等电气元件的工作状态 3. 能检查接线端子是否发热、发黑、松动 4. 能对机器人系统液压系统进行常规检查 5. 能清理机器人周围环境 6. 能安装机器人系统的电气系统 7. 能对机器人系统液压系统进行维护 8. 能对机器人本体进行外观检查 9. 能安装机器人本体 10. 能连接机器人本体与控制柜之间的互联电缆、示教盒 11. 能加润滑脂与油 12. 会应用校准设备及其软件

任务一　工业机器人的安装

任务导入

图 2-3 为 ABB 光纤激光切割机器人正在工作。工业机器人订货到使用要经过拆箱、搬运、安装等几个过程。

图 2-3　光纤激光切割机器人

笔记

任务目标

知 识 目 标	能 力 目 标
1. 掌握机器人整机结构知识 2. 掌握拆箱要点 3. 了解机器人本体电器布置图、电气安装接线图知识	1. 能安装机器人系统的电气系统 2. 能对机器人本体进行外观检查 3. 能安装机器人本体 4. 能完成机器人本体与控制柜、示教器之间电缆连接

任务实施

若有条件，让学生现场观看并让学生参与进来，但应注意安全。若无条件，可采用多媒体教学。

现场教学

一、开箱

1. 拆包装

(1) 机器人到达现场后，第一时间检查外观是否有破损，是否有进水等等异常情况，如图 2-4 所示。如果有问题请马上联系厂家及物流公司进行处理。

注意：不能自行处理，否则不易区分责任。

(2) 使用合适的工具剪断箱子上的钢扎带，如图 2-5 所示。将剪断的钢扎带取走。

图 2-4　检查外观

图 2-5　剪断钢扎带

(3) 需要两人根据箭头方向，将箱体向上抬起放置到一边，与包装底座进行分离，如图 2-6 所示。尽量保证箱体的完整以便日后重复使用。

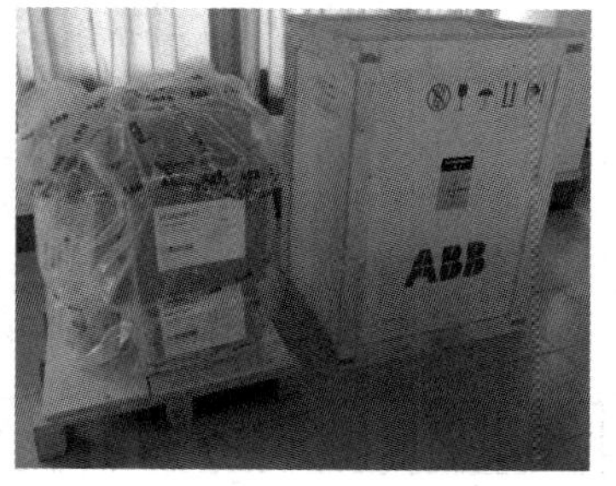

图 2-6　取箱

2. 清点标准装箱物品

(1) 以 ABB 机器人 IRB1200 为例，包括 4 个主要物品：机器人本体、示教器、线缆配件及控制柜，如图 2-7 所示。

(2) 两个纸箱打开后，展开的内容物如图 2-8 所示。随机的文档有：SMB 电池安全说明、出厂清单、基本操作说明书和装箱单。

笔记

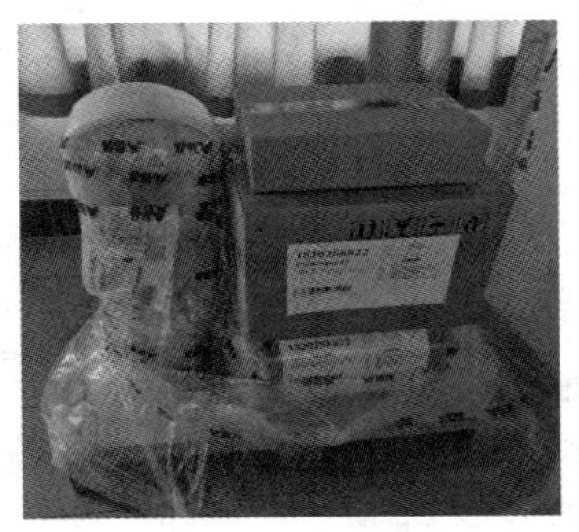

图 2-7　清点

图 2-8　内容物

注意：应对应合同认真检查，若与合同不符应拍照。

工厂经验：开箱验件一般在生产厂家参与的情况下完成。

二、装运和运输姿态

不同的工业机器人其装调与维修是大同小异的，本书在没有特别说明的情况下均以 ABB 公司的 IRB 460 工业机器人为例来介绍。

图 2-9 显示机器人的装运姿态，这也是推荐的运送姿态。各轴的角度如表 2-1 所示。

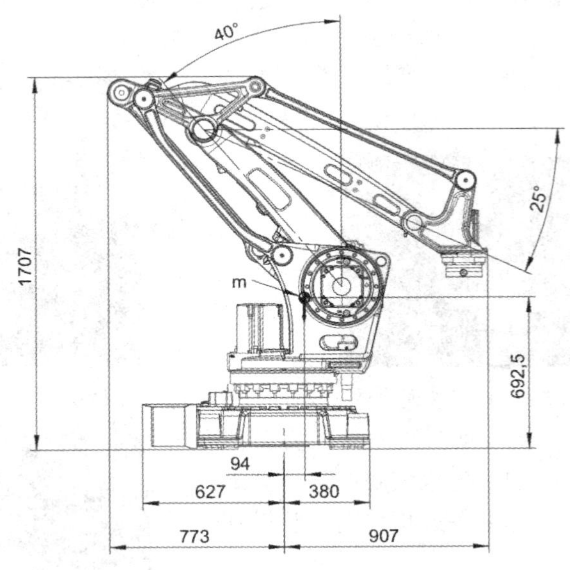

图 2-9　装运和运输姿态

表 2-1　装运和运输时各轴角度

轴	角　度
1	0°
2	−40°
3	+25°

笔记

1. 用叉车抬升机器人

叉举设备组件与机器人的配合方式如图 2-10 所示。

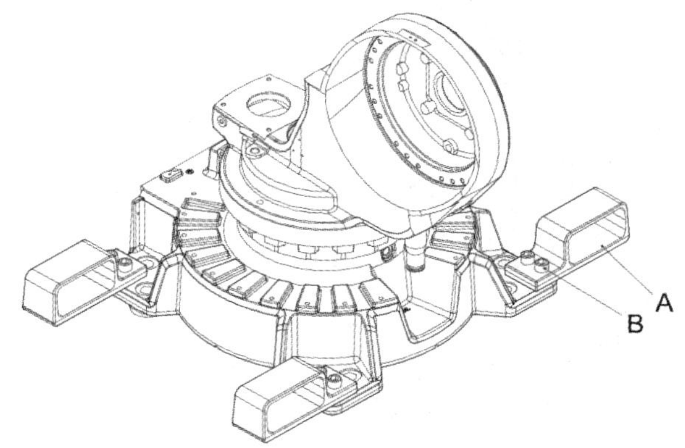

A—叉举套；B—连接螺钉(M20 × 60，质量等级 8.8，2 pcs × 4)

图 2-10　叉举设备组件与机器人的配合方式

操作步骤如下：

(1) 将机器人调整到装运姿态，如图 2-9 所示。

(2) 关闭连接到机器人的电源、液压源、气压源。

(3) 用连接螺钉将四个叉举套固定在机器人的底座上，如图 2-10 所示。

(4) 检验所有四个叉举套都已正确固定后，再进行抬升。

(5) 将叉车叉插入套中，如图 2-11 所示。

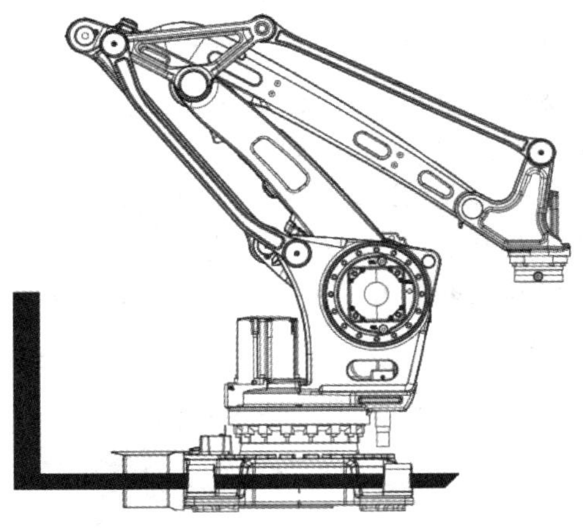

图 2-11　将叉车叉插入套中

(6) 小心谨慎地抬起机器人并将其移动至安装现场，移动机器人时请保持低速。

注意：在任何情况下，人员均不得出现在悬挂载荷的下方；若有必要，应使用相应尺寸的起吊附件。

2. 用圆形吊带吊升机器人

吊升组件如图 2-12 所示。

笔记

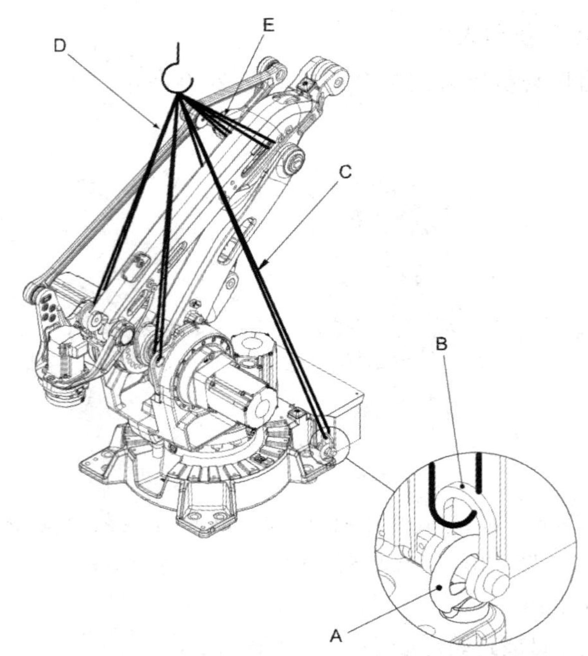

A—吊眼螺栓(M20，2 pcs)；B—钩环(2 pcs)，提升能力 2000 kg；
C—圆形吊带(2 m，2 pcs)，提升能力 2000 kg；
D—圆形吊带(2 m，2 pcs)，提升能力 2000 kg，单股缠绕；
E—圆形吊带(2 m，固定而不使其旋转，提升能力 2000 kg，双股缠绕)

图 2-12　吊升组件

用圆形吊带吊升的步骤如下：

(1) 将机器人调整到装运姿态，如图 2-9 所示。

(2) 在背面的 M20 螺孔中装入吊眼螺栓。

(3) 将圆形吊带与机器人相连，如图 2-12 所示。

(4) 确保圆形吊带上方没有易受损的部件，例如线束和客户设备。

注意：IRB 460 机器人重量为 925 kg，必须使用相应尺寸的起吊附件。

3. 手动释放制动闸

内部制动闸释放装置位于机架上，如图 2-13 所示。

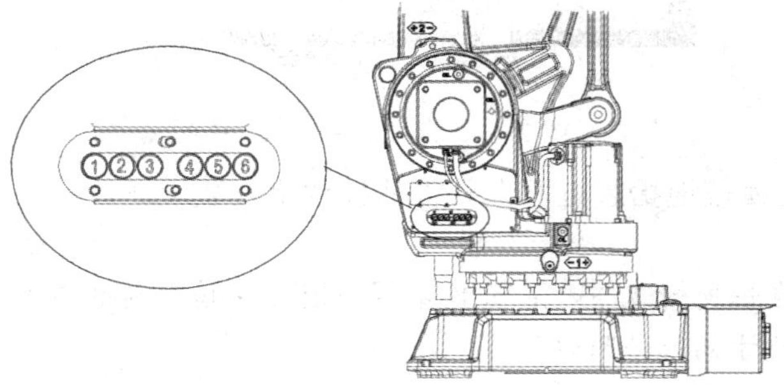

图 2-13　内部制动闸释放装置安装位置

笔记

注意：内部制动闸释放装置带有按钮。按钮 4 和 5 未使用。

手动释放制动闸操作步骤如下：

(1) 如果机器人未与控制器相连，则必须向机器人上的 R1.MP 连接器供电，以启动制动闸释放按钮。给针脚 12 加上 0 V 电压，给针脚 11 加上 24 V 电压，如图 2-14 所示。内部制动闸释放单元包含六个用于控制轴闸的按钮。按钮的数量与轴的数量一致(轴 4 和 5 不存在)。必须确保机器人手臂附近或下方没有人。

(2) 按下内部制动闸释放装置上的对应按钮，即可释放特定机器人轴的制动闸。

(3) 释放该按钮后，制动闸将恢复工作。

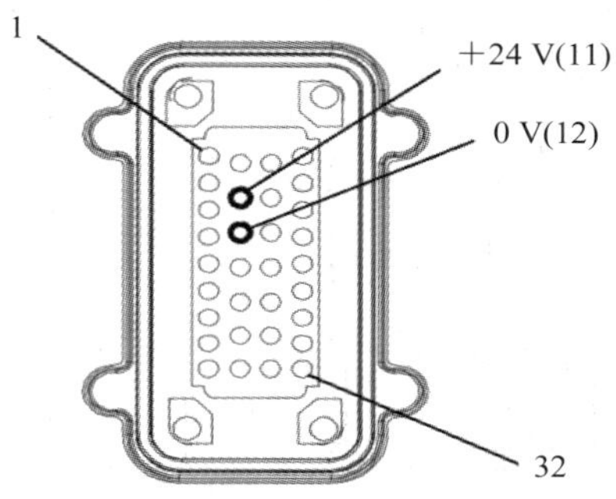

图 2-14　向 R1.MP 连接器供电

三、工业机器人本体安装

教师讲解

1. 底板

底板如图 2-15 所示，底板结构如图 2-16 所示，其尺寸如图 2-17 所示。图 2-18 显示底板上的定向凹槽和导向套螺孔。

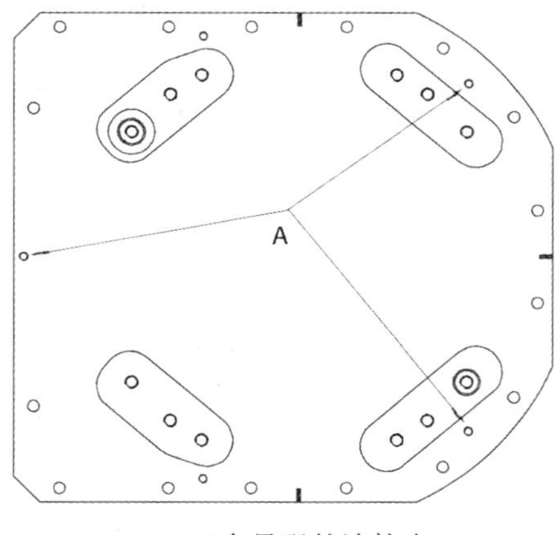

A—三个吊眼的连接点

图 2-15　底板

笔记

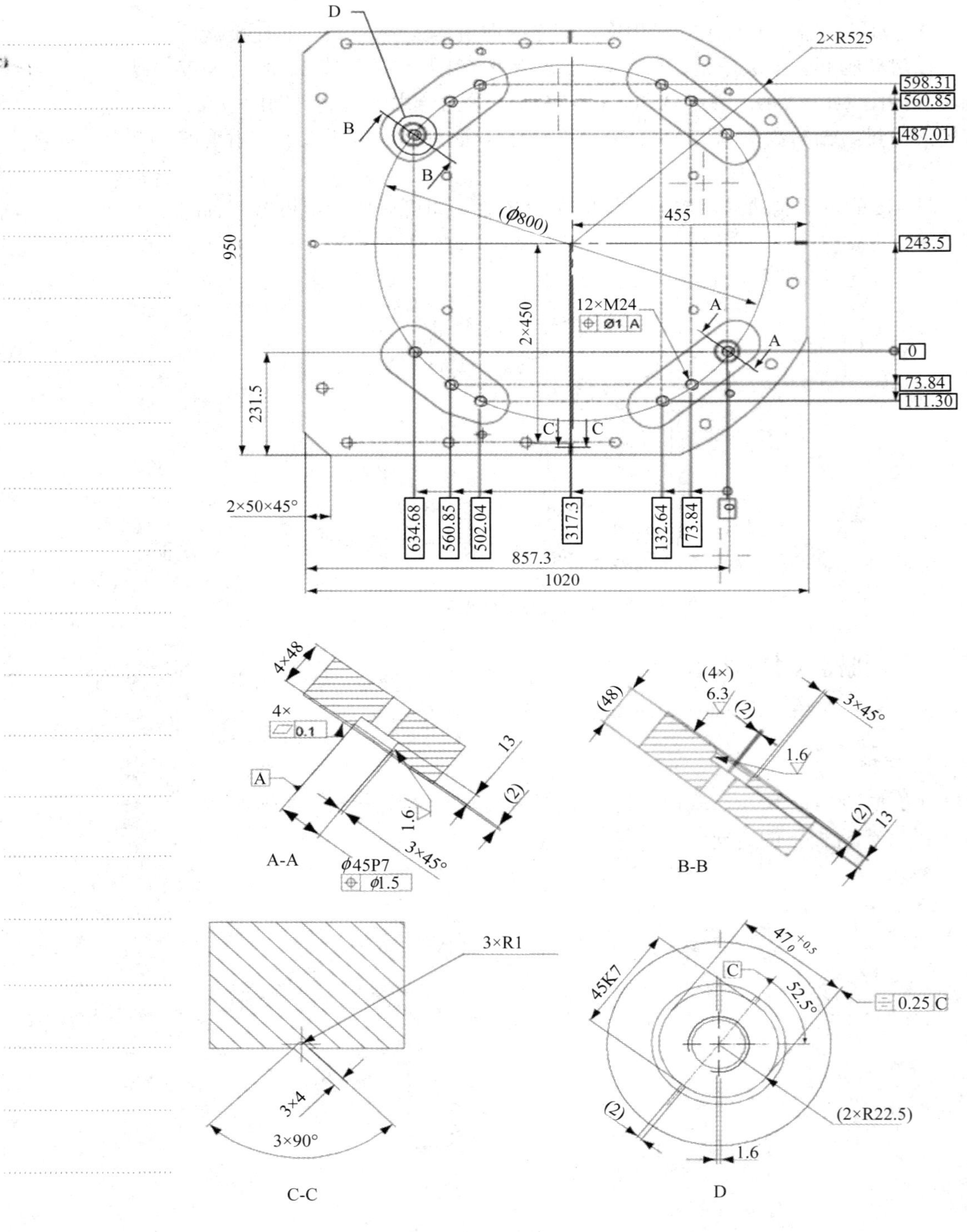
D
2×R525
598.31
560.85
487.01
B
B
(Ø800)
455
243.5
950
12×M24
Ø1 A
A
A
2×450
0
73.84
111.30
231.5
C
C
2×50×45°
634.68
560.85
502.04
317.3
132.64
73.84
0
857.3
1020
4×48
4×
0.1
A
13
(2)
1.6
3×45°
A-A
Ø45P7
Ø1.5
(4×)
(48)
6.3
(2)
3×45°
1.6
(2)
13
B-B
3×R1
3×4
3×90°
C-C
45K7
C
52.5°
0.25 C
(2)
(2×R22.5)
1.6
D

图 2-16　底板结构

笔记

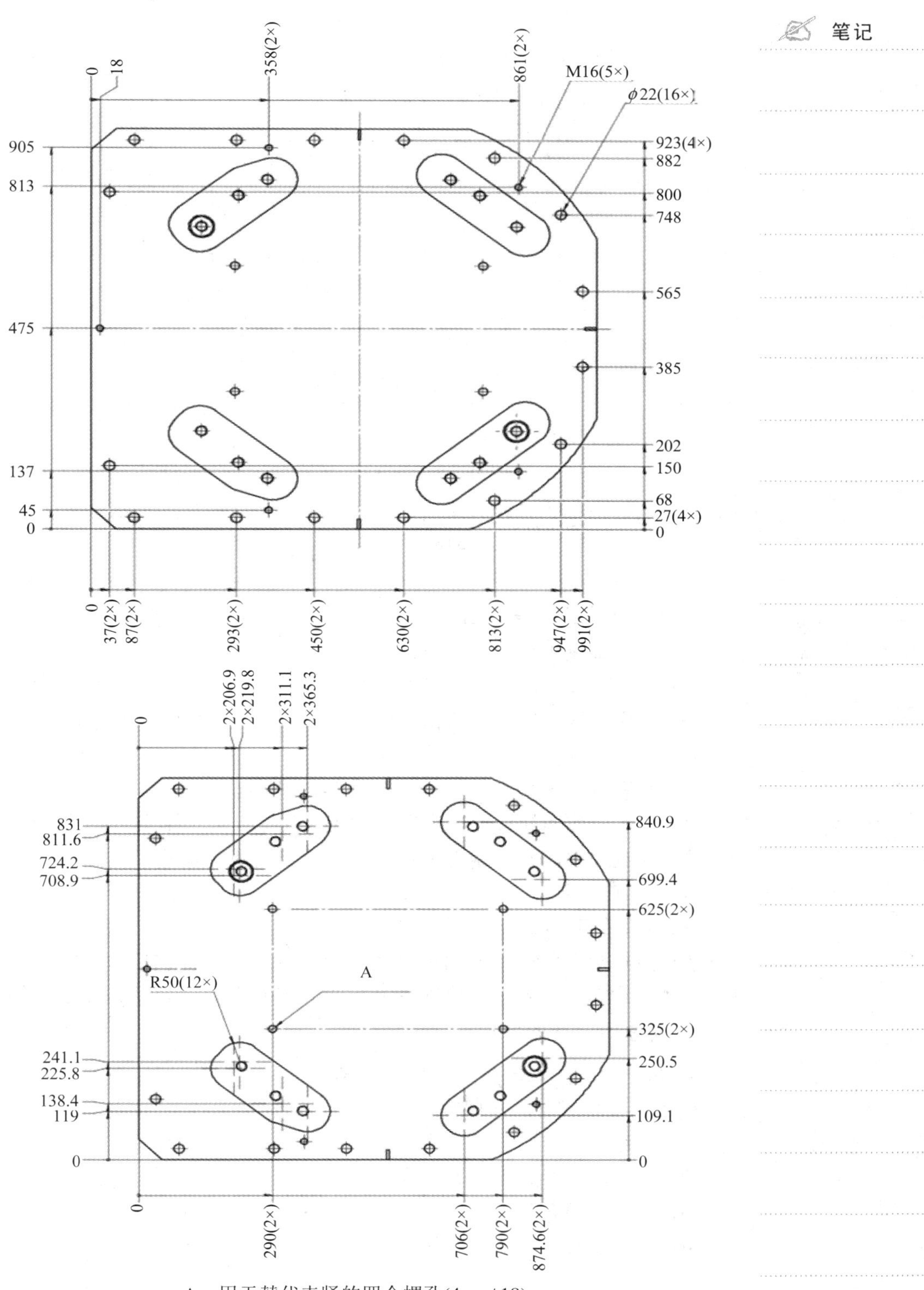

A—用于替代夹紧的四个螺孔(4 × ϕ18)

图 2-17　底板尺寸

笔记

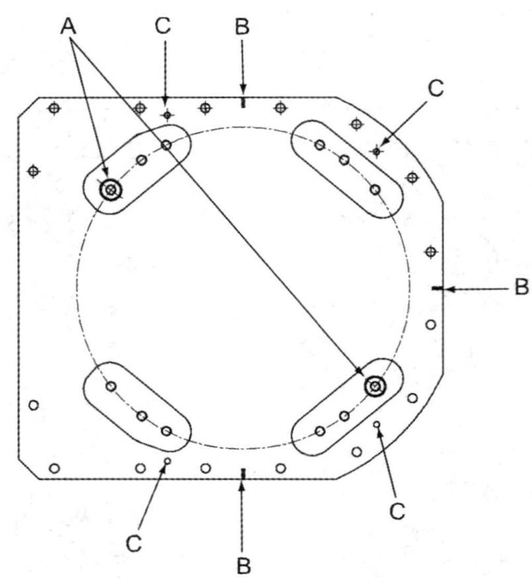

A—导向套螺孔(2 pcs)；B—定向凹槽(3 pcs)；C—调平螺栓连接点(4 pcs)

图 2-18　定向凹槽和导向套螺孔

技能训练

2. 将底板固定在基座上

(1) 确保基座水平。

(2) 若有必要使用相应规格的吊升设备。

(3) 使用底板上的三个凹槽，参照机器人的工作位置定位底板，如图 2-18 所示。

(4) 将底板吊至其安装位置，如图 2-15 所示。

(5) 将底板作为模板，根据所选的螺栓尺寸的要求钻取 16 个连接螺孔。

(6) 安装底板，并用调平螺栓调平底板，如图 2-18 所示。

(7) 如有需要，在底板下填塞条状钢片，以填满所有间隙。

(8) 用螺钉和套筒将底板固定在基座上。

(9) 再次检查底板上的四个机器人接触表面，确保它们水平且平直。如未达到水平且平直的要求，需要使用一些钢片或类似的物品以将底板调平。

3. 确定方位并固定机器人

图 2-19 为安装在底板上的机器人基座。

固定机器人的操作步骤如下：

(1) 吊起机器人。

(2) 将机器人移至其安装位置附近。

(3) 将两个导向套安装到底板上的导向套孔中，如图 2-20 所示。

(4) 在将机器人降下放入其安装位置时，使用两个 M24 螺钉轻轻引导机器人。

(5) 在底座的连接螺孔中安装螺栓和垫圈。

笔记

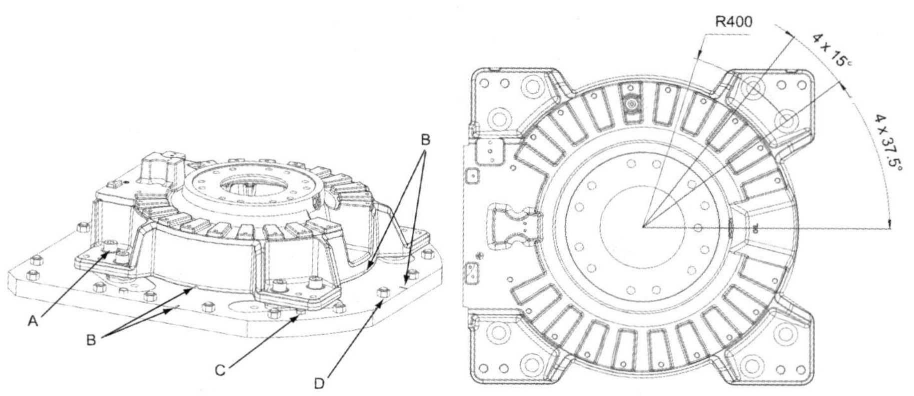

A—机器人连接螺栓和垫圈(8 pcs，M24 × 100)；B 机器人底座中和底板中的定向凹槽；
C—调平螺钉(注意：需在安装机器人基座之前卸下)；D—底板连接螺钉

图 2-19　机器人基座

(6) 以十字交叉方式拧紧螺栓以确保底座不被扭曲。组装之前请先轻微润滑螺钉。

4. 安装上臂信号灯

信号灯可作为选件安装到机器人上。当控制器处于“电机打开”状态时，信号灯将激活。

上臂信号灯位于倾斜机壳装置上，如图 2-21 所示。IRB 760 上的信号灯套件如图 2-22 所示。

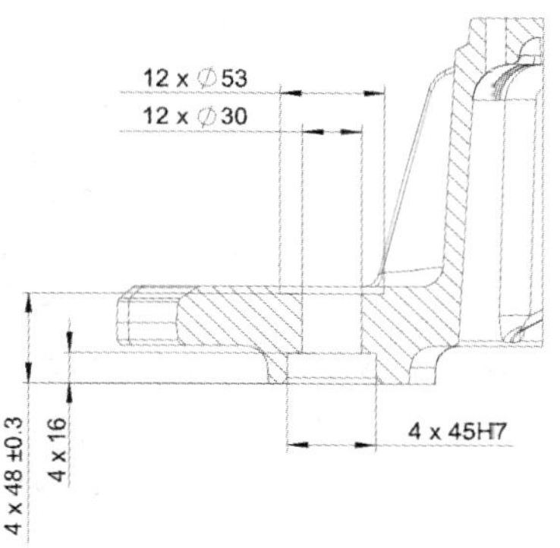

图 2-20　导向套

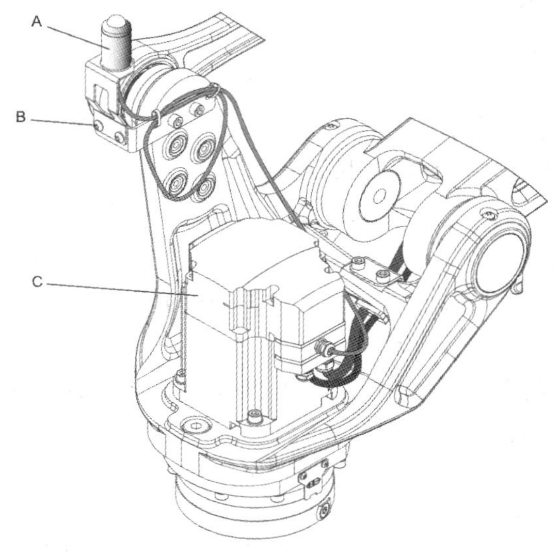

A—信号灯；B—连接螺钉(M6 × 8，2 pc)；C—电机盖

图 2-21 上臂信号灯的位置

笔记

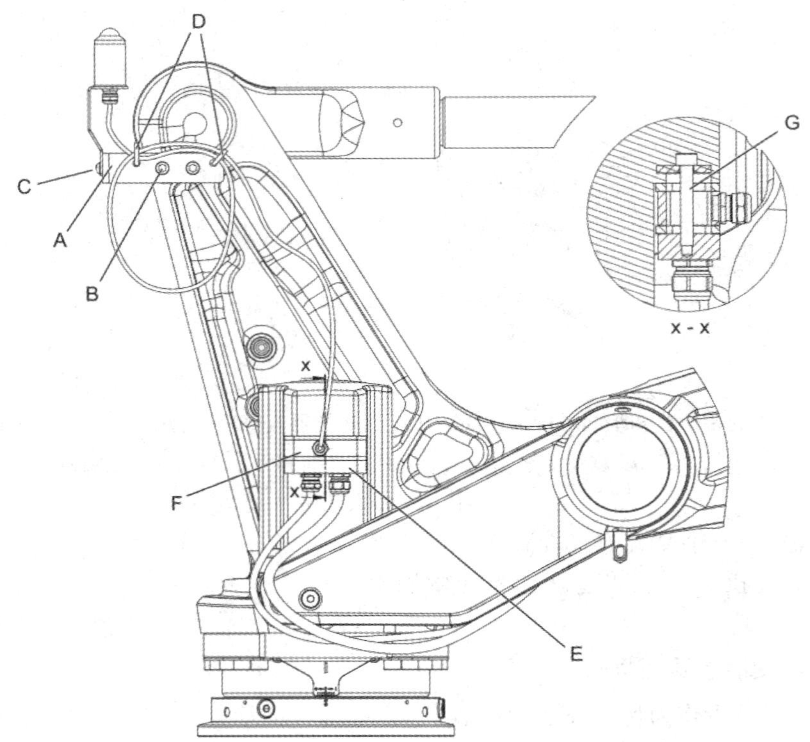

A—信号灯支架；B—支架连接螺钉(M8 × 12，2 pcs)；C—信号灯的连接螺钉(2 pcs)；
D—电缆带(2 pcs)；E—电缆接头盖；F—电机适配器(包括垫圈)；
G—连接螺钉(M6 × 40，1 pcs)

图 2-22　信号灯套件

1) 信号灯的安装步骤

按照以下步骤将信号灯安装到机器人上。

(1) 用两颗连接螺钉将信号灯支架安装到倾斜机壳，如图 2-22 所示。

(2) 用两颗连接螺钉将信号灯安装到支架，如图 2-22 所示。

(3) 如果尚未连接，将信号灯连接到轴 6 电机。

(4) 在信号电缆支架上用两条电缆带将信号电缆绕成圈。

2) 信号灯电气安装

(1) 关闭连接到机器人的所有电源、液压源、气压源，然后再进入机器人工作区域。

(2) 通过拧松四颗连接螺钉，卸下电机盖，如图 2-21 所示。

(3) 断开电机连接器的连接。

(4) 通过取下连接螺钉，卸下电缆出口处的电缆密封套盖，如图 2-23 所示。

(5) 请查看如何将适配器安装到电机，然后将垫圈安装到将会朝下的适配器侧面。此垫圈将保护适配器的配合面及电缆密封套盖。

笔记

(6) 将垫圈和电机适配器置于电缆密封套盖之上，然后将整个组件包再重新安装到电机。用信号灯套件中的连接螺钉(M6 × 40)进行固定。除了套件中提供的安装到适配器的垫圈，电机上也有垫圈。确保垫圈未受损。如有损坏，将其更换。

(7) 推动信号电缆，使其穿过适配器的孔，然后连接到电机内部的连接器。

(8) 从密封套松开电机电缆，然后调整电缆长度使电机内部的电缆长度为+20 mm。

(9) 在电机内部连接电机电缆。

(10) 重新将电机电缆固定到电缆密封套。

(11) 用连接螺钉安装电机盖。在重新安装电机盖时，确保正确布线，不存在卡线的情况。

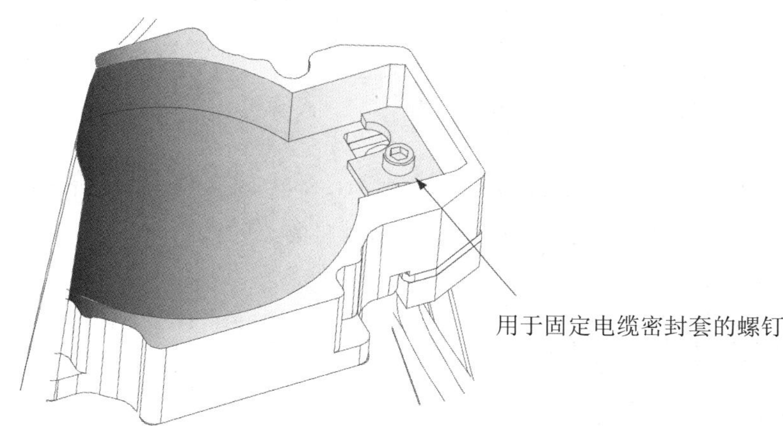

图 2-23　电缆密封套盖

5. 限制工作范围

安装机器人时，确保其可在整个工作空间内自由移动。如有可能与其他物体碰撞，则应限制其工作空间。

1 轴的工作范围可能受到限制：轴 1，硬件(机械停止)和软件(EPS)。作为标准配置，轴 1 可在 ±165° 范围内活动。

通过固定的机械止动和调节系统参数配置可限制轴 1 的工作范围。通过添加额外的 7.5 或 15 分度的机械停止，可将两个方向上的工作范围均减少 22.5°～135°，如图 2-24 所示。

注意：如果机械止动销在刚性碰撞后变形，必须将其更换。刚性碰撞后变形的可移动的机械止动和/或额外的机械止动以及变形的连接螺钉也必须更换。

安装步骤如下：

(1) 关闭连接到机器人的电源、液压源、气压源。

(2) 根据图 2-24 将机械止动安装到机架处。

(3) 调节软件工作范围限制(系统参数配置)，使之与机械限制相对应。

 笔记

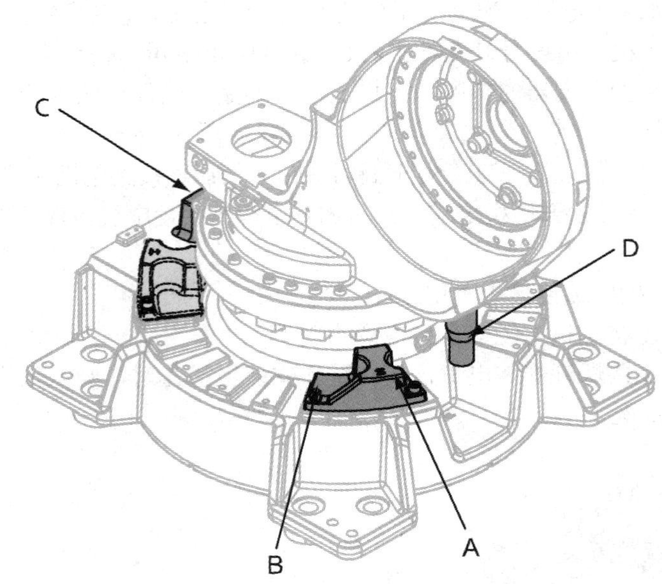

A—可移动的机械止动；B—连接螺钉和垫圈，M12 × 40，质量等级 12.9(2 pcs)；

C—固定的机械止动；D—轴 1 机械停止销

图 2-24 机械停止

四、机器人控制箱的安装

1. 用运输吊具运输

采用运输吊具运输的首要条件是：机器人控制系统必须处于关断状态：不得在机器人控制系统上连接任何线缆；机器人控制系统的门必须保持关闭状态；机器人控制系统必须竖直放置；防翻倒架必须固定在机器人控制系统上。

操作步骤如下：

(1) 将环首螺栓拧入机器人控制系统中。环首螺栓必须完全拧入并且完全位于支承面上。

(2) 将带或不带运输十字固定件的运输吊具悬挂在机器人控制系统的所有 4 个环首螺栓上。

(3) 将运输吊具悬挂在载重吊车上。

(4) 缓慢地抬起并运输机器人控制系统。

(5) 在目标地点缓慢放下机器人控制系统。

(6) 卸下机器人控制系统的运输吊具。

2. 用叉车运输

用叉车运输的操作步骤如图 2-25 所示。

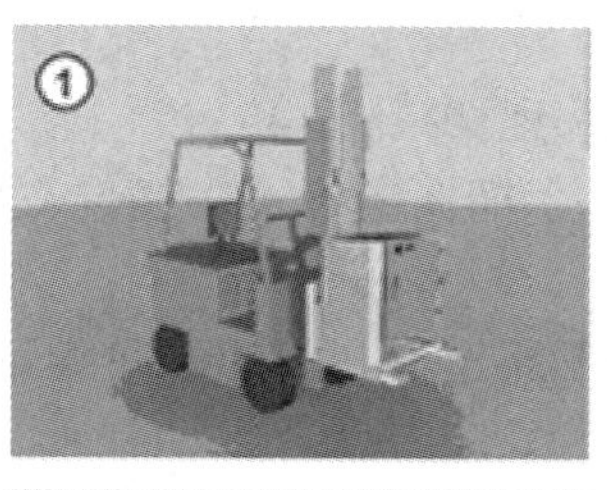

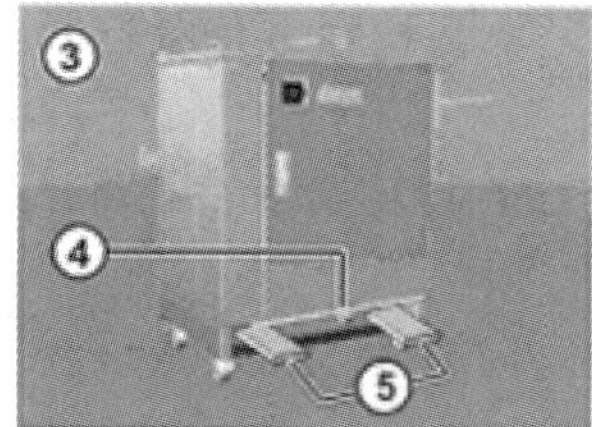

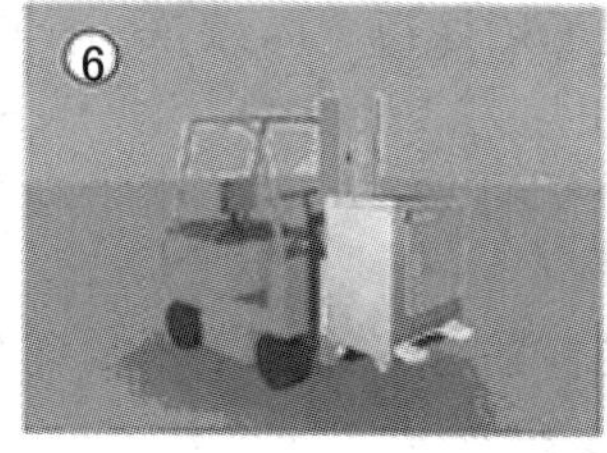

图 2-25　用叉车运输

3. 用电动叉车进行运输

用电动叉车进行运输时的机器人控制系统及防翻倒架如图 2-26 所示。

图 2-26　机器人控制系统及防翻倒架

4. 脚轮套件

脚轮套件装在机器人控制系统的控制箱支座或叉孔处，如图 2-27 所示。借助于脚轮套件可方便地将机器人控制系统从柜组中拉出或推入。

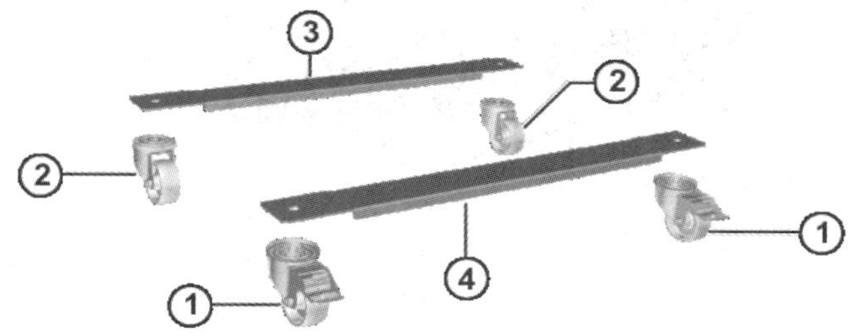

1—带刹车的万向脚轮；2—不带刹车的万向脚轮；3—后横向支撑梁；4—前横向支撑梁

图 2-27　脚轮套件

笔记

脚轮套件安装的操作步骤如下。

(1) 用起重机或叉车将机器人控制系统至少升起 40 cm。

(2) 在机器人控制系统的正面放置一个横向支撑梁。横向支撑梁上的侧板朝下。

(3) 将一个内六角螺栓(M12 × 35)由下穿过带刹车的万向脚轮、横向支撑梁和机器人控制系统。

(4) 从上面用螺母将内六角螺栓连同平垫圈和弹簧垫圈拧紧，如图 2-28 所示。拧紧扭矩为 86 N・m。

(5) 以同样的方式将第二个带刹车的万向脚轮安装在机器人控制系统正面的另一侧。

(6) 以同样的方式将两个不带刹车的万向脚轮安装在机器人控制系统的背面，如图 2-29 所示。

(7) 将机器人控制系统重新置于地面上。

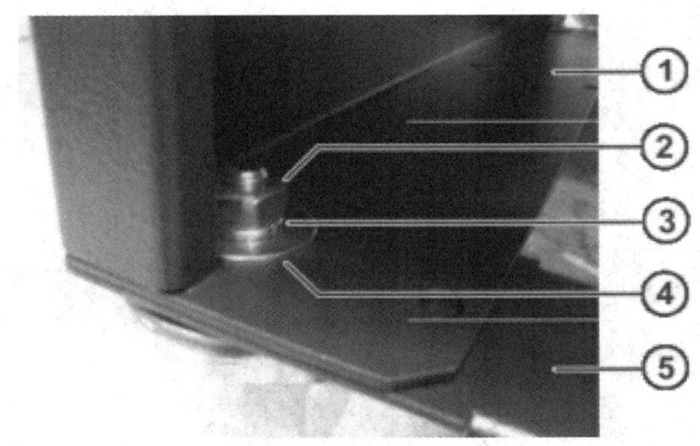

1—机器人控制系统；2—螺母；3—弹簧垫圈；4—平垫圈；5—横向支撑梁

图 2-28　脚轮的螺纹连接件

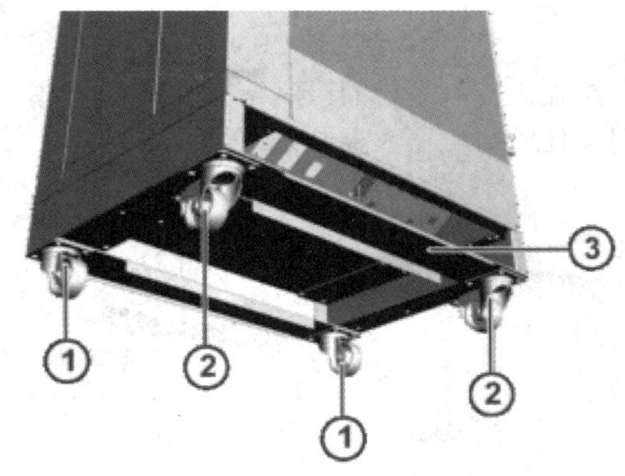

1—不带刹车的万向脚轮；2—带刹车的万向脚轮；3—横向支撑梁

图 2-29　万向脚轮

教师事先把自己学校的工业机器人电气连接拆下，然后带领学生到工业机器人旁边，在介绍的同时进行操作，最后让同学们自己操作，但应注意安全。

五、工业机器人电气系统的连接

机器人本体与控制柜之间的连接主要包括电动机动力电缆、转数计数器和用户电缆的连接。连接示意图如图 2-30 所示。

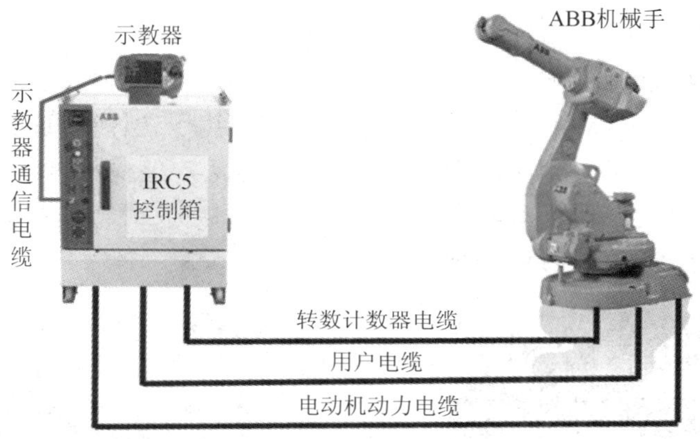

图 2-30　机器人本体与控制柜连接示意图

1. 电动机动力电缆的连接

动力电缆线的连接见图 2-31，动力电缆由卡扣固定，拆装时需用力将卡扣安装好。

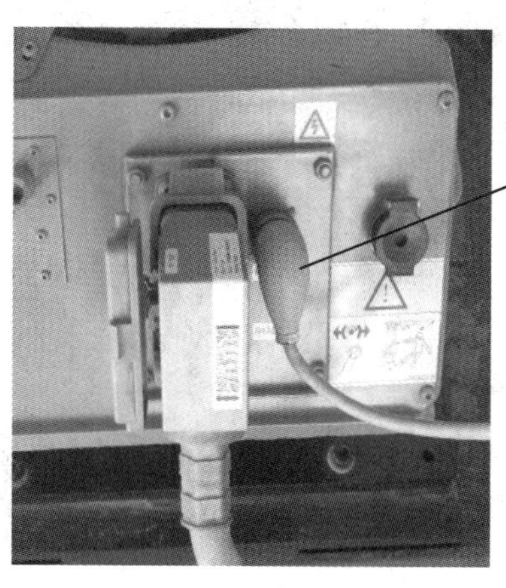

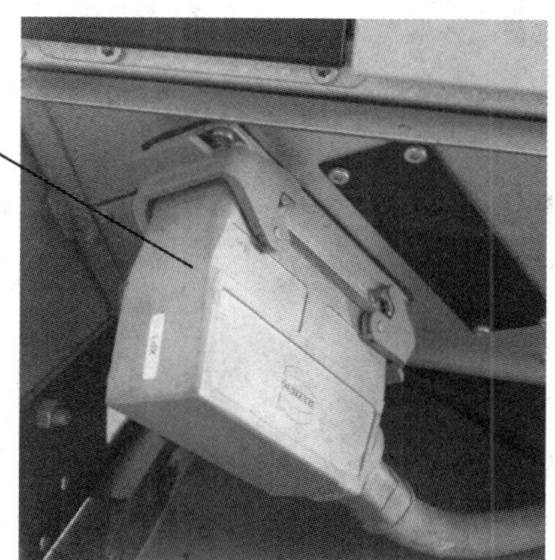

图 2-31　动力电缆的连接

2. 转数计数器电缆的连接

转数计数器电缆的连接如图 2-32 所示。

笔记

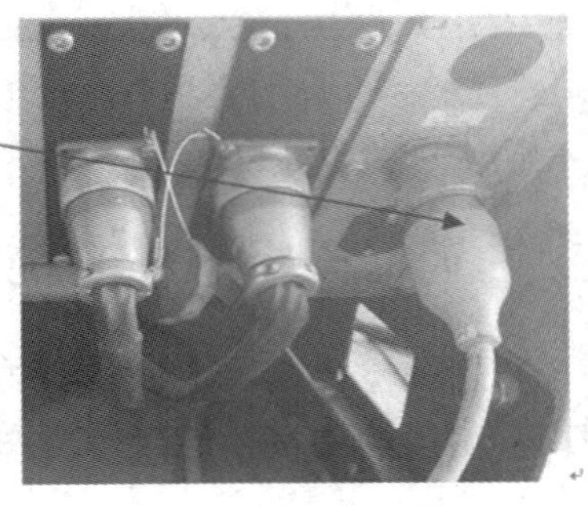

图 2-32　转数计数器电缆的连接

3. 用户电缆的连接

服务器信息块(SMB)协议是一种 IBM 协议，用于在计算机间共享文件、打印机、串口等。一旦连接成功，客户机可通过用户电缆发送 SMB 命令到服务器上，从而能够访问共享目录、打开文件、读写文件等。ABB 机器人的本体及控制柜上都有用户电缆预留接口，如图 2-33 所示。

图 2-33　用户电缆的连接

任务扩展

在墙壁上安装机器人

以采用机架固定方式将机器人固定在墙壁时的安装为例进行介绍。在墙壁上安装时，必须先将机器人固定在吊具上，然后借助吊具将机器人固定在墙壁上，最后必须移除吊具。

1. 安装机架固定装置

机架固定装置用于将机器人安装在用户方准备的钢结构上。

(1) 清洁机器人的支承面，如图 2-34 所示。

(2) 检查布孔图。

(3) 将 2 根阶梯螺栓装入布孔图。

(4) 准备 4 根六角螺栓(M10 × 35)及碟形垫圈。

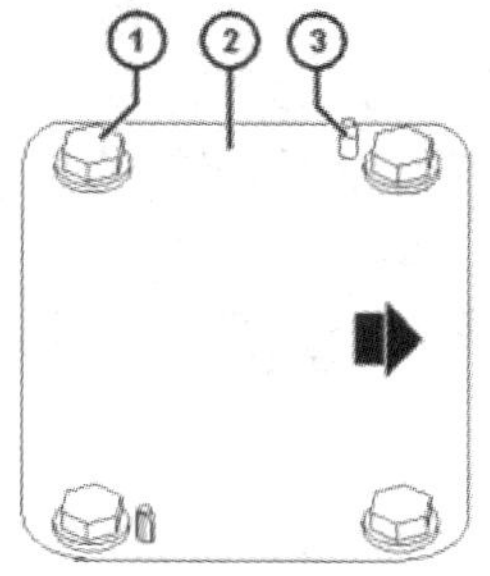

1—六角螺栓(4 pcs)；2—支承面；3—阶梯螺栓

图 2-34　安装机架固定装置

2. 安装机器人

安装好机架固定装置后，用起重机或叉车接近安装地点，拆下会妨碍工作的工具和其他设备部件，机器人处于运输位置。执行以下步骤需要 2 名接受过指导的人员。

(1) 将机器人用起重机运至安装地点并放下。

(2) 将吊具从前部小心地推至机器人的底座上，如图 2-35 所示。

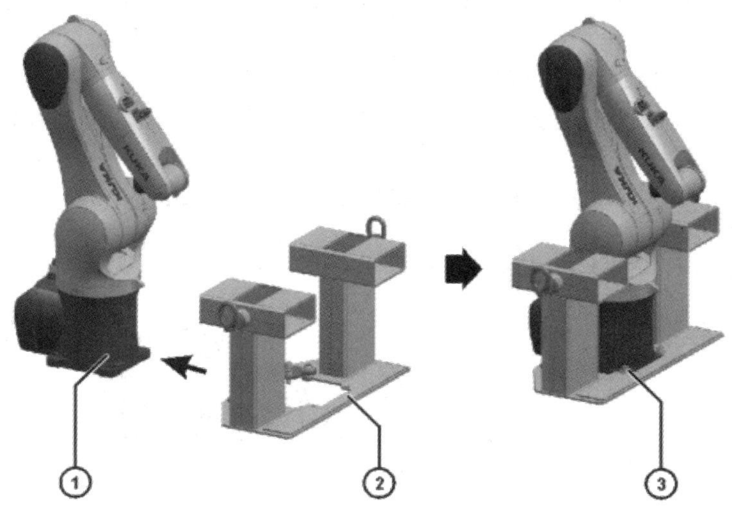

1—底座；2—吊具；3—内六角螺栓(M12 × 30，前部)

图 2-35　推上吊具将其固定在前部

(3) 拆下运输吊具。

(4) 用 2 根内六角螺栓(M12 × 30)和垫片将前部机器人固定在吊具上，扭矩为 40 N · m。

(5) 将摆动支架定位在底座上，如图 2-36 所示。

笔记

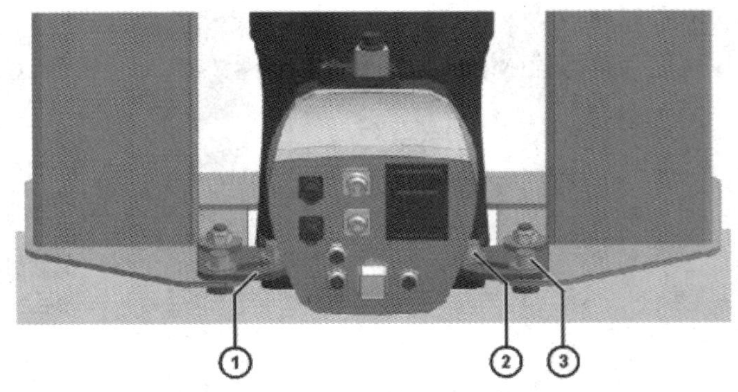

1—摆动支架；2—内六角螺栓(M12×30，后部)；

3—内六角螺栓(M12×30，安全防护螺栓)

图 2-36　将摆动支架定位并将其固定

(6) 用 2 根内六角螺栓(M12×30)和垫片将后部摆动支架固定在底座上，扭矩为 40 N·m。

(7) 用 2 根内六角螺栓(M12×30)和垫片将摆动支架固定在吊具上。

(8) 将运输吊具悬挂到吊具上的 2 个转环和起重机上。

(9) 第 1 个人用起重机将机器人缓慢且小心地向上提升。第 2 个人在提升过程中防止机器人倾覆。

警告：在提升过程中注意确保机器人不要发生倾覆，否则会造成重伤和财产损失。

(10) 将机器人缓慢旋转 90°，小臂必须朝下。

(11) 用叉车提起吊具，如图 2-37 所示。叉车在安装过程中必须留在吊具的叉孔中，以防滑动。

注意：用叉车托起吊具时，必须注意叉孔宽度(140 mm)，否则会造成财产损失。

课程思政

为中国人民谋幸福，为中华民族谋复兴，是中国共产党人的初心和使命，是激励一代代中国共产党人前赴后继、英勇奋斗的根本动力。我们要牢牢把握“守初心、担使命，找差距、抓落实”的总要求，牢牢把握深入学习、贯彻新时代中国特色社会主义思想、锤炼忠诚干净担当的政治品格

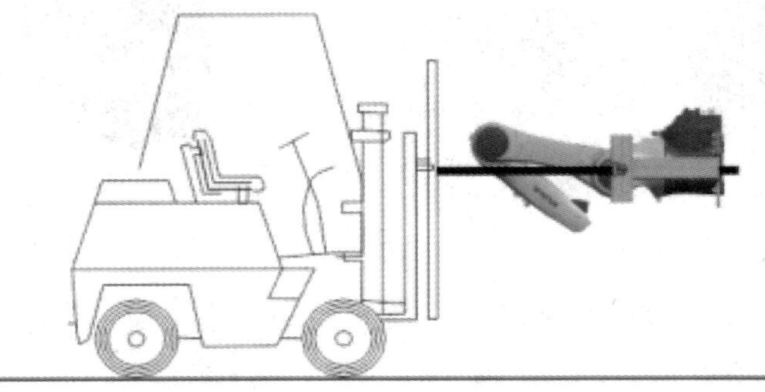

图 2-37　叉车提起吊具

(12) 借助叉车将机器人定位在墙壁上。为了避免销钉损坏，应注意位置要正好水平。

笔记

(13) 将 2 根内六角螺栓 M12 × 30(上部内六角螺栓)和上部垫片从底座上拧出，如图 2-38 所示。

(14) 将 2 根内六角螺栓 M12 × 30(安全防护螺栓)和垫片从吊具上松开。

(15) 将摆动支架向外旋转，如图 2-39 所示。

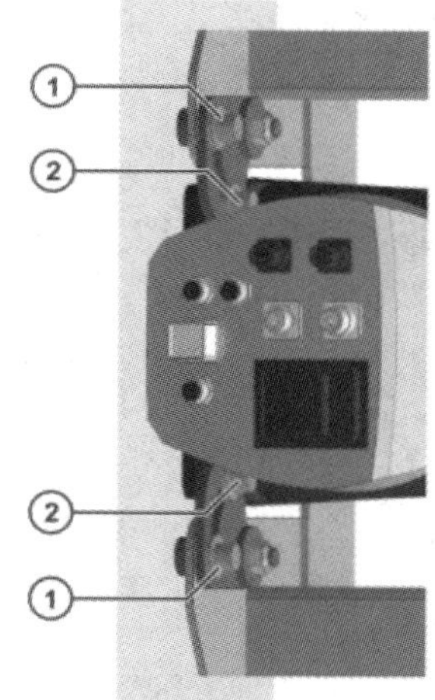

1—内六角螺栓 M12 × 30(上部)；
2—内六角螺栓 M12 × 30(安全防护螺栓)

图 2-38　将后部螺栓拧出

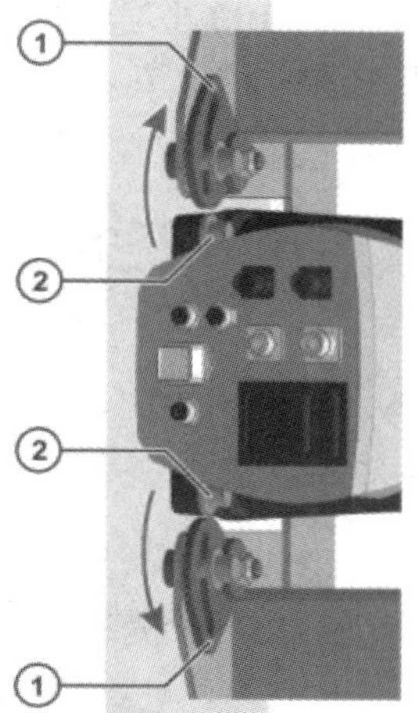

1—摆动支架；
2—六角螺栓 M10 × 35(上部)

图 2-39　将摆动支架向外旋转

(16) 用 2 根六角螺栓 M10 × 35(上部六角螺栓)和垫片将上部机器人固定在墙壁上。用扭矩扳手交替拧紧六角螺栓，分几次将拧紧扭矩增加至 45 N·m。

(17) 将 2 根内六角螺栓 M12 × 30(下部内六角螺栓)和下部垫片从底座上拧出。

(18) 用叉车小心地将吊具从底座上向下松开。

(19) 用 2 根六角螺栓 M10 × 35 和垫片将底座下部的机器人固定在墙壁上。用扭矩扳手交替拧紧六角螺栓，分几次将拧紧扭矩增加至 45 N·m。

(20) 连接电机电缆 X30 和数据线 X31，如图 2-40 所示。

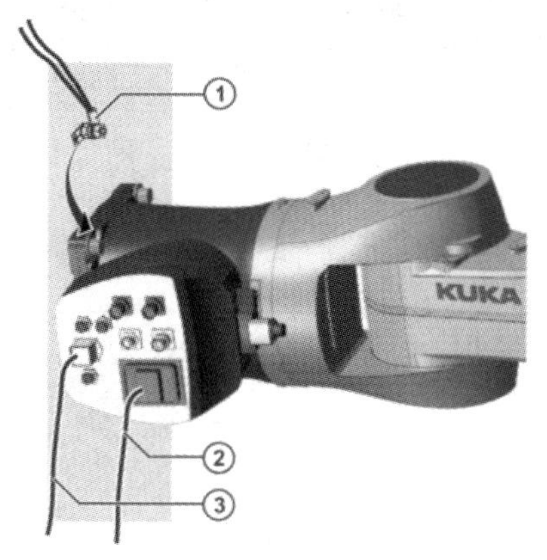

1—接地线；
2—电机电缆；
3—数据线

图 2-40　连接导线

笔记

(21) 将接地线(机器人控制系统—机器人)连接在接地安全引线上。

(22) 按照 VDE 0100 和 EN 60204-1 检查电位均衡导线。

(23) 将接地线(系统部件—机器人)连接在接地安全引线上。

(24) 安装工具。

(25) 运行 100 小时后，用扭矩扳手将 4 根六角螺栓再次拧紧。

工厂经验：在天花板安装工业机器人与此类似，可参照操作。

任务二　工业机器人的校准

任务导入

工业机器人的机械原点如图 2-41 所示，用久了可能会变动，应实时进行校准，否则会出现误差。

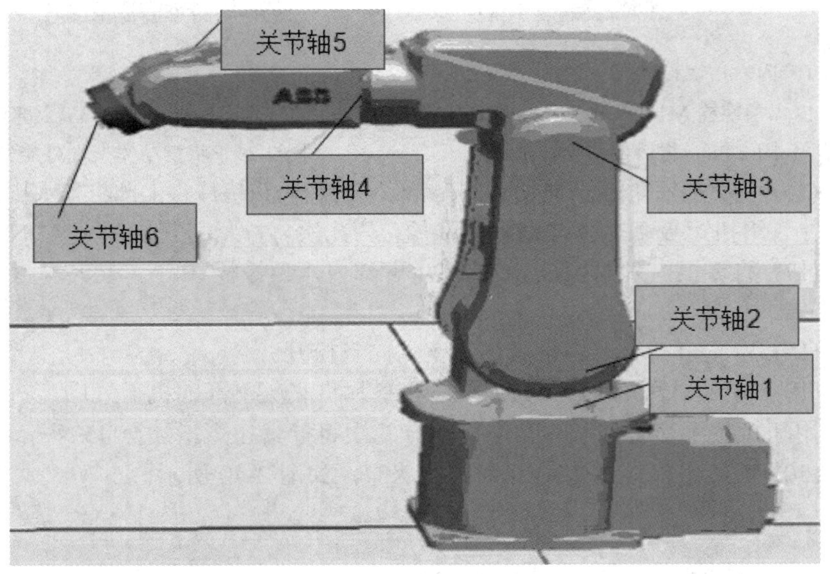

图 2-41　工业机器人的机械原点

任务目标

知 识 目 标	能 力 目 标
1. 了解校准设备的结构知识 2. 掌握常用调试工具的使用知识	1. 会应用校准设备 2. 能应用校准软件

笔记

任务实施

根据本学校的条件，让学生现场观看，并让学生参与进来，但应注意安全。

现场教学

一、校准范围和正确轴位置

图 2-42 为机器人 IRB 460 上校准范围和标记的位置。

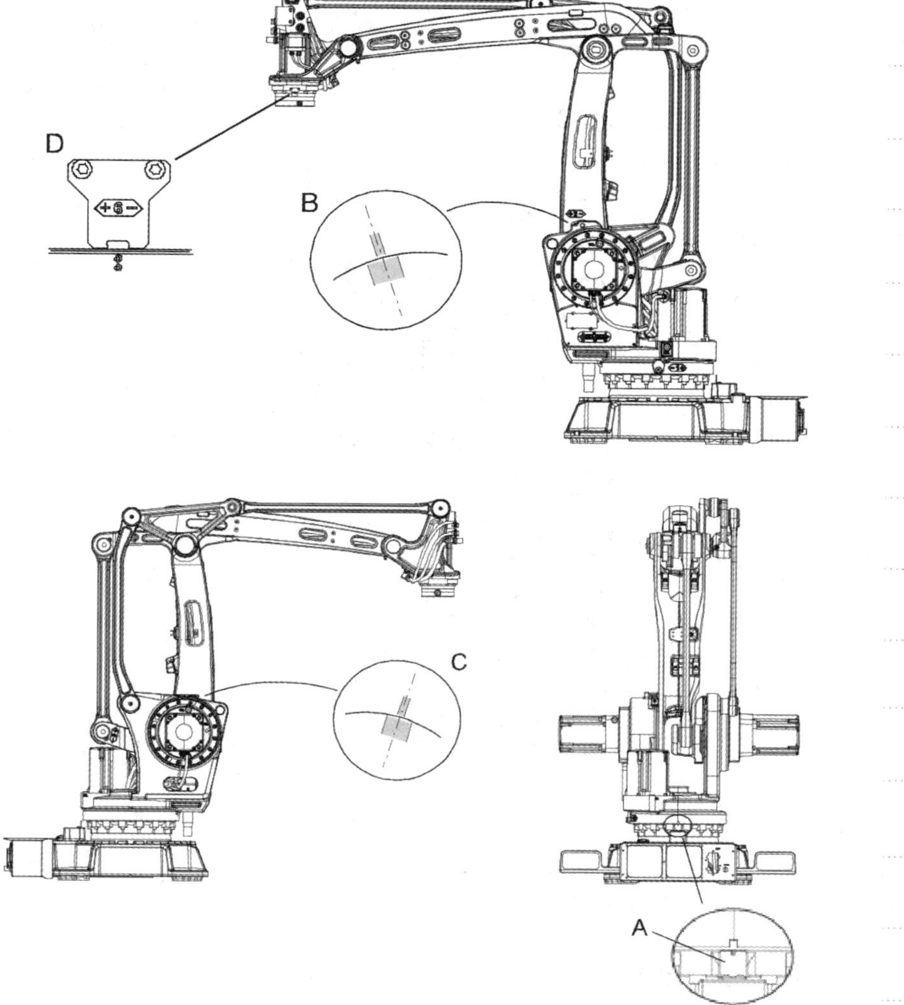

A—校准盘(轴 1)；B—校准标记(轴 2)；C—校准标记(轴 3)；D—校准盘和标记(轴 6)

图 2-42　校准范围/标记

图 2-43 为机器人 IRB 260 的校准运动方向。对所有 4 轴机器人而言，正方向都相同。

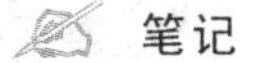 笔记

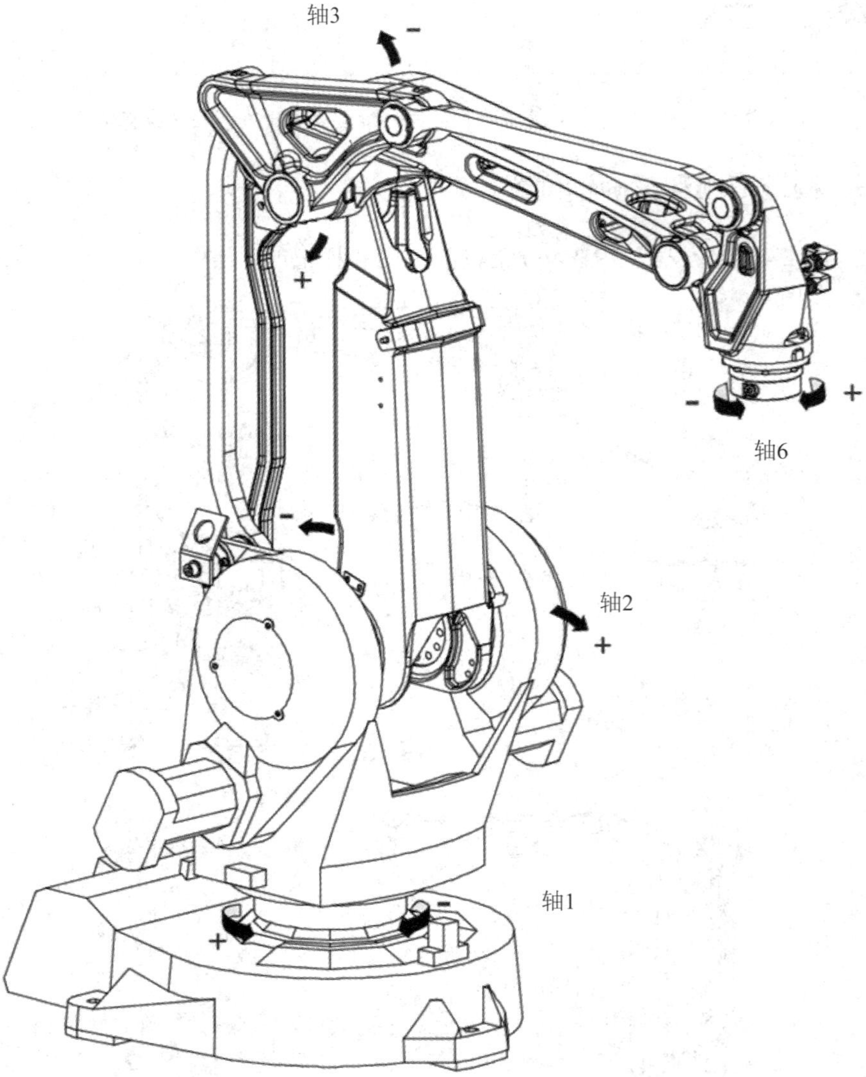

轴3

轴6

轴2

轴1

图 2-43　正方向

技能训练

在教师的指导下让学生操作。

二、预零点位置标定

使用手动操纵让机器人各关节轴运动到机械原点刻度位置的顺序是：4—5—6—1—2—3。预零点位置标定如表 2-2 所示。

笔记

表 2-2　预零点位置标定

操作说明	图　　示
1. 在手动操纵菜单中，选择“轴 4-6”运动模式，将关节轴 4 运动到机械原点刻度位置	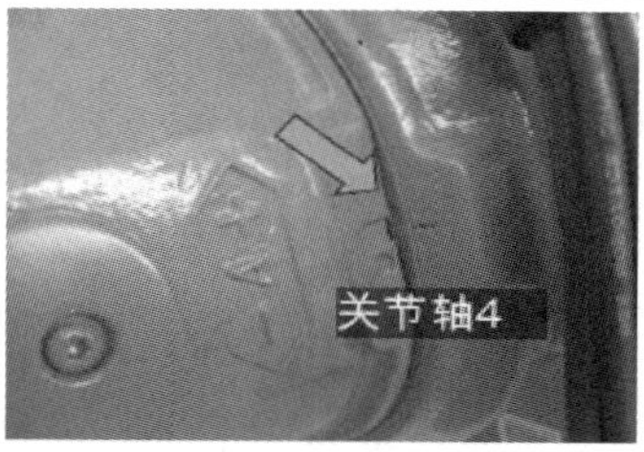 关节轴4
2. 同理将关节轴 5 和关节轴 6 运动到机械原点刻度位置	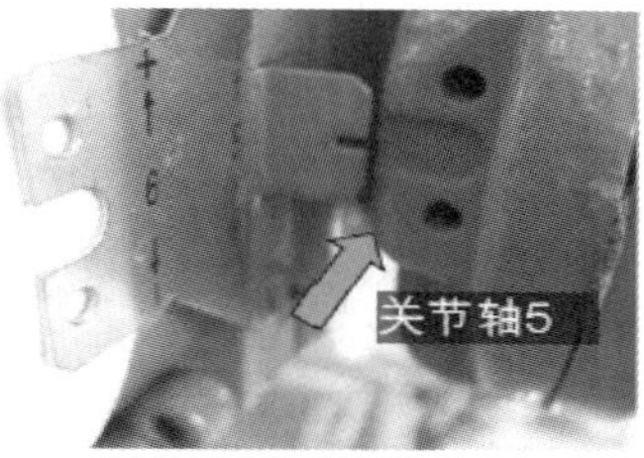 关节轴5  关节轴6
3. 在手动操纵菜单中，选择“轴 1-3”运动模式，分别将关节轴 1、2、3 运动到机械原点刻度位置	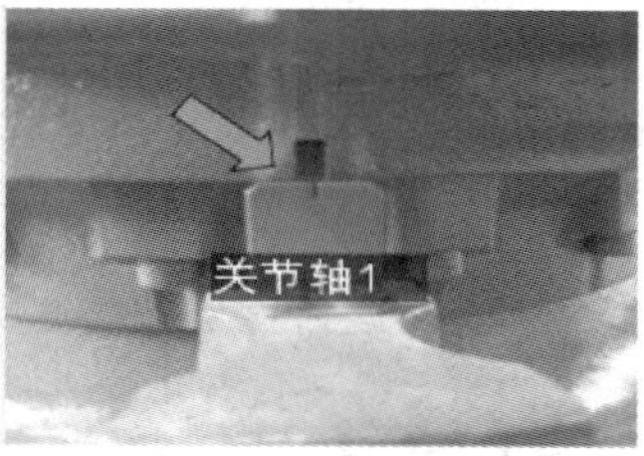 关节轴1 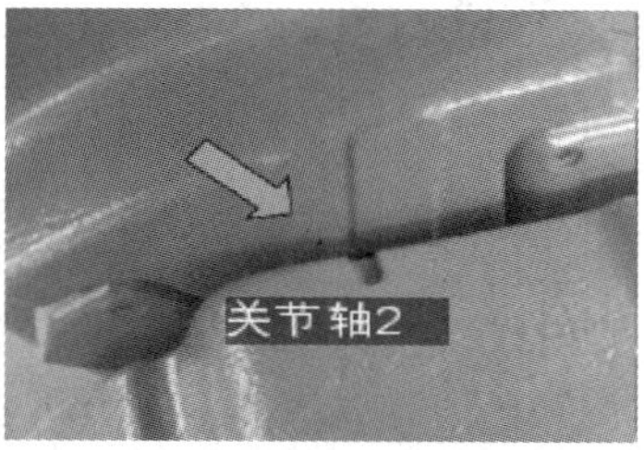 关节轴2 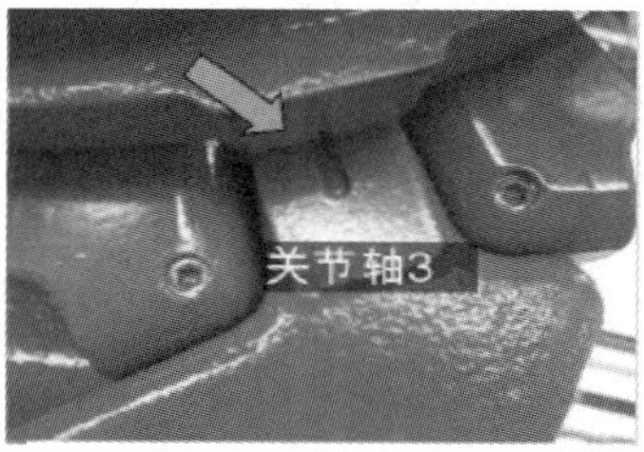 关节轴3

笔记

一体化教学

若有条件，可采用一体化教学，否则进行多媒体教学。

三、转动盘适配器

转动盘适配器的结构如图 2-44 所示。

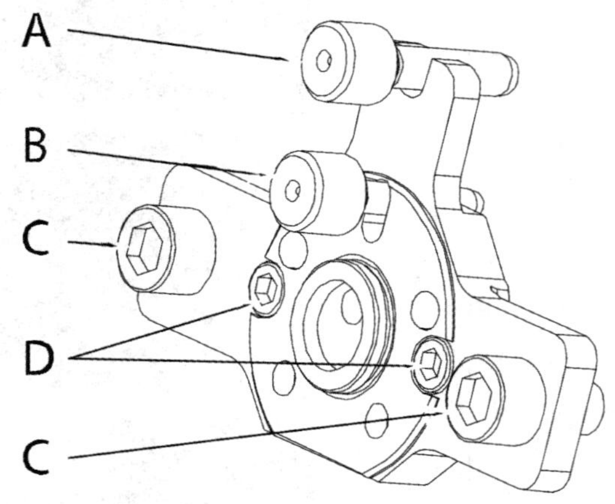

A—导销(8 mm)；B—导销(6 mm)；C—螺丝(M10)；D—螺栓(M6)

图 2-44　转动盘适配器

应用长久存放后的摆摆工具时，必须将摆锤工具安装在水平位置，且在使用前必须至少预热(通电)5 分钟。存放位置或预热位置如图 2-45 所示。

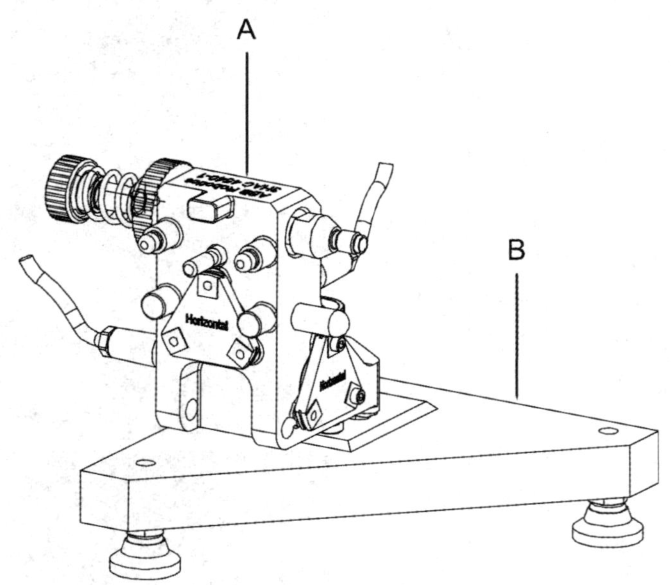

A—校准摆锤(3HAC4540-1)；B—校准盘(3HAC020552-002)

图 2-45　存放和预热位置

笔记

四、准备转动盘适配器

1. 启动 Levelmeter 2000

图 2-46 显示了 Levelmeter 2000 的布局和连接。

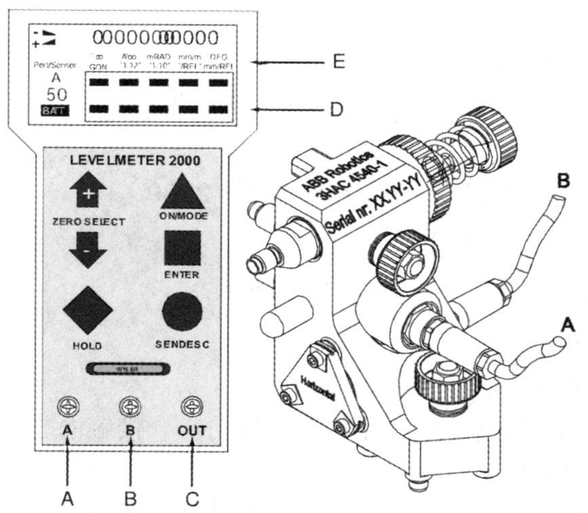

A—连接传感器 A；B—连接传感器 B；C—连接 SIO1；D—选择指针；E—计量单位

图 2-46 Levelmeter 2000 的布局和连接

1) 准备工作——Levelmeter 2000的设置

(1) 在使用之前对 Levelmeter 2000 至少预热 5 分钟。

(2) 将角度的计量单位(DEG)设置为精确到小数点后三位，如 0.330 等。

2) 启动Levelmeter 2000

(1) 使用所附的电缆连接测量单元和传感器。

(2) 开启 Levelmeter 2000 的电源。

(3) 连接传感器 A 和 B。

(4) 将 Levelmeter 2000 的 OUT(连接 SIO1)与控制柜内的 COM1 端口相连。

(5) 校准机器人。

3) Levelmeter 2000的电源

Levelmeter 2000 的电源有两种方式可供选择。

(1) 电池模式。按下 ON/MODE 开启 Levelmeter，直到显示屏闪烁。这时会关闭电池节电模式。使用后不要忘记关闭。

(2) 外部电源。将电源线(红/黑)连接到 12～48 V DC，位于机柜(连接器 XT31)或外部电源。

4) 地址

确保传感器有不同的地址。只要地址彼此之间互不相同，任何地址都可行。

笔记

工匠精神

工匠精神的核心是：不仅仅把工作当作赚钱养家糊口的工具，而是树立起对职业敬畏、对工作执着、对产品负责的态度，极度注重细节，不断追求完美和极致，给客户无可挑剔的体验。将一丝不苟、精益求精的工匠精神融入每一个环节，做出打动人心的一流产品

5) 测定传感器

(1) 将传感器连接到传感器连接点。

(2) 按 ON/MODE。

(3) 按 ON/MODE，直到 SENSOR(传感器)下面的圆点闪烁。

(4) 按 ENTER。

(5) 按 ZERO SELECT 箭头，直到 A、B 闪烁。

(6) 按 ENTER，等待，直到 A、B 再次闪烁。

(7) 按 ENTER。

2. 校准传感器(校准摆锤)和 Levelmeter 2000

1) 传感器安装到校准盘

将传感器安装到校准盘，如图 2-45 所示。

2) 校准传感器

(1) 将校准盘放在平稳的底座上。

(2) 用异丙醇清洁校准盘表面和传感器的三个接触面。

(3) 将传感器安装到两个合理位置之一。

(4) 重复按 ON/MODE 按钮，直到 SENSOR 文本被选中。

(5) 重复按 ENTER。

(6) 重复按 ZERO SELECT，直到 A 显示在 Port/Sensor 的下方。

(7) 按 ENTER，然后等待，直到 A 停止闪烁。再次按 ENTER。

(8) 按 ON/MODE，直到文本 ZERO 被选中。

(9) 按 ENTER，将显示方向指示灯(+/-)和最后的零偏差。等待数秒，直到传感器稳定。

(10) 按 HOLD，直到 ZERO 下方的指示灯开始闪烁。

(11) 取下摆锤工具，将其旋转 180°，如图 2-47 所示。然后将工具安装在相应的孔型中。

注意：不要更改校准盘的位置。等待数秒，直到传感器稳定。

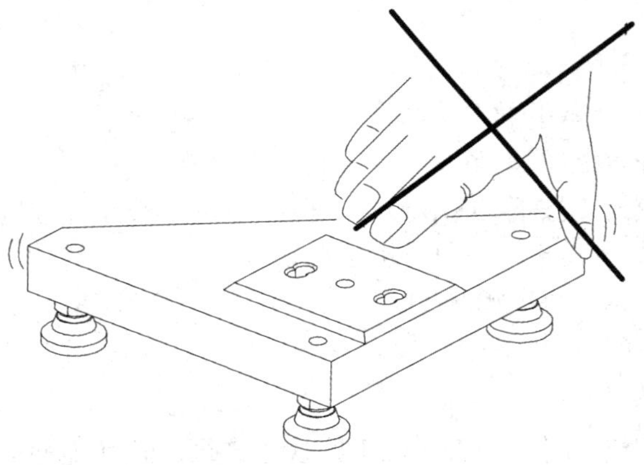

图 2-47 取下摆锤工具将其旋转 180°

(12) 按 HOLD 并等待数秒，将显示新的零偏差。

(13) 按 ENTER，传感器校准完毕，对于这两个位置应显示相同的值，但极性(+/–)相反。

(14) 按步骤(4)～(7)中所述将仪器调整为读取传感器 B。

(15) 重复步骤(8)～(13)。

(16) 按步骤(4)～(7)中所述将仪器调整为读取传感器 A、B。

(17) 检查结果。

3) 检查传感器

(1) 将校准盘放在平稳的底座上。

(2) 用异丙醇清洁校准盘表面和传感器的接触面。

(3) 将传感器安装到两个合理位置之一。

(4) 将仪器调整为显示传感器 A 和 B。

(5) 等待数秒直到传感器稳定，读取仪器所显示的值。

(6) 取下传感器，将其旋转 180°，操作步骤如图 2-48(a)～(d)所示。然后将其重新安装在相应的孔型中。等待数秒，直到传感器稳定。

注意：不要更改校准盘的位置。

笔记

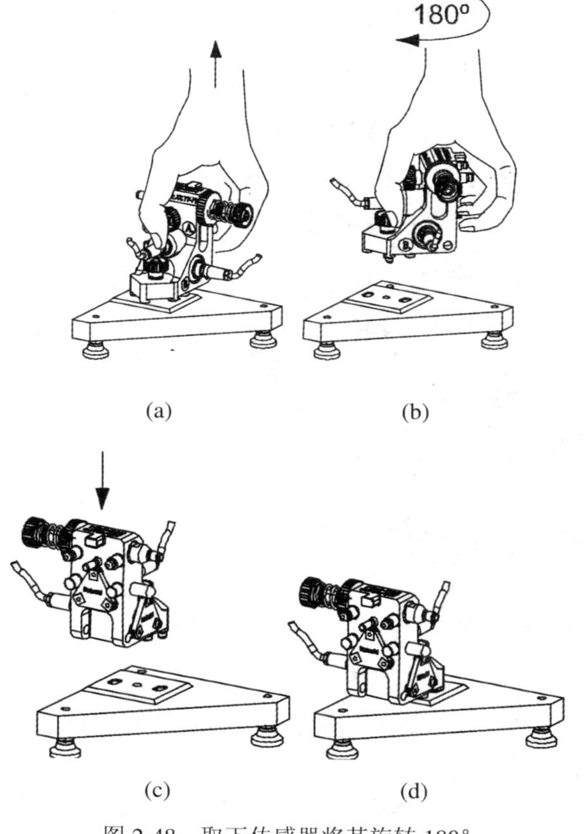

(a)　(b)

(c)　(d)

图 2-48　取下传感器将其旋转 180°

笔记

(7) 读取 A 和 B 的值。两个读数之差应小于 0.002°，且极性(+/-)相反。如果差大于此值，则必须重新校准传感器。

3. 校准传感器安装位置

在将传感器安装到机器人之前，首先确保没有可能影响传感器位置的接线，然后从轴 1 卸下所有位置开关，但不能将传感器安装在参照位置。

在对 IRB 260、IRB 460、IRB 660 和 IRB 760 的轴 1 和 6 以及其他机器人的轴 1 进行校准之前按照下列步骤准备校准摆锤。

(1) 通过移动内手轮压缩弹簧(轴向运动)，如图 2-49 所示。

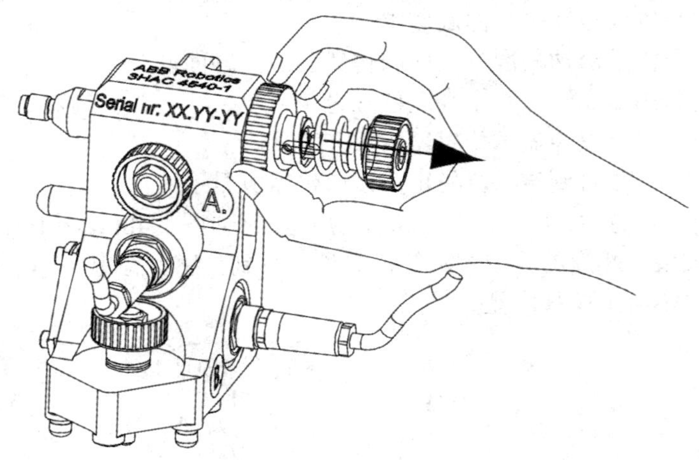

图 2-49　压缩弹簧

(2) 在轴上顺时针旋转内手轮，以将弹簧锁在压缩位置，如图 2-50 所示。

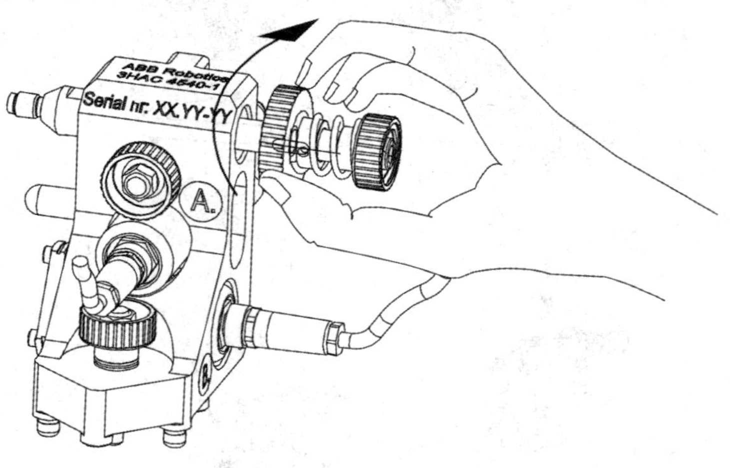

图 2-50　锁在压缩位置

(3) 在轴 1(或 IRB 260、IRB 460、IRB 660 和 IRB 760 的轴 6)校准之后，释放压缩弹簧。

校验参考位置(IRB 460)时摆锤的安装位置如图 2-51 所示，注意摆锤一次只能安装在一个位置。校验轴 1(IRB 460、IRB 660、IRB 760)、轴 2(IRB 460、

IRB 660、IRB 760)、轴 3(IRB 460、IRB 660、IRB 760)、轴 6(IRB 460、IRB 660)时摆锤的安装位置如图 2-52～图 2-55 所示。

笔记

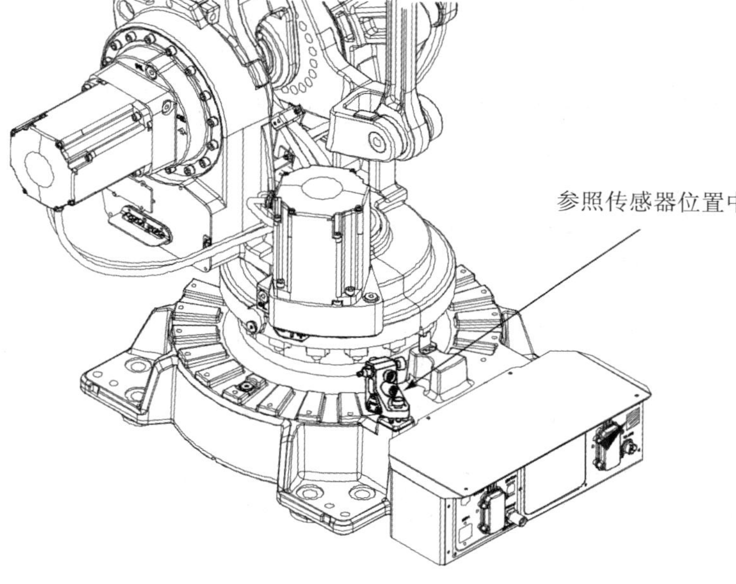

图 2-51　校验参考位置(IRB 460)时摆锤的安装

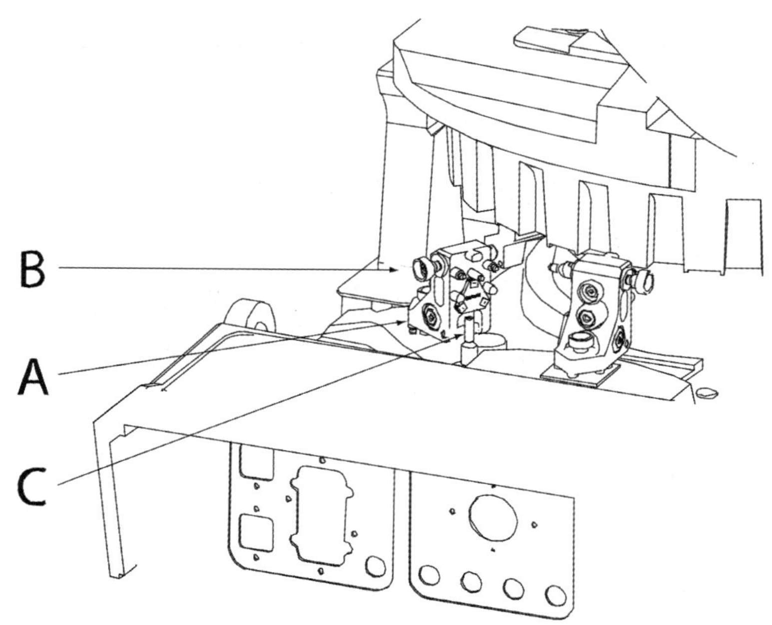

A—校准摆锤；B—校准摆锤连接螺丝；

C—固定销(IRB 460 的长度为 58 mm，IRB 660 和 IRB 760 的长度为 68 mm)

图 2-52　校验轴 1(IRB 460、IRB 660、IRB 760)时摆锤的安装

笔记

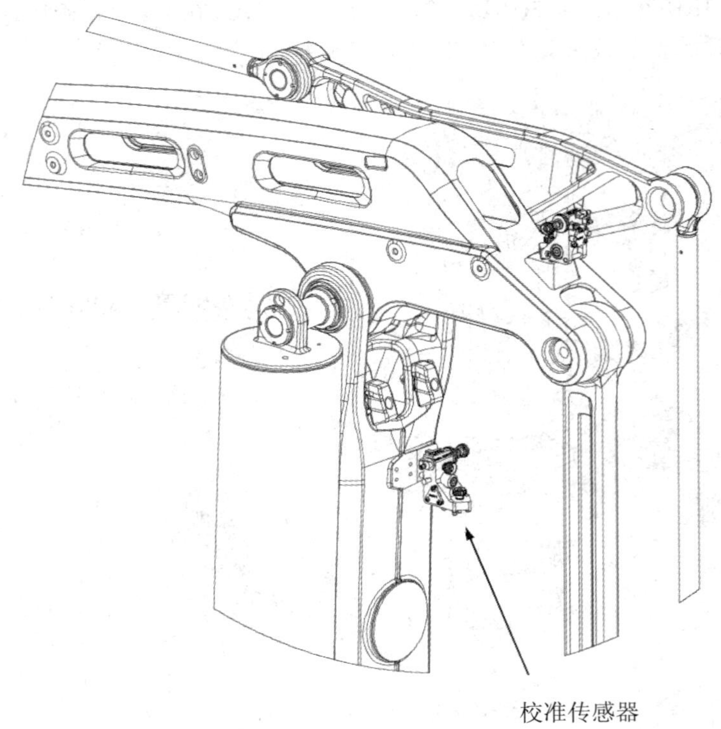

图 2-53　校验轴 2(IRB 460、IRB 660、IRB 760)时摆锤的安装

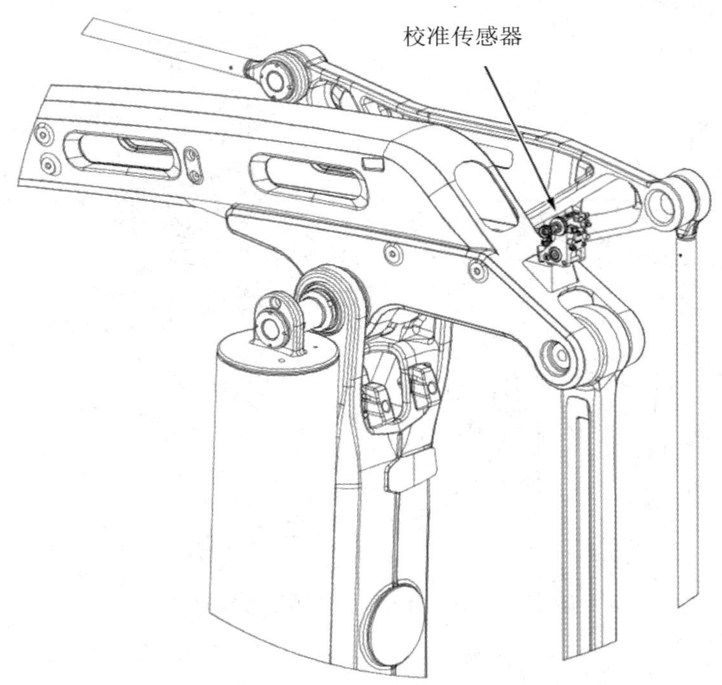

图 2-54　校验轴 3 (IRB 460、IRB 660、IRB 760)时摆锤的安装

笔记

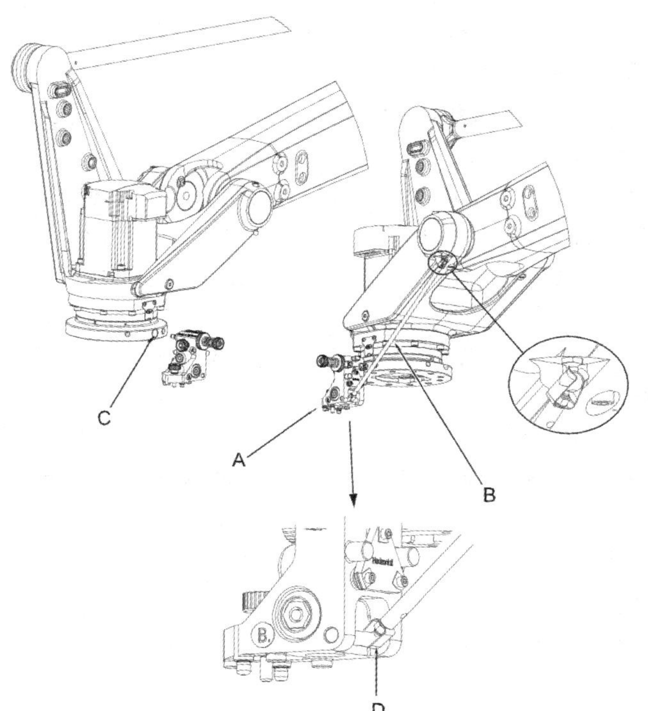

A—校准传感器(轴 6)；B—校准杆(在传感器与机器人球阀之间起连接作用)；

C—转动盘上的锥形连接孔；D—注意，确保将校准杆安装在传感器销的最右端

图 2-55　校验轴 6(IRB 460、IRB 660)时摆锤的安装

五、校准

1. 关于 Calibration Pendulum II

Calibration Pendulum II 用于现场，可恢复机器人原位置(例如在从事检修活动之后)。

在校准程序中，首先在参照平面上测量传感器的位置。然后将摆锤校准传感器放在每根轴上，机器人达到其校准位置，从而将传感器差值降低到接近于零。

获得最佳结果的前提条件是：

(1) 用异丙醇清洁机器人的所有接触面。

(2) 用异丙醇清洁摆锤的所有接触面。

(3) 检查并确认在机器人上安装摆锤的孔中没有润滑油和颗粒。

(4) 不要触摸传感器或摆锤上的电缆。

(5) 检验并确认当安装在机器人上时，摆锤的电缆不是固定悬挂的。

(6) 将摆锤安装到法兰(只适用于大型机器人)上时，尽可能将螺丝拧紧。螺丝锥面要与法兰锥面紧紧贴合，这一点非常重要。

笔记

(7) 使用调整盘和 Levelmeter 定期检查和校准(如需要)传感器。

2. 准备校准(用 CalPend)

(1) 确保机器人已做好校准的准备。即，所有维修或安装活动已完成，机器人已准备好运行。

(2) 检查并确认用于校准机器人的所有必需硬件均已提供。

(3) 从机器人的上臂取下所有外围设备(例如，工具和电缆)。

(4) 取下用于安装校准和参照传感器的表面上的所有盖子，用异丙醇清洁这些表面。

注意：同一校准摆锤既可用作校准传感器也可用作参照传感器，具体取决于当时所起的作用。

(5) 用异丙醇清洁导销孔。

(6) 连接校准设备和机器人控制器，并启动 Levelmeter2000。

(7) 校准机器人。

(8) 检验校准。

3. 校准顺序

必须按升序顺序校准轴，即 1→2→3→4→5→6。

4. 利用校准摆锤校准

(1) 准备机器人校准。

(2) 微调待校准的机器人轴，使其接近正确的校准位置。

(3) 更新转数计数器(粗略校准)。

(4) 利用校准摆锤仅校准轴 1 时，将定位销安装到机器人基座。确保连接面清洁，没有任何裂痕和毛刺。

(5) 从 FlexPendant 启动校准服务例行程序，并按照说明操作，其中包括在需要时安装校准传感器。

注意：根据 FlexPendant 上的说明，在机器人上安装传感器后，单击确定会启动机器人运动。确保机器人的工作范围内没有任何人。

(6) 点击 OK(确定)。许多信息窗口将在 FlexPendant 上短暂闪过，但在显示具体操作之前无需采取任何操作。

(7) 完成校准后，确认所有已校准轴的位置。

(8) 断开所有校准设备，重新安装所有保护盖。

> **企业文化**
>
> **定额管理**
>
> 必须有准确的材料定额、工时定额，并需要考虑不同批量状态下定额的系数。明确的定额有利于现场生产组织、资源组织、人员组织等

六、更新转数计数器

步骤 1，手动将操纵器运转至校准位置。

(1) 确定选择/逐轴/动作模式。

(2) 微调操纵器，使校准标记位于公差范围内。

(3) 定位好所有轴之后，存储转数计数器设置。

当操纵器运行至校准位置时，应确保操纵器的轴 4 和轴 6 正确定位，操纵器出厂时已正确定位，因此在转数计数器更新前，切勿在通电状态下旋转

笔记

轴 4 或轴 6。

如果在更新转数计数器之前将轴4或轴6从其校准位置旋转一周或数周，就会因齿轮速比不均而偏离正确的校准位置。

步骤 2，使用 FlexPendant 储存转数计数器设置。

(1) 在 ABB 菜单上，点击“校准”。与系统相连的所有机械单元将连同校准状态一起显示。

(2) 点击所涉及的机械单元，会显示一个屏幕，点击“转数计数器”，如图 2-56 所示。

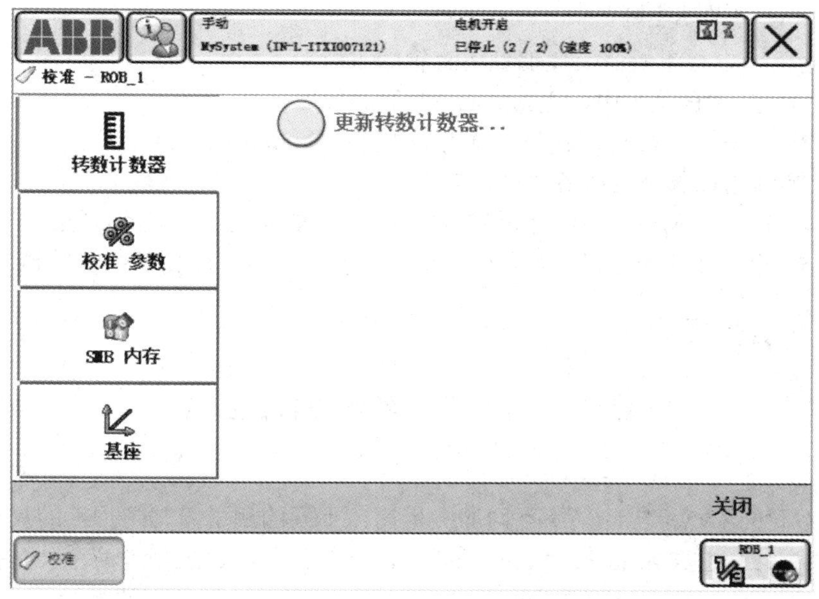

图 2-56　转数计数器

(3) 点击“更新转数计数器...”，将显示一个对话框，警告更新转数计数器可能会改变预设操纵器位置，此时点击“是”更新转数计数器，点击“否”取消更新转数计数器。点击“是”显示轴选择窗口。

(4) 选择需要更新转数计数器的轴：勾选左边的复选框，点击“全选”更新所有的轴，然后点击“更新”。

(5) 显示一个对话框，警告更新操作不能撤销：点击“更新”以继续更新转数计数器；点击“取消”以取消更新转数计数器。点击“更新”将更新勾选的转数计数器，并取消轴列表中的勾选。

(6) 每次更新后应仔细检查校准位置。

七、检查校准位置

1. 使用 MoveAbsJ 指令

创建一个使所有机器人轴运转至其零位置的程序。

笔记

(1) 在 ABB 菜单中，点击 Program editor(程序编辑器)。

(2) 创建新程序。

(3) 选择 Motion&Proc(动作与过程)菜单中的 MoveAbsJ。

(4) 创建以下程序：

MoveAbsJ [[0,0,0,0,0,0],[9E9,9E9,9E9,9E9,9E9,9E9]]\NoEOffs,v1000, z50, Tool0

(5) 以手动模式运行程序。

(6) 检查轴校准标记是否正确对准。如没有对准，更新转数计数器。

2. 使用微动控制窗口

用以下方式将机器人微调到所有轴的零位置。

(1) 在 ABB 菜单中，点击 Jogging(微动控制)。

(2) 点击 Motion mode(动作模式)选择要进行微调的一组轴。

(3) 点击以选择要微调的轴：轴 1、2 或 3。

(4) 将机器人轴手动运行至 FlexPendant 上轴位置值为零的位置。

(5) 检查轴校准标记是否正确对准。如没有对准，更新转数计数器。

任务扩展

KUKA 工业机器人的零点标定组件

实物教学

不同的零点标定应采用不同的测量筒，不同的测量筒其防护盖的尺寸有所不同。如 SEMD(Standard Electronic Mastering Device)的测量筒，其防护盖配 M20 的细螺纹；MEMD(Mikro Electronic Mastering Device)的测量筒，其防护盖配 M8 的细螺纹。

包含 SEMD 和 MEMD 的零点标定组件如图 2-57 所示，主要包括零点标定盒、用于 MEMD 的螺丝刀、MEMD、SEMD、电缆等。图 2-57 中细电缆是测量电缆，将 SEMD 或 MEMD 与零点标定盒相连接。粗电缆是 EtherCAT 电缆，将零点标定盒与机器人上的 X32 接口连接起来。在使用 SEMD 进行零点标定时，机器人控制系统自动将机器人移动至零点标定位置。先不带负载进行零点标定，然后带负载进行零点标定。可以保存不同负载的多次零点标定。主要应用在首次调整的检查，如首次调整丢失(如在更换电机或碰撞后)，则还原首次调整。由于学习过的偏差在调整丢失后仍然存在，所以机器人可以计算出首次调整。

注意：让测量电缆插在零点标定盒上，并且要尽可能少地拔下。传感器插头 M8 的可插拔性是有限的，经常插拔可能会损坏插头。

在零点标定之后，将 EtherCAT 电缆从接口 X32 上取下，否则会出现干扰信号或导致损坏。

笔记

1—零点标定盒；2—用于 MEMD 的螺丝刀；3—MEMD；4—SEMD；5—电缆

图 2-57　包含 SEMD 和 MEMD 的零点标定组件

任务三　工业机器人的维护

任务导入

工业机器人在具有严重粉尘的空间中应用时，必须对其进行维护，否则将大幅度降低其寿命。当然，在正常环境下也应定期对工业机器人进行维护。图 2-58 为锻造车间中的工业机器人。

图 2-58　锻造车间中的工业机器人

笔记

任务目标

知识目标	能力目标
1. 掌握机器人机械结构的维护知识 2. 掌握机器人电气系统的维护知识 3. 掌握机器人液路设备的维护知识 4. 了解机器人周边设备的维护知识 5. 了解清洁工业机器人的原则	1. 能检查机器人系统的紧固件是否松动，能检查连接件磨损状况 2. 能检查机器人继电器等电气元件的工作状态 3. 能检查接线端子是否发热、发黑、松动 4. 能对机器人液压系统进行常规检查 5. 能对机器人液压系统进行维护 6. 能加润滑脂与油

任务实施

教师讲解

一、维护标准

1. 维护时间间隔

不同工业机器人的维护时间间隔是有差异的，表 2-3 对某工业机器人所需的维护活动和时间间隔进行了明确说明。

表 2-3　维护标准

序号	维护活动	部　位	间　隔
1	清洁	机器人	随时
2	检查	轴 1 齿轮箱，油位	6 个月
3	检查	轴 2 和 3 齿轮箱，油位	6 个月
4	检查	轴 6 齿轮箱，油位	6 个月
5	检查	机器人线束	12 个月(1)
6	检查	信息标签	12 个月
7	检查	机械停止，轴 1	12 个月
8	检查	阻尼器	12 个月
9	更换	轴 1 齿轮油	当 DTC(2) 读数达 6000 小时进行第一次更换。当 DTC(2)读数达到 20 000 小时进行第二次更换。随后的更换时间间隔是 20 000 小时
10	更换	轴 2 齿轮油	
11	更换	轴 3 齿轮油	
12	更换	轴 6 齿轮油	
13	大修	机器人	30 000 小时
14	更换	SMB 电池组	低电量警告(3)

笔记

续表

序号	维护活动	部　位	间　隔
15	检查	信号灯	12 个月
16	更换	电缆线束	30 000 小时(4)(不包括选装上臂线束)
17	更换	齿轮箱(5)	30 000 小时

注：(1) 检测到组件损坏或泄漏，或发现其接近预期组件使用寿命时，更换组件。

(2) DTC = 运行计时器。显示机器人的运行时间。

(3) 电池的剩余后备容量(机器人电源关闭)不足 2 个月时，将显示低电量警告(38213 电池电量低)。通常，如果机器人电源每周关闭 2 天，则新电池的使用寿命为 36 个月；如果机器人电源每天关闭 16 小时，则新电池的使用寿命为 18 个月。对于较长的生产中断，通过电池关闭服务例行程序可延长使用寿命(大约 3 倍)。

(4) 严苛的化学环境、热环境或类似的环境可导致预期使用寿命缩短。

(5) 根据应用的不同，使用寿命也可能不同。为单个机器人规划齿轮箱维修时，集成在机器人软件中的 Service Information System (SIS)可用作指南。此原则适用于轴 1、2、3 和 6 上的齿轮箱。在某些应用(如铸造或清洗)中，机器人可能会暴露在化学物质、高温或湿气中，这些都会对齿轮箱的使用寿命造成影响。

2. 清洁机器人

1) 注意事项

清洁机器人时必须注意和遵守规定的指令，以免造成损坏。 这些指令仅针对机器人。清洁设备部件、工具以及机器人控制系统时，必须遵守相应的清洁说明。

使用清洁剂和进行清洁作业时，必须注意以下事项：

(1) 仅限使用不含溶剂的水溶性清洁剂。

(2) 切勿使用可燃性清洁剂。

(3) 切勿使用强力清洁剂。

(4) 切勿使用蒸汽和冷却剂进行清洁。

(5) 不得使用高压清洁装置清洁。

(6) 清洁剂不得进入电气或机械设备部件中。

(7) 注意人员保护。

2) 操作步骤

(1) 停止运行机器人。

(2) 必要时停止并锁住邻近的设备部件。

(3) 如果为了便于进行清洁作业而需要拆下罩板，则将其拆下。

(4) 对机器人进行清洁。

(5) 从机器人上重新完全除去清洁剂。

(6) 清洁生锈部位，然后涂上新的防锈材料。

(7) 从机器人的工作区中除去清洁剂和装置。

(8) 按正确的方式清除清洁剂。

2019 年 3 月，教育部提出“要坚持显性教育和隐性教育相统一，挖掘其他课程和教学方式中蕴含的思想政治教育资源，实现全员全程全方位育人”

笔记

(9) 将拆下的防护装置和安全装置全部装上，然后检查其功能是否正常。

(10) 更换已损坏、不能辨认的标牌和盖板。

(11) 重新装上拆下的罩板。

(12) 仅将功能正常的机器人和系统重新投入运行。

现场教学

根据本单位的条件，让学生现场观看，并让学生参与进来，但应注意安全。

二、检查

1. 检查齿轮箱油位

(1) 关闭连接到机器人的电源、液压源、气压源，然后再进入机器人工作区域。

(2) 打开检查油塞。

(3) 检查所需的油位：1、2、3 轴齿轮箱油塞孔下最多 5 mm。6 轴所需的油位：电机安装表面之下 23 mm ± 2 mm。

(4) 根据需要加油。

(5) 重新装上检查油塞。

2. 检查电缆线束

机器人轴 1-6 的电缆线束位置如图 2-59 所示。

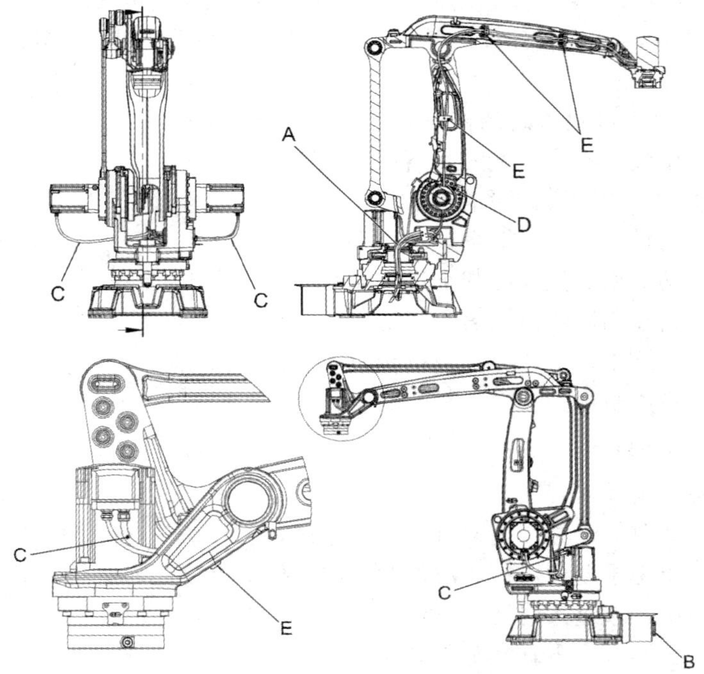

A—机器人电缆线束，轴 1-6；B—底座上的连接器；C—电机电缆；D—电缆导向装置，轴 2；E—金属夹具

图 2-59　机器人电缆线束位置

笔记

检查电缆线束的步骤如下：

(1) 关闭连接到机器人的电源、液压源、气压源，然后再进入机器人工作区域。

(2) 对电缆线束进行全面检查，以检测磨损和损坏情况。

(3) 检查底座上的连接器。

(4) 检查电机电缆。

(5) 检查电缆导向装置、轴 2。如有损坏需更换。

(6) 检查下臂上的金属夹具。

(7) 检查上臂内部固定电缆线束的金属夹具，如图 2-60 所示。

(8) 检查轴 6 上固定电机电缆的金属夹具。

(9) 如果检测到磨损或损坏，则更换电缆线束。

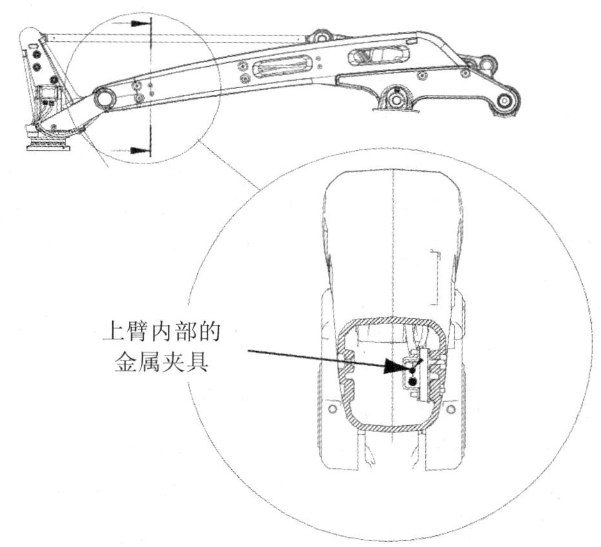

图 2-60　上臂内部固定电缆线束的金属夹具

3. 检查信息标签

信息标签的位置如图 2-61 所示。

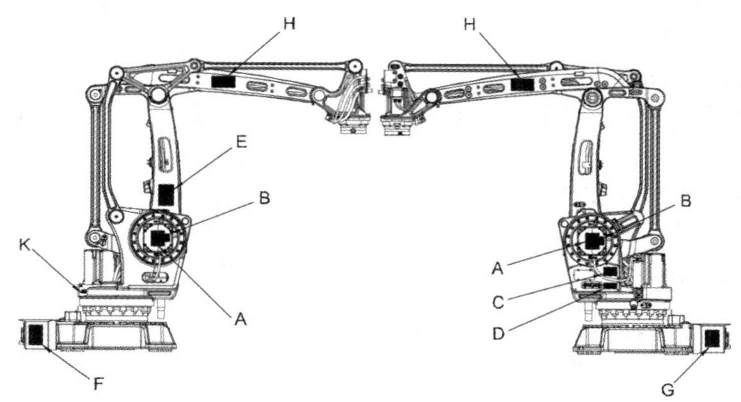

 笔记

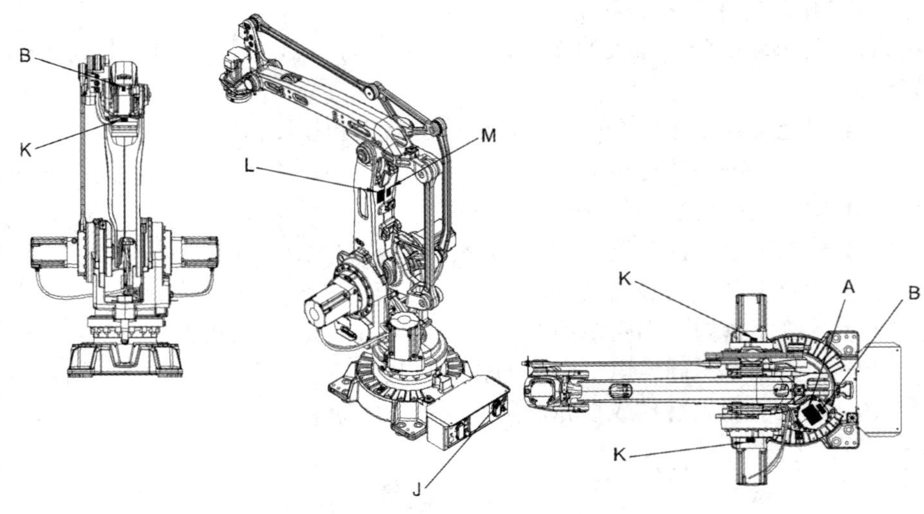

图 2-61　标签位置

图 2-61 中各标签的含义如下：

A——警告标签“高温”(位于电机盖上)，3HAC4431-1(3 pcs)

B——警告标签，闪电符号(位于电机盖上)，3HAC1589-1(4 pcs)

C——组合警告标签“移动机器人”、“用手柄关闭”和“拆卸前参阅产品手册”，3HAC17804-1

D——组合警告标签“制动闸释放”、“制动闸释放按钮”和“移动机器人”，3HAC8225-1

E——起吊机器人的说明标签，3HAC039135-001

F——警告标签“拧松螺栓时的翻倒风险”，3HAC9191-1

G——底座上规定了向齿轮箱注入哪种油的信息标签，3HAC032906-001

H——ABB 标识，3HAC17765-2 (2 pcs)

J——UL 标签，3HAC2763-1

K——每个齿轮箱旁边用于规定齿轮箱使用哪种油的信息标签，3HAC032726-001(4 pcs)

L——序列号标签

M——校准标签

检查标签的步骤如下：

(1) 关闭连接到机器人的电源、液压源、气压源，然后再进入机器人工作区域。

(2) 检查位于图 2-61 所示位置的标签。

(3) 更换所有丢失或受损的标签。

4. 检查额外的机械停止

图 2-62 为轴 1 上额外的机械停止的位置。

笔记

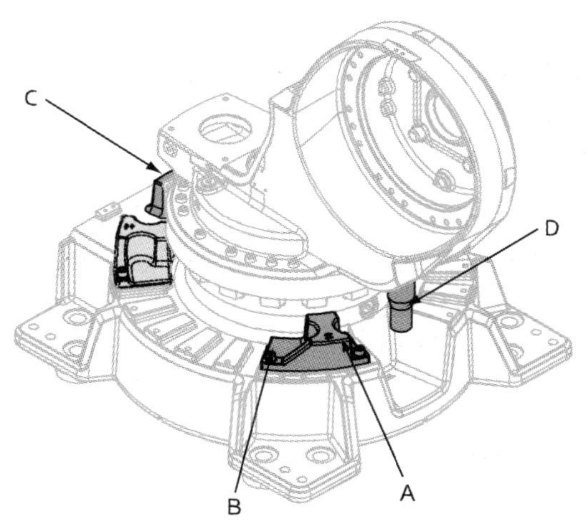

A—额外的机械停止(轴 1)；B—连接螺钉和垫圈(2 pcs)；

C—固定的机械停止；D—轴 1 上的机械停止销

图 2-62　轴 1 上额外的机械停止的位置

检查机械停止的步骤如下：

(1) 关闭连接到机器人的电源、液压源、气压源，然后再进入机器人工作区域。

(2) 检查轴 1 上的额外机械停止是否受损。

(3) 确保机械停止安装正确。轴 1 上机械停止的正确拧紧转矩为 115 N •m。

(4) 如果检测到任何损伤，则必须更换机械停止。正确地连接轴 1 螺钉，规格为 M12 × 40，质量等级 12.9。

5. 检查阻尼器

图 2-63 为阻尼器的位置。

A—阻尼器(下臂上部，2 pcs)；

B—阻尼器(下臂下部，2 pcs)；

C—阻尼器(轴 2，2 pcs)；

D—阻尼器(轴 3，2 pcs，在本视图中不可见)

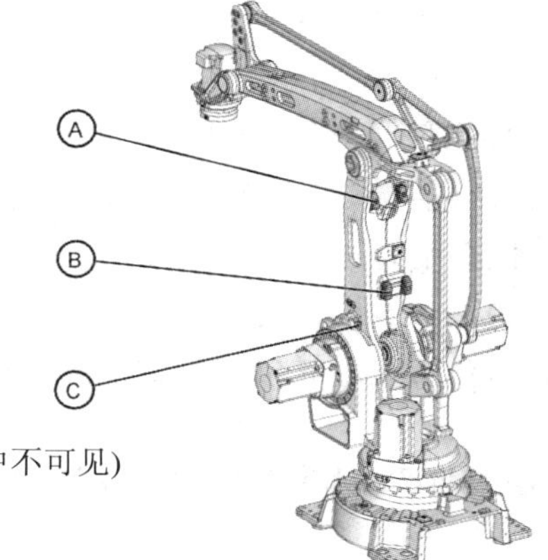

图 2-63　阻尼器的位置

检查阻尼器的步骤如下：

(1) 关闭连接到机器人的电源、液压源、气压源，然后再进入机器人工

笔记

作区域。

(2) 检查所有阻尼器是否受损、破裂或存在大于 1 mm 的印痕。

(3) 检查连接螺钉是否变形。

(4) 如果检测到任何损伤，必须用新的阻尼器更换受损的阻尼器。

6. 检查信号灯(选件)

信号灯的位置如图 2-64 所示。

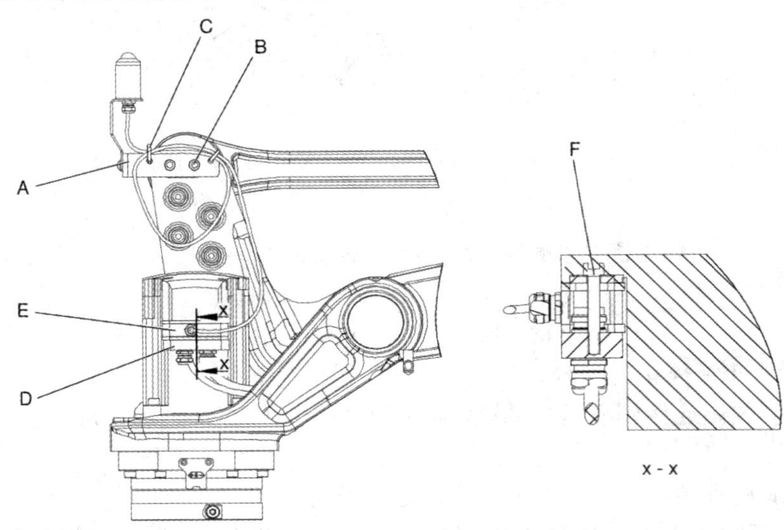

A—信号灯支架；B—连接螺钉(M8 × 12)和支架(2 pcs)；C—电缆带(2 pcs)；
D—电缆接头盖；E—电机适配器(包括垫圈)；F—连接螺钉(M6 × 40，1 pcs)

图 2-64　信号灯的位置

检查信号灯的步骤如下：

(1) 当电机运行时(“MOTORS ON”)，检查信号灯是否常亮。

(2) 关闭连接到机器人的电源、液压源、气压源，然后再进入机器人工作区域。

(3) 如果信号灯未常亮，请通过以下方式查找故障：

① 检查信号灯是否已经损坏。如已损坏，请更换该信号灯。

② 检查电缆连接。

③ 测量轴 6 电机连接器处的电压，查看该电压是否等于 24 V。

④ 检查布线。如果检测到故障，请更换布线。

技能训练

根据实际情况，让学生在教师的指导下进行换油。

三、换油

机器人底座处的标签显示所有齿轮箱用油的类型，如图 2-65 所示。

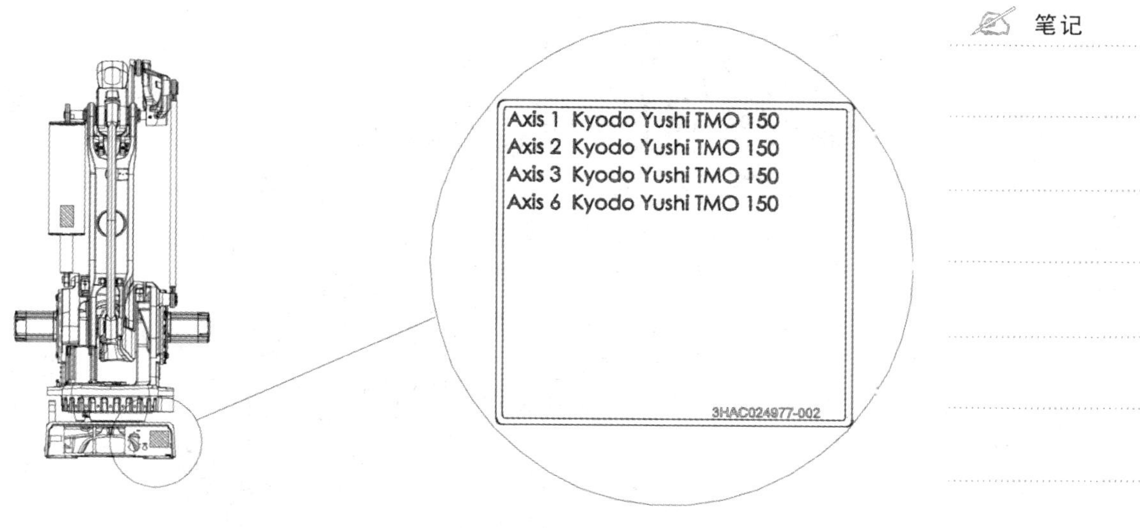

图 2-65　机器人底座处的标签

1. 齿轮箱位置

轴 1 齿轮箱位于机架和底座之间。油塞详情如图 2-66 所示，排油塞如图 2-67 所示。轴 2 和轴 3 的齿轮箱位于电机连接处下方、下臂旋转中心处。图 2-68 显示轴 2 齿轮箱的位置。图 2-69 显示轴 3 齿轮箱的位置。轴 6 齿轮箱位于倾斜机壳装置的中心，如图 2-70 所示。

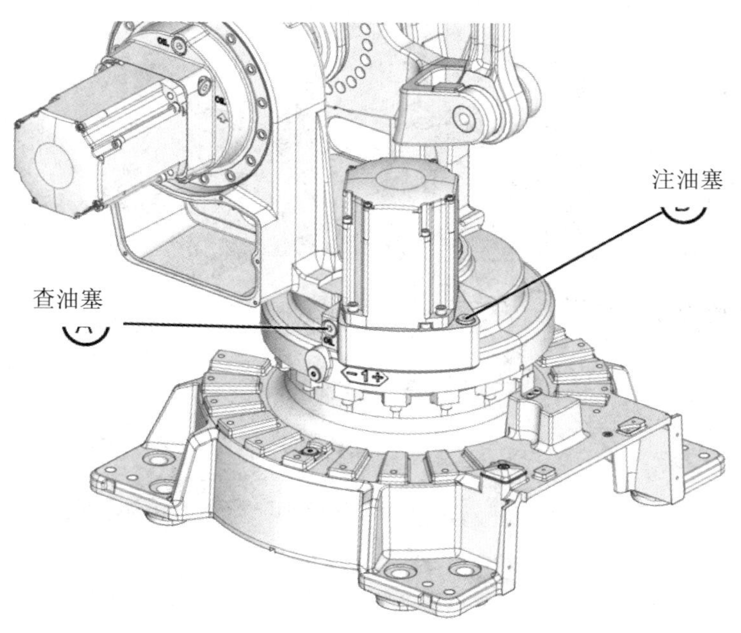

图 2-66　轴 1 齿轮箱位置

笔记

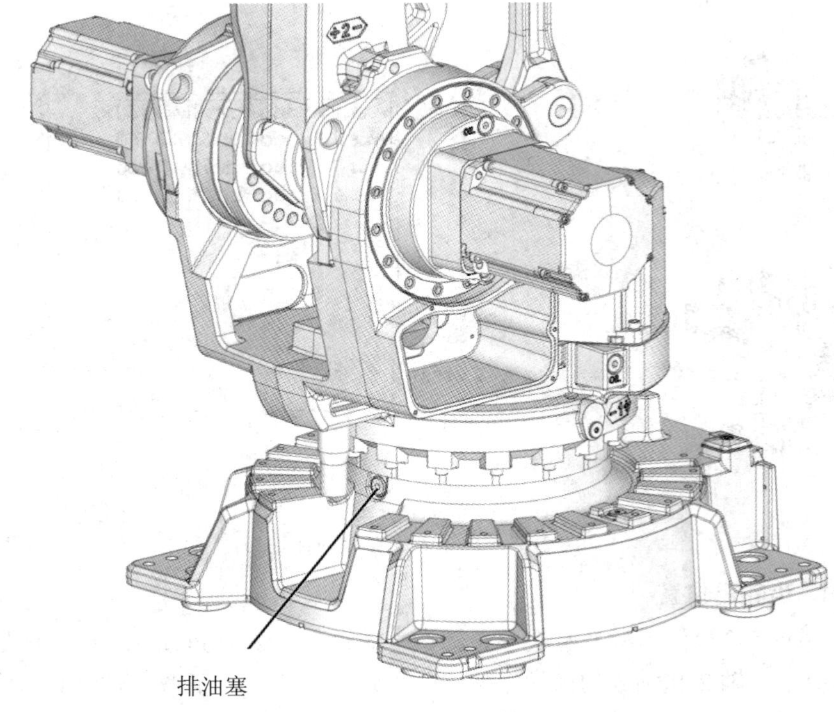

图 2-67　排油塞

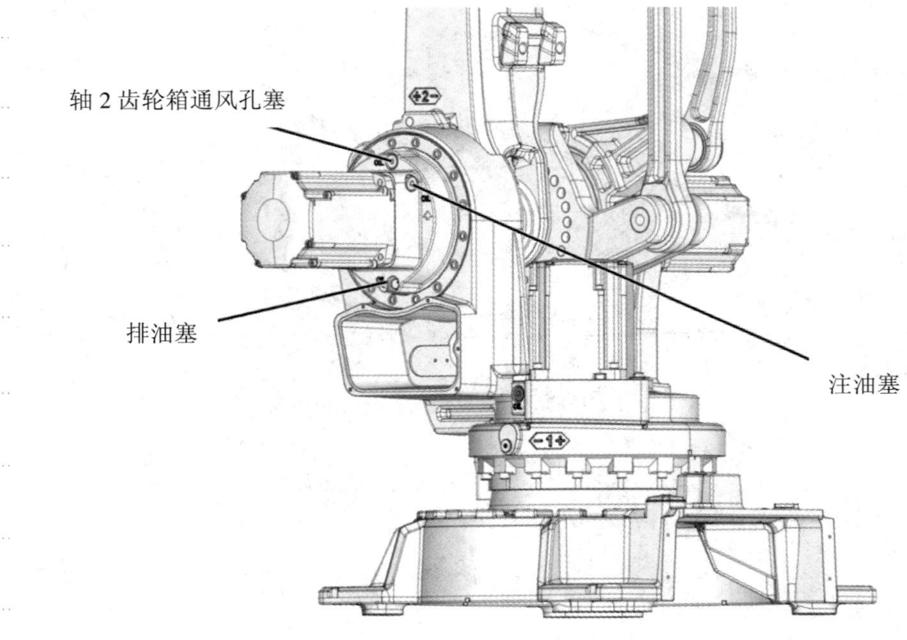

图 2-68　轴 2 齿轮箱的位置

笔记

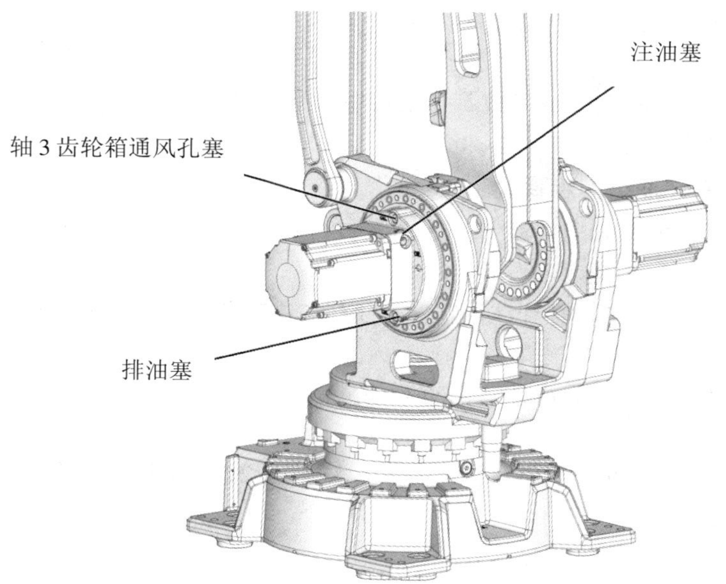

图 2-69　轴 3 齿轮箱的位置

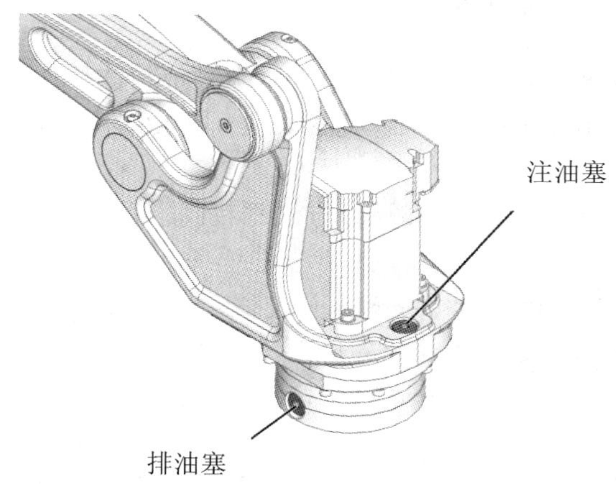

图 2-70　轴 6 齿轮箱的位置

2. 轴 1—轴 3 排油操作步骤

(1) 关闭连接到机器人的电源、液压源、气压源，然后再进入机器人工作区域。

(2) 对于轴 1 来说，卸下注油塞可让排油速度加快。对于轴 2、3 来说，卸下通风孔塞。

(3) 卸下排油塞并用带油嘴和集油箱的软管排出齿轮箱中的油。

(4) 重新装上油塞。

3. 轴 6 排油操作步骤

(1) 将倾斜机壳置于适当的位置。

笔记

(2) 关闭连接到机器人的电源、液压源、气压源，然后再进入机器人工作区域。

(3) 卸下排油塞，将润滑油排放到集油箱中，同时卸下注油塞。

(4) 重新装上排油塞和注油塞。

4. 轴1～轴6注油操作步骤

(1) 关闭连接到机器人的电源、液压源、气压源，然后再进入机器人工作区域。

(2) 对于轴1、6来说，打开注油塞。对于轴2、3来说，还应同时拆下通风孔塞。

(3) 向齿轮箱重新注入润滑油。需重新注入的润滑油量取决于之前排出的润滑油量。

(4) 对于轴1、6来说，重新装上注油塞。对于轴2、3来说，应重新装上注油塞和通风孔塞。

任务扩展

测量和调整齿形带张力

工匠精神

服务社会、帮助他人，增强社会责任感色

现在有的工业机器人还采用同步齿形带，故测量和调整其张力就显得尤为重要。现以测量和调整KUKA工业机器人A5和A6齿形带张力为例来介绍。

轴A5和A6齿形带张力测量和调整方法都相同。轴5处于水平位置。轴6上没有安装工具。

注意：机器人意外运动可能会导致人员受伤及设备损坏。如果在可运行的机器人上作业，则必须通过操作紧急停止装置锁定机器人。在重新投入运行开始前应向参与工作的相关人员发出警示。

说明：如果要在机器人停止运行后立即测量和调整齿形带张力，则必须考虑齿形带表面温度可能会导致烫伤。要戴上防护手套。

测量和调整齿形带张力的步骤如下：

(1) 将7根半圆头法兰螺栓M3×10-10.9从盖板上拧出，并取下盖板(见图2-71)。

(2) 松开电机A5上的2根半圆头法兰螺栓M4×10-10.9(见图2-72)。

(3) 将合适的工具(例如：螺丝刀)插入电机托架上相应的开口中，并小心地向左按压电机，以张紧齿形带A5。

(4) 略微拧紧电机A5上的2根半圆头法兰螺栓M4×10-10.9。

(5) 将齿形带张力测量设备投入使用(见图2-73)。

(6) 拉紧齿形带A5，将齿形带中间的传感器与摆动的齿形带之间的距离保持在2～3 mm。根据齿形带张力测量设备读取测量结果。注意齿形带与齿形带齿轮应啮合正确(见图2-74)。

笔记

(7) 拧紧电机 A5 上的 2 根半圆头法兰螺栓 M4 × 10-10.9，扭矩为 1.9 N • m。

(8) 将机器人投入运行，并双向移动 A5。

(9) 通过按下紧急停止装置锁闭机器人。

(10) 重新测量齿形带张力。如果测得的数值与表中的数值不一致，则重复工作步骤(2)～(10)。

(11) 针对齿形带 A6，执行工作步骤(2)～(10)。

(12) 装上盖板，然后用 7 根新的半圆头法兰螺栓 M3 × 10-10.9 将其固定；扭矩为 0.8 N • m。

1—机器人腕部；

2—盖板；

3—半圆头法兰螺栓

图 2-71　将盖板从机器人腕部上拆下

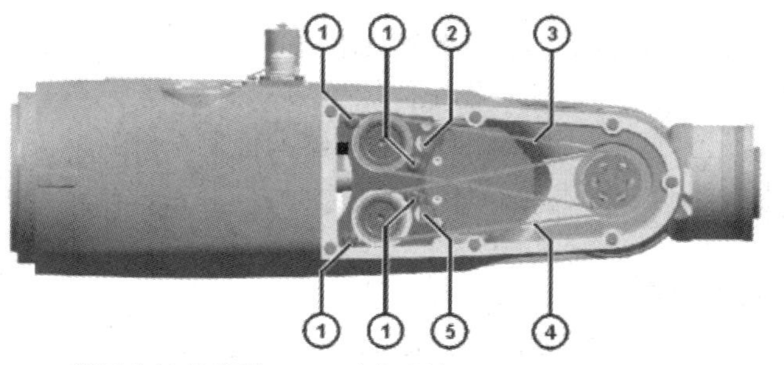

1—半圆头法兰螺栓；2—电机托架 A5 开口；3—齿形带 A5；

4—齿形带 A6；5—电机托架 A6 开口

图 2-72　张紧齿形带

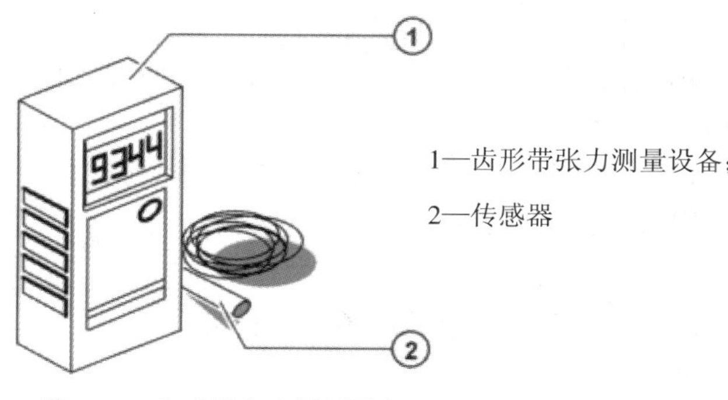

1—齿形带张力测量设备；

2—传感器

图 2-73　齿形带张力测量设备

笔记

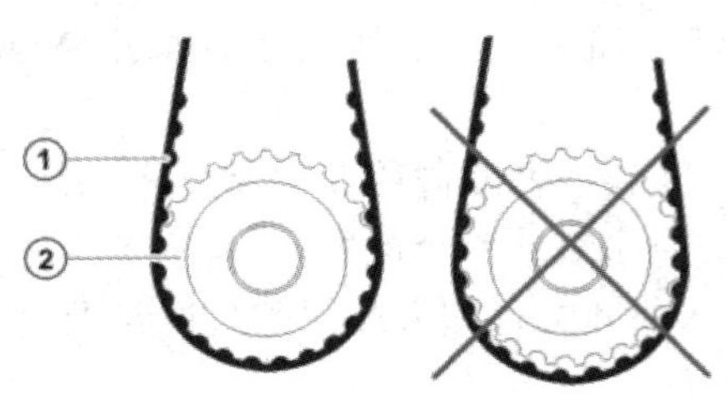

1—齿形带；2—齿形带齿轮

图 2-74　齿形带和齿形带齿轮

模块二资源

综合测试二

一、填空题

1. 机器人到达现场后，第一时间检查外观是否有_______，是否有进水等_______情况。

2. 对于 IRB 460 工业机器人来说其装运的姿态为轴 1_________、轴 2_________、轴 3_________。

3. 将工业机器人底板固定在基座上后，再次检查底板上的四个机器人接触表面，未达到水平且平直的要求，需要使用一些_______或类似的物品以将底板_______。

4. 安装机器人时，确保其可在整个工作空间内自由移动。如有与其他物体碰撞的风险，则应_______其工作空间。

5. 采用运输吊具运输的首要条件是：机器人控制系统必须处于______状态：不得在机器人控制系统上连接任何_______；机器人控制系统的门必须保持_______状态。

6. 运输机器人控制系统时应_______地抬起。

7. 运输机器人控制系统时在目标地点应_______放下。

8. 机器人本体与控制柜之间的连接主要包括_______电缆、_______和用户电缆的连接。

9. 应用长久存放后的摆锤工具时，必须将摆锤工具安装在_______位置，且在使用前必须至少预热(通电)_______分钟。

10. 校准传感器时需用_______清洁校准盘表面和传感器的_______个接触面。

11. 获得最佳校验结果的前提条件之一是检查并确认机器人上安装摆锤的孔中没有_______和_______。

二、判断题

(　　) 1. 机器人到达现场后，发现外观有破损，并有进水等异常情况，请立即找人处理。

(　　) 2. 对于 IRB 460 工业机器人来说，其装运的姿态为轴 1 的角度为 40°。

笔记

( ) 3. 装运工业机器人时要关闭连接到机器人的电源、液压源、气压源。

( ) 4. 将工业机器人底板固定在基座上后，再次检查底板上的四个机器人接触表面，若未达到水平且平直的要求，可直接安装工业机器人。

( ) 5. 在信号灯电气安装过程中不用关闭连接到机器人的所有电源、液压源、气压源。

( ) 6. 运输机器人控制系统时可不用打开机器人控制系统的门。

( ) 7. 运输机器人控制系统时应缓慢地抬起。

( ) 8. 应用长久存放后的摆锤工具时，必须将摆锤工具安装在垂直位置，且在使用前必须至少预热(通电)5 分钟。

( ) 9. 获得最佳校验结果的前提条件之一是用手压住触摸传感器或摆锤上的电缆。

( ) 10. 应用汽油清洁机器人。

( ) 11. 为了彻底清洁机器人，常用高压清洁装置。

( ) 12. 为了不影响工业机器人的作业，可在机器人运行时进行清洁。

( ) 13. 检查齿轮箱油位时应关闭连接到机器人的电源。

三、问答题

1. 简述工业机器人拆箱的步骤。
2. 将工业机器人底板固定在基座上的步骤有哪些?
3. 简述信号灯电气安装的步骤。
4. 简述机器人控制箱的安装步骤。
5. 简述预零点位置标定的步骤。
6. 简述检查电缆线束的步骤。
7. 简述工业机器人六个轴换油的步骤。

四、应用题

1. 根据本单位的实际情况，查看工业机器人的安装。
2. 把本单位的工业机器人的电气连接去除，让学生重新连接。
3. 查看本单位工业机器人的零点位置标定，若有可能进行预标定。
4. 查看本单位工业机器人的齿轮箱油位。
5. 检查本单位工业机器人的信息标签。

综合测试答案(部分)

笔记

操作与应用

工 作 单

<table>
<tr><td>姓名</td><td></td><td>工作名称</td><td colspan="2">工业机器人的安装与校准</td></tr>
<tr><td>班级</td><td></td><td>小组成员</td><td colspan="2"></td></tr>
<tr><td>指导教师</td><td></td><td>分工内容</td><td colspan="2"></td></tr>
<tr><td>计划用时</td><td></td><td>实施地点</td><td colspan="2"></td></tr>
<tr><td>完成日期</td><td colspan="2"></td><td>备注</td><td></td></tr>
<tr><td colspan="5">工作准备</td></tr>
<tr><td colspan="3">资料</td><td>工具</td><td>设备</td></tr>
<tr><td colspan="3"></td><td></td><td rowspan="4"></td></tr>
<tr><td colspan="3"></td><td></td></tr>
<tr><td colspan="3"></td><td></td></tr>
<tr><td colspan="3"></td><td></td></tr>
<tr><td colspan="5">工作内容与实施</td></tr>
<tr><td colspan="2">工作内容</td><td colspan="3">实　　施</td></tr>
<tr><td colspan="2">1. 简述工业机器人拆箱的步骤</td><td colspan="3"></td></tr>
<tr><td colspan="2">2. 简述机器人控制箱的安装步骤</td><td colspan="3"></td></tr>
<tr><td colspan="2">3. 简述工业机器人六个轴换油的步骤</td><td colspan="3"></td></tr>
<tr><td colspan="2">4. 对图示工业机器人进行安装</td><td colspan="3" rowspan="3"></td></tr>
<tr><td colspan="2">5. 对图示工业机器人进行维护</td></tr>
<tr><td colspan="2">6. 对图示工业机器人进行校准
（注：可根据实际情况选用不同的机器人）</td></tr>
</table>

笔记

工 作 评 价

	评 价 内 容				
	完成的质量(60 分)	技能提升能力(20 分)	知识掌握能力(10 分)	团队合作(10 分)	备注
自我评价					
小组评价					
教师评价					

1. 自我评价

序号	评 价 项 目			是	否
1	是否明确人员的职责				
2	能否按时完成工作任务的准备部分				
3	工作着装是否规范				
4	是否主动参与工作现场的清洁和整理工作				
5	是否主动帮助同学				
6	能否正确运输工业机器人				
7	能否正确校准工业机器人				
8	能否正确安装工业机器人				
9	是否完成了清洁工具和维护工具的摆放				
10	是否执行6S规定				
评价人		分数		时间	年　月　日

2. 小组评价

序号	评 价 项 目	评 价 情 况
1	与其他同学的沟通是否顺畅	
2	是否尊重他人	
3	工作态度是否积极主动	
4	是否服从教师的安排	
5	着装是否符合标准	
6	能否正确地理解他人提出的问题	
7	能否按照安全和规范的规程操作	
8	能否保持工作环境的干净整洁	
9	是否遵守工作场所的规章制度	
10	是否有工作岗位的责任心	
11	是否全勤	

笔记

续表

序号	评 价 项 目	评 价 情 况
12	是否能正确对待肯定和否定的意见	
13	团队工作中的表现如何	
14	是否达到任务目标	
15	存在的问题和建议	

3. 教师评价

课程	工业机器人 机电装调与维修	工作名称	工业机器人的 安装与校准	完成地点	
姓名		小组成员			
序号	项　目		分值	得　分	
1	简答题		20		
2	安装工业机器人		20		
3	维护工业机器人		20		
4	校准工业机器人		20		
5	运输工业机器人		20		

自 学 报 告

自学任务	直角坐标工业机器人的运输、安装与调试
自学内容	
收　获	
存在问题	
改进措施	
总　结	

模块三

工业机器人机械部件的装调与维修

机器人一般采用6轴式节臂运动系统设计(见图3-1)，其结构部件一般采用铸铁制成。各部分的作用如表3-1所示。

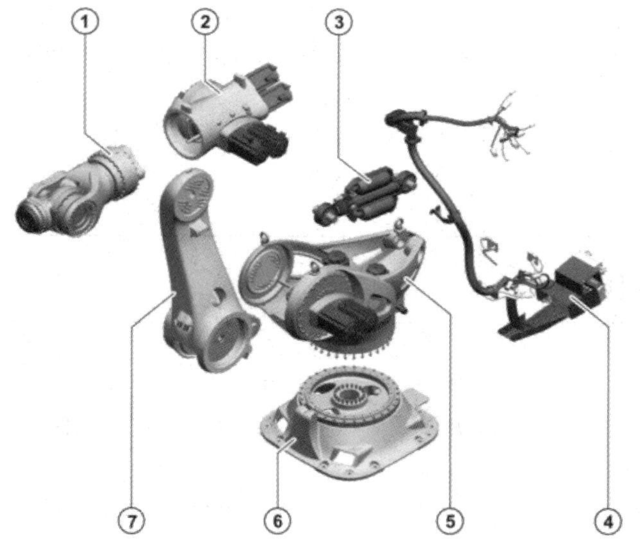

1—机器人腕部；2—小臂；3—平衡配重；4—电气设备；5—转盘；6—底座；7—大臂

图3-1　KR 1000 Titan 的主要组件

表3-1　工业机器各部分的作用

部　件	作　　用
腕部	机器人配有一个3轴式腕部。腕部包括轴4、轴5和轴6，由安装在小臂背部的3个电机通过连接轴驱动。机器人腕部有一个连接法兰用于加装工具。腕部的齿轮箱由3个隔开的油室供油
小臂	小臂是机器人腕部和大臂之间的连杆。它固定轴4、轴5和轴6的手轴电机以及轴3电机。小臂通过轴3的两个电机驱动，这两个电机通过一个前置级驱动小臂和大臂之间的齿轮箱。允许的最大摆角采用机械方式分别由一个正向和负向的挡块加以限制。所属的缓冲器安装在小臂上。 如要运行铸造型机器人，则应使用相应型号的小臂。该小臂由压力调节器加载由压缩空气管路供应的压缩空气

笔记

续表

部件	作　　用
大臂	大臂是位于转盘和小臂之间的组件。它位于转盘两侧的两个齿轮箱中，由两个电机驱动。这两个电机与一个前置齿轮箱啮合，然后通过一个轴驱动两个齿轮箱
转盘	转盘固定轴 1 和 2 的电机。轴 1 由转盘转动。转盘通过轴 1 的齿轮箱与底座拧紧固定。在转盘内部装有用于驱动轴 1 的电机，背侧有平衡配重的轴承座
底座	底座是机器人的基座。它用螺栓与地基固定。在底座中装有电气设备和拖链系统(附件)的接口。底座中有两个叉孔可用于叉车运输
平衡配重	平衡配重属于一套装于转盘与大臂之间的组件，在机器人停止和运动时尽量减小加在 2 号轴周围的扭矩。因此采用封闭的液压气动系统来实现此目的。该系统包括了 2 个隔膜蓄能器和 1 个配有所属管路、1 个压力表和 1 个安全阀的液压缸。 大臂处于垂直位置时，平衡配重不起作用。沿正向或负向的摆角增大时，液压油被压入两个隔膜蓄能器，从而产生用于平衡力矩的所需反作用力。隔膜蓄能器装有氮气

模块目标

知 识 目 标	能 力 目 标
1. 掌握装配工具、工装的使用方法 2. 掌握机械零部件装配结构知识 3. 了解常见传动零部件安装知识 4. 掌握机械零部件装配工艺知识，如轴承与轴承组的装配和密封要求组件的装配知识 5. 掌握机器人的底座、大臂、小臂、手腕等的结构知识 6. 掌握螺旋锥齿、轴承、密封件、弹簧、坚固件等的检修方法	1. 能完成有配合(如联轴节、轴承)或密封要求(如油封、密封圈)的零部件拆装 2. 能完成机器人的底座、大臂、小臂、手腕等部件的拆装 3. 能按照工序选择维修的工具、工装设备 4. 能更换螺旋锥齿、轴承、密封件、弹簧、坚固件等 5. 能检查调整齿轮啮合间隙、轴承与零部件的配合间隙

任务一　底座的装调与维修

任务导入

底座的位置如图 3-2 所示，其中包含轴 1 齿轮箱。

笔记

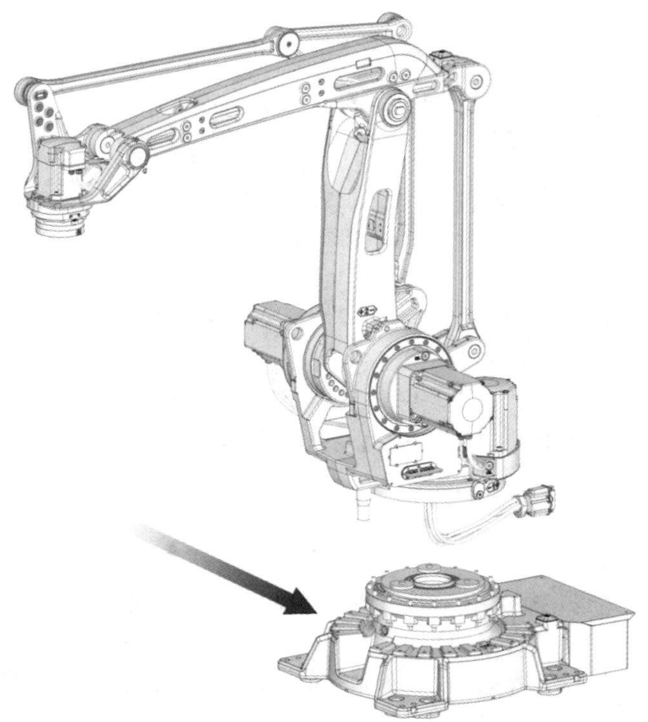

图 3-2　底座的位置

任务目标

知 识 目 标	能 力 目 标
1. 掌握机器人的底座结构知识 2. 掌握底座装配工艺知识 3. 掌握底座装配结构知识	1. 能完成机器人底座的拆装 2. 能按照工序选择拆装工具

任务实施

若有条件，让学生现场观看并参与，但应注意安全；若无条件，可采用多媒体教学。

现场教学

一、卸下完整机械臂系统

(1) 将机器人调至其装运姿态，如图 2-9 所示。
(2) 关闭机器人的所有电力、液压和气压供给。
(3) 将吊车移动到机器人顶部上空。
(4) 卸下机架上的机械停止销，如图 3-3 所示。
(5) 排出轴 1 齿轮箱的润滑油。

笔记

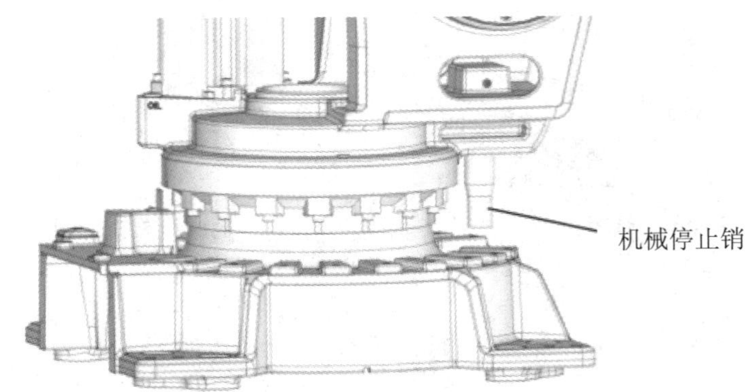

图 3-3　机架上的机械停止销

(6) 松开底座上的电缆连接器，通过机架中心的孔将电缆线从底座中拉出。

(7) 卸下轴 1 电机。

(8) 安装圆形吊带。

(9) 张开圆形吊带，使其安全承载住机械臂系统的重量。调节每条圆形吊带的长度，使起吊物保持水平。

(10) 通过拧松连接螺钉，将机械臂系统从底座处松开，如图 3-4 所示。

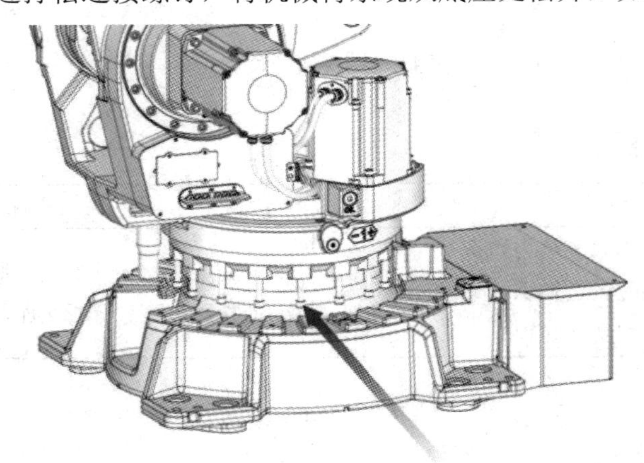

图 3-4　机械臂系统从底座处松开

(11) 卸下机架上成对角的保护塞。

(12) 将两根导销安装到孔中，以便于卸下完整机械臂系统。

(13) 小心地吊起完整机械臂系统并将其固定在安全区域。

注意：起吊物必须保持水平！确保吊起机械臂系统前对圆形吊带进行调节。如果不进行事先调节就开始起吊，则机械臂系统可能失去平衡。如果荷载向下倾斜，则会增大损伤接口的风险。

为避免发生事故和损害，务必以极低的速度移动机器人，确保其不会倾斜。

(14) 如有需要，随后将轴 1 齿轮箱从底座上卸下。

笔记

二、将起吊附件安装到完整机械臂系统上

(1) 让吊车勾起机架上的圆形吊带，如图 3-5 所示。

(2) 让吊车勾起下臂上的圆形吊带。

(3) 让吊车勾起上臂上的圆形吊带。

(4) 将接合器安装到向轴 1 齿轮箱注油的油塞孔。

(5) 将吊眼和钩环安装到接合器上。

(6) 在下臂和钩环之间装上圆形吊带。起吊轴 2 制动闸释放机械臂系统时，圆形吊带将会承载机架的重量。

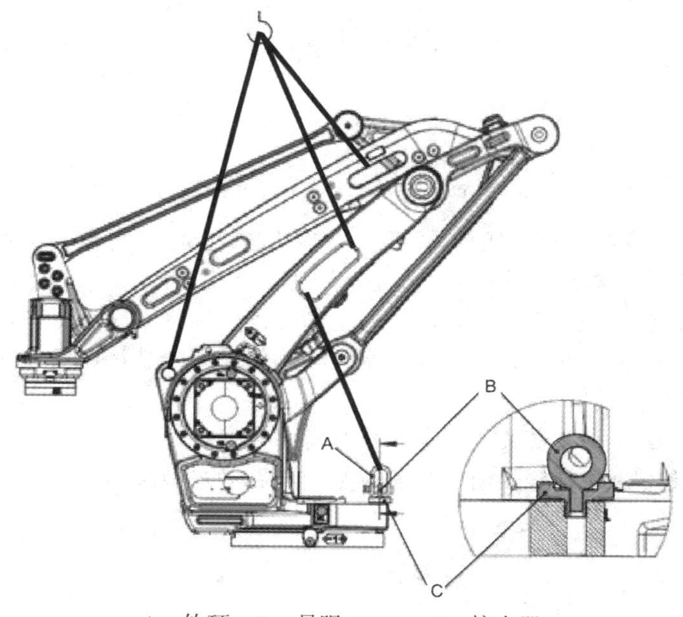

A—钩环；B—吊眼(M12)；C—接合器

图 3-5　将起吊附件安装到完整机械臂系统上

三、重新安装完整机械臂系统

(1) 关闭机器人的所有电力、液压和气压供给。

(2) 如果轴 1 齿轮箱已拆下，请将其重新装上。

(3) 按图 3-5 所示，将起吊附件安装到完整机械臂系统上。

(4) 张开圆形吊带，使其安全承载住机械臂系统的重量。调节每条圆形吊带的长度，使起吊物保持水平。

(5) 吊起完整机械臂系统并以极低的速度将其移动至安装现场，确保其不会倾斜。起吊物必须保持水平。确保吊起机械臂系统前对圆形吊带进行调节。确保在起吊机械臂系统时，所有的吊钩和连接件都保持在适当的位置，这样起吊附件就不会被锋利的边缘所磨损。

(6) 将两个导销安装到轴 1 齿轮箱的孔中，如图 3-6 所示。为了便于重新

笔记

安装，推荐使用两个不同长度的导销。注意，由于空间不够，重新安装后，长于 140 mm 的导销将无法拆下。导销务必成对使用。

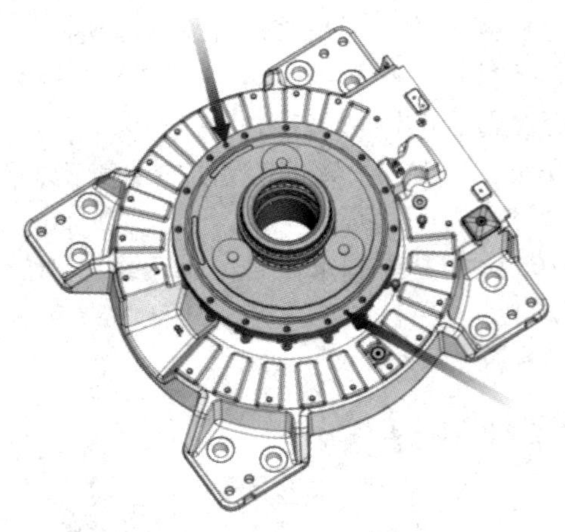

图 3-6　将两个导销安装到轴 1 齿轮箱的孔中

(7) 重新安装完整机械臂系统时，需用眼透过轴 1 电机的空安装螺孔进行查看，以协助对准装配。

(8) 通过之前安装在轴 1 齿轮箱上的导销引导降下完整机械臂系统，如图 3-7 所示。重新安装时必须保持水平。确保重新安装机械臂系统前对起吊装置进行调整。

注意：这是一项复杂的任务，执行需要非常小心，以避免人员受伤或装置受损。使用曲柄旋转齿轮，将其调整到与孔对应的正确位置。

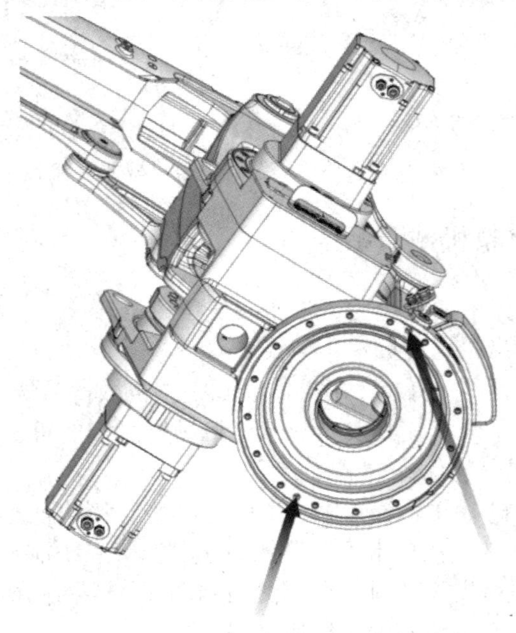

图 3-7　通过导销引导降下机械臂

(9) 在连接螺钉上装上锁紧垫圈。检查锁紧垫圈的旋转方式是否正确，如图 3-8 所示。

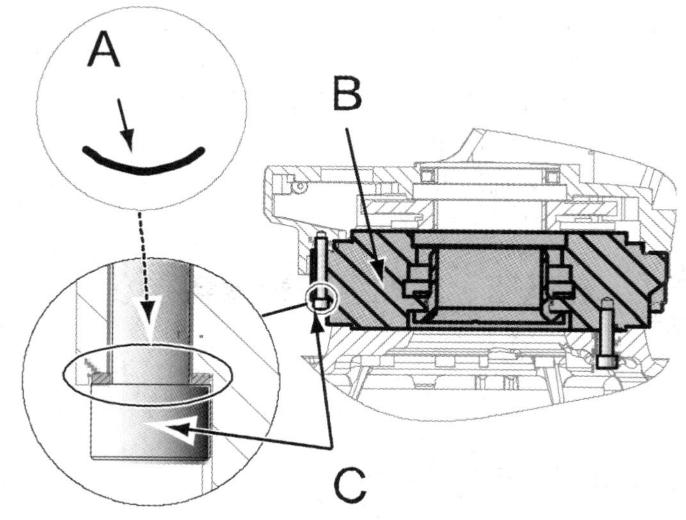

A—齿形锁紧垫圈(16 pcs)；B—齿轮箱；
C—连接螺钉(M12×80，质量等级 12.9 gleitmo，16 pcs)

图 3-8　锁紧垫圈的旋转方式

(10) 安全降下机械臂系统之前，安装 16 个连接螺钉中的 14 个。完成此操作的目的在于将所有的螺钉正确地旋入螺纹。

(11) 使用余下的连接螺钉替换导销，并使用完整机械臂系统的连接螺钉和垫圈将完整机械臂系统固定在底座上。

(12) 完全降下机械臂系统。

(13) 用其连接螺钉固定完整机械臂系统。

(14) 在底座和机架中重新安装电缆线束。

(15) 重新安装轴 1 电机。

(16) 重新将机械停止销安装到机架上，如图 3-6 所示。

(17) 执行轴 1 齿轮箱的泄露测试。

(18) 向轴 1 齿轮箱重新注入润滑油。

(19) 重新校准机器人。

任务扩展

泄漏测试操作步骤

(1) 完成有问题的电机或齿轮的重新安装程序。

(2) 卸下有问题的齿轮上最顶端的油塞，用泄漏测试装置替换，该测试可能需使用接合器。

(3) 使用压缩空气，用球形柄提高压力，直到压力计中显示正确值。正

笔记 确的值为 0.2～0.25 bar(20～25 kPa)。

(4) 断开压缩气源。

(5) 等待约 8～10 分钟。可能会检测到没有压力损失。如压缩空气比测试的齿轮箱冷或热很多，会分别发生轻微的压力增加或减少，这很正常。

(6) 检测是否有明显的压力下降，若有，用泄漏探测喷射仪喷射可疑泄漏区域，出现气泡表示泄漏。找到泄漏处之后，采取必要的措施修复泄漏。

(7) 移除泄漏测试装置，重新装上油塞。测试完成。

任务二　转动盘的装调与维修

任务导入

转动盘位于机械腕外壳前部，如图 3-9 所示。

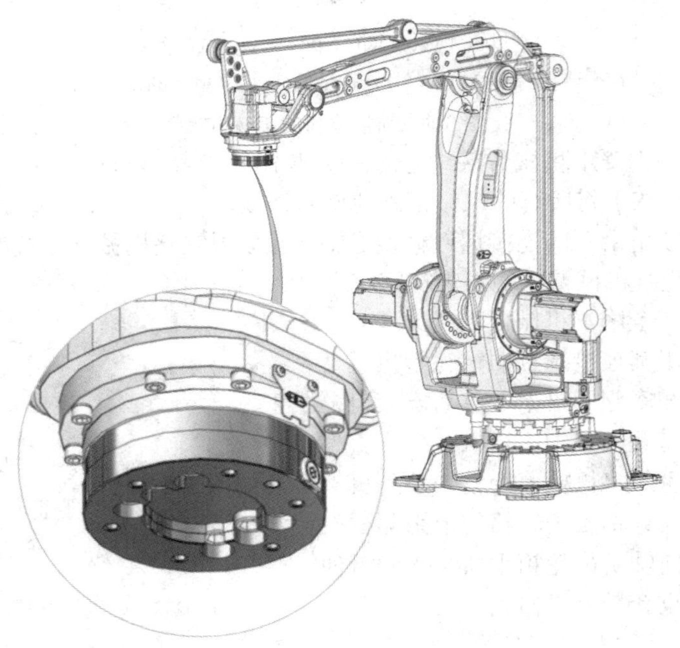

图 3-9 转动盘的位置

任务目标

知 识 目 标	能 力 目 标
1. 掌握机器人的转动盘结构知识 2. 掌握转动盘装配工艺知识 3. 掌握转动盘装配结构知识	1. 能完成机器人转动盘的拆装 2. 能按照工序选择拆装工具

笔记

任务实施

现场教学

一、卸下转动盘

(1) 将轴 6 微动至同步位置，如图 3-10 所示。以协助将转动盘安装到正确的位置。

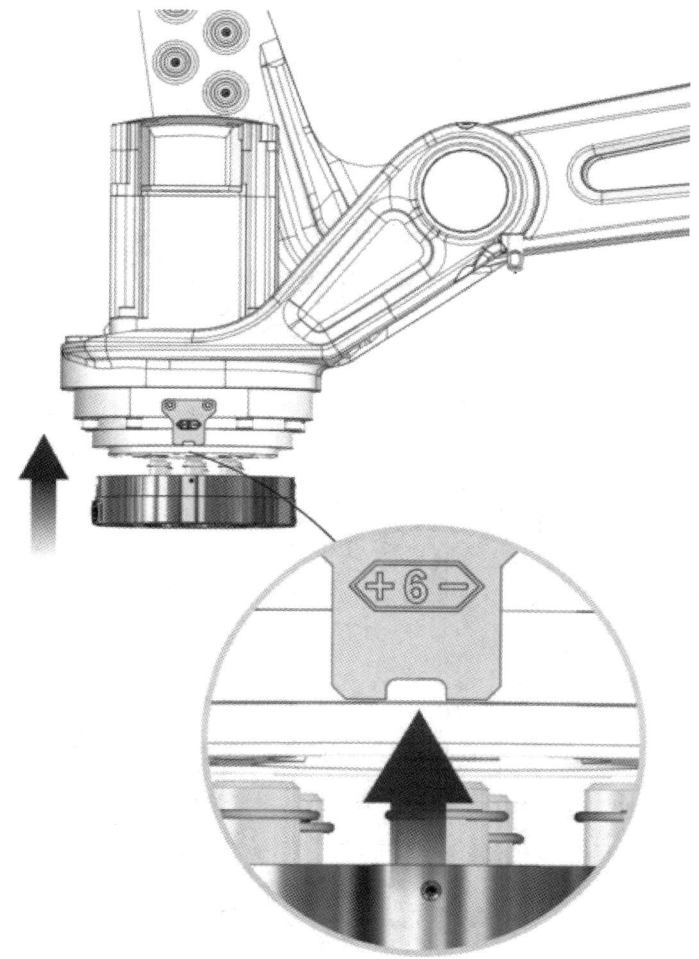

图 3-10　转动盘的正确位置

(2) 运行机器人，使其运动到倾斜外壳最适合更换转动盘的姿势。

(3) 关闭机器人的所有电力、液压和气压供给。

(4) 卸下安装到转动盘上的所有设备。

(5) 排出轴 6 齿轮箱的润滑油。

(6) 卸下固定转动盘的连接螺钉，如图 3-11 所示。

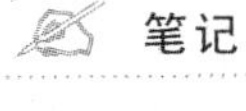
笔记

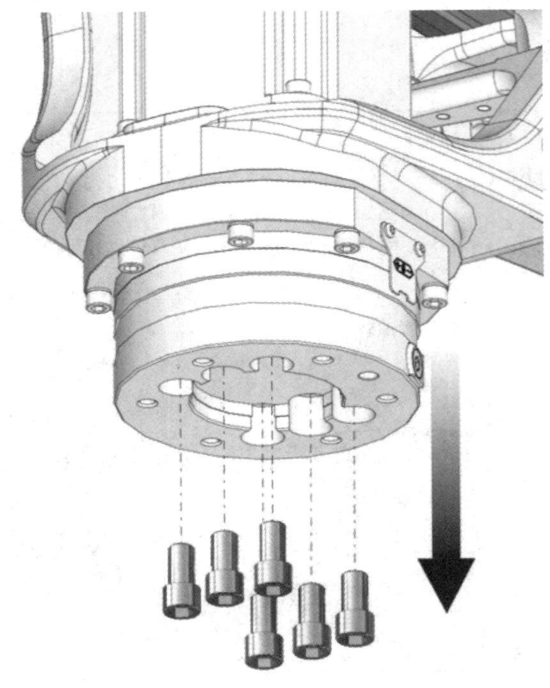

图 3-11　卸下固定转动盘的连接螺钉

(7) 卸下转动盘，如图 3-12 所示。

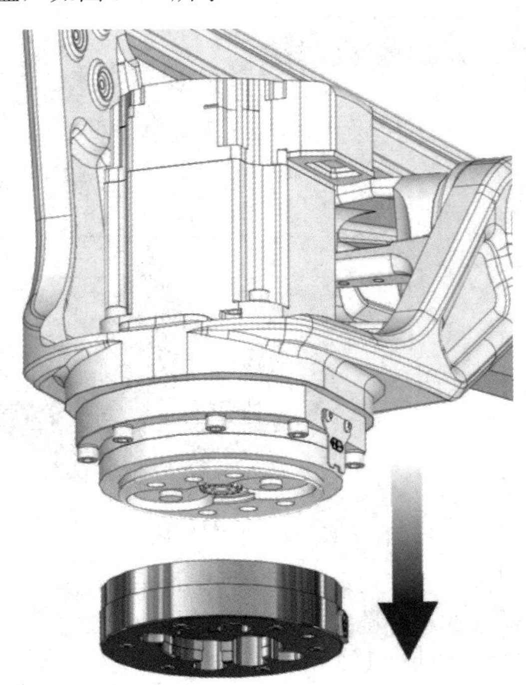

图 3-12　卸下转动盘

(8) 检查 O 形环，如图 3-13 所示。

笔记

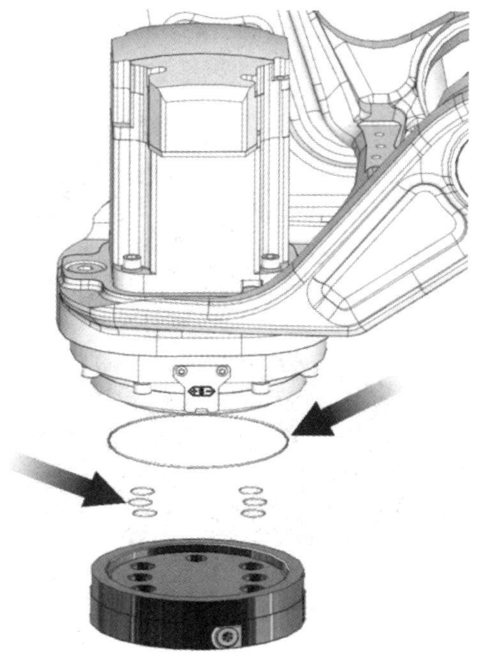

图 3-13　检查 O 形环

二、重新安装转动盘

(1) 使用润滑脂润滑转动盘上的大 O 形环，并安装 O 形环，如图 3-14 所示。

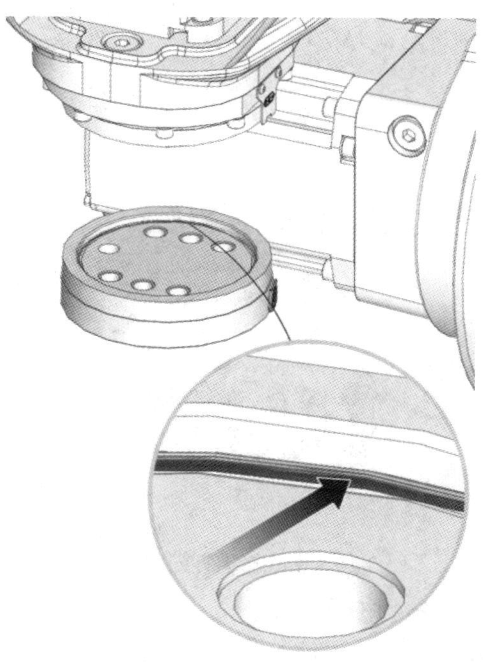

图 3-14　安装 O 形环

笔记

(2) 在O形环(6 pcs)上涂一些润滑脂，并将它们安装到转动盘中，如图3-15所示。

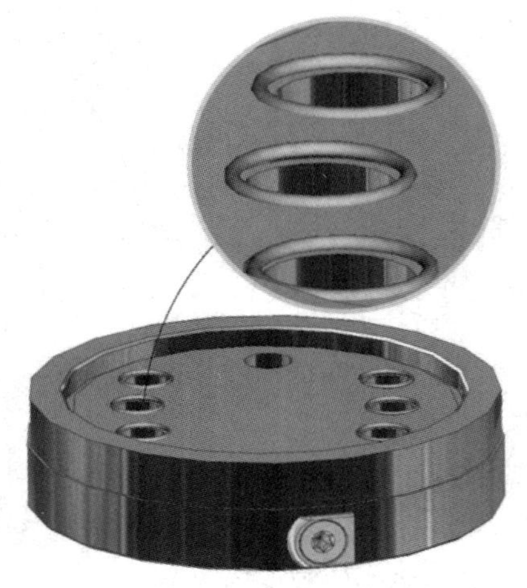

图3-15 将O形环安装到转动盘中

(3) 以匹配轴6同步标志的方式重新安装转动盘，如图3-10所示。这样可保证转动盘的正确安装，但前提是在卸下转动盘之前轴6位于同步位置。

(4) 检查O形环的安装位置是否正确。通过转动盘和O形环的孔安装连接螺钉，在固定连接螺钉之前，需保持转动盘和O形环的位置不变。用连接螺钉固定转动盘，如图3-16所示。

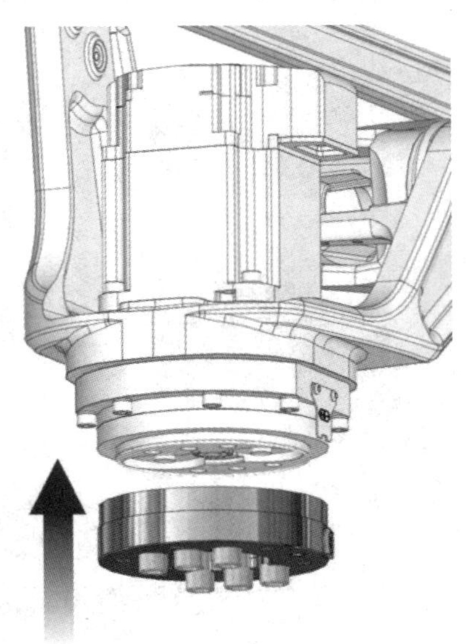

图3-16 用连接螺钉固定转动盘

(5) 执行轴6齿轮箱的泄露测试。

(6) 向轴6齿轮箱重新注入润滑油。

课程思政

青年是国家的未来和民族的希望。希望同学们肩负时代责任，高扬理想风帆，静下心来刻苦学习，努力练好人生和事业的基本功，做有理想、有追求的大学生，做有担当、有作为的大学生，做有品质、有修养的大学生。大家要向我国老一辈杰出科学家学习，争取青出于蓝而胜于蓝。

——习近平在安徽调研时的讲话

笔记

(7) 重新校准机器人。

任务扩展

O 形环安装

(1) 确保使用尺寸正确的 O 形环。

(2) 检查 O 形环表面是否存在缺陷、毛刺，检查其外形精确度等。不得使用有缺陷的 O 形环。

(3) 检查 O 形环的凹槽。凹槽必须符合几何学原理，并且没有气孔和尘垢。

(4) 用润滑脂润滑 O 形环。注意请勿润滑顶盖 O 形环，否则它有可能在清洁过程中滑出其所在位置。

(5) 装配时均匀拧紧螺钉。

任务三　倾斜机壳装置的装调与维修

任务导入

倾斜机壳装置的位置如图 3-17 所示。图 3-18、图 3-19 显示机器人轴 2 端和轴 3 端的位置。

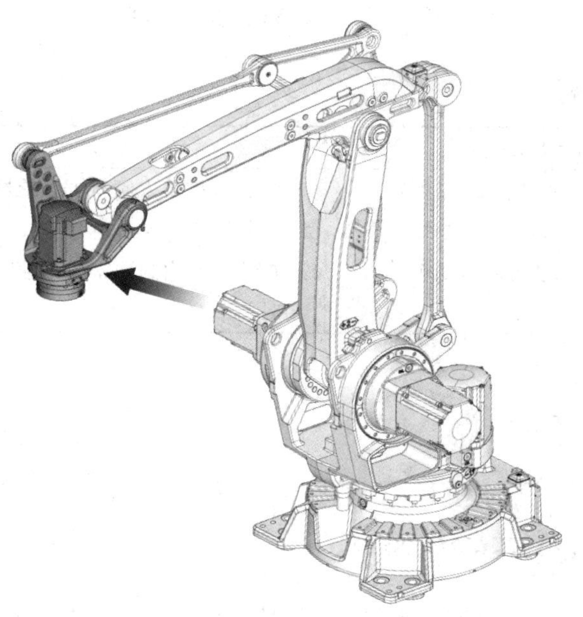

图 3-17　倾斜机壳装置的位置

笔记

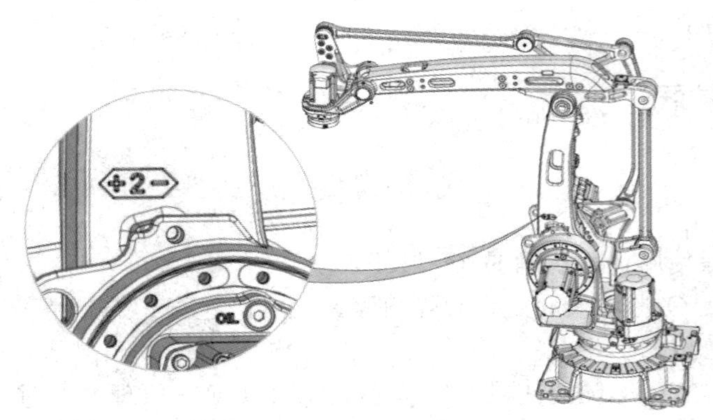

图 3-18　机器人轴 2 端的位置

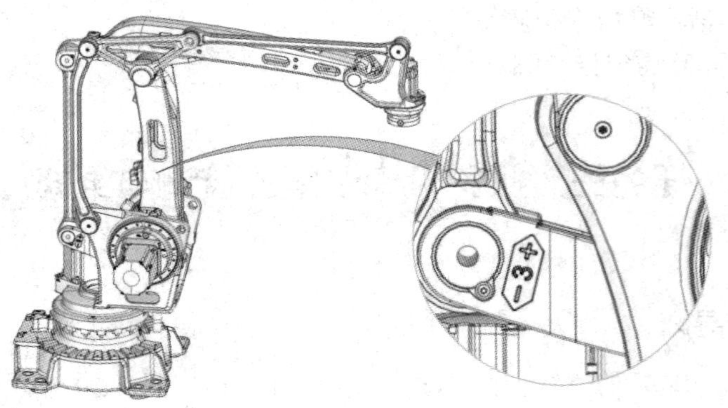

图 3-19　机器人轴 3 端的位置

任务目标

知 识 目 标	能 力 目 标
1. 掌握机器人倾斜机壳的结构知识 2. 掌握倾斜机壳装配工艺知识 3. 掌握倾斜机壳装配结构知识	1. 能完成机器人倾斜机壳的拆装 2. 能按照工序选择拆装工具 3. 能完成有密封要求(如油封、密封圈)的零部件拆装

任务实施

现场教学

一、倾斜机壳装置的内部结构

图 3-20 显示了倾斜机壳装置在上臂上的安装方式的内部结构。两端视图相同。

笔记

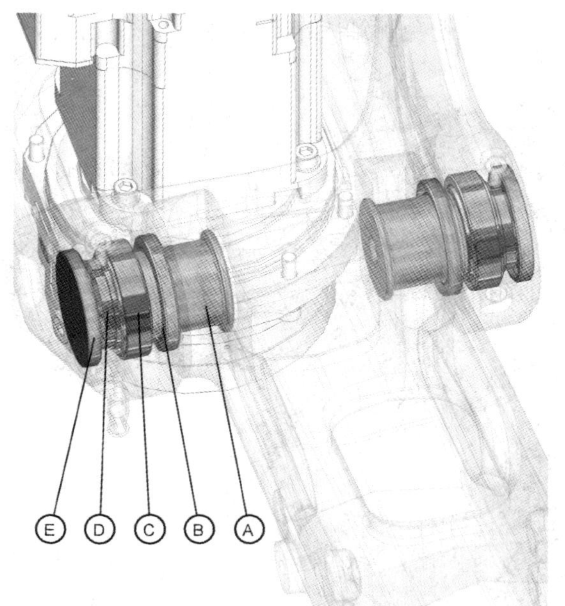

A—轴；B—径向密封件；C—轴承；D—锁紧螺母；
E—VK 盖 65 × 8；VK 盖 19 × 6(内部 VK 盖 65 × 8)，图中未显示

图 3-20　倾斜机壳装置的内部结构

二、更换倾斜机壳装置

1. 卸下倾斜机壳装置

(1) 将机器人的姿势调整为倾斜机壳静止在工作台、托盘或类似位置处，如图 3-21 所示。

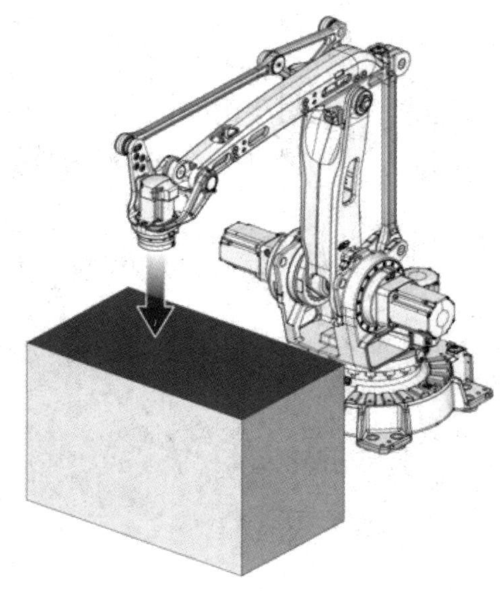

图 3-21　调整机器人的姿势

笔记

(2) 固定倾斜机壳，避免拆卸上部连接时倾斜机壳掉落，如图 3-22 所示。

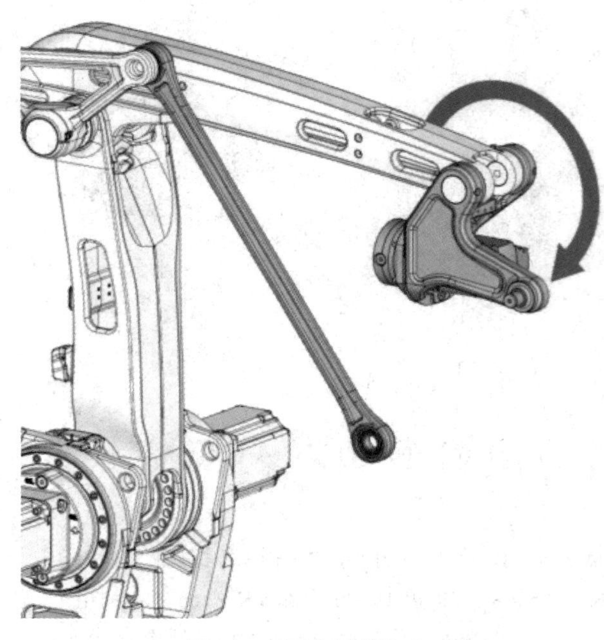

图 3-22　固定倾斜机壳(1)

(3) 关闭机器人的所有电力、液压和气压供给。

(4) 使用吊车或类似设备上的圆形吊带固定倾斜机壳，如图 3-23 所示。

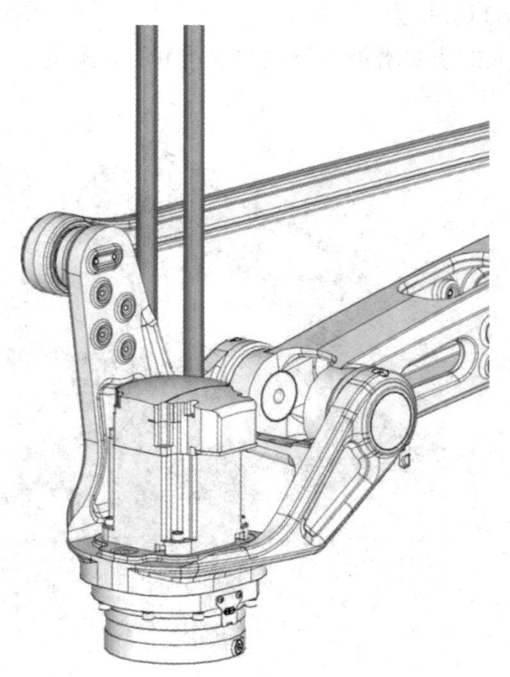

图 3-23　固定倾斜机壳(2)

笔记

(5) 断开轴 6 电机处的电机电缆。以不会损坏电机电缆的方式布置电缆。

(6) 将上连杆臂从倾斜机壳装置上拆下。无需将上部连接从连接装置处拆下，如图 3-24 所示。

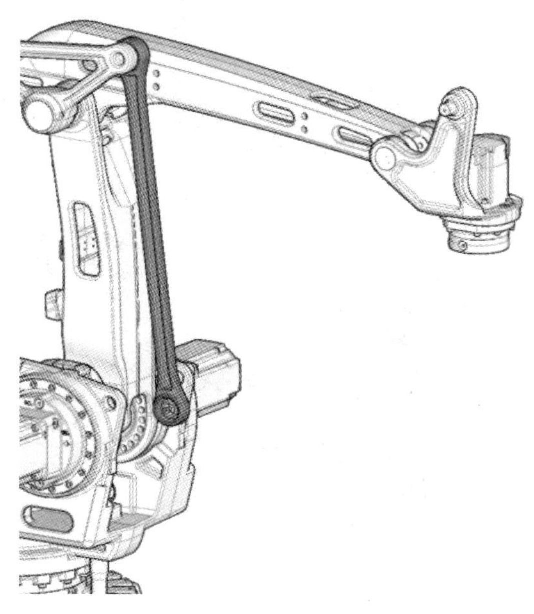

图 3-24　将上连杆臂从倾斜机壳装置上拆下

(7) 卸下 M6 螺钉之一及其垫圈，注入润滑脂，如图 3-25 所示。注意不要损伤球阀，切勿拆下球阀，如图 3-26 所示。

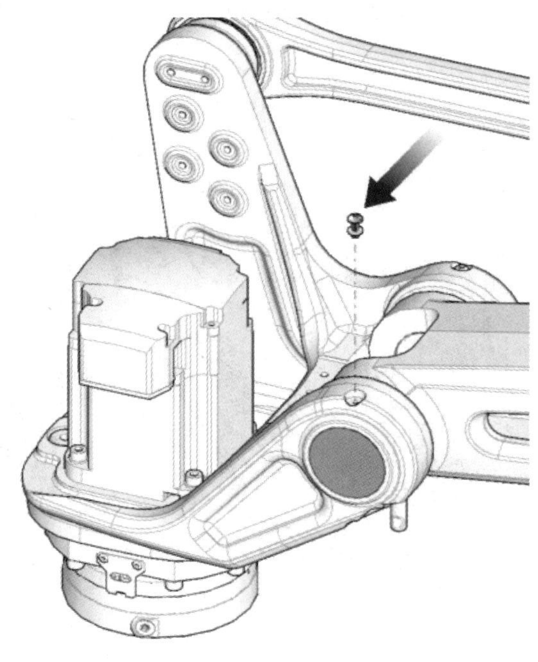

图 3-25　卸下 M6 螺钉

 笔记

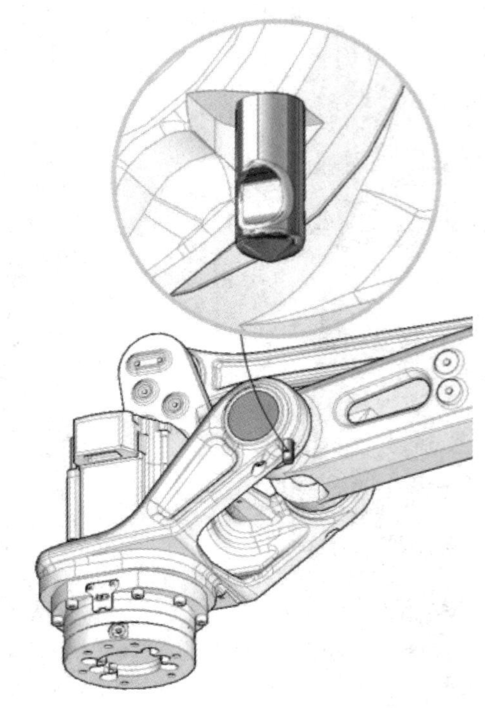

图 3-26　球阀

(8) 遵循以下操作步骤拆卸轴，一次只拆下一个轴，从轴 2 端开始。

① 在 M6 孔处使用压缩空气注入润滑脂，以便于卸下 VK 盖，如图 3-27 所示。用手拿几张纸包住 VK 盖，将其抓住。只能使用非常低的空气压力。

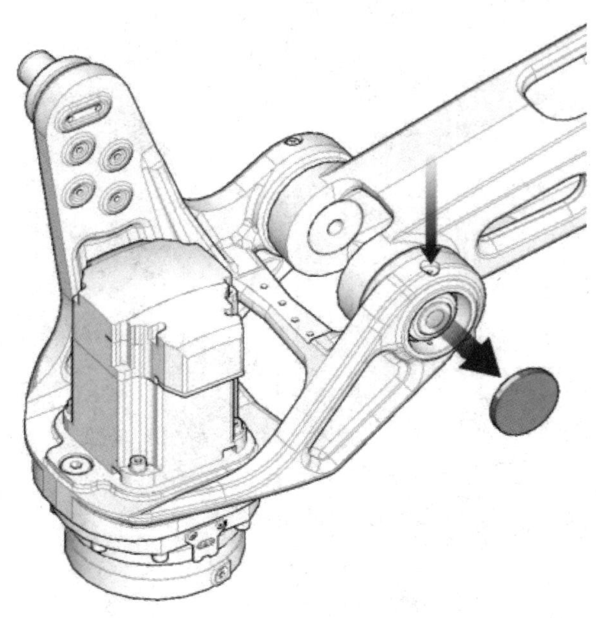

图 3-27　注入润滑脂

笔记

② 用短冲头或类型工具将小型 VK 盖从内部冲出，如图 3-28 所示。

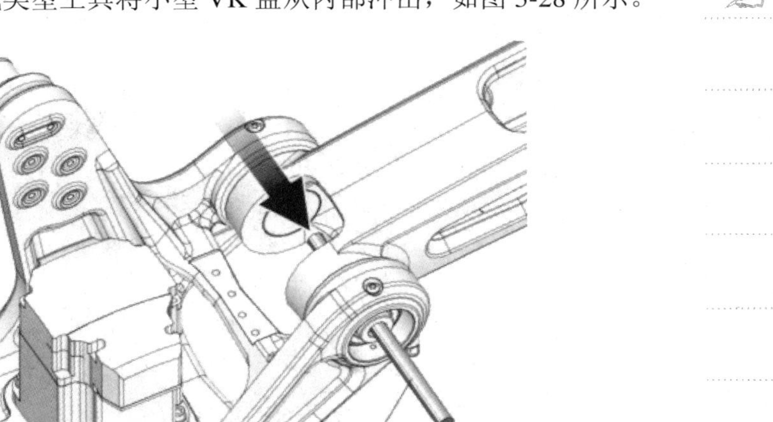

图 3-28 将 VK 盖从内部冲出

③ 卸下锁紧螺母，如图 3-29 所示。

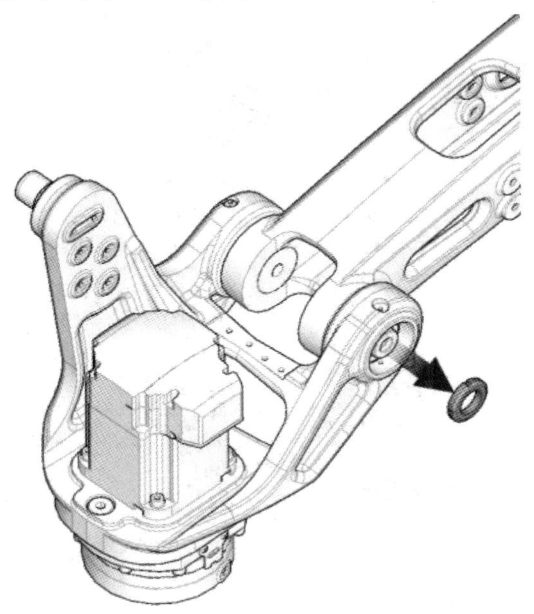

图 3-29 卸下锁紧螺母

④ 使用压轴工具和辅助轴衬来拆卸轴，拆卸时需要比安装时更长的 M16 螺纹杆(长度 450 mm)。

⑤ 用压轴工具将轴压出，如图 3-30 所示。

笔记

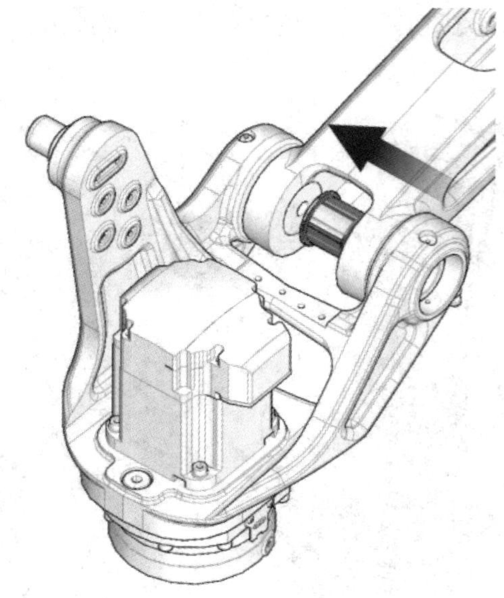

图 3-30　用压轴工具将轴压出

⑥ 卸下压轴工具和轴，如图 3-31 所示。

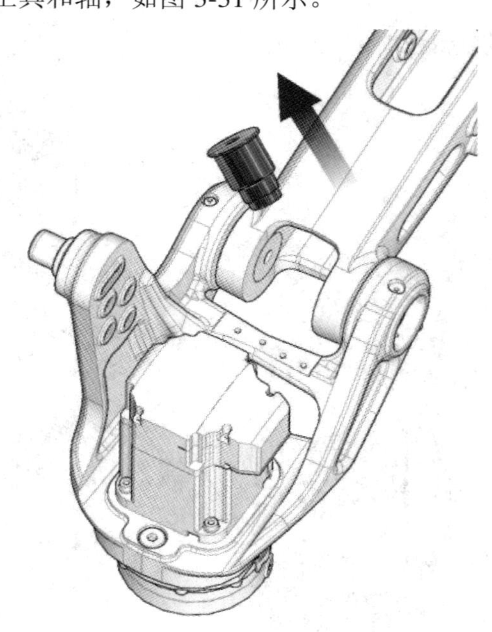

图 3-31　卸下压轴工具和轴

工匠精神

工匠精神(Craftsman's spirit)是一种职业精神，它是职业道德、职业能力、职业品质的体现，是从业者的一种职业价值取向和行为表现。工匠精神落在个人层面，就是一种认真精神、敬业精神

⑦ 继续对下一轴进行操作之前，请检查倾斜机壳是否已固定在吊车或类似设备上。

(9) 遵循上述步骤，以同样的方式卸下位于轴 3 端的轴。

(10) 卸下倾斜机壳并将其吊运至安全的位置。检查轴承是否清洁，如受损请进行更换，如图 3-32 所示。

笔记

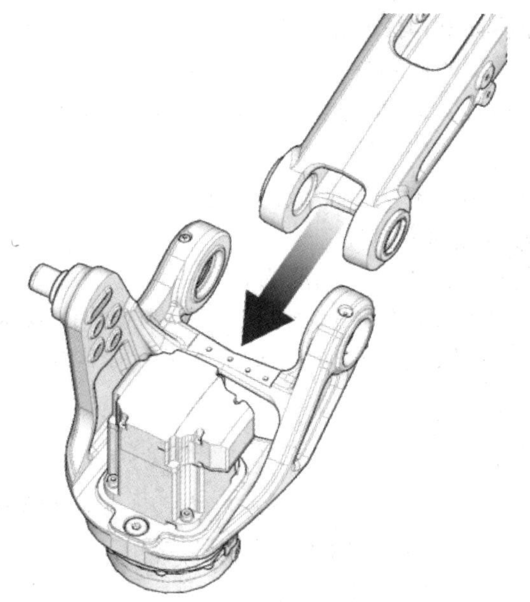

图 3-32　卸下倾斜机壳

(11) 用螺丝刀或类似工具用力拆下密封环，如图 3-33 所示。重新安装时必须更换新的密封环。如有需要，更换轴承。

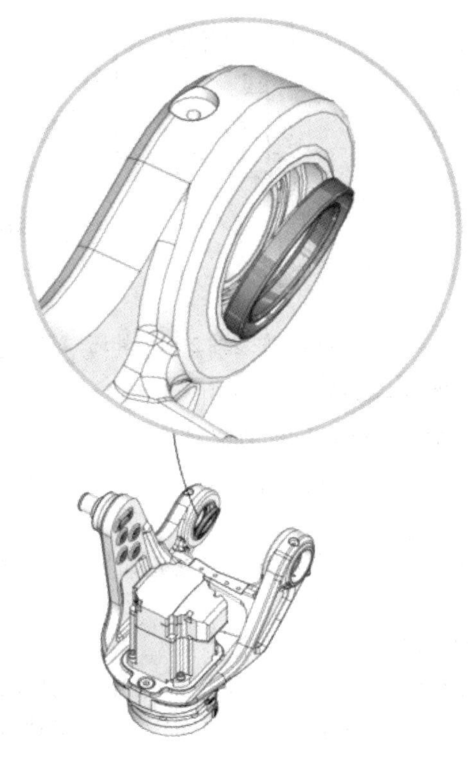

图 3-33　拆下密封环

笔记

2. 预安装外环轴承和径向密封件

1) 预安装轴 2 端外环轴承和径向密封件

在轴 2 端倾斜机壳中安装轴承的外环和径向密封件，然后再将倾斜机壳安装到上臂处。

(1) 此工作最好在工作台或类似位置处完成。

(2) 在孔中安装径向密封件。

(3) 在孔中为轴承涂上一些润滑脂。

(4) 安装轴承外环，如图 3-34 所示。注意检查外环的旋转方式是否正确，正常情况下可手动完成此操作。如需要，请使用用于预安装轴承的压轴工具来安装轴承的外环。

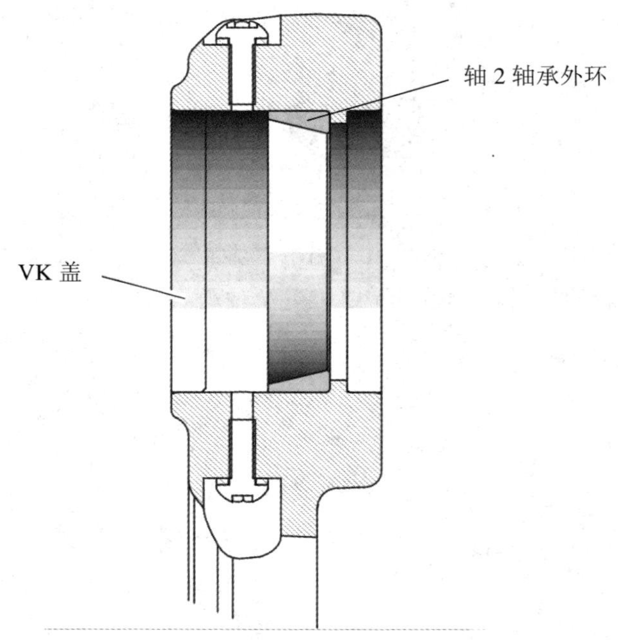

图 3-34　安装轴 2 轴承外环

(5) 在径向密封环的内圈涂上润滑脂。

2) 预安装轴 3 端轴承外环和径向密封件

在轴 3 端倾斜机壳中安装轴承的外环和径向密封件，然后再将倾斜机壳安装到上臂处。

(1) 此工作最好在工作台或类似位置处完成。

(2) 在孔中安装径向密封件。

(3) 在孔中为轴承涂上一些润滑脂。

(4) 安装轴承外环，如图 3-35 所示。检查外环的旋转方式是否正确，常情况下可手动完成此操作。如需要，请使用用于预安装轴承的压轴工具来安装轴承的外环。

(5) 在径向密封环的内圈涂润滑脂。

笔记

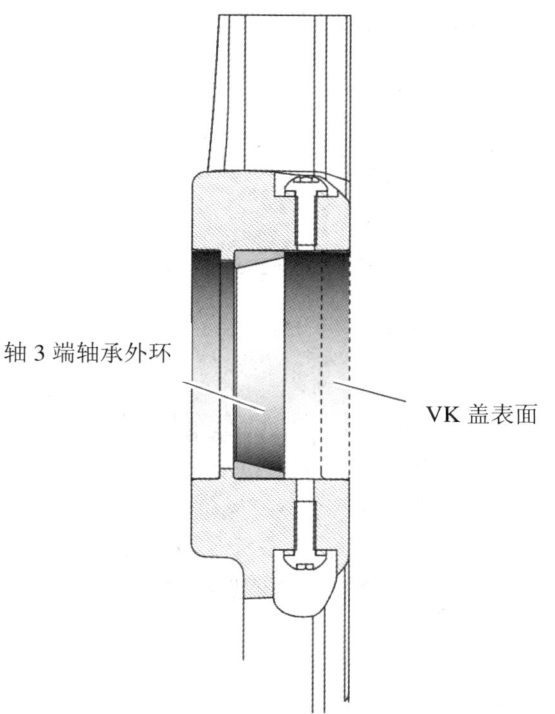

图 3-35　安装轴 3 端轴承外环

3. 重新安装倾斜机壳装置的轴

(1) 用吊车或类似设备上的圆形吊带固定倾斜机壳，并将其吊运至其上臂处的安装位置，然后让其静止在工作台、托盘或类似位置处(拆下时所处的位置)，如图 3-36 所示。

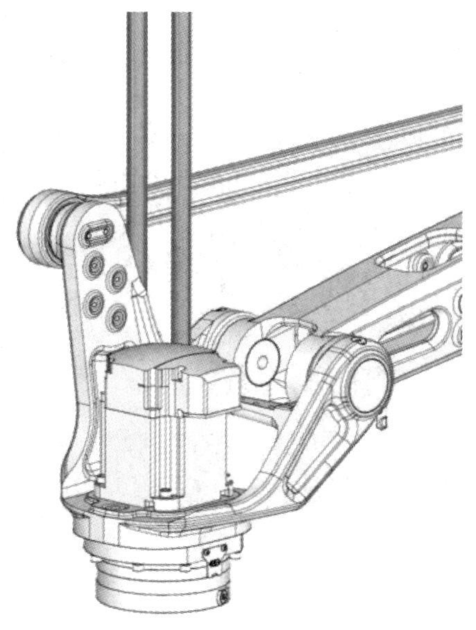

图 3-36　吊运倾斜机壳

笔记

(2) 在倾斜机壳接触上臂处的表面喷涂一些防锈剂(Dinitrol490)，如图3-37所示。

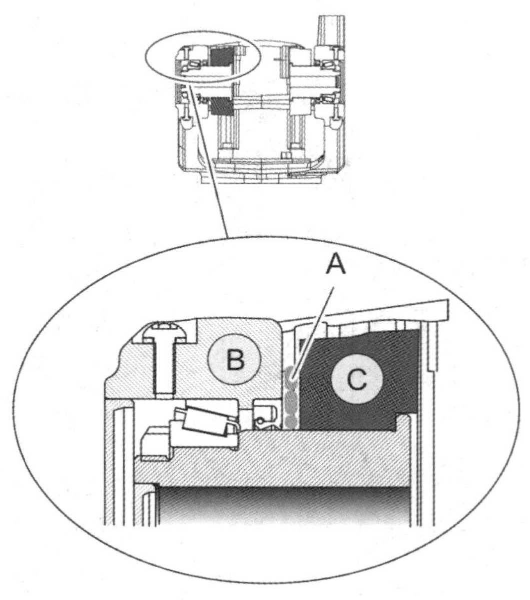

A—Dinitrol 490；B—倾斜机壳；C—上臂

图 3-37　在倾斜机壳接触上臂处的表面喷涂防锈剂

(3) 在孔中为上臂的轴涂一些润滑脂。注意：首先重新安装轴 2 端。

(4) 从内部将轴压入轴孔，如图 3-38 所示。

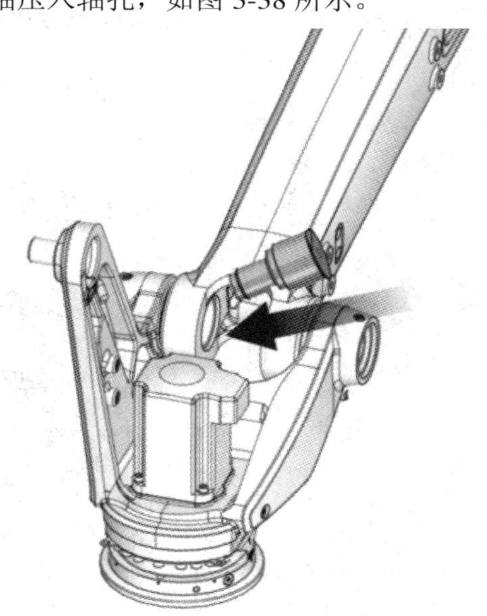

图 3-38　从内部将轴压入轴孔

(5) 让上臂和倾斜机壳中的孔尽可能近地对准。

笔记

(6) 使用用于重新安装轴的压轴工具，应使用正确的螺纹垫圈进行压轴。如果未使用正确的螺纹垫圈，则不能完全将轴压入。

(7) 将部件压到一起。

(8) 遵循上述步骤，以同样的方式安装轴 3 端。

4. 重新安装锁紧螺母和剩余部件

(1) 从轴 2 端开始装配。

(2) 在轴 2 端放入轴承的内环，并将其压入到位。通常可以非常轻松地将轴承安装到位。

(3) 在锁紧螺母 KM7 的螺纹中注入锁紧液体(Loctite243)。

(4) 用锁紧螺母固定轴 2 的轴。锁紧螺母平坦的一侧朝内。

(5) 在轴 3 端放入轴承的内环，并将其压入到位。通常可以非常轻松地将轴承安装到位。

(6) 在锁紧螺母 KM7 的螺纹中注入锁紧液体(Loctite243)。

(7) 用锁紧螺母固定轴 3 的轴。锁紧螺母平坦的一侧朝内。固定轴 3 端的锁紧螺母时，应旋转倾斜机壳。

(8) 用异丙醇将 VK 盖的表面清除干净。

(9) 用塑料锤在轴 2 和 3 上安装小型 VK 盖。

(10) 用塑料锤在轴 2 和 3 上安装大型 VK 盖。

(11) 卸下两端的 M6 螺钉，向轴承注入润滑脂。一个孔用于注油，另一个孔用于排出空气。持续注入润滑脂直到其溢出排气孔为止。

(12) 装上遮盖注油孔的 M6 螺钉和垫圈。

(13) 重新安装上连杆臂。

(14) 重新安装电机电缆和轴 6。

(15) 重新校准机器人。

任务扩展

密封件安装

1. 原则

进行任何密封件装配工作时请遵守以下原则：

(1) 在运输和安装过程中保护密封面。

(2) 在实际安装前保持密封件的原始包装或进行妥善保护。

(3) 密封件和齿轮的安装工作必须在干净的工作台上进行。

(4) 在安装过程中滑过螺纹、键槽等时，为密封唇口使用保护套。

2. 旋转密封件安装

(1) 检查密封件以确保：密封件的类型正确无误(带有刃口)；密封刃口无任何损坏(用手指甲感觉)。

(2) 安装前先检查密封面。如果发现刮痕或损坏，则必须更换密封件，

笔记

因为这可能会导致将来出现泄漏。

(3) 即将安装前用润滑脂润滑密封件(不要太早，否则存在灰尘和杂质颗粒黏附密封件的风险)。将尘舌和密封唇口间空间的三分之二填满润滑脂。橡胶涂层外径也必须涂上润滑脂，除非另有规定。

(4) 用安装工具正确安装密封件。切勿直接锤打密封件，因为这样可能会造成泄漏。

3. 法兰密封件和静态密封件安装

(1) 检查法兰表面。法兰表面必须平滑，没有气孔。可在紧固接点使用标准尺轻松检查平滑性(不用密封剂)；如果法兰表面有缺陷，则不能使用，因为可能会出现泄漏。

(2) 根据 ABB 的建议正确清洁表面。

(3) 将密封剂平均分布在表面，最好使用刷子。

(4) 紧固法兰接点时，均匀地拧紧螺钉。

企业文化

客户服务的“五步法”管理

1. 态度好(微笑服务，宾至如归)
2. 讲明白(清晰全面，通俗易懂)
3. 马上办(快速受理，效率第一)
4. 给预期(制定方案，明确时限)
5. 常走访(定期走访，加强联系)

任务四　工业机器人机械臂的装调与维修

任务导入

ABB 某型号的工业机器人如图 3-39 所示。本任务主要介绍对其机械臂的更换。

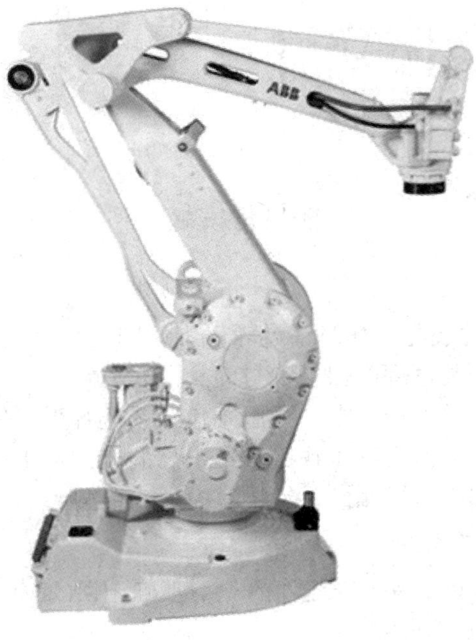

图 3-39　ABB 某型号的工业机器人

笔记

任务目标

知识目标	能力目标
1. 掌握机器人机械臂的结构知识 2. 掌握机械臂装配工艺知识 3. 掌握机器人大臂、小臂、手腕等的结构知识 4. 掌握更换轴承、密封件、弹簧、坚固件等的方法	1. 能完成有配合(如轴承)或密封要求(如油封、密封圈)的零部件拆装 2. 能完成机器人的大臂、小臂、手腕等部件的拆装 3. 能按照工序选择维修的工具、工装设备 4. 能更换轴承、密封件、弹簧、坚固件等 5. 能检查调整轴承与零部件的配合间隙 6. 能在需要的位置注入润滑脂

任务实施

现场教学

一、更换上臂

上臂的位置如图 3-40 所示。

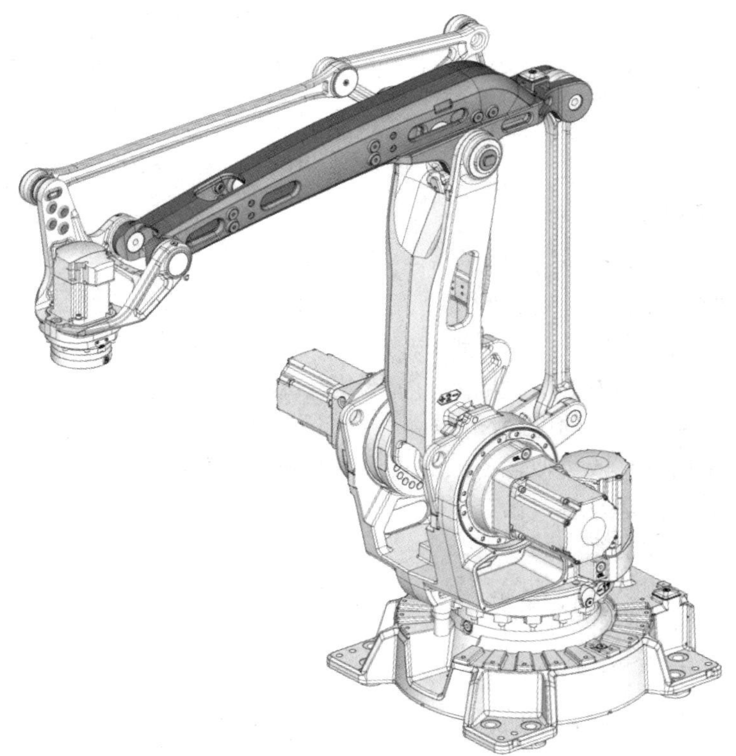

图 3-40　上臂的位置

笔记

上臂的结构如图 3-41 所示。

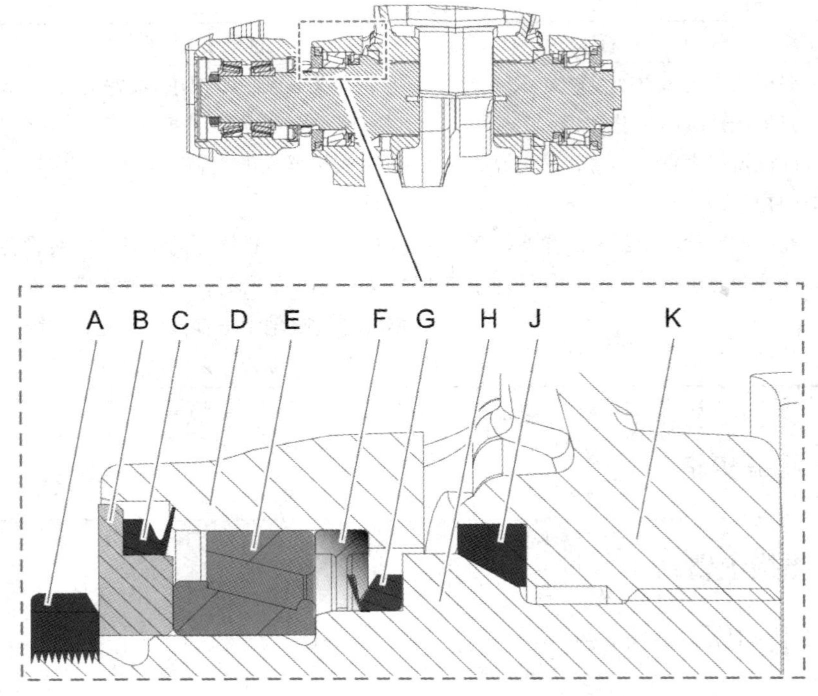

A—锁紧螺母；B—支撑环；C—密封环(V 形环)；D—下臂；E—轴承；F—T 形环；G—密封环(V 形环)；H—轴；J—轴衬；K—上臂

图 3-41　上臂的结构

1. 拆卸上臂

1) 拆卸上臂的轴之前的准备工作

(1) 卸下安装在上臂和倾斜外壳装置上的所有设备。

(2) 将轴 2 和轴 3 微动至轴 2：+40°、轴 3：−40°的位置。

(3) 关闭机器人的所有电力、液压和气压供给。

(4) 卸除上臂中的电缆线束。

(5) 使用吊车或类似设备上的圆形吊带固定上臂。

(6) 升起吊运设备，吊起上臂。

(7) 卸下联动系统。

(8) 卸下倾斜机壳装置。

(9) 卸下平行杆。

2) 卸下上臂第 1 部分

(1) 卸下用于固定轴的锁紧螺母(KM12)，如图 3-42 所示。移除轴 2 和 3 端的锁紧螺母。

笔记

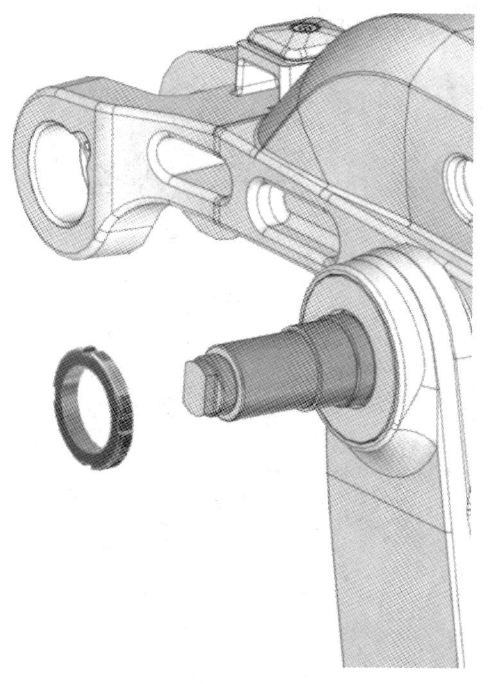

图 3-42　卸下锁紧螺母

(2) 卸下轴上的带密封环的支持垫圈，如图 3-43 所示。卸下轴 2 和 3 端的带密封环的支持垫圈。

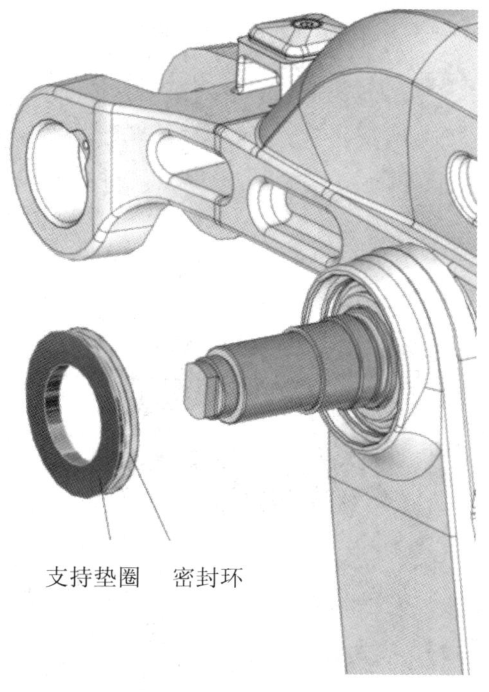

图 3-43　卸下支持垫圈

笔记

(3) 卸下用于固定轴 2 和轴 3 之轴的止动螺钉，如图 3-44 所示。每根轴上各一颗。

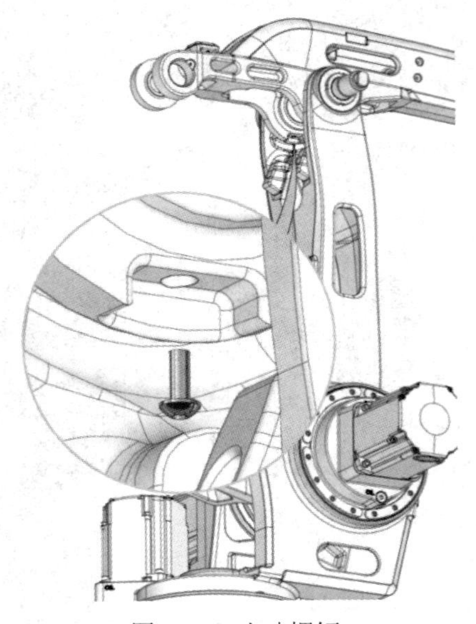

图 3-44 止动螺钉

(4) 将适配器(包括保护盖)放到轴上，如图 3-45 所示。接合器包含两个部件：接合器和保护盖，如图 3-46 所示。使用接合器时，务必将保护盖安装在接合器上。

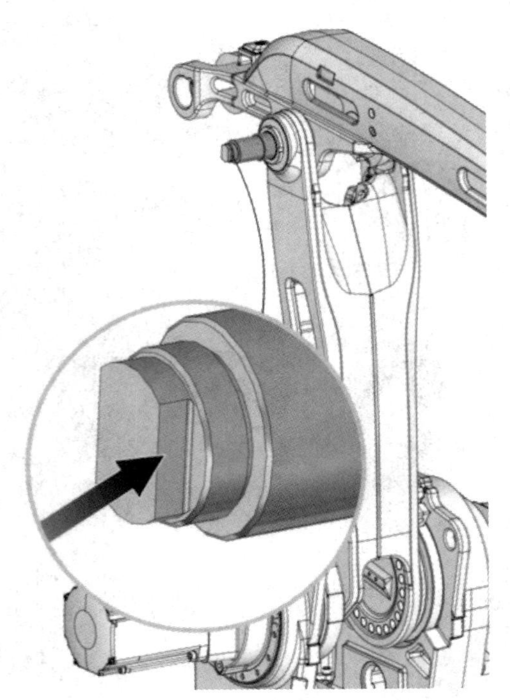

图 3-45 将适配器放到轴上

笔记

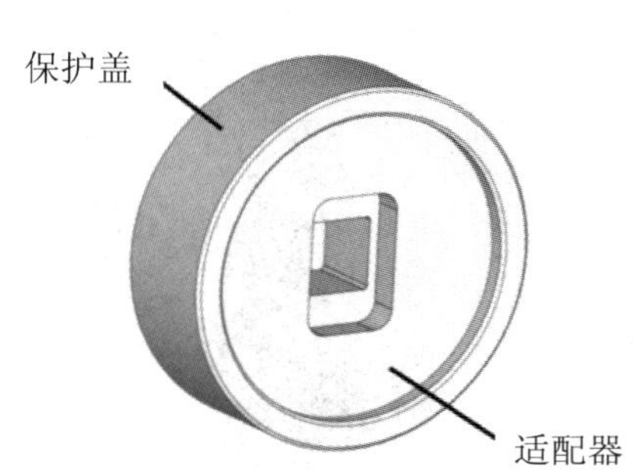

图 3-46　接合器

3) 卸下上臂第 2 部分

(1) 开始继续拆卸轴 3 端的轴。卸下轴 3 后，上臂将没有任何支撑。

(2) 通过小心地转动开始操作，以松开轴 3 的轴。小心地执行此拆卸动作，否则螺纹可能会受损。

(3) 继续松开轴，直到轴 2 端上臂和下臂之间的间隙消失为止。在此点处，轴仍与上臂通过螺纹相连。

(4) 用拉轴工具将带轴承和 T 形环的轴拉出，直到轴 3 端上臂和下臂之间的间隙消失为止。使用杆或类似的工具，在拉出轴时将上臂推向轴 3 端。将该杆插入轴 2 端的间隙。

(5) 卸下拉轴工具并在轴上装上接合器。

(6) 使用适配器从上臂处继续松开轴。上臂将再次开始向轴 2 端移动。持续松开，直到轴 2 端上臂和下臂之间的间隙再次消失为止。

(7) 确保轴上的螺纹已和上臂完全分离。如果还“未”分离，重复上述步骤确保轴上的螺纹和上臂完全分离，然后再继续。如果“已”分离，使用拉轴工具将轴与轴承和 T 形环一同完全拉出。

(8) 将轴放在干净且安全的位置。

(9) 遵循上述步骤卸下轴 2 的轴。

(10) 卸下上臂。

(11) 检查 V 形环。如有损坏请进行更换。

2. 安装上臂

1) 对轴进行准备工作

在重新安装上臂之前对轴和轴承进行必要的准备工作。此操作最好在工作台或类似位置处完成。

(1) 将轴放在工作台上。

(2) 将密封环(V 形环)安装在轴上，如图 3-47 所示。

(3) 在轴和密封环上涂一些润滑脂。切勿将油脂涂在轴的螺纹和锥体上，如图 3-47 灰底区域。

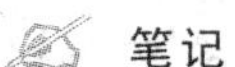 笔记

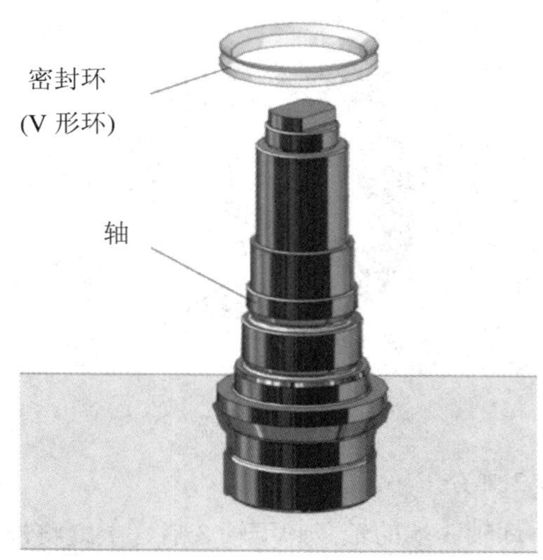

图 3-47 将密封环(V 形环)安装在轴上

(4) 向轴承注入轴承润滑脂。注入润滑脂期间旋转轴承以确保外圈和内圈均润滑良好。

(5) 在轴的螺纹和锥体上涂上润滑膏(Molycote1000)。

2) 重新安装上臂的轴之前的准备工作

(1) 使用吊车或类似设备上的圆形吊带固定上臂。

(2) 检查上臂中轴衬是否完好无损且仍处于正确的位置，如图 3-48 所示。如受损请更换轴衬。

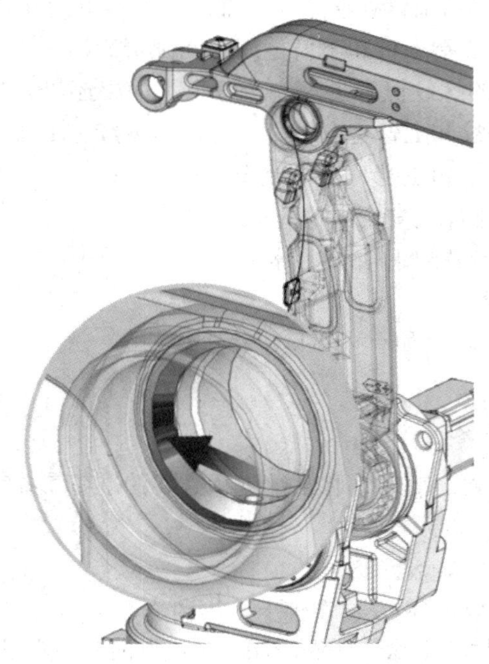

图 3-48 检查轴衬

笔记

(3) 将上臂移动至其安装位置。确保将上臂放置在水平位置。确保以正确的方式(轴可无损插入)放置上臂。

3) 重新安装上臂轴

(1) 从轴 3 端开始重新安装。

(2) 仅用手小心地将轴旋入上臂中的螺纹。切勿强行旋转，否则螺纹可能会受损。

(3) 将适配器(包括保护盖)放到轴上，如图 3-45 所示。接合器包含两个部件：接合器和保护盖。使用接合器时，务必将保护盖安装在接合器上，如图 3-46 所示。

(4) 用手将 T 形环放到轴上，使其尽可能靠近其最终位置，如图 3-49 所示。

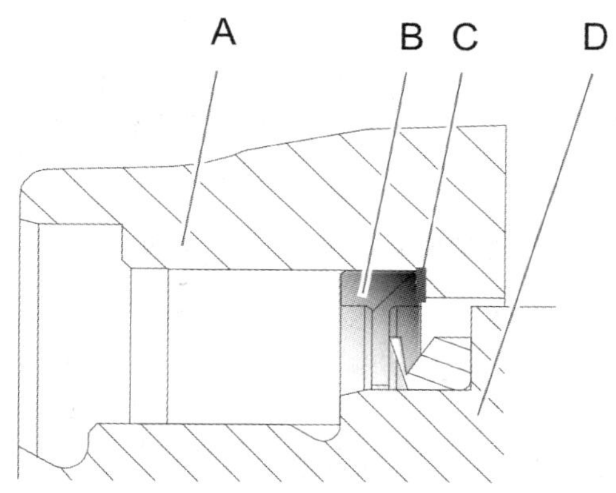

A—下臂；B—T 形环；C—T 形环所接触的下臂表面；D—轴

图 3-49　将 T 形环放到轴上

(5) 将轴承的外环放置到轴上，使其尽可能地靠近其最终位置，如图 3-50 所示。

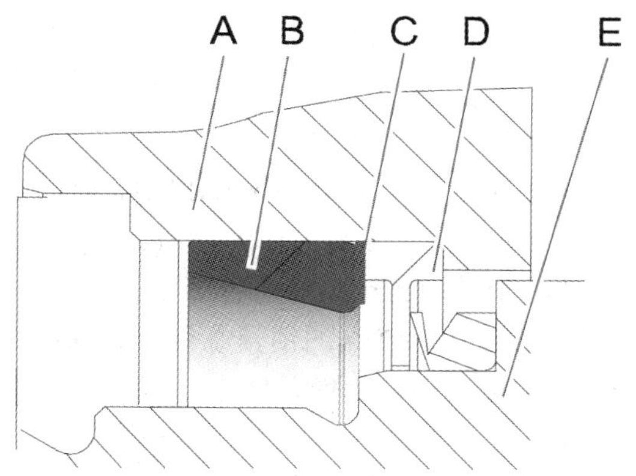

A—下臂；B—外轴承；C—轴承外环所接触的 T 形环表面；D—T 形环；E—轴

图 3-50　将轴承的外环放置到轴上

(6) 使用上臂压轴工具，将两个部件压入其最终位置。

笔记

(7) 在轴承内环中注入润滑脂。

(8) 使用上臂压轴工具在轴上安装轴承内环并将其压紧，如图 3-51 所示。

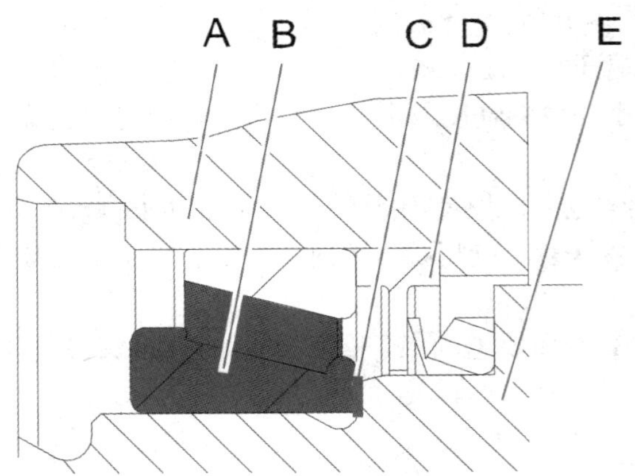

A—下臂；B—轴承内环；C—轴承内环所接触的轴表面；D—T 形环；E—轴

图 3-51　在轴上安装轴承内环

(9) 安装带密封环的支持垫圈，如图 3-52 所示。

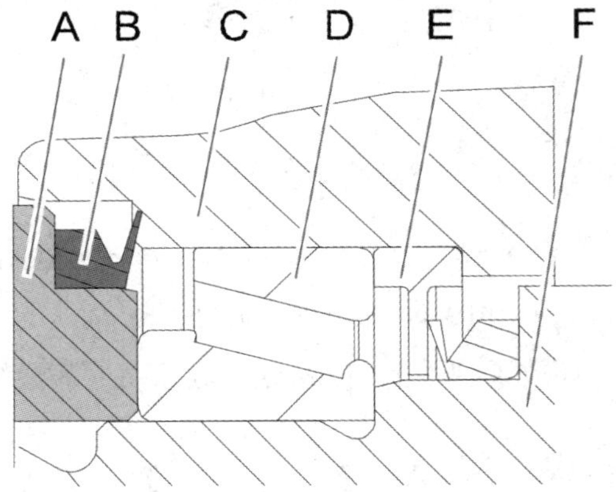

A—支持垫圈；B—密封环；C—下臂；D—轴承；E—T 形环；F—轴

图 3-52　安装支持垫圈

(10) 按照以下顺序，使用轴 3 端的锁紧螺母固定轴：

① 在锁紧螺母的螺纹中注入锁紧液体(Loctite 243)。

② 用 90 N • m 的拧紧转矩将锁紧螺母拧紧。

(11) 按照以下顺序，使用轴 2 端的锁紧螺母固定轴：

① 用 200 N •m 的拧紧转矩将锁紧螺母拧紧。应用此转矩的同时移动上臂。

② 拧松锁紧螺母。

③ 在锁紧螺母的螺纹中注入锁紧液体(Loctite 243)。

④ 用 90 N •m 的拧紧转矩将锁紧螺母拧紧。应用此转矩的同时移动上臂。

提示：拧紧锁紧螺母时，移动上臂对于正确地安装非常重要。

笔记

(12) 在止动螺钉的两个孔中灌注锁紧液体(Loctite 243)，然后安装螺钉，如图 3-44 所示。

(13) 擦掉轴上残留的润滑脂和污染物。

(14) 重新安装倾斜机壳装置。

(15) 重新安装平行杆。

(16) 重新安装上臂中的电缆线束。

(17) 从连杆开始重新安装联动装置系统。

(18) 重新校准机器人。

二、联动装置的更换

1. 更换上连杆臂

上连杆臂的位置如图 3-53 所示。

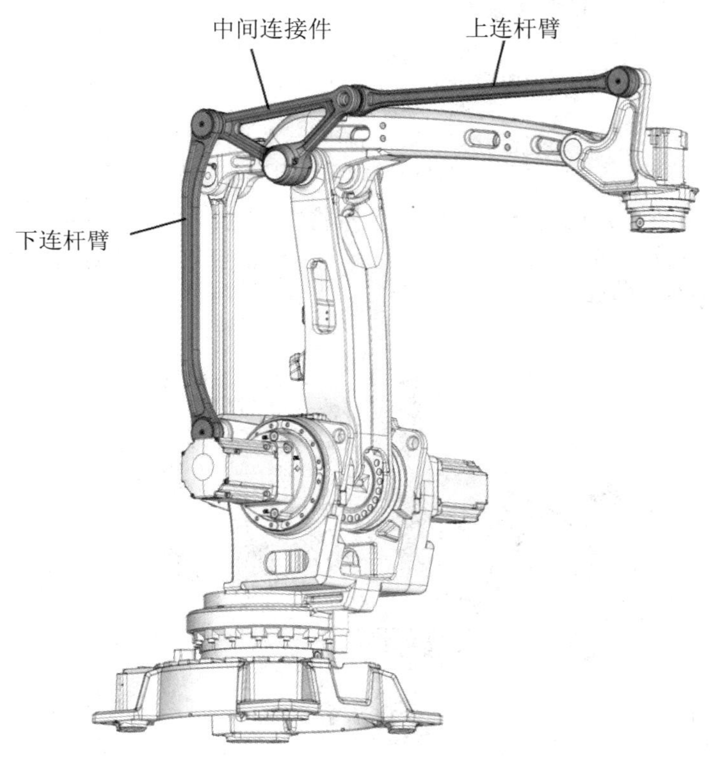

图 3-53　连杆臂的位置

1) 卸下上连杆臂

(1) 将机器人调整为可接触到所有需拆卸部件的姿势。检查是否能够拆卸中间连接件处的锁紧垫圈。

(2) 使倾斜机壳静止在工作台、托盘或类似位置处，如图 3-54 所示。避免拆卸上连杆臂时倾斜机壳掉落。为避免发生事故，请将上臂也固定在吊车上。

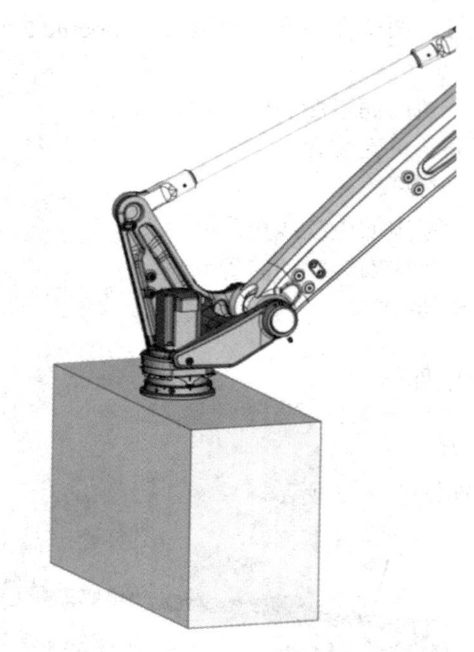

图 3-54　倾斜机壳静止在工作台上

(3) 如果下连杆臂已卸下，用圆形吊带将中间连接件固定在吊车上，如图 3-55 所示。使用中间连接件中心的孔，可以在上连杆臂和下连杆臂均已卸下时避免中间连接件移动。

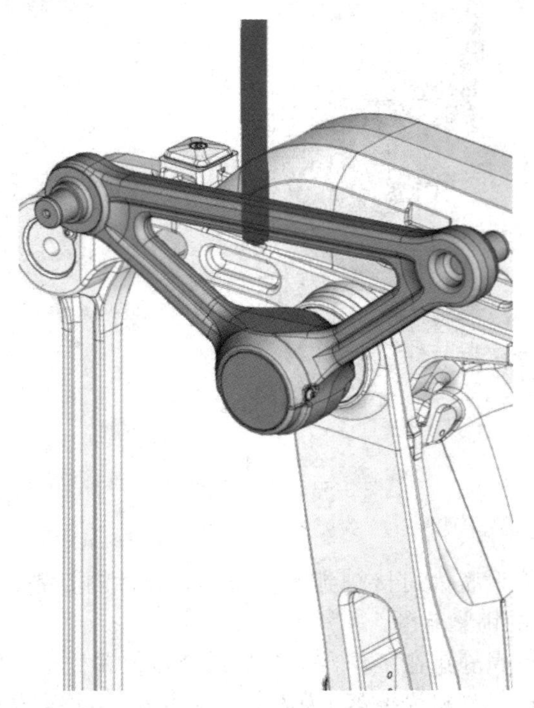

图 3-55　用圆形吊带将中间连接件固定在吊车上

笔记

(4) 关闭机器人的所有电力、液压和气压供给。

(5) 卸下固定锁紧垫圈的锁紧螺钉，如图 3-56 所示。

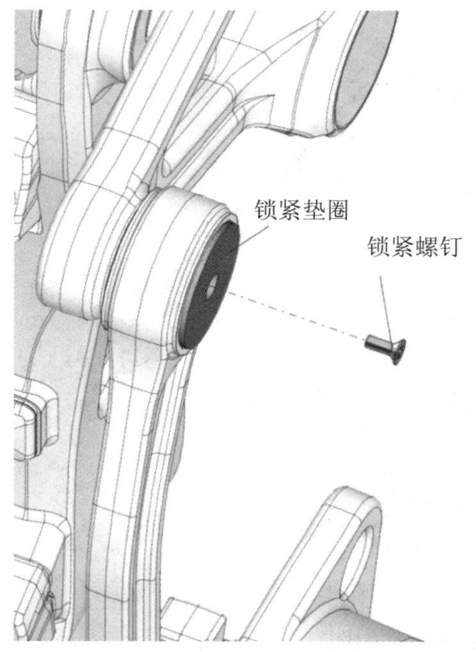

图 3-56　固定锁紧垫圈的锁紧螺钉

(6) 卸下锁紧垫圈，如图 3-57 所示。

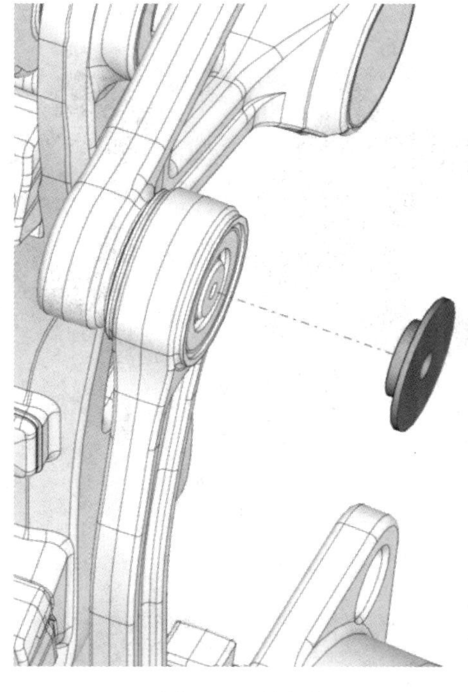

图 3-57　锁紧垫圈

笔记

(7) 卸下上连杆臂，如图 3-58 所示。从连杆拆卸连杆臂时，需要用到三脚式轴承拆卸器。从倾斜机壳上拆卸时，可使用塑料锤。

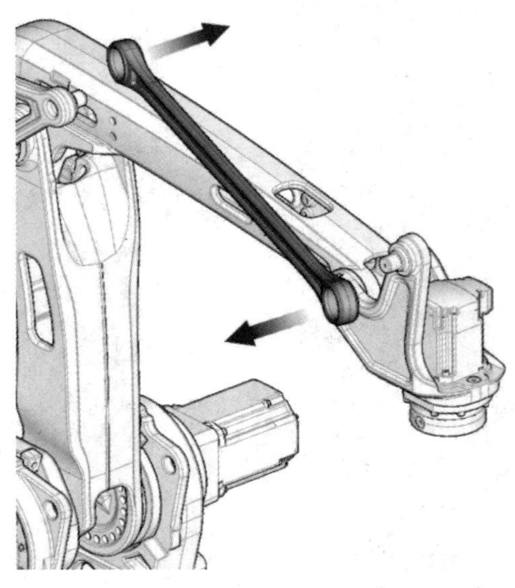

图 3-58　卸下上连杆臂

(8) 卸下径向密封环，如图 3-59 所示。

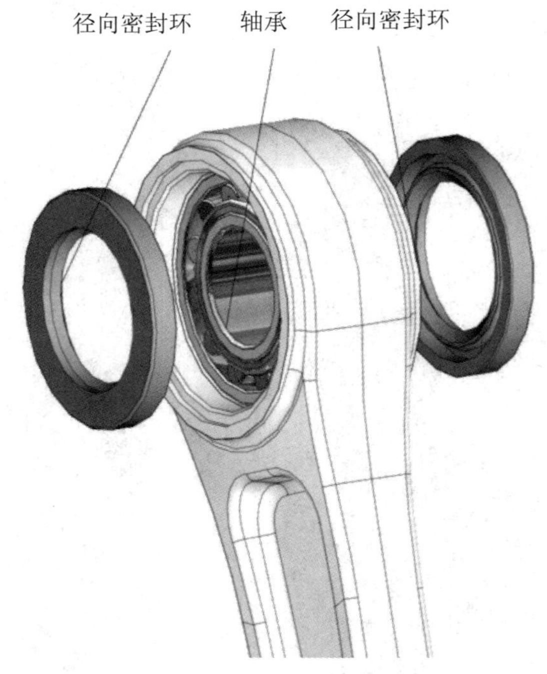

图 3-59　径向密封环

(9) 擦除残留的润滑脂。

笔记

2) 重新安装上连杆臂

(1) 如需要，更换上连杆臂中的轴承。该轴承对推力十分敏感，应确保它们不会受损。

(2) 使用轴承润滑脂对轴承进行适当润滑。

(3) 在上连杆臂中安放锁紧垫圈，如图 3-57 所示。

(4) 检查上连杆臂是否已完全压入到位。使用三脚式轴承拆卸器并将上连杆臂压在轴上。压力应施加在锁紧垫圈上。

(5) 向锁紧螺钉注入锁紧液体(Loctite 243)。

(6) 用锁紧螺钉固定锁紧垫圈，如图 3-56 所示。

2. 更换下连杆臂

1) 卸下下连杆臂

(1) 关闭机器人的所有电力、液压和气压供给。

(2) 如果上连杆臂已卸下，用圆形吊带将中间连接件固定在吊车上。使用中间连接件中心的孔，如图 3-55 所示，其目的在于在上连杆臂和下连杆臂均已卸下时避免中间连接件移动。

(3) 卸下固定锁紧垫圈的锁紧螺钉，如图 3-56 所示。

(4) 卸下锁紧垫圈，如图 3-57 所示。

(5) 直接取下下连杆臂，如图 3-60 所示。从连杆拆卸连杆臂时，需要用到三脚式轴承拆卸器。从机架上拆卸时可使用弹性锤，如塑料锤。

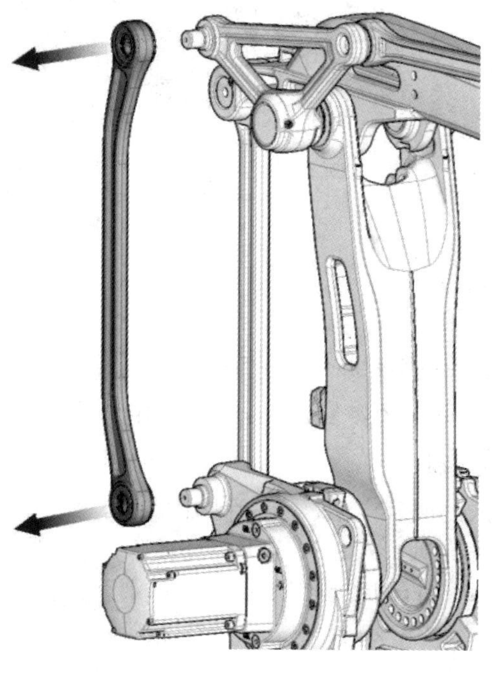

图 3-60　拆卸下连杆臂

笔记

(6) 卸下径向密封环，如图 3-59 所示。

(7) 去除残留的润滑脂和密封剂。

2) 重新安装下连杆臂

(1) 如有需要应更换轴承。轴承对推力十分敏感，应确保它们不会受损。

(2) 使用轴承润滑脂对轴承进行适当润滑。

(3) 在下连杆臂中安装径向密封环，如图 3-59 所示。

(4) 在下连杆臂中安放锁紧垫圈，如图 3-57 所示。

(5) 使用三脚式轴承拆卸器将下连杆臂压在轴上。注意压力应施加在锁紧垫圈上。检查下连杆臂是否已完全压入到位。

(6) 向锁紧螺钉注入锁紧液体(Loctite 243)。

(7) 用锁紧螺钉固定锁紧垫圈，如图 3-56 所示。

工匠精神

严谨治学，求真务实的职业道德和职业精神

3. 更换中间连接件

连杆装置的结构如图 3-61 所示。

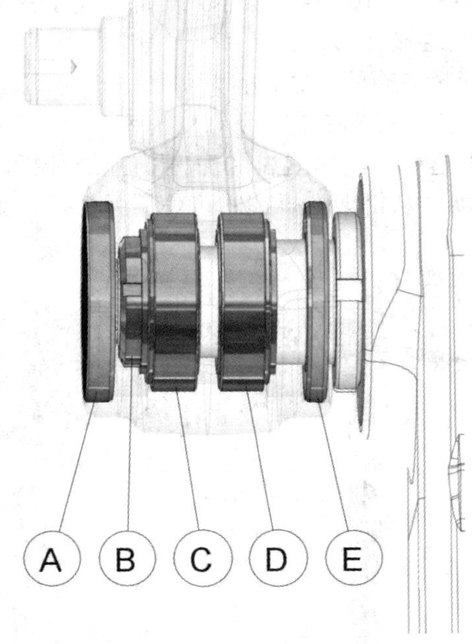

A—VK 盖；B—锁紧螺母；C—轴承；D—轴承；E—POM 密封件

图 3-61 连杆装置的结构

1) 卸下中间连接件

(1) 关闭机器人的所有电力、液压和气压供给。

(2) 使用吊车上的圆形吊带固定中间连接件。要使用中间连接件中心的孔，如图 3-55 所示，其目的在于在上连杆臂和下连杆臂均已卸下时避免中间连接件移动，以免造成事故。

(3) 卸下上连杆臂和下连杆臂。

笔记

(4) 卸下注油孔处的螺钉和垫圈，如图 3-62 所示。

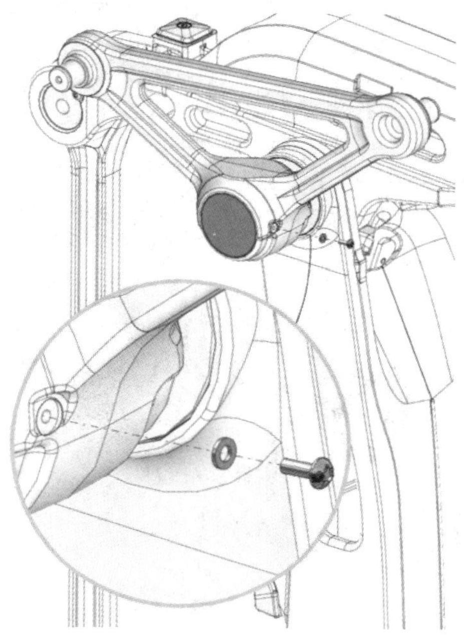

图 3-62　注油孔处的螺钉和垫圈

(5) 使用压缩空气卸下 VK 盖，如图 3-63 所示。向注油孔吹入低压气流。用手拿几张纸放在 VK 盖的顶部，以便在其松开时将其拿住。要使用非常低的空气压力。

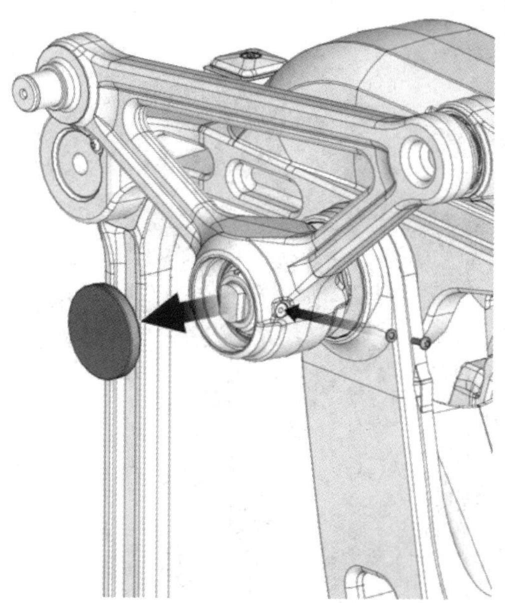

图 3-63　卸下 VK 盖

(6) 卸下锁紧螺母(KM8)，如图 3-64 所示。

 笔记

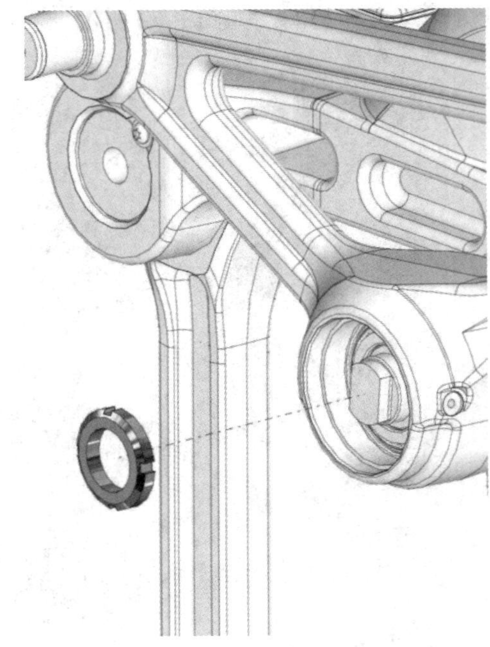

图 3-64 锁紧螺母

(7) 在中间连接件的轴上安装辅轴。

(8) 将中间连接件朝向上连接杆的一端向下移动，以移出用塑料锤将其敲下的空间，如图 3-65 所示。在尽量靠近中间连接件中心处的位置进行敲击。开始敲击之前，微微放松一点起吊力。如不这样做，中间连接件可能会被起吊力锁定。通常只需轻轻敲击即可卸下中间连接件。如需要，可使用轴承拆卸器拆卸连杆。

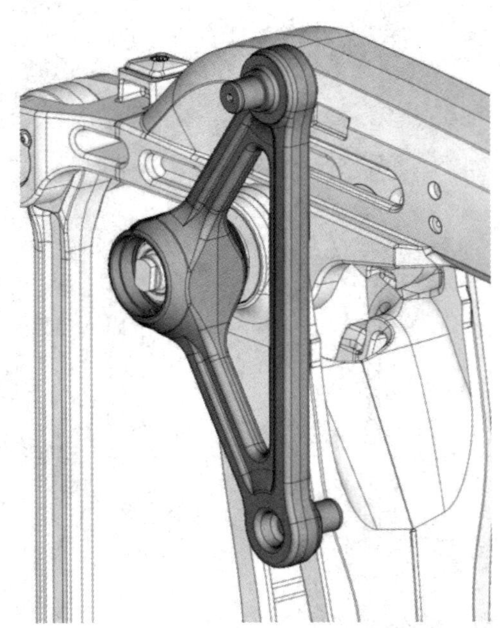

图 3-65 移出用塑料锤的空间

笔记

(9) 使用一对杠杆或使用轴承拆卸器将中间连接件撬松。

(10) 卸下中间连接件。

(11) 卸下 POM 密封环，如图 3-66 所示。

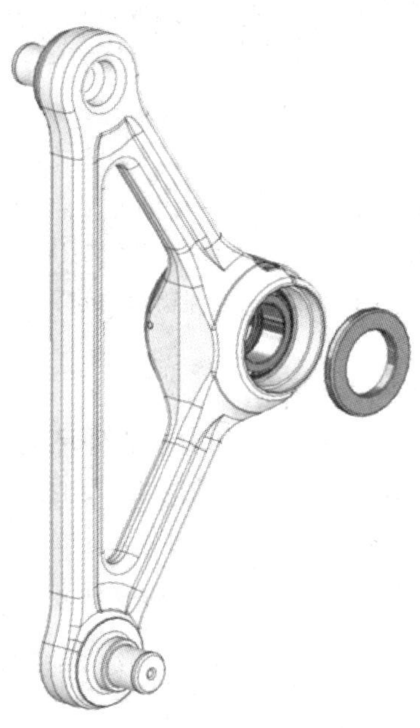

图 3-66　卸下 POM 密封环

(12) 擦去残留的润滑脂。

(13) 如有需要，更换轴承。

2) 安装轴承

(1) 压紧内轴承的外环。图 3-67 显示了位于连杆上的压紧工具及其部件，已准备好可以开始压紧内轴承的外环。

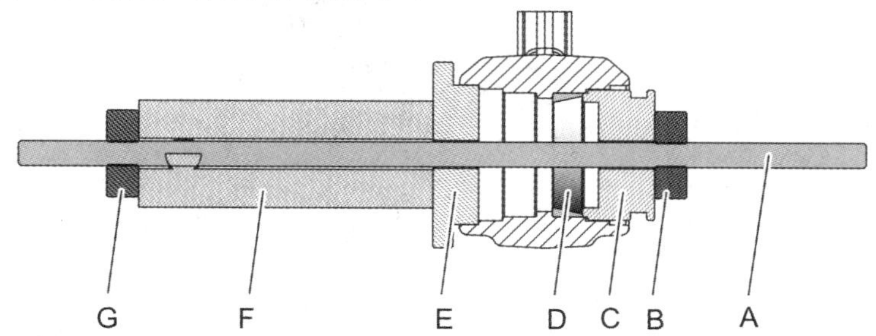

A—螺纹杆 M16；B—止动螺母；C—中间连接件压紧工具(轴承外环)；
D—中间连接件上内轴承的外环；E—支撑件压紧工具；F—液压缸；G—止动螺母

图 3-67　压紧内轴承的外环

(2) 压紧外轴承的外环。图 3-68 显示了位于连杆上的压紧工具及其部件，已准备好可以开始压紧外轴承的外环。

笔记

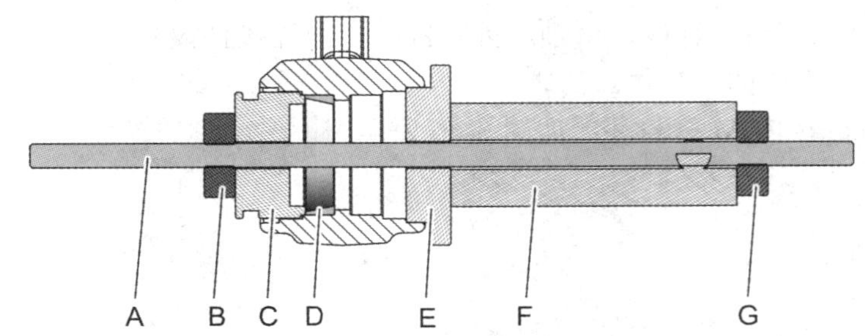

A—螺纹杆 M16；B—螺纹垫圈；C—中间连接件压紧工具(轴承外环)；
D—中间连接件上外轴承的外环；E—支撑件压紧工具；F—液压缸；G—螺纹垫圈

图 3-68　压紧外轴承的外环

(3) 安装步骤。

① 将中间连接件放在工作台上。

② 在中间连接件压紧工具上装上轴承的外环之一，并将其压入到位。

③ 在中间连接件压紧工具上装上轴承的其他外环，并将其压入到位。

3) 重新安装中间连接件

(1) 在轴上放置 POM 密封件，如图 3-69 所示。

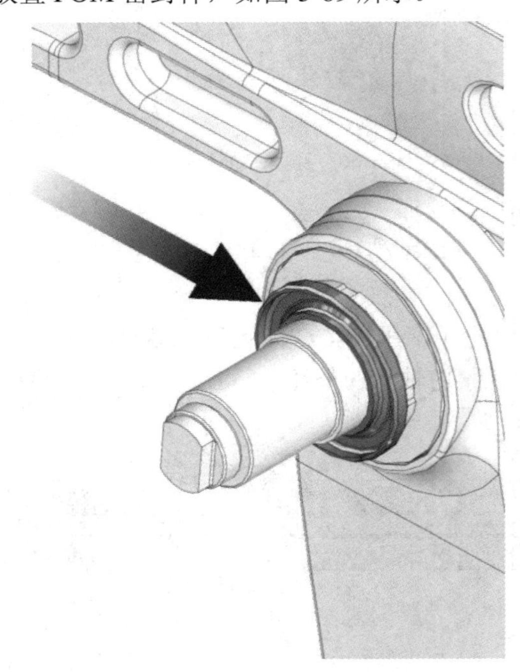

图 3-69　在轴上放置 POM 密封件

(2) 使用吊车上的圆形吊带固定中间连接件，并将其吊运至安装位置。

(3) 在轴上安装辅轴。

(4) 在轴上安放内轴承的内环，并用中间连接件压紧工具将其压入到位，如图 3-70 所示。

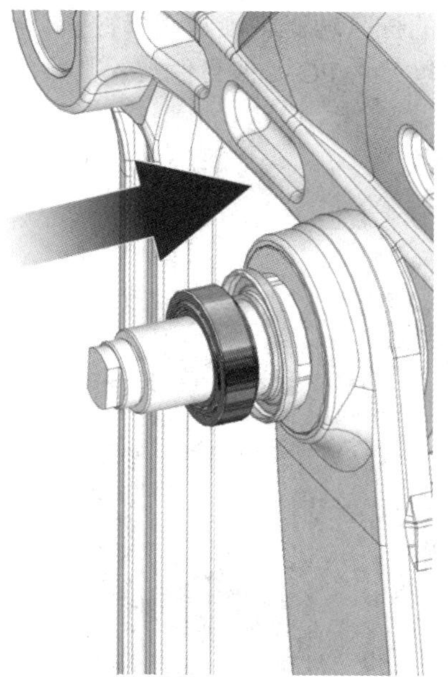

图 3-70　安放内轴承的内环

中国的未来属于青年，中华民族的未来也属于青年。青年一代的理想信念、精神状态、综合素质，是一个国家发展活力的重要体现，也是一个国家核心竞争力的重要因素

——习近平在中国政法大学考察时的讲话

(5) 在轴上安放外轴承的内环和中间连接件，如图 3-71 所示。

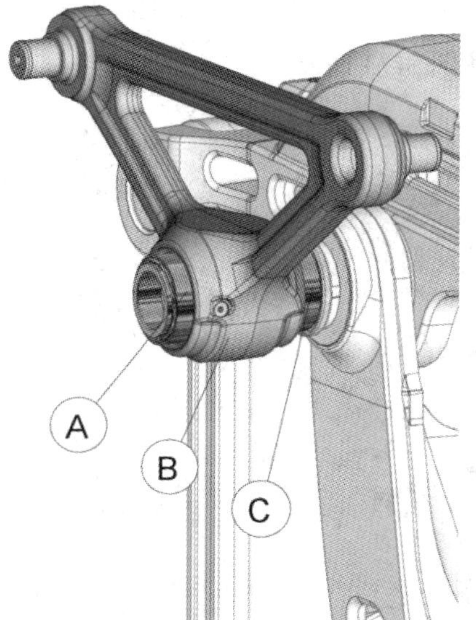

A—外轴承的内环；

B—连杆；

C—内轴承整件

图 3-71　在轴上安放外轴承的内环和中间连接件

(6) 使用中间连接件压紧工具将这些部件压到一起。

(7) 向锁紧螺母注入锁紧液体(Loctite243)，如图 3-64 所示。

(8) 按以下三个步骤固定锁紧螺母(按照推荐的顺序拧紧锁紧螺母非常重要，这样可避免轴未来发生故障)。

① 以 300 N • m 的转矩拧紧，同时旋转连杆。

② 拧松锁紧螺母。

笔记

③ 用 90 N・m 的拧紧转矩将锁紧螺母拧紧。

(9) 小心地用螺丝刀将 POM 密封件装入其最终位置，如图 3-72 所示。

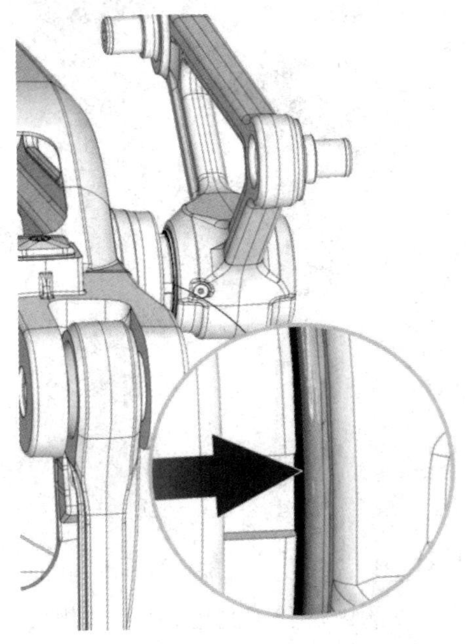

图 3-72　用螺丝刀将 POM 密封件装入其最终位置

(10) 重新安装 VK 盖，如图 3-73 所示。

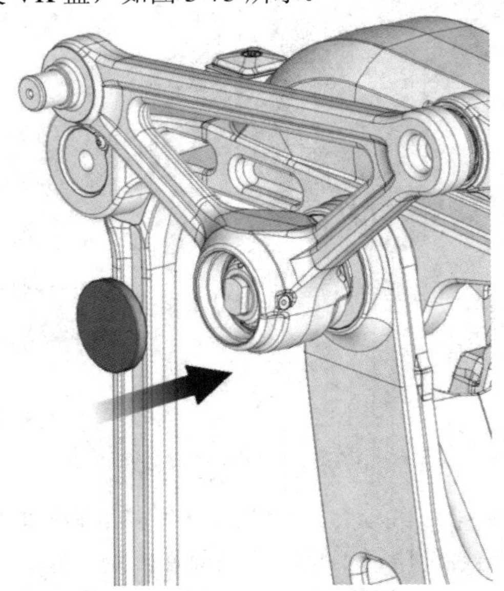

图 3-73　重新安装 VK 盖

(11) 向中间连接件注入润滑脂，如图 3-74 所示。

(12) 重新安装螺孔处的螺钉和垫圈，如图 3-62 所示，以便注入润滑脂。

(13) 重新安装上连杆臂。

(14) 重新安装下连杆臂。

笔记

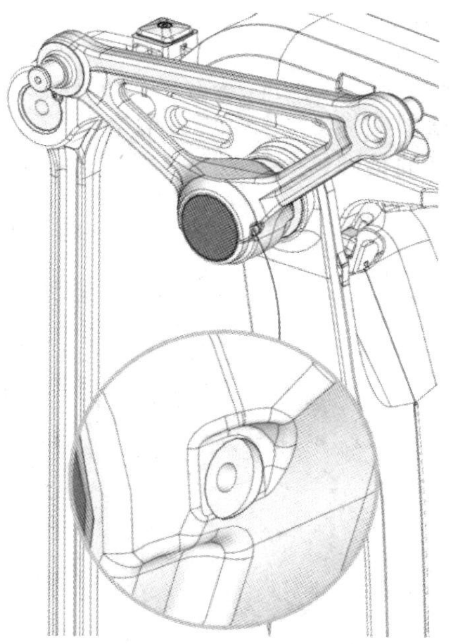

图 3-74　向中间连接件注入润滑脂

(15) 重新校准机器人。

三、更换平行杆

平行杆的位置如图 3-75 所示。

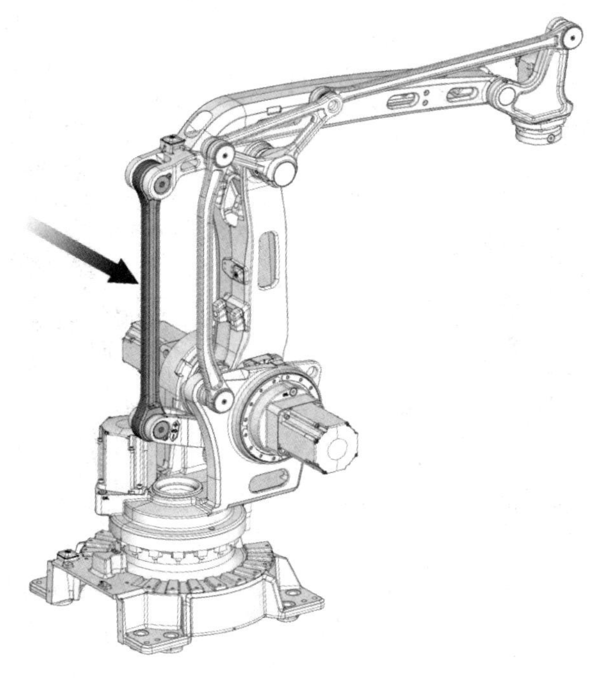

图 3-75　平行杆的位置

笔记

1. 卸下平行杆

(1) 关闭机器人的所有电力、液压和气压供给。

(2) 为避免发生事故，需要将上臂用圆形吊带固定在吊车或类似装置上。

(3) 卸下将平行杆的轴固定到位的锁紧螺钉和垫圈，如图 3-76 所示。

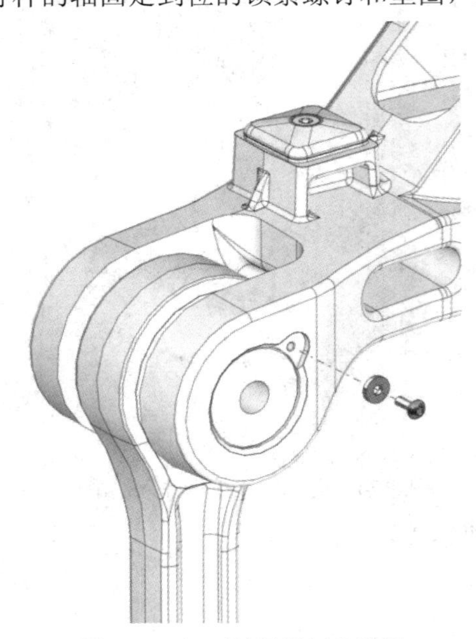

图 3-76　卸下锁紧螺钉和垫圈

(4) 在轴 3 端加入垫片(厚度为 8 mm)，如图 3-77 所示。

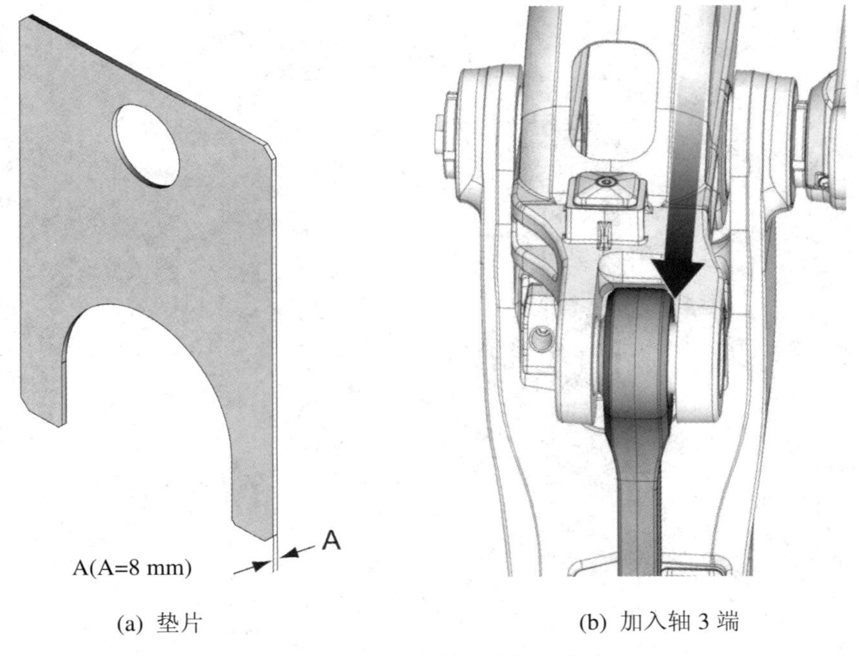

(a) 垫片　　(b) 加入轴 3 端

图 3-77　在轴 3 端加入垫片

笔记

(5) 卸下上部轴，如图 3-78 所示。

(6) 将平行杆从其上部连接点向后移动，使其静止在底座处，如图 3-79 所示。

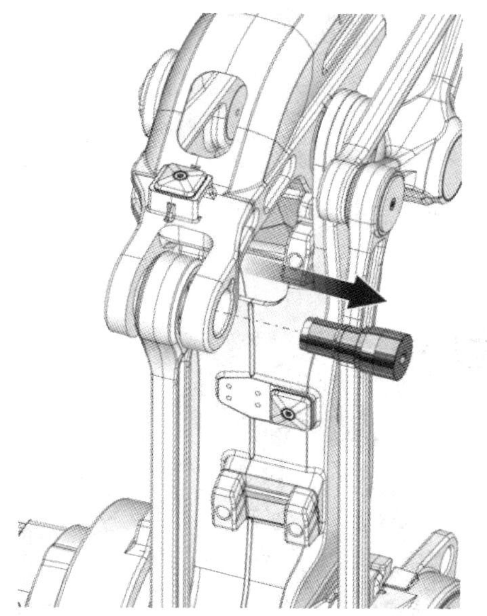

图 3-78　卸下上部轴

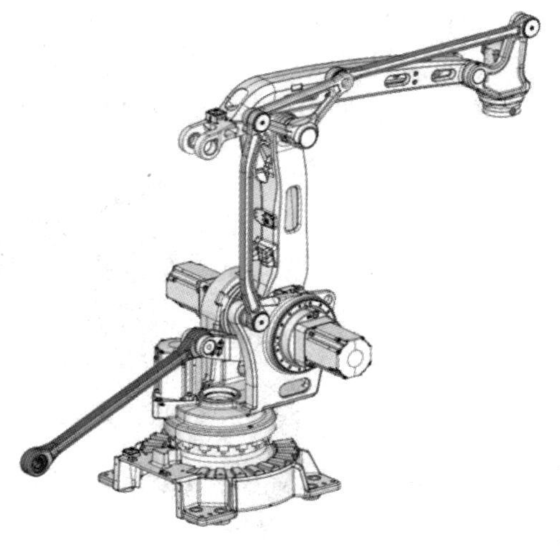

图 3-79　将平行杆从其上部连接点向后移动

(7) 卸下安装在轴 2 端的带 POM 密封件的止推垫圈，如图 3-80 所示。

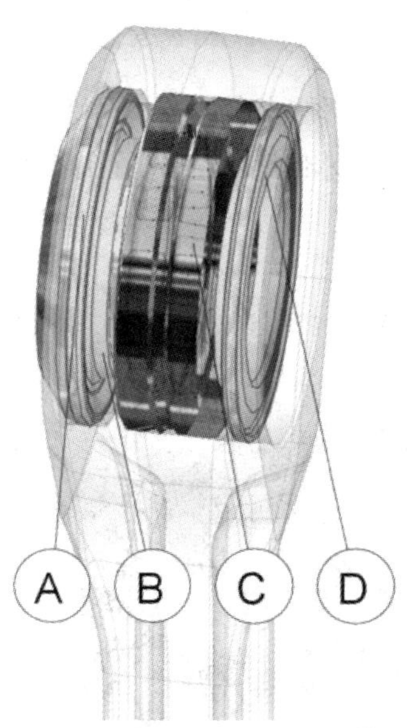

A—止推垫圈；B—轴承；C—安装在止推垫圈上的 POM 密封件(轴 2 端)；

D—POM 密封件(轴 3 端)

图 3-80　卸下止推垫圈

笔记

(8) 卸下轴 3 端的 POM 密封件。

(9) 按照拆卸平行杆上端的相同方法拆卸其下端。

(10) 将平行杆从机器人上卸下。

(11) 如有必要，更换轴承。

2. 重新安装平行杆

(1) 开始重新安装平行杆的下端。

(2) 确保轴承位于平行杆上正确的位置。

(3) 在止推垫圈上安装 POM 密封件，如图 3-81 所示。

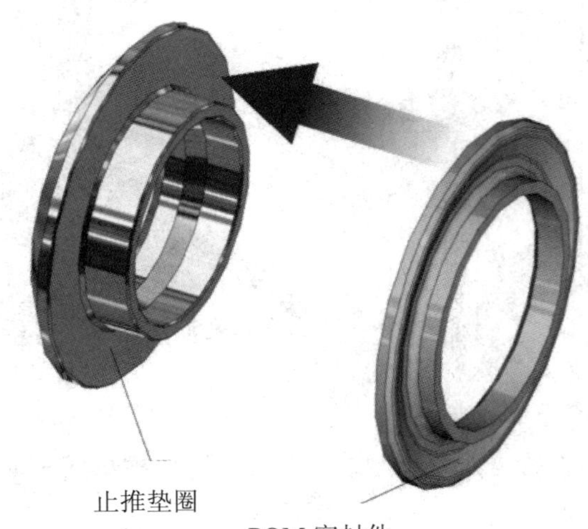

图 3-81　在止推垫圈上安装 POM 密封件

(4) 将止推垫圈(装有 POM 密封件)放置到平行杆的轴 2 端处，如图 3-82 所示。

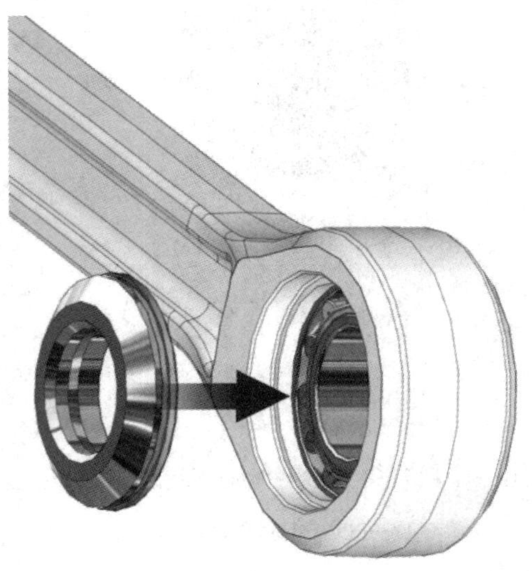

图 3-82　将止推垫圈放置到平行杆的轴 2 端处

笔记

(5) 卸下轴 3 端的其他 POM 密封件，如图 3-83 所示。

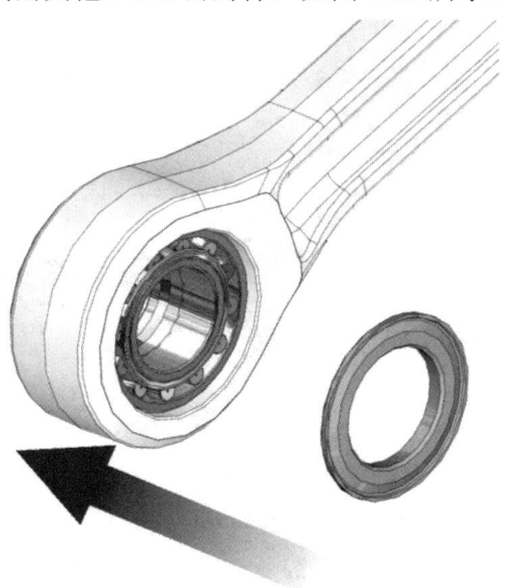

图 3-83　卸下轴 3 端的其他 POM 密封件

(6) 将平行杆放入下端的平行杆安装位置，如图 3-84 所示。

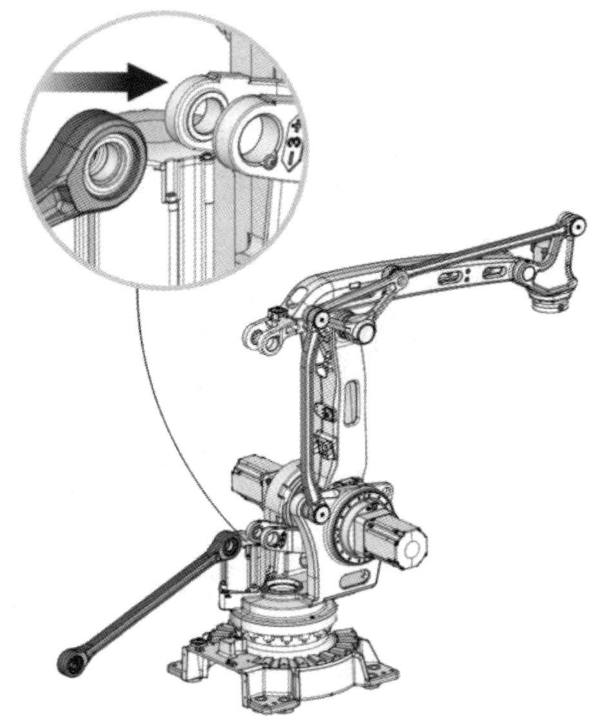

图 3-84　将平行杆放入安装位置

(7) 在轴 3 端加入垫片(厚度为 8 mm)，如图 3-77 所示。请勿将垫片向下推太远。

笔记

(8) 使用安装/拆卸工具重新安装轴，如图 3-85 所示。

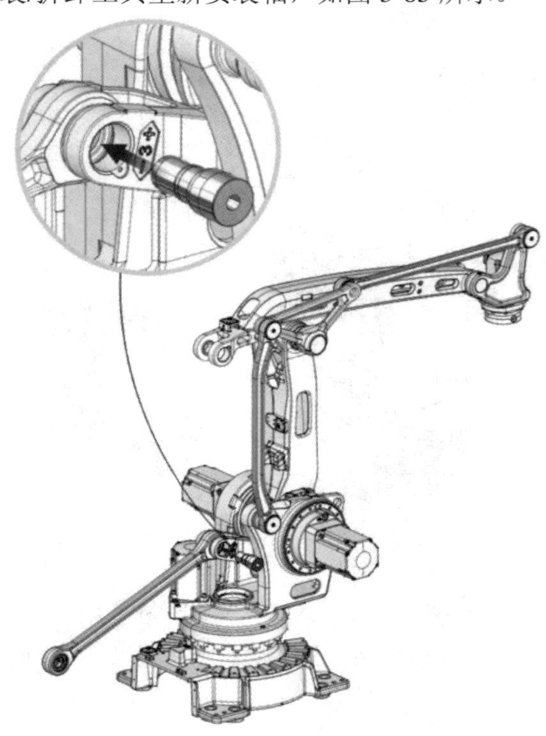

图 3-85　重新安装轴

(9) 向锁紧螺钉的孔注入锁紧液体(Loctite 243)，如图 3-86 所示。

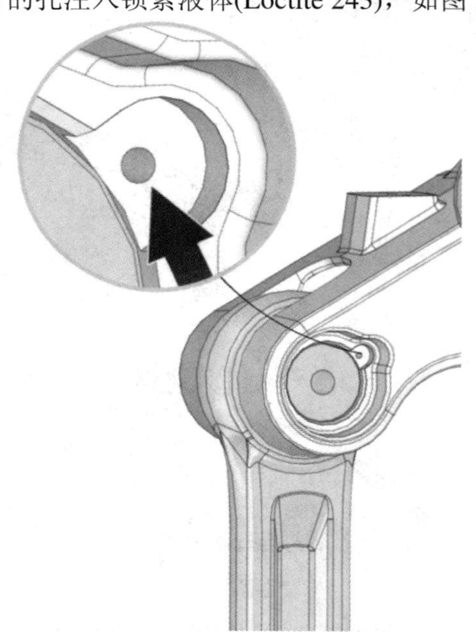

图 3-86　向锁紧螺钉的孔注入锁紧液体

(10) 重新安装锁紧螺钉和平垫圈。锁紧螺钉规格为 M6 × 16；平垫圈规格为 6.4 × 12 × 1.6。

笔记

(11) 将平行杆拉起，移至安装上端的位置，如图 3-87 所示。

图 3-87　将平行杆移至安装上端的位置

(12) 以同样的方式重新安装平行杆的上端。

四、更换整个下机械臂系统

完整的下机械臂系统包括下臂和平行臂。下机械臂系统的位置如图 3-88 所示。

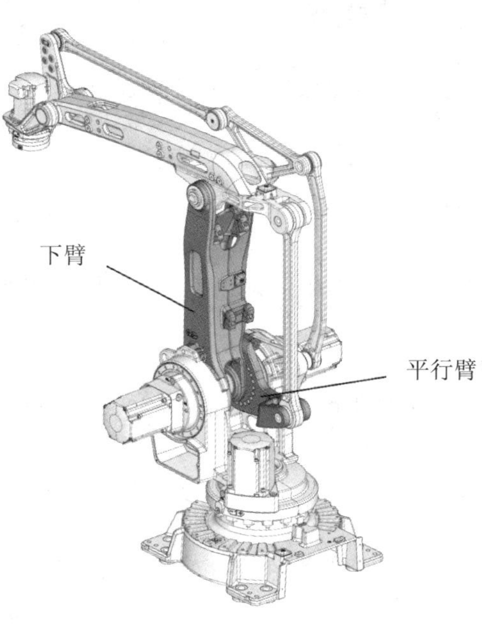

图 3-88　下机械臂系统的位置

笔记

1. 卸下下机械臂系统

(1) 关闭机器人的所有电力、液压和气压供给。

(2) 在螺孔中旋入锁紧螺钉(M16 × 90)固定下臂，如图 3-89 所示。

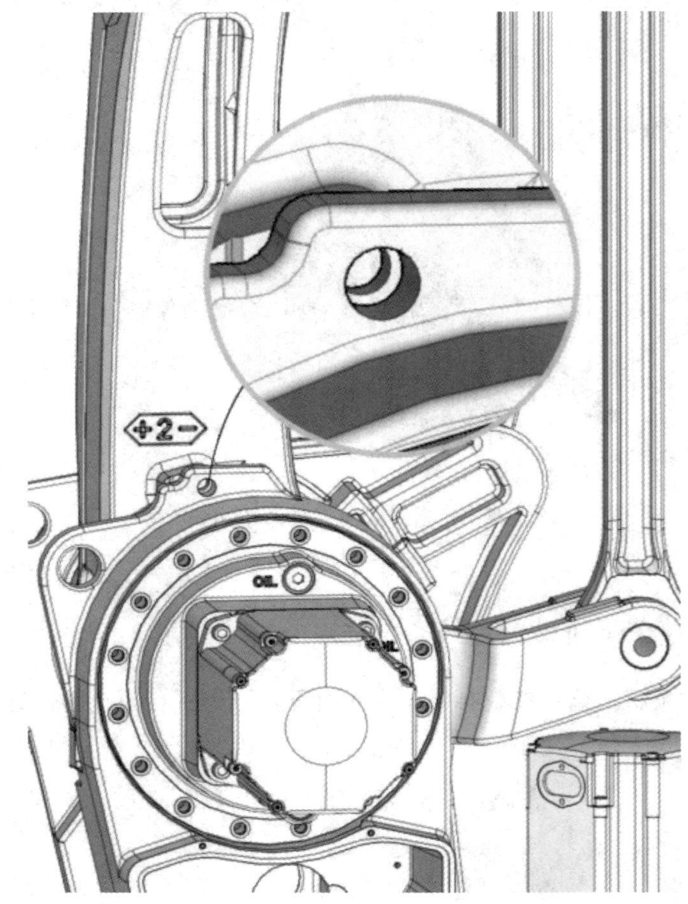

图 3-89 固定下臂

(3) 从上连杆臂开始拆卸联动装置。

(4) 卸下平行杆。

(5) 卸除上臂和下臂中的电缆线束。以保护电缆线束不受损和不沾油的方式固定电缆线束。

(6) 卸下整个上臂。

(7) 卸下轴 2-3 电机上的盖，并断开电机电缆。卸下电机，以便于旋转下臂和平行臂。

(8) 使用吊车或类似设备上的圆形吊带固定整个下机械臂系统，如图 3-90 所示。

(9) 卸下固定下机械臂系统的锁紧螺钉，如图 3-89 所示。

(10) 为释放制动闸，连接 24 V DC 电源。连接至连接器 R2.MP2 或 R2.MP3，连接哪一个视具体情况而定，+: 插脚 2；–: 插脚 5。

笔记

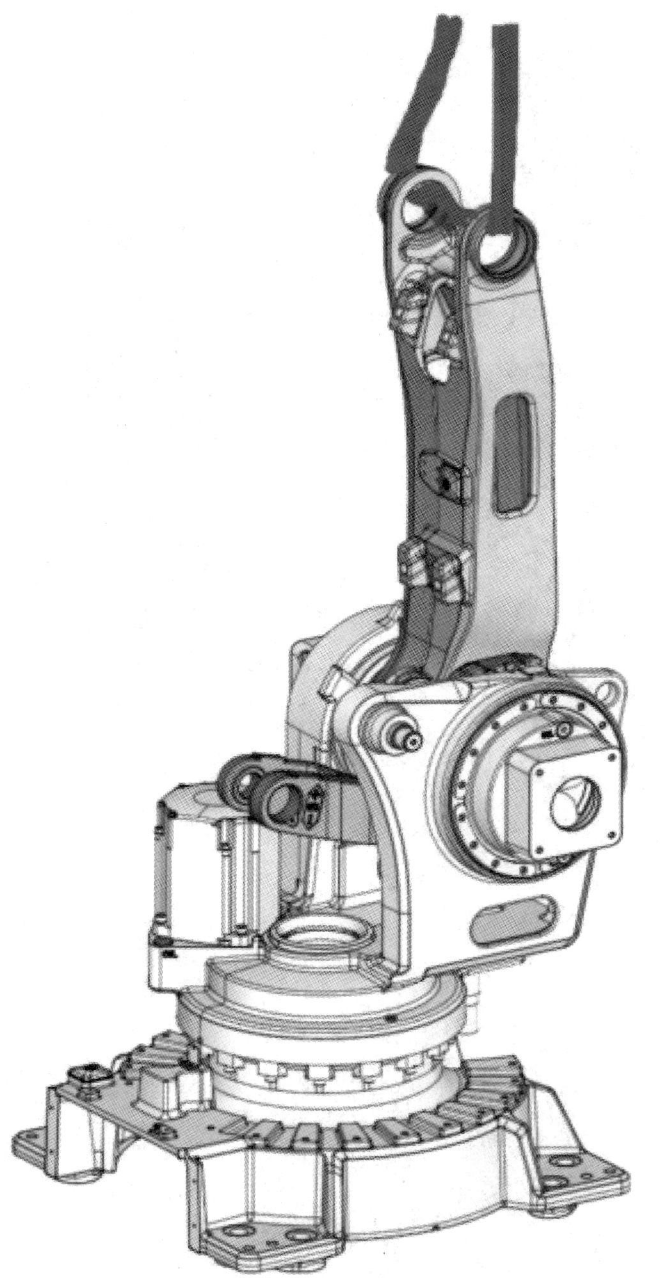

图 3-90　使用圆形吊带固定整个下机械臂系统

(11) 卸下两端固定下机械臂系统的所有连接螺钉(M12)，如图 3-91 所示。需要旋转下臂和平行臂才能接触到所有连接螺钉。释放制动闸并使用安装在电机轴上的旋转工具，如图 3-92 所示。

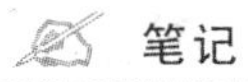
笔记

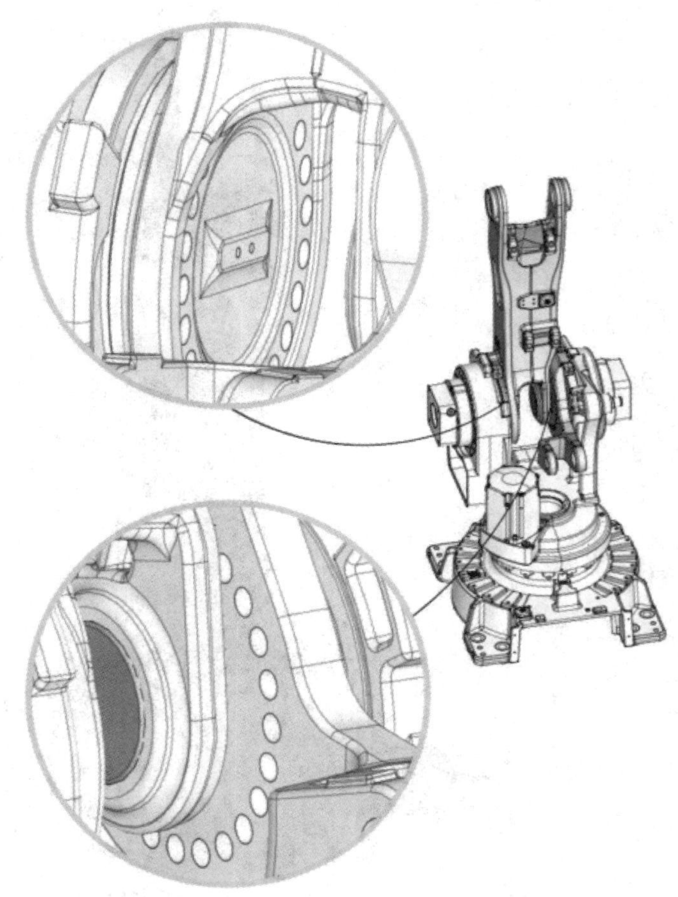

图 3-91　卸下连接螺钉

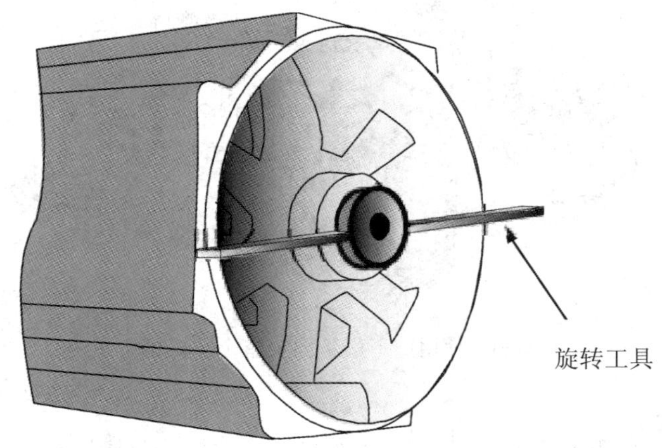

图 3-92　旋转工具

(12) 卸下密封盖，如图 3-93 所示。

笔记

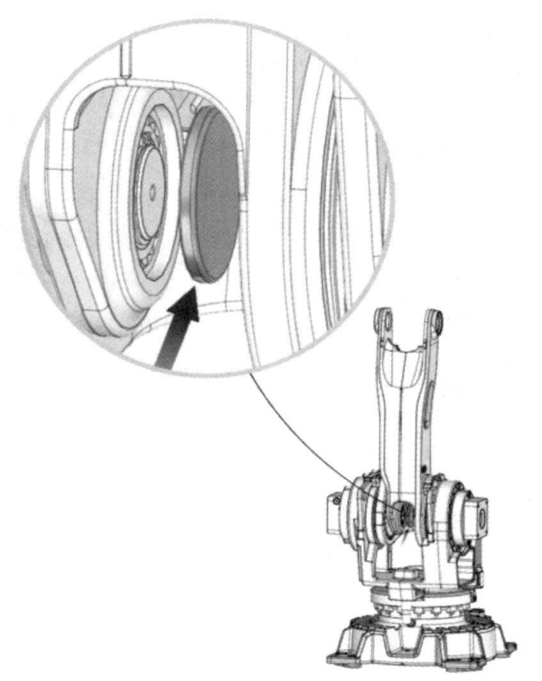

图 3-93　卸下密封盖

(13) 齿轮箱之间的空间非常狭窄，因此需要使用铁条或类似工具将下臂和平行臂推到一起之后，再将它们拆下。如果未将这些部件推到一起，则很难拆卸整个下臂。

(14) 卸下下机械臂系统之前，必须将平行臂固定在下臂上。如果未固定，平行臂可能会掉落并造成严重事故，如图 3-94 所示。

工匠精神

民族自豪感、创新意识、创新精神，严谨精细、精益求精

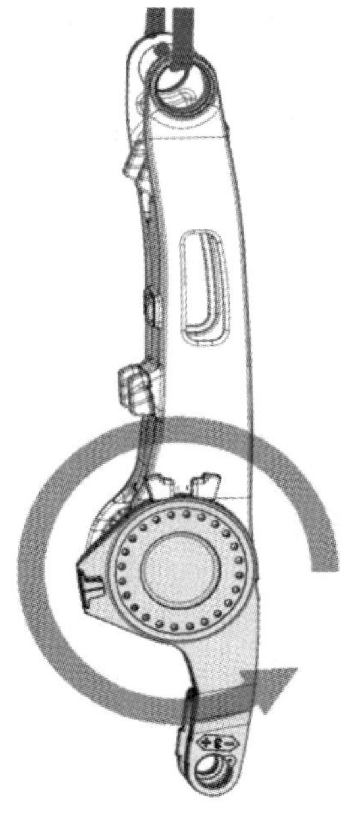

图 3-94　平行臂掉落

笔记

(15) 移动平行臂，将其固定在下臂上，如图 3-95 所示，以避免其掉落。

(16) 卸下整个下机械臂系统，如图 3-96 所示。

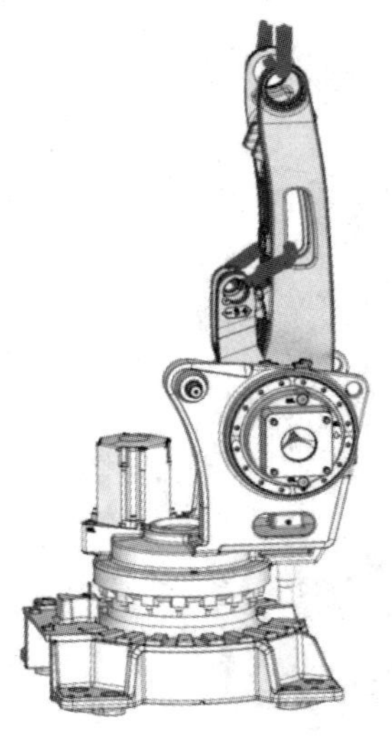

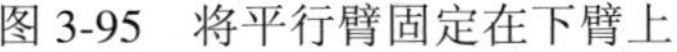

图 3-95　将平行臂固定在下臂上

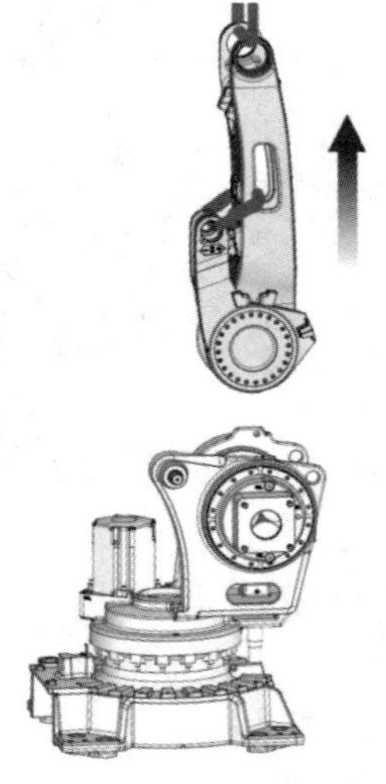

图 3-96　卸下整个下机械臂系统

2. 重新安装下机械臂系统

(1) 将平行臂安装到下臂上。

(2) 将圆形吊带安装到下机械臂系统上，并将其吊起，如图 3-97 所示。吊起下机械臂系统之前，必须将平行臂固定在下臂上。如果未固定，平行臂可能会掉落并造成严重事故。

(3) 为释放制动闸，连接 24 VDC 电源。连接至连接器 R2.MP2 或 R2.MP3，连接哪一个视具体情况而定，+: 插脚 2；–: 插脚 5。

(4) 将下机械臂系统放置到其安装位置，如图 3-98 所示。如果需要调整孔型，请释放制动闸并使用旋转工具通过移动齿轮找出正确的孔型，如图 3-92 所示。

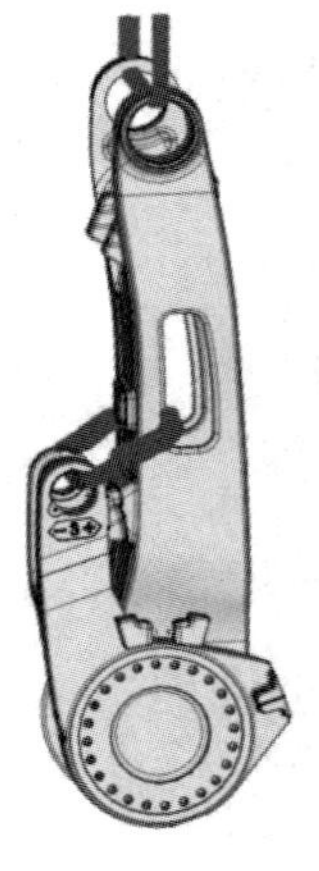

图 3-97　吊起下机械臂系统

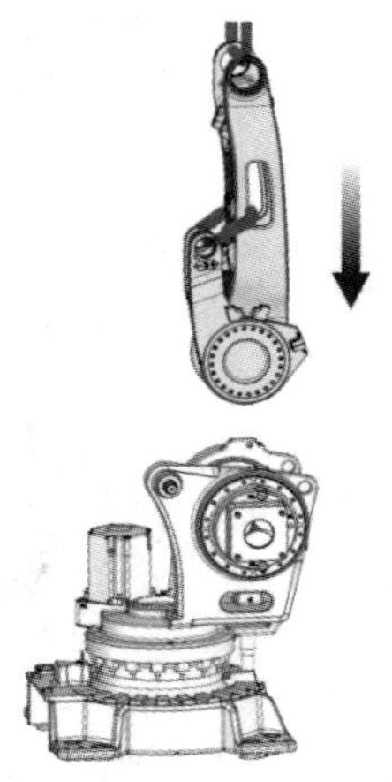

图 3-98　将下机械臂系统放置到其安装位置

笔记

(5) 首先重新安装轴 2 端。

(6) 重新将带垫圈的 M12 连接螺钉安装在可安装的轴 2 端，如图 3-91 所示。拧紧转矩为 120 N • m。

(7) 在铁条或类似工具的帮助下，将平行臂推向轴 3 端。

(8) 重新将带垫圈的 M12 连接螺钉安装在可安装的轴 3 端，拧紧转矩为 120 N • m。

(9) 更改下臂的姿势，以便接触到剩余的连接螺孔，并安装剩余的螺钉。

(10) 通过安装锁紧螺钉 M16 × 90 固定下臂，如图 3-89 所示。

(11) 重新安装密封盖，如图 3-93 所示。

(12) 重新连接轴 2-3 电机电缆并重新安装盖。

(13) 重新安装整个上臂。

(14) 重新安装在上臂和下臂中的电缆线束。

(15) 重新安装平行杆。

(16) 从连杆开始重新安装联动装置。

(17) 卸下锁紧螺钉。

(18) 重新校准机器人。

五、更换平行臂

平行臂的位置如图 3-99 所示。

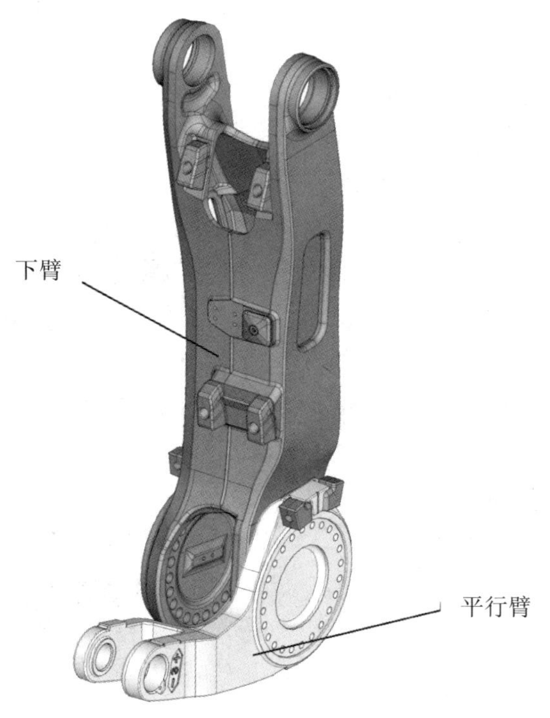

图 3-99　平行臂的位置

笔记

1. 卸下平行臂

(1) 将整个下机械臂系统从机器人上卸下。

(2) 关闭机器人的所有电力、液压和气压供给。

(3) 吊起下机械臂系统之前，必须将平行臂固定在下臂上。如果未固定，平行臂可能会掉落并造成严重事故，如图 3-94 所示。

(4) 固定下机械臂系统，如图 3-97 所示。

(5) 将下机械臂系统放在工作台上，如图 3-100 所示。拆卸平行臂最好在工作台上进行。

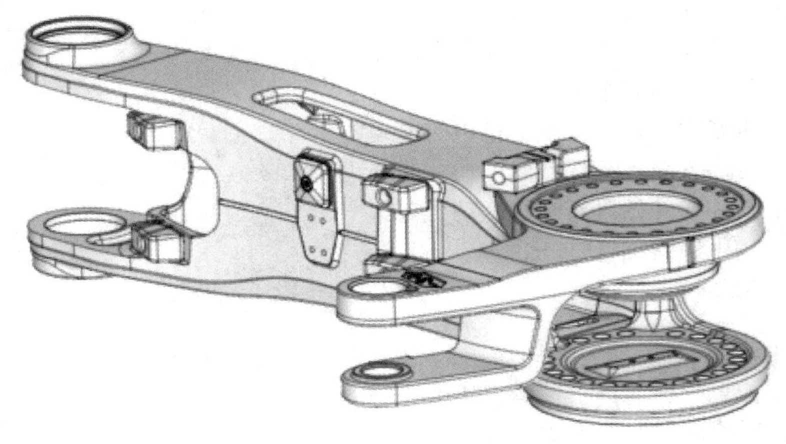

图 3-100　将下机械臂系统放在工作台上

(6) 使用吊车上的圆形吊带固定平行臂。

(7) 通过将平行臂直接吊起将其从下臂处卸下，如图 3-101 所示。如有需要，使用弹性锤(如塑料锤)从内向外锤击平行臂。

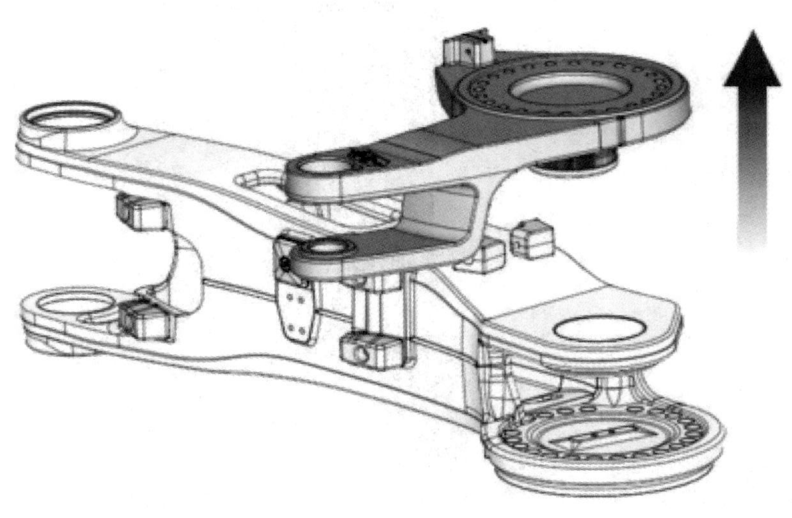

图 3-101　将平行臂从下臂处卸下

(8) 翻转平行臂，将其放在工作台或类似的装置上，如图 3-102 所示。

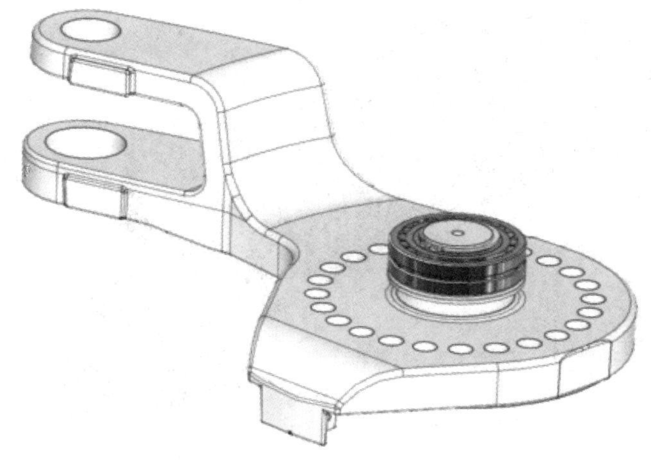

图 3-102　翻转平行臂

(9) 如有需要，更换轴承。

2. 重新安装平行臂

(1) 将平行臂置于工作台上，重新安装平行臂最好在工作台上进行。

(2) 检查 POM 密封件、轴承和扣环的装配是否正确，状况是否良好，如图 3-103 所示。

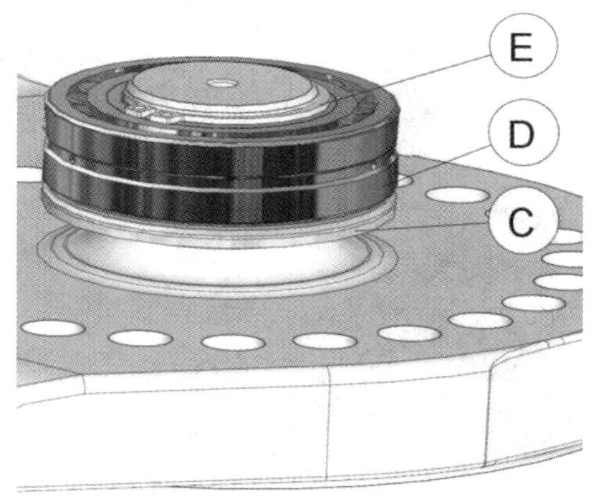

C—POM 密封件；D—轴承；E—扣环

图 3-103　检查 POM 密封件、轴承和扣环的装配是否正确

(3) 向轴承注入润滑脂。

(4) 按照图 3-104 所示的方式检查下臂，轴承孔向上放置在工作台上。

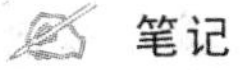 笔记

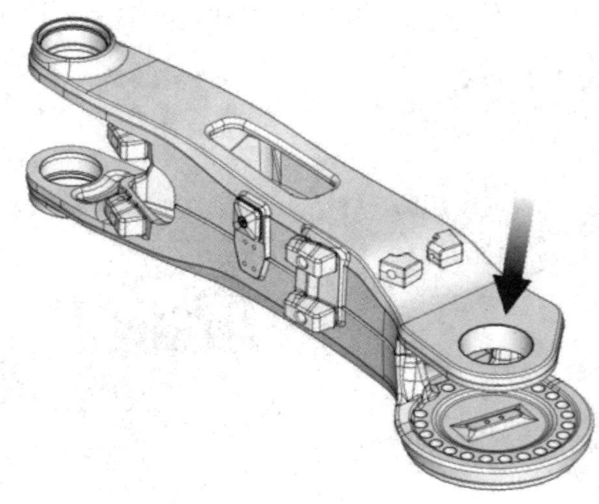

图 3-104　检查下臂

(5) 在孔中为轴承涂一些润滑脂，如图 3-105 所示。

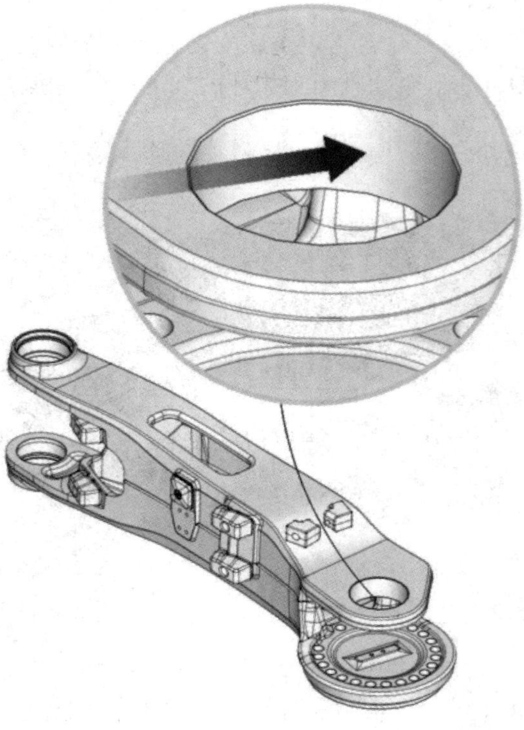

图 3-105　在孔中为轴承涂一些润滑脂

(6) 将平行臂吊运至放置下臂的位置。

(7) 将安装了轴承的平行臂推入下臂，如图 3-106 所示。如有需要，使用弹性锤(如塑料锤)在平行臂的铸造表面上敲击。

笔记

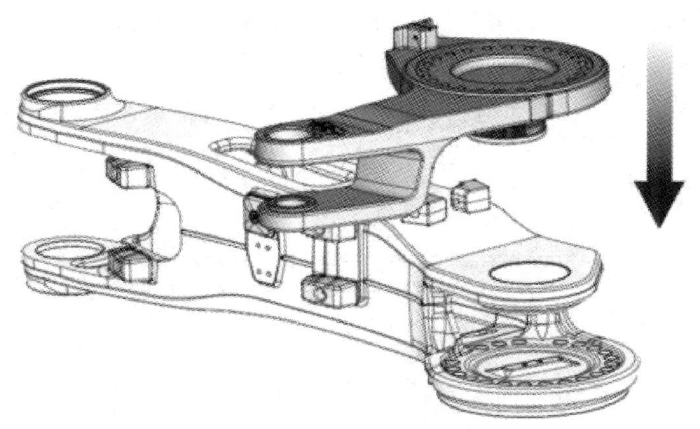

图 3-106　将平行臂推入下臂

(8) 重新安装密封盖，如图 3-93 所示。

(9) 重新安装整个下机械臂系统。

(10) 重新校准机器人。

任务扩展

轴 承 安 装

1. 检查

(1) 为避免污染，在安装之前不得拆开新轴承的包装。

(2) 确保轴承安装中所涉及的部件无毛刺、碎废料和其他污染物。铸造组件必须去除铸造沙。

(3) 轴承环、内环和滚柱部件在任何情况下都不能受到直接撞击。装配滚柱元件时，不得施加任何压力。

2. 锥形轴承的装配

(1) 逐渐紧固轴承直至达到推荐的预加拉力。

注意：滚柱元件必须先进行规定数量的旋转，然后再施加推荐的预加拉力，且在施加预加拉力期间也需要进行旋转。

(2) 确保轴承准确对齐，这将会直接影响轴承的耐用性。

3. 轴承的润滑

在装配后，必须根据以下说明为轴承涂上润滑脂：

(1) 轴承不得完全填满润滑脂。但是，如果轴承的安装位置之间存在间隙，则可在安装轴承时涂满润滑脂，当机器人启动之后，会将多余的润滑脂从轴承处挤出。沟槽球轴承的两侧都必须涂上润滑脂；锥形滚柱轴承和推力滚针轴承应拆开进行润滑。

(2) 操作期间，应将轴承 70%～80%的面积涂上润滑脂。

笔记

(3) 确保润滑脂的处理和保存方式正确，以避免污染。

4. 轴承安装的位置举例

工业机器人中多处都用到了轴承，图 3-107 为轴承在连杆上的安装位置。

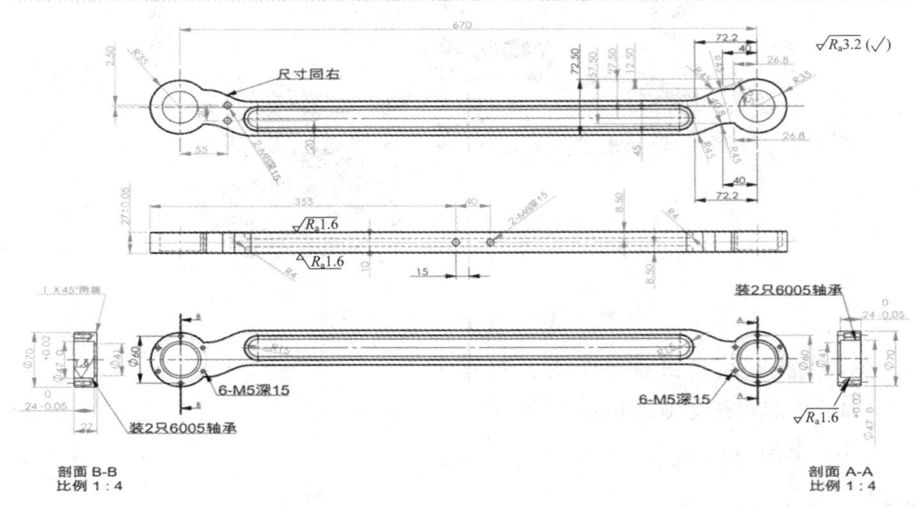

图 3-107　轴承在连杆上的安装位置

任务五　齿轮箱的装调与维修

任务导入

工业机器人上所用的齿轮有球齿轮也有锥齿轮，当然还有圆柱齿轮，如图 3-108 所示。

(a) 球齿轮

笔记

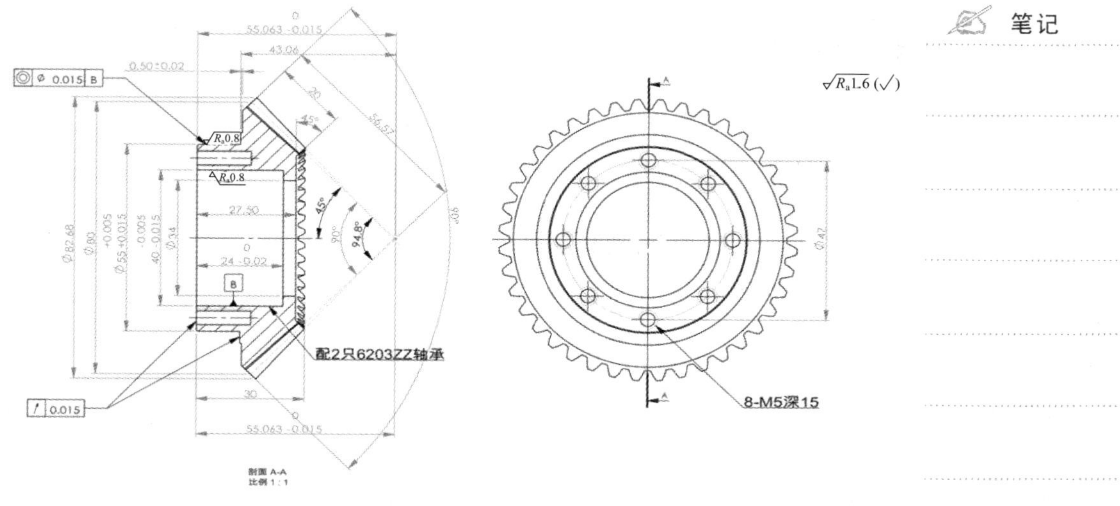

(b) 手腕用锥齿轮

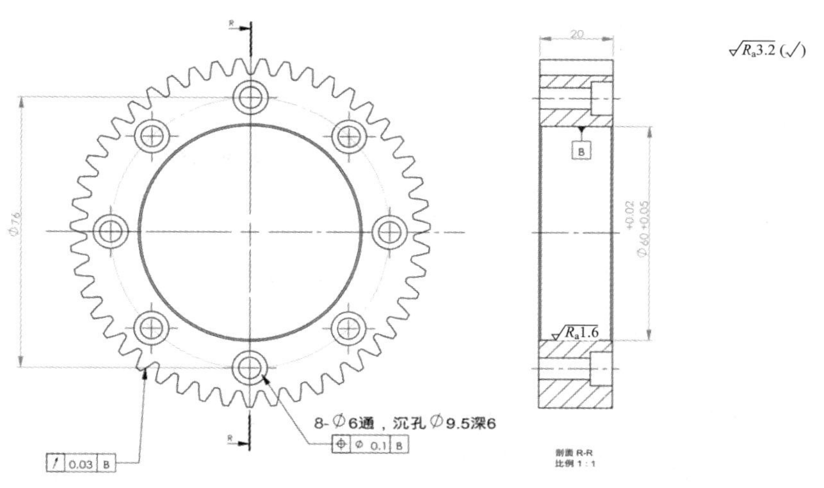

(c) 手腕用直齿轮

图 3-108　工业机器人所用齿轮

任务目标

知 识 目 标	能 力 目 标
1. 掌握机器人齿轮结构知识	1. 能更换齿轮
2. 掌握齿轮装配工艺知识	2. 能检查调整齿轮啮合间隙
3. 掌握更换齿轮的知识	3. 能在需要的位置注入润滑脂

笔记

任务实施

现场教学

一、更换轴 1 齿轮箱

轴 1 齿轮箱位于机架和底座之间，如图 3-109 所示。

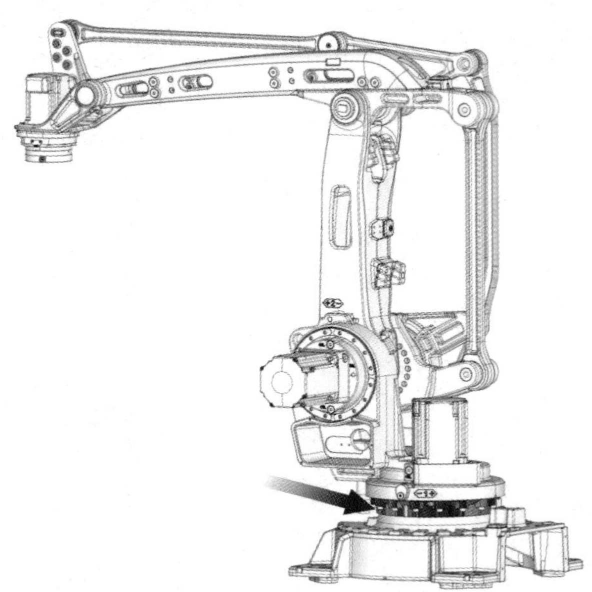

图 3-109　轴 1 齿轮箱的位置

1. 卸下轴 1 齿轮箱

(1) 将机器人微动至：轴 2 = −40°，轴 3 = +25°位置，也就是将机器人调至其装运姿态，如图 2-9 所示。

(2) 关闭机器人的所有电力、液压和气压供给。

(3) 排出轴 1 齿轮箱的润滑油。

(4) 断开机器人底座后部的所有接线，并吊出底座内部的电缆托板。

(5) 将断开的线缆从轴 1 齿轮箱的中心拉出。

(6) 卸下完整机械臂系统。

(7) 拧松轴 1 齿轮箱中心的电缆导向装置上的螺钉，并将导向装置吊到一旁。

(8) 拧松底座上的连接螺钉，以使底座从基座上松开。

(9) 在齿轮箱的两侧安装两个吊眼，如图 3-110 所示。

(10) 将底座和齿轮 1 起吊附件以及圆形吊带连接到齿轮箱和底座上。

(11) 吊起包含轴 1 齿轮箱在内的底座，在底座的两侧安装底座和齿轮支撑 1。

笔记

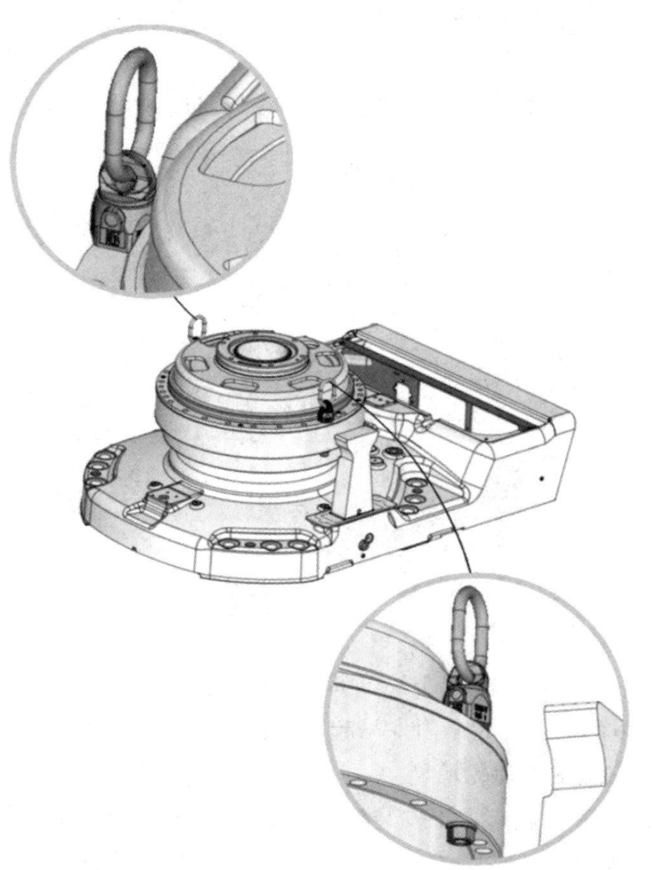

图 3-110　在齿轮箱的两侧安装两个吊眼

(12) 将底座和齿轮支撑 1 安装在底座和基座上，如图 3-111 所示。确保底座保持在稳定的位置，然后才能在底座下执行其他任何工作。

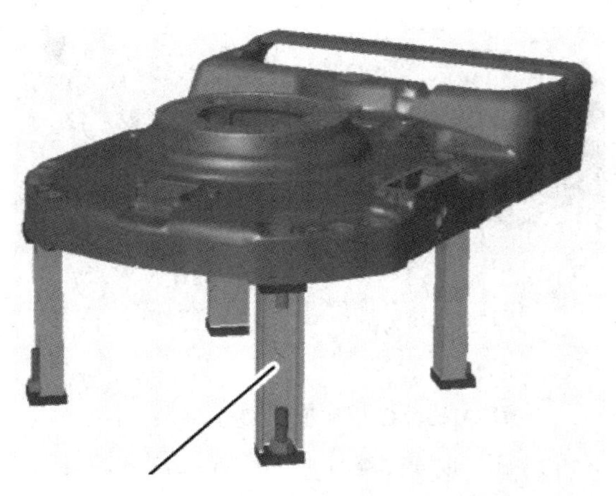

图 3-111　将底座和齿轮支撑 1 安装在底座和基座上

笔记

(13) 为了接触到将轴 1 齿轮箱固定到底座的连接螺钉，请卸下机器人底座连接器板。

(14) 拧松连接螺钉和垫圈(12 pcs)，如图 3-112 所示。

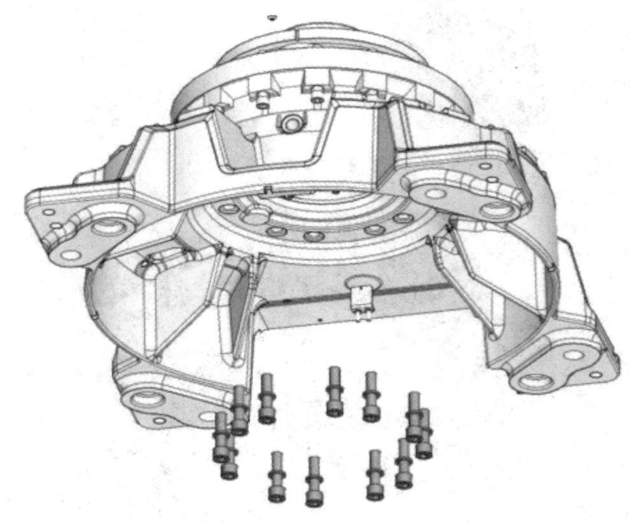

图 3-112　拧松连接螺钉和垫圈

(15) 使用已安装的起吊附件吊起齿轮箱。

2. 重新安装轴 1 齿轮箱

(1) 将底座和齿轮支撑 1 安装到底座上，如图 3-111 所示。

(2) 确保 O 形环正确地嵌入齿轮箱中的 O 形环凹槽位，如图 3-113 所示。用少量润滑脂润滑 O 形环。

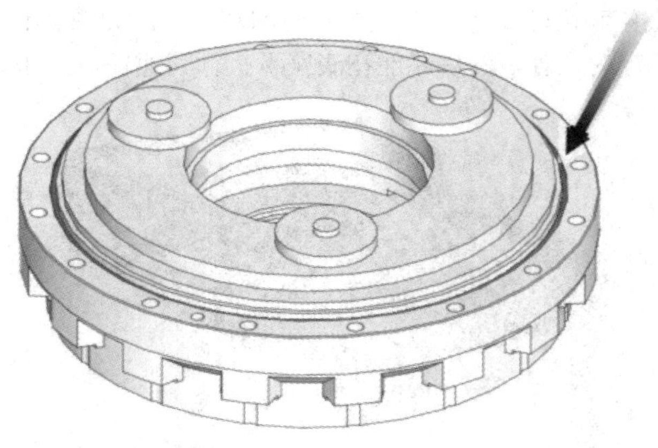

图 3-113　O 形环嵌入 O 形环凹槽位

(3) 在齿轮箱的两侧安装两个吊眼，如图 3-110 所示。

(4) 将底座起吊设备安装到齿轮箱上。

(5) 在底座相互平行的两个连接孔中安装两根导销。

笔记

(6) 将轴 1 齿轮箱调运至导销上方，然后小心地将其降下落入其安装位置。

(7) 使用齿轮箱的连接螺钉和垫圈固定齿轮箱，如图 3-112 所示。

(8) 用其连接螺钉重新安装电缆导向装置，如图 3-114 所示。

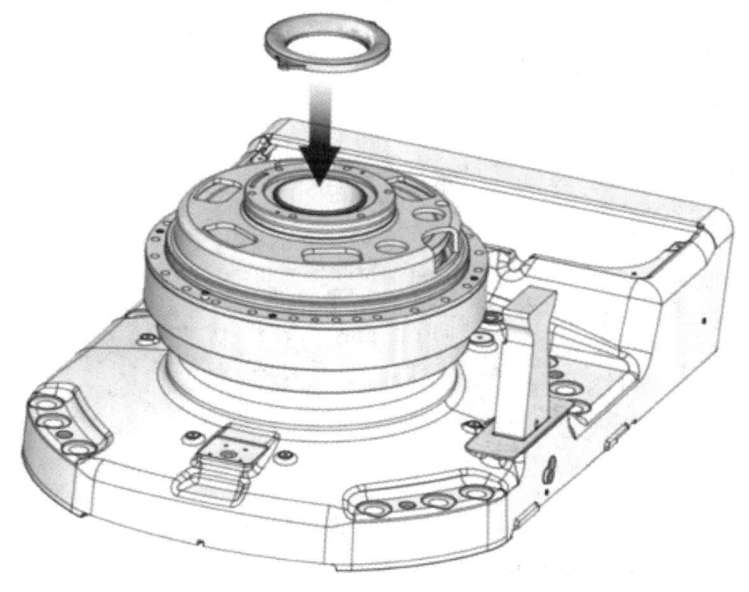

图 3-114　重新安装电缆导向装置

(9) 吊起机器人底座和轴 1 齿轮箱并卸下底座和齿轮支撑。

(10) 将底座固定在基座上。

(11) 检查机架上中心孔处的油封。如有损坏应将其更换。

(12) 重新安装完整机械臂系统。

(13) 测试轴 1 齿轮箱的泄露。

(14) 向齿轮箱重新注入润滑油。

(15) 重新校准机器人。

二、更换轴 2 齿轮箱

轴 2 和 3 齿轮箱分别位于机架的两侧，如图 3-115 所示。注意切勿同时更换两个齿轮箱，除非已卸下了整个机械臂系统。

1. 拆卸轴 2 齿轮箱之前的准备工作

(1) 排出齿轮箱中的油。这项活动会消耗很多时间。

(2) 将轴 2 微动至 0°，轴 3 微动至正的最大度数。

(3) 在下臂中插入锁紧螺钉，固定轴 2，如图 3-89 所示。注意只能手动执行此操作。

(4) 释放轴 2 和 3 上的制动闸，以便让平行臂搁置于阻尼器上。

 笔记

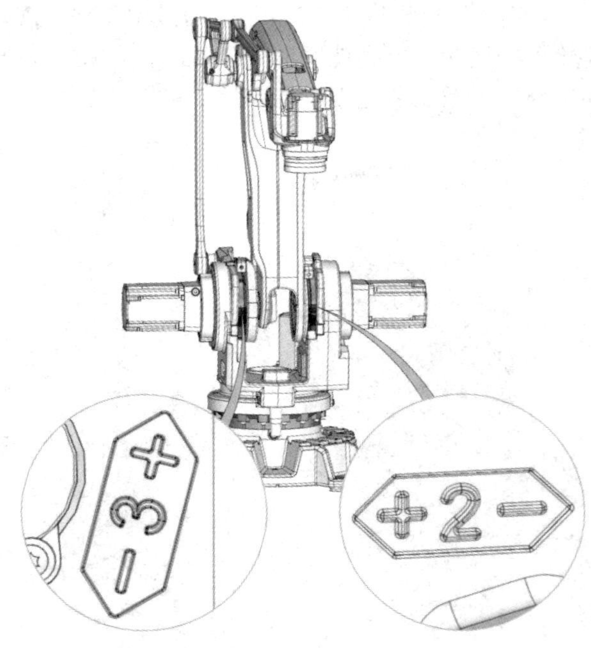

图 3-115　轴 2 和 3 齿轮箱的位置

(5) 采用圆形吊带(或类似工具)将平行杆固定到下臂。此操作的作用是将平行臂锁定到位。

(6) 关闭机器人的所有电力、液压和气压供给。

2. 卸下轴 2 齿轮箱

(1) 卸下轴 2 电机。保护电缆使其不受损或沾染油污。

(2) 拧松电机法兰的连接螺钉，将垫圈和电机法兰吊到一旁，如图 3-116 所示。

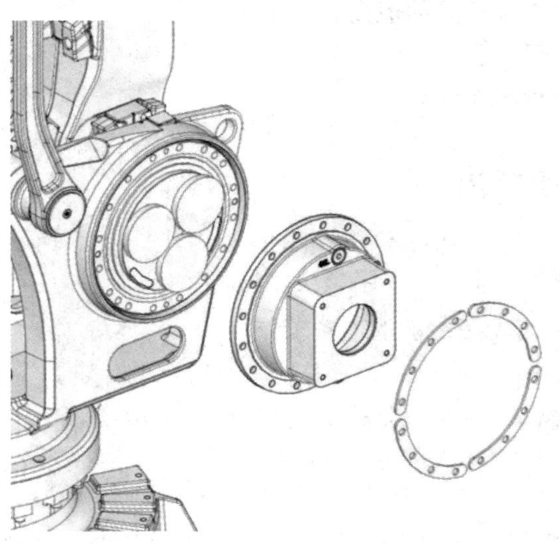

图 3-116　电机法兰的连接

笔记

(3) 将两根导销旋入齿轮箱中的两个对接孔中，如图 3-117 所示。

注意：成对地使用导销。

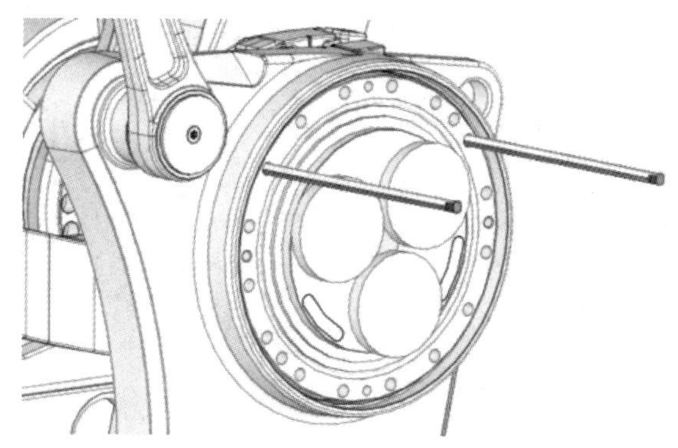

图 3-117　将两根导销旋入齿轮箱中的两个对接孔中

(4) 将起吊工具安装到齿轮箱上。

(5) 拧松将齿轮箱固定在下机械臂系统上的 M12 连接螺钉，如图 3-118 所示。

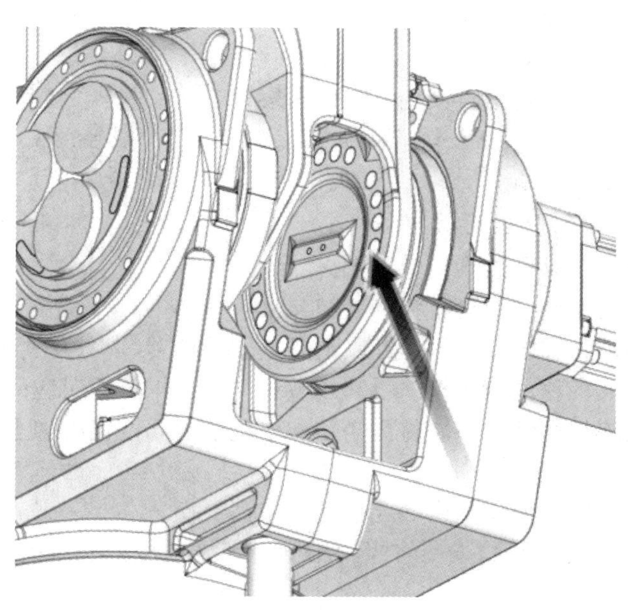

图 3-118　拧松连接螺钉

(6) 如有需要，将两颗全螺纹 M12 × 60 螺钉装入齿轮箱中的孔，将齿轮箱顶出。

(7) 用吊车或类似设备将轴 2 齿轮箱沿已安装的导销吊出。

3. 重新安装轴 2 齿轮箱之前的准备工作

(1) 清洁所有接触面上的油漆残留以及污物。

(2) 确保将 O 形环安装到齿轮箱，如图 3-119 所示。

笔记

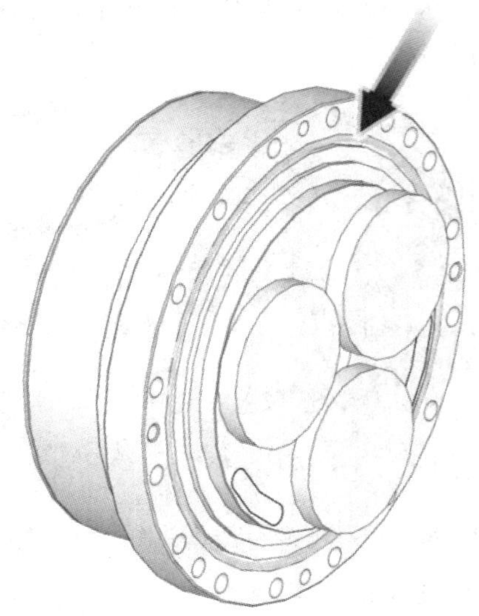

图 3-119 将 O 形环安装到齿轮箱

(3) 用润滑脂轻轻润滑 O 形环。

(4) 在所有接触面涂上一些润滑脂。

(5) 在机架的齿轮箱对接孔中安装两根导销，如图 3-117 所示。

(6) 在齿轮箱的对接孔中安装两个导销。其中一根导销比另一根短，目的是便于安装到下臂。注意导销所处的位置必须便于稍后取下。

思维方式
历史思维
辩证思维
系统思维
创新思维

4. 重新安装轴 2 齿轮箱

(1) 将起吊工具安装到齿轮箱上。

(2) 使用吊车或类似设备将齿轮箱起吊到导销上。

(3) 小心地将齿轮箱滑入导销，滑至其安装位置。

(4) 使用曲柄移动齿轮箱，将其调整到与连接螺钉孔对应的正确位置。

(5) 使用连接螺钉和垫圈将齿轮箱和电机法兰固定在机架上，如图 3-116 所示。

(6) 卸下导销并使用剩余的连接螺钉将其更换。

(7) 使用连接螺钉和垫圈将齿轮箱固定在下机械臂系统上，如图 3-118 所示。

(8) 在下臂上卸下导销。

(9) 固定好其余连接螺钉。

5. 结束轴 2 齿轮箱的重新安装程序

(1) 将齿轮箱上多余的润滑脂清除干净。

(2) 重新安装电机。

(3) 执行泄露测试。

(4) 向齿轮箱重新注入润滑油。

(5) 卸下下臂锁紧螺钉，如图 3-89 所示。

笔记

(6) 重新校准机器人。

三、更换轴 3 齿轮箱

1. 拆卸轴 3 齿轮箱之前的准备工作

切勿同时更换两个齿轮箱，除非已卸下了整个机械臂系统。

(1) 排出齿轮箱中的油。注意这项活动会消耗很多时间。

(2) 将轴 2 微动至 0°，轴 3 微动至正的最大度数。

(3) 释放轴 3 上的制动闸，以便让平行臂搁置于阻尼器上。

(4) 拆卸平行杆的底端(或卸下整个平行杆)。这样做是为了能够在后续拆卸过程中移动平行臂。

(5) 微动轴 3(平行臂)至负的最大度数。

(6) 释放轴 3 上的制动闸，以便让平行臂搁置于阻尼器上。

(7) 小心地微动轴 2 至约+50°。注意检查微动期间上臂是否向前移动。

(8) 将倾斜机壳放置在可承载上臂重量的某种坚硬物体上。

2. 卸下轴 3 齿轮箱

(1) 尽可能多地拧松平行臂中该点处的连接螺钉，以便拆卸。

(2) 微动轴 3(平行臂)至正的最大度数。

(3) 关闭机器人的所有电力、液压和气压供给。

(4) 拧下平行臂的剩余连接螺钉。

(5) 卸下轴 3 电机。

(6) 拧松电机法兰的连接螺钉，如图 3-116 所示。将垫圈和电机法兰吊到一旁。

(7) 在齿轮箱的对接孔中安装两个导销，如图 3-117 所示。注意成对地使用导销。

(8) 将起吊工具安装到齿轮箱上。

(9) 如有需要，将两颗全螺纹 M12 × 60 螺钉装入齿轮箱中的孔，将齿轮箱顶出。

(10) 用吊车或类似设备将齿轮箱沿已安装的导销从机架中吊出。

3. 重新安装轴 3 齿轮箱之前的准备工作

(1) 清洁所有接触面上的油漆残留以及污物。

(2) 确保将 O 形环安装到齿轮箱，如图 3-119 所示。

(3) 用润滑脂轻轻润滑 O 形环。

(4) 在所有接触面涂上一些润滑脂。

(5) 在机架的齿轮箱对接孔中安装两根导销，如图 3-117 所示。

(6) 在齿轮箱的对接孔中安装两个导销。其中一根导销比另一根短，目的是便于安装到下臂。导销所处的位置必须便于稍后取下。

(7) 将起吊工具安装到齿轮箱上。

笔记

4. 重新安装轴 3 齿轮箱

(1) 使用吊车(或类似设备)小心地将齿轮箱滑入导销至其安装位置。

(2) 使用曲柄移动齿轮箱，将其调整到与连接螺钉孔对应的正确位置。

(3) 使用连接螺钉和垫圈将齿轮箱和电机法兰固定在机架上，如图 3-116 所示。

(4) 卸下导销并使用剩余的连接螺钉将其更换。

(5) 尽可能多地拧紧平行臂中该点处的连接螺钉，并固定轴 3 齿轮箱。

(6) 重新安装轴 3 电机。

(7) 微动轴 2 和 3 至可安装和紧固剩余连接螺钉的位置。

(8) 小心地微动轴 3(平行臂)至可将平行杆重新安装到平行臂上的位置。

(9) 重新安装平行杆。

(10) 执行泄露测试。

(11) 向齿轮箱重新注入润滑油。

(12) 重新校准机器人。

四、更换轴 6 齿轮箱

轴 6 齿轮箱位于机械腕的中心，如图 3-120 所示。

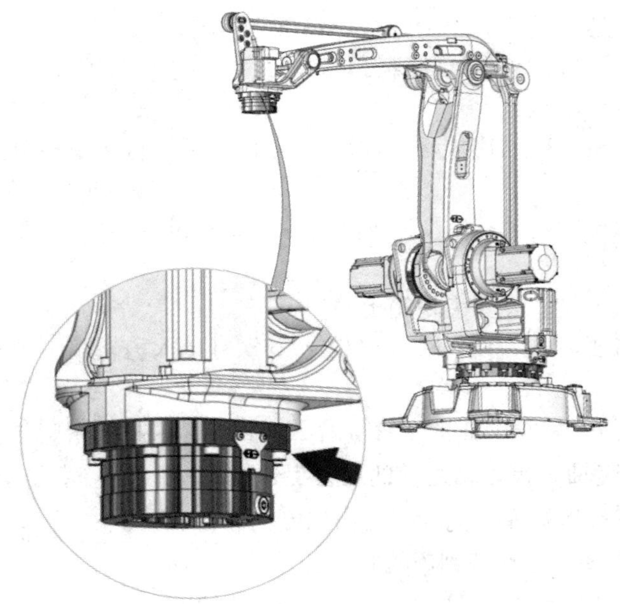

图 3-120　轴 6 齿轮箱的位置

1. 卸下轴 6 齿轮箱

(1) 微动机器人至倾斜机壳装置放置到适当维修位置的位置。

(2) 关闭机器人的所有电力、液压和气压供给。

(3) 排出齿轮箱的润滑油。

(4) 卸下转动盘。

(5) 卸下校准板，如图 3-121 所示。

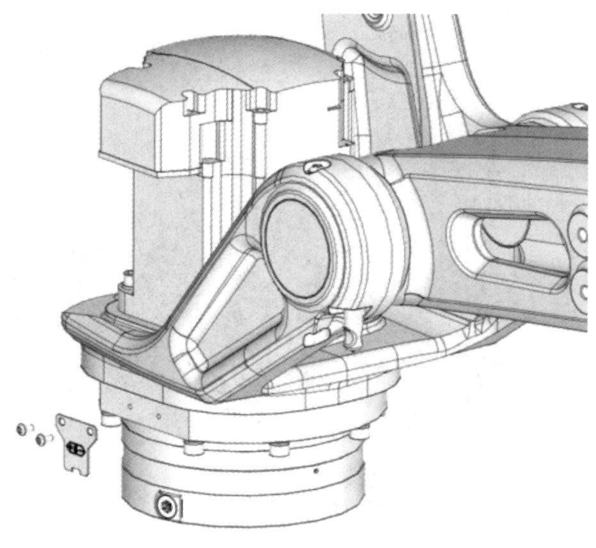

图 3-121　校准板

(6) 拧松齿轮箱上的连接螺钉和垫圈，如图 3-122 所示。并小心地将齿轮箱吊到一旁。在此过程中小心不要损坏齿轮或电机小齿轮。

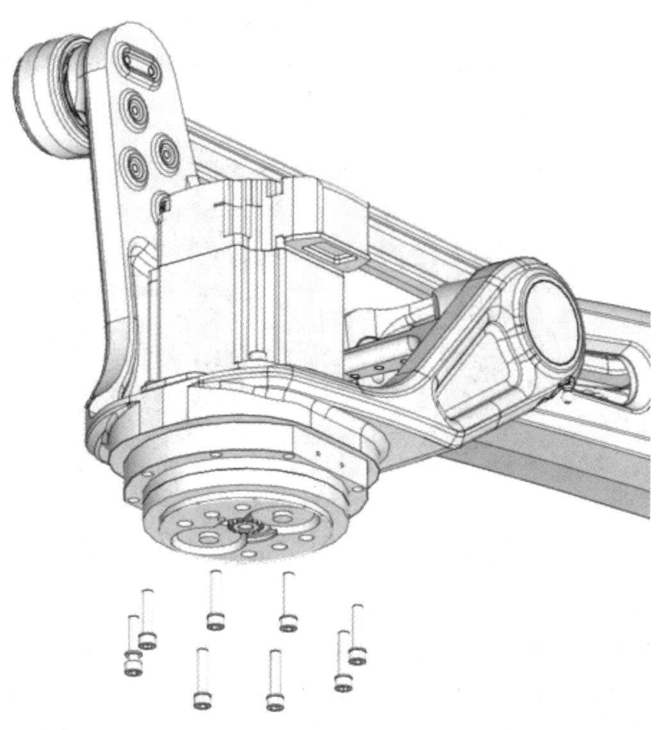

图 3-122　连接螺钉和垫圈

笔记

(7) 检查小齿轮，如图 3-123 所示。如有损坏应将其更换。

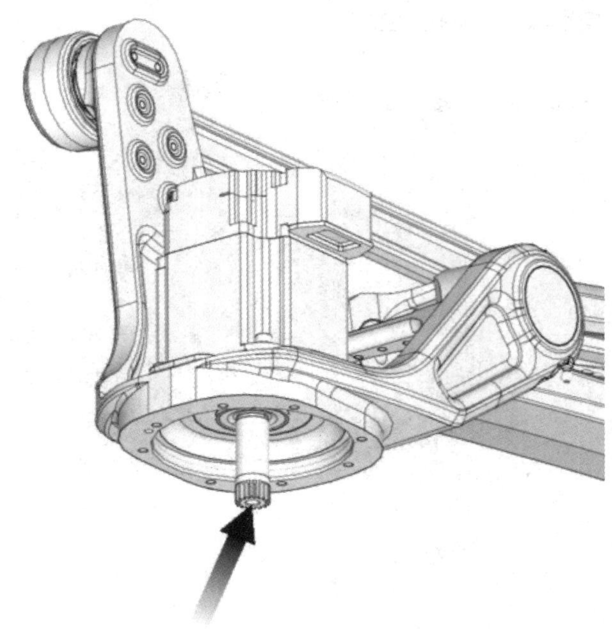

图 3-123 检查小齿轮

课程思政

五个工作环节
基本环节：平台
重点环节：参与
关键环节：引导
难点环节：评价
核心环节：融合

2. 重新安装轴 6 齿轮箱

(1) 关闭机器人的所有电力、液压和气压供给。

(2) 确保 O 形环未受损并将其安装到齿轮箱，如图 3-124 所示。如有损坏请更换 O 形环。用润滑脂润滑 O 形环。

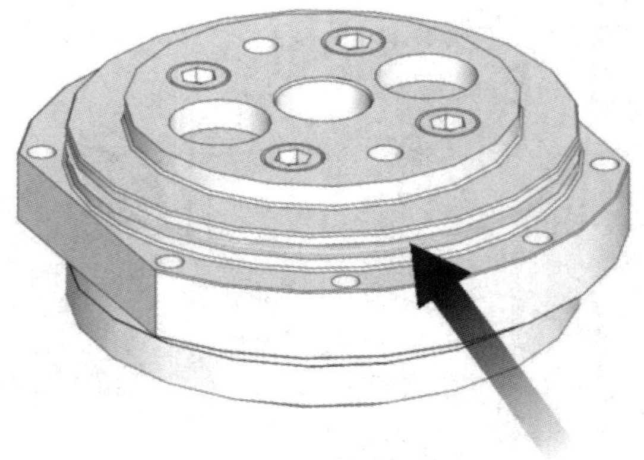

图 3-124 将 O 形环安装到齿轮箱

(3) 手动释放轴 6 电机的制动闸。

(4) 检查轴 6 电机的小齿轮是否未受损，如图 3-123 所示。

(5) 将轴 6 齿轮箱小心地插入倾斜机壳，如图 3-125 所示。确保齿轮箱的齿轮与轴 6 电机的小齿轮啮合。在此过程中切勿损坏小齿轮或齿轮。

笔记

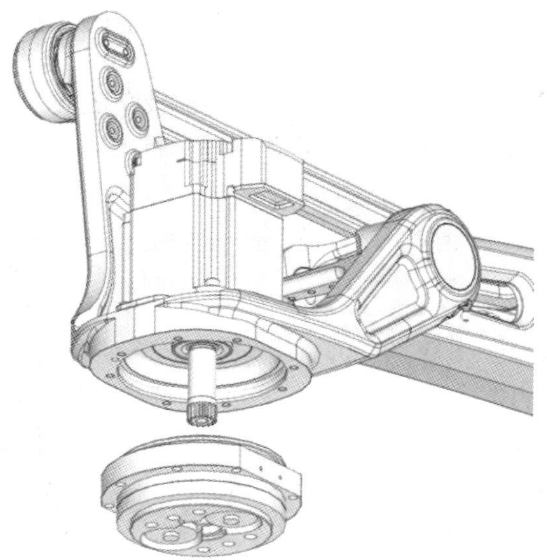

图 3-125　将轴 6 齿轮箱小心地插入倾斜机壳

(6) 使用齿轮箱的连接螺钉和垫圈固定齿轮箱，如图 3-122 所示。

(7) 重新安装转动盘。

(8) 测试泄漏。

(9) 向齿轮箱重新注入润滑油。

(10) 重新安装校准板，如图 3-121 所示。

(11) 重新校准机器人。

任务扩展

消除间隙的齿轮传动结构

在工业机器人的进给驱动系统中，考虑到惯量、转矩或脉冲当量的要求，有时要在电动机与丝杠之间加入齿轮传动副，而齿轮等传动副存在的间隙，会使进给运动反向滞后于指令信号，造成反向死区而影响其传动精度和系统的稳定性。因此，为了提高进给系统的传动精度，必须消除齿轮副的间隙。下面介绍几种实践中常用的齿轮间隙消除结构。

1. 直齿圆柱齿轮传动副

1) 偏心套调整法

图 3-126 所示为偏心套消隙结构。电动机 1 通过偏心套 2 安装到机床壳体上，通过转动偏心套 2 就可以调整两齿轮的中心距，从而消除齿侧的间隙。

2) 锥度齿轮调整法

图 3-127 所示为用带有锥度的齿轮来消除间隙的结构。在加工齿轮 1 和 2 时，将假想的分度圆柱面改成带有小锥度的圆锥面，使其齿厚在齿轮的轴

笔记

向稍有变化。调整时，只要改变垫片 3 的厚度就能调整两个齿轮的轴向相对位置，从而消除齿侧间隙。

以上两种方法的特点是结构简单，能传递较大扭矩，传动刚度较好，但齿侧间隙调整后不能自动补偿，又称为刚性调整法。

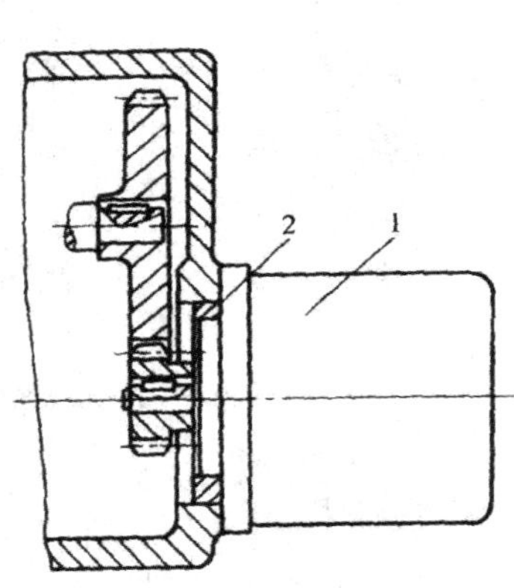

1—电动机；2—偏心套

图 3-126 偏心套式消除间隙结构

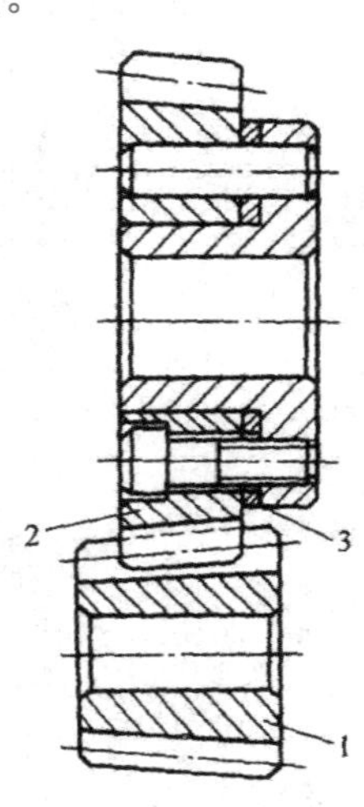

1、2—齿轮；3—垫片

图 3-127 锥度齿轮的消除间隙结构

3) 双片齿轮错齿调整法

图 3-128(a)是双片齿轮周向可调弹簧错齿消隙结构。两个相同齿数的薄片齿轮 1 和 2 与另一个宽齿轮啮合，两薄片齿轮可相对回转。在两个薄片齿轮 1 和 2 的端面均匀分布着四个螺孔，分别装上凸耳 3 和 8。齿轮 1 的端面还有另外四个通孔，凸耳 8 可以在其中穿过，弹簧 4 的两端分别钩在凸耳 3 和调节螺钉 7 上。通过螺母 5 调节弹簧 4 的拉力，调节完后用螺母 6 锁紧。弹簧的拉力使薄片齿轮错位，即两个薄片齿轮的左右齿面分别贴在宽齿轮齿槽的左右齿面上，从而消除了齿侧间隙。

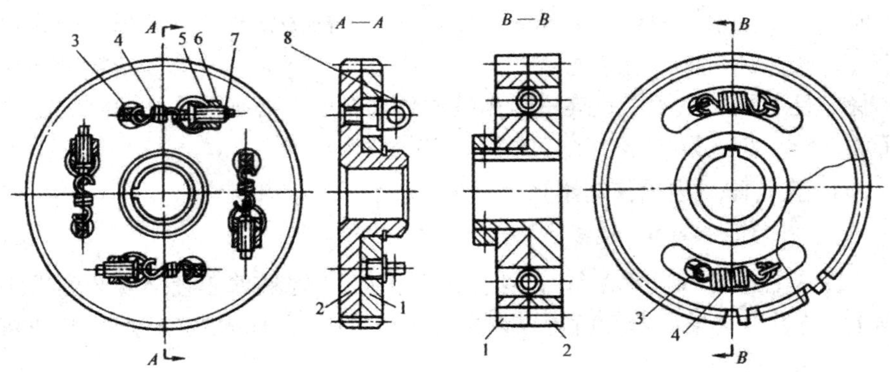

1、2—薄齿轮；3、8—凸耳或短柱；4—弹簧；5、6—螺母；7—螺钉

图 3-128 双片齿轮周向弹簧错齿消隙结构

图 3-128(b)是另一种双片齿轮周向弹簧错齿消隙结构，两片薄齿轮 1 和 2 套装在一起，每片齿轮各开有两条周向通槽，在齿轮的端面上装有短柱 3，用来安装弹簧 4。装配时使弹簧 4 具有足够的拉力，使两个薄齿轮的左右面分别与宽齿轮的左右面贴紧，以消除齿侧间隙。

采用双片齿轮错齿法调整间隙，在齿轮传动时，由于正向和反向旋转分别只有一片齿轮承受转矩，因此承载能力受到限制，并且弹簧的拉力要足以能克服最大转矩，否则起不到消隙作用，称为柔性调整法。这种结构适用于负荷不大的传动装置。

这种结构装配好后齿侧间隙自动消除(补偿)，可始终保持无间隙啮合，是一种常用的无间隙齿轮传动结构。

2．斜齿圆柱齿轮传动副

1) 轴向垫片调整法

图 3-129 为斜齿轮垫片调整法，其原理与错齿调整法相同。斜齿 1 和 2 的齿形拼装在一起加工，装配时在两薄片齿轮间装入已知厚度为 t 的垫片 3，这样它的螺旋便错开了，使两薄片齿轮分别与宽齿轮 4 的左、右齿面贴紧，消除了间隙。垫片 3 的厚度 t 与齿侧间隙 Δ 的关系可用下式表示：

$$t = \Delta\cot\beta$$

式中 β 为螺旋角。

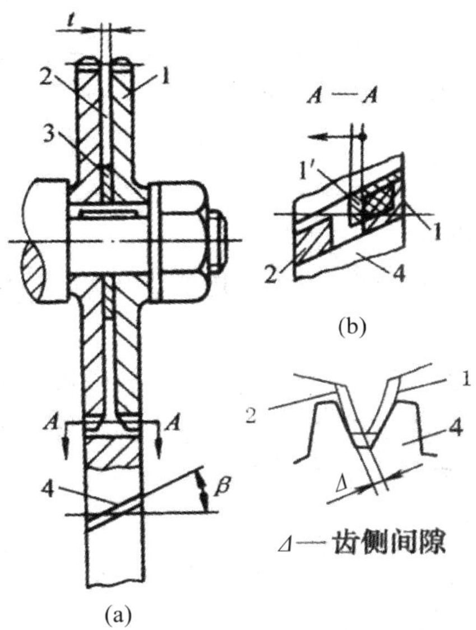

1、2—薄片齿轮；3—垫片；4—宽齿轮

图 3-129　斜齿轮垫片调整法

垫片厚度一般由测试法确定，往往要经几次修磨才能调整好。这种结构的齿轮承载能力较小，且不能自动补偿消除间隙。

笔记

笔记

2) 轴向压簧调整法

图 3-130 是斜齿轮轴向压簧错齿消隙结构。该结构消隙原理与轴向垫片调整法相似，所不同的是利用齿轮 2 右面的弹簧压力使两个薄片齿轮的左右齿面分别与宽齿轮的左右齿面贴紧，以消除齿侧间隙。图 3-130(a)采用的是压簧，图 3-130(b)采用的是碟形弹簧。

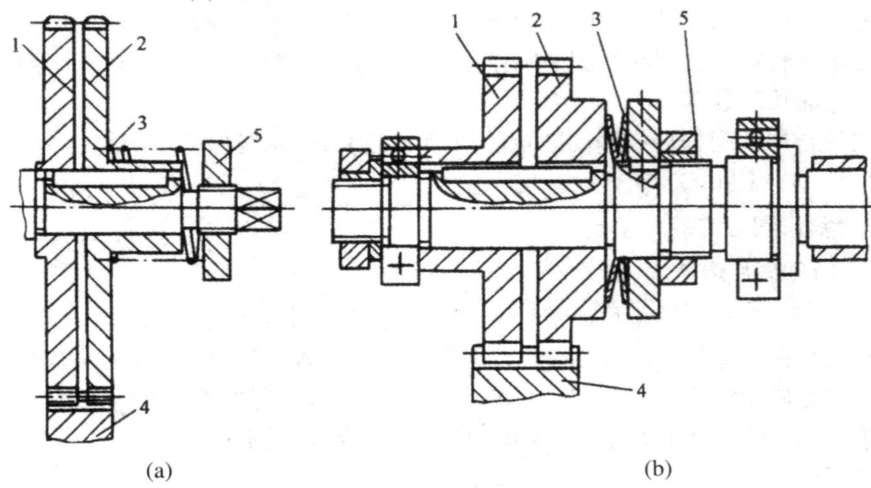

1、2—薄片斜齿轮；3—弹簧；4—宽齿轮；5—螺母

图 3-130　斜齿轮轴向压簧错齿消隙结构

弹簧 3 的压力可利用螺母 5 来调整，压力的大小要调整合适，压力过大会加快齿轮磨损，压力过小达不到消隙作用。这种结构齿轮间隙能自动消除，始终保持无间隙的啮合，但它只适于负载较小的场合。并且这种结构轴向尺寸较大。

3．锥齿轮传动副

锥齿轮同圆柱齿轮一样可用上述类似的方法来消除齿侧间隙。

1) 轴向压簧调整法

图 3-131 为轴向压簧调整法。两个啮合着的锥齿轮 1 和 2。其中在装锥齿轮 1 的传动轴 5 上装有压簧 3，锥齿轮 1 在弹簧力的作用下可稍作轴向移动，从而消除间隙。弹簧力的大小由螺母 4 调节。

2) 周向弹簧调整法

图 3-132 为周向弹簧调整法。将一对啮合锥齿轮中的一个齿轮做成大小两片 1 和 2，在大片上制有三个圆弧槽，而在小片的端面上制有三个凸爪 6，凸爪 6 伸入大片的圆弧槽中。弹簧 4 一端顶在凸爪 6 上，而另一端顶在镶块 3 上，为了安装方便，用螺钉 5 将大小片齿圈相对固定，安装完毕之后将螺钉卸去，利用弹簧力使大小片锥齿轮稍微错开，从而达到消除间隙的目的。

笔记

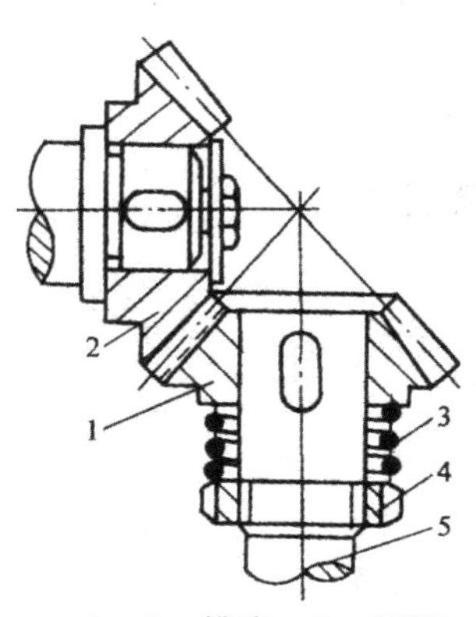

1、2—锥齿；3—压簧；
4—螺母；5—传动轴

图 3-131　锥齿轮轴向压簧调整法

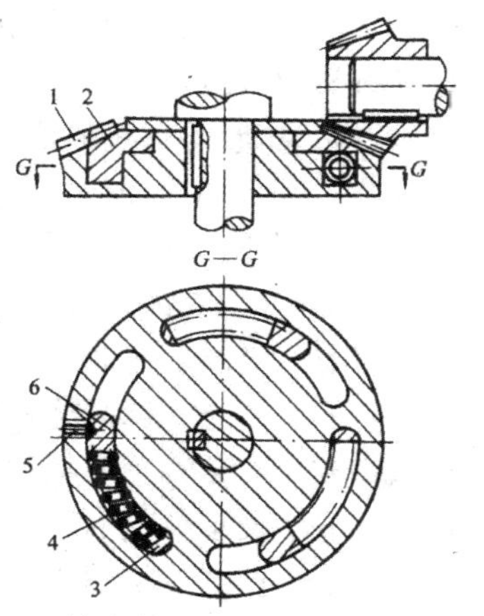

1、2—锥齿轮；3—镶块；4—弹簧；
5—螺钉；6—凸爪

图 3-132　锥齿轮周向弹簧调整法

综合测试三

一、填空题

1. 机器人的结构部件一般采用_________结构。

2. 底座是机器人的基座，它用_________与地基固定。在底座中装有电气设备和拖链系统(附件)的_________。底座中有两个_________，可用于叉车运输。

3. 隔膜蓄能器装有_________。

4. 转动盘位于机械腕外壳_________部。

5. 重新安装密封环时必须_________。

6. 重新安装倾斜机壳时，应在接触上臂处的表面喷涂一些_________。

7. 安装上臂时，应在轴的螺纹和锥体上涂上_________。

8. 从连杆拆卸连杆臂时，需要用到_________。从倾斜机壳上拆卸时，可使用_________。

9. 轴承环、内环和滚柱部件在任何情况下都不能受到直接_________。装配滚柱元件时，不得施加任何_________。

10. 轴承装配后不得完全填满_________。

11. 在工业机器人安装过程中应_________地使用导销。

二、判断题

(　　) 1. 工业机器人底座中有两个叉孔可用于叉车运输。

(　　) 2. 隔膜蓄能器装有氧气。

(　　) 3. 更换工业机器人底座时，需要卸下轴 1 电机。

笔记

(　　) 4. 转动盘位于机械腕外壳后部。

(　　) 5. 安装 O 形环时，应使用润滑脂润滑 O 形环。

(　　) 6. O 形环有缺陷还能使用。

(　　) 7. 重新安装密封环时可用旧的。

(　　) 8. 在应用锁紧螺母锁紧时，可以注入锁紧液体。

(　　) 9. 可用铁锤直接锤打密封件。

(　　) 10. 安装上臂时，可直接安装轴。

(　　) 11. 从连杆拆卸连杆臂时可用铁锤。

(　　) 12. 安装轴承可用铁锤直接撞击，以方便安装。

(　　) 13. 轴承装配后不得完全填满润滑脂。

(　　) 14. 在工业机器人安装过程中应成对地使用导销。

三、问答题

1. 简述卸下完整机械臂系统的步骤。
2. 简述卸下转动盘的步骤。
3. 简述更换倾斜机壳装置的步骤。
4. 简述拆卸上臂的步骤。
5. 简述安装上臂的准备工作。
6. 简述更换上连杆臂的步骤。
7. 简述更换下连杆臂的步骤。
8. 简述工业机器人上安装轴承的步骤。
9. 简述更换平行杆的步骤。
10. 简述更换整个下机械臂系统的步骤。
11. 简述更换平行臂的步骤。
12. 简述更换轴 1 齿轮箱的步骤。
13. 简述更换轴 2 齿轮箱的步骤。
14. 简述更换轴 3 齿轮箱的步骤。
15. 简述更换轴 6 齿轮箱的步骤。

四、应用题

1. 在装配完成后，当机器人启动之后，会将多余的润滑脂从轴承处挤出，请分析其原因。

2. 根据本单位的情况，对工业机器人本体进行简单的拆装。当然，最好用已经报废的。

3. 若有可能，可让学生到本地区工业机器人生产企业对工业机器人进行装配。

综合测试答案(部分)

笔记

操 作 与 应 用

工 作 单

<table>
<tr><td>姓名</td><td></td><td>工作名称</td><td colspan="2">工业机器人机械部件的装调与维修</td></tr>
<tr><td>班级</td><td></td><td>小组成员</td><td colspan="2"></td></tr>
<tr><td>指导教师</td><td></td><td>分工内容</td><td colspan="2"></td></tr>
<tr><td>计划用时</td><td></td><td>实施地点</td><td colspan="2"></td></tr>
<tr><td>完成日期</td><td colspan="2"></td><td>备注</td><td></td></tr>
<tr><td colspan="5">工 作 准 备</td></tr>
<tr><td colspan="3">资　料</td><td>工具</td><td>设　备</td></tr>
<tr><td colspan="3"></td><td></td><td rowspan="2"></td></tr>
<tr><td colspan="3"></td><td></td></tr>
<tr><td colspan="5">工作内容与实施</td></tr>
<tr><td colspan="2">工作内容</td><td colspan="3">实　　施</td></tr>
<tr><td colspan="2">1. 简述卸下完整机械臂系统的步骤</td><td colspan="3"></td></tr>
<tr><td colspan="2">2. 简述卸下转动盘的步骤</td><td colspan="3"></td></tr>
<tr><td colspan="2">3. 简述拆卸上臂的步骤</td><td colspan="3"></td></tr>
<tr><td colspan="2">4. 简述更换轴 1 齿轮箱的步骤</td><td colspan="3"></td></tr>
<tr><td colspan="2">5. 简述安装上臂的准备工作</td><td colspan="3"></td></tr>
<tr><td colspan="2">6. 简述更换整个下机械臂系统的步骤</td><td colspan="3"></td></tr>
<tr><td colspan="2">7. 对图示工业机器人的 1、2、3、6 轴进行拆装</td><td colspan="3" rowspan="2"></td></tr>
<tr><td colspan="2">8. 对图示工业机器人齿轮箱进行拆装
(注：可根据实际情况选用不同的机器人)</td></tr>
</table>

笔记

工 作 评 价

	评 价 内 容				
	完成的质量(60 分)	技能提升能力(20 分)	知识掌握能力(10 分)	团队合作(10 分)	备注
自我评价					
小组评价					
教师评价					

1. 自我评价

序号	评 价 项 目			是	否
1	是否明确人员的职责				
2	能否按时完成工作任务的准备部分				
3	工作着装是否规范				
4	是否主动参与工作现场的清洁和整理工作				
5	是否主动帮助同学				
6	能否看懂工业机器人的说明书				
7	能否看懂工业机器的结构图				
8	能否正确拆装工业机器人				
9	是否完成了清洁工具和维护工具的摆放				
10	是否执行 6S 规定				
评价人		分数		时间	年　月　日

2. 小组评价

序号	评 价 项 目	评 价 情 况
1	与其他同学的沟通是否顺畅	
2	是否尊重他人	
3	工作态度是否积极主动	
4	是否服从教师的安排	
5	着装是否符合标准	
6	能否正确地理解他人提出的问题	
7	能否按照安全和规范的规程操作	
8	能否保持工作环境的干净整洁	
9	是否遵守工作场所的规章制度	

笔记

续表

序号	评价项目	评价情况
10	是否有工作岗位的责任心	
11	是否全勤	
12	是否能正确对待肯定和否定的意见	
13	团队工作中的表现如何	
14	是否达到任务目标	
15	存在的问题和建议	

3. 教师评价

课程	工业机器人机电装调与维修	工作名称	工业机器人机械部件的装调与维修	完成地点	
姓名		小组成员			
序号	项目		分值	得分	
1	简答题		10		
2	拆装工业机器人的轴		30		
3	拆装工业机器人的齿轮箱		30		
4	校准工业机器人		30		

自学报告

自学任务	六轴工业机器人第四、五轴机械及典型末端装置的拆装与调整
自学内容	
收　获	
存在问题	
改进措施	
总　结	

笔记

模块四

工业机器人强电装置的装调与维修

工业机器人由机械部分(机械手等)、机器人控制系统、手持式编程器、连接电缆、软件及附件等工业机器人的所有组件组成，如图 4-1 所示。

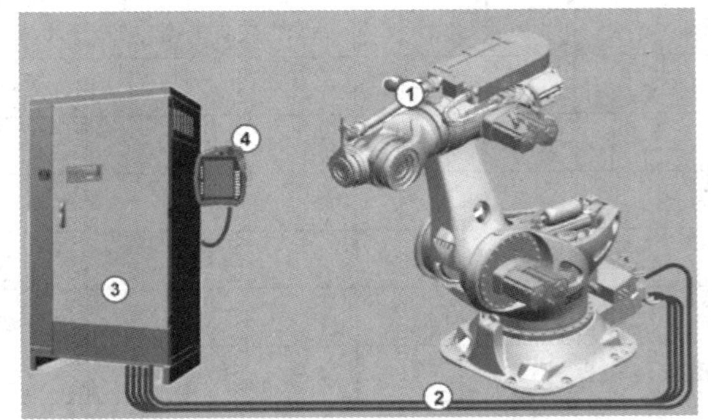

1—机械手；2—连接电缆；3—控制柜；4—手持式编程器

图 4-1　工业机器人

模块目标

知识目标	能力目标
1. 掌握电气工程施工条件知识 2. 掌握机器人本体电气布置图、电气安装接线图知识 3. 熟悉电气装配图、电气接线图 4. 熟悉常用电缆线的规格 5. 掌握电缆的敷设知识 6. 掌握绝缘知识、接地知识 7. 能识读电气装配工艺指导文件 8. 能识读机器人电气总装配图	1. 能对工业机器人电源及线路等电气系统进行常规性检查、诊断 2. 能根据维护保养手册，对工业机器人更换电池 3. 能在机器人本体中装配预制好的线束及拼接件 4. 能根据电气装配图及工艺指导文件准备需要装配的导线及电缆线 5. 能识别电气附件、电缆并确认规格 6. 能识别接线盒、电缆桥架、拖链、电气附件的缺陷 7. 能制作机器人本体中的线束 8. 能完成机器人电缆的敷设 9. 能完成工业机器人电路的连接及走线 10. 能对机器人减速器进行安装与调整 11. 能分析机器人与外围设备的电气故障

笔记

任务一　更换电缆

任务导入

工业机器人的电缆位置如图 4-2 所示。

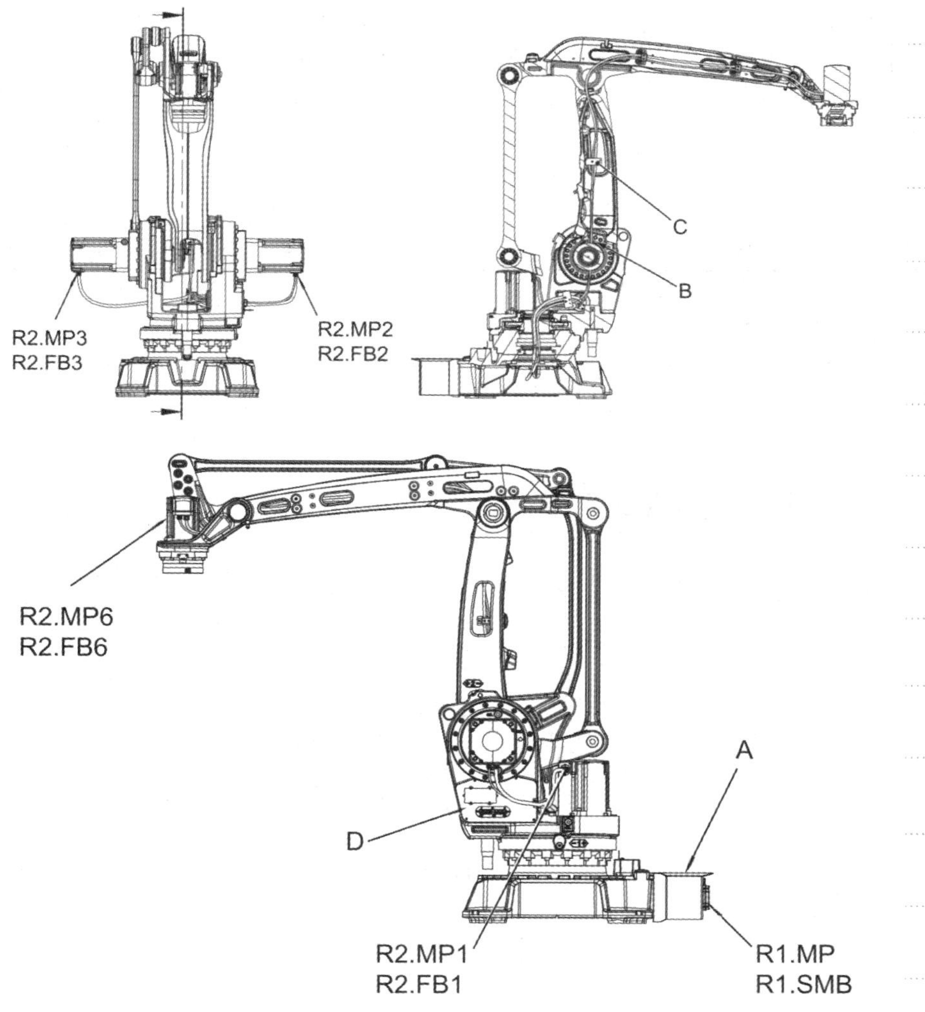

A—顶盖板；B—电缆导向装置，轴 2；C—金属夹具；D—SMB 盖 R2；.MP*n*、R2.FB*n*—通往轴 *n* 电机的连接器；R1.MP、R1.SMB—连接器

图 4-2　电缆线束的位置

笔记

课程思政

两个思政模块

感恩，敬畏，责任科学观“训练”

任务目标

知识目标	能力目标
1. 掌握机器人本体电气布置图知识 2. 熟悉电气装配图、电气接线图 3. 熟悉常用电缆线的规格 4. 掌握电缆的敷设知识 5. 掌握接地知识 6. 熟悉电气装配工艺指导文件 7. 熟悉机器人电气总装配图	1. 能对工业机器人电源及线路等电气系统进行常规性检查、诊断 2. 能按照工序选择拆装工具 3. 能在机器人本体中装配预制好的线束及拼接件 4. 能根据电气装配图及工艺指导文件准备需要装配的导线及电缆线 5. 能识别电气附件、电缆并确认规格 6. 能识别接线盒、电缆桥架、拖链、电气附件的缺陷 7. 能制作机器人本体中的线束 8. 能完成工业机器人电路的连接及走线 9. 能分析机器人与外围设备的电气故障

任务准备

现场教学

若有条件，让学生现场观看并参与进来，但应注意安全；若无条件，可采用多媒体教学。

一、更换下端电缆线束(轴 1-3)

下端电缆线束(轴 1-3)贯穿了底座、机架和下臂，如图 4-2 和图 4-3 所示。

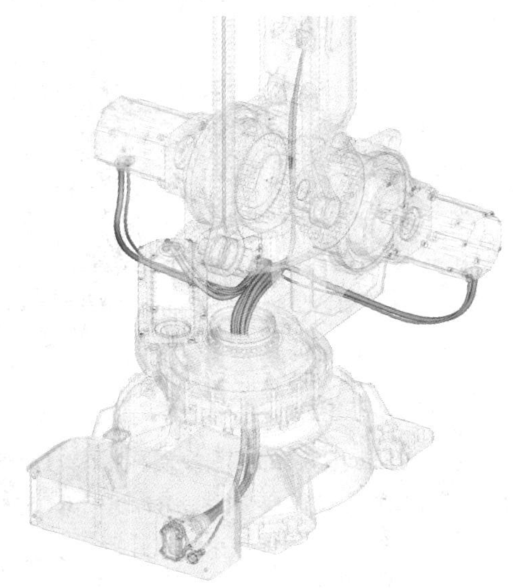

图 4-3　下端电缆线束(轴 1-3)的位置

笔记

1. 拆卸下端电缆线束(轴 1-3)

(1) 将机器人调至其校准姿态(目的是为了帮助更新转数计数器)。

(2) 关闭机器人的所有电力、液压和气压供给。

(3) 拧松顶盖板的螺钉并取出盖板，如图 4-4 所示。

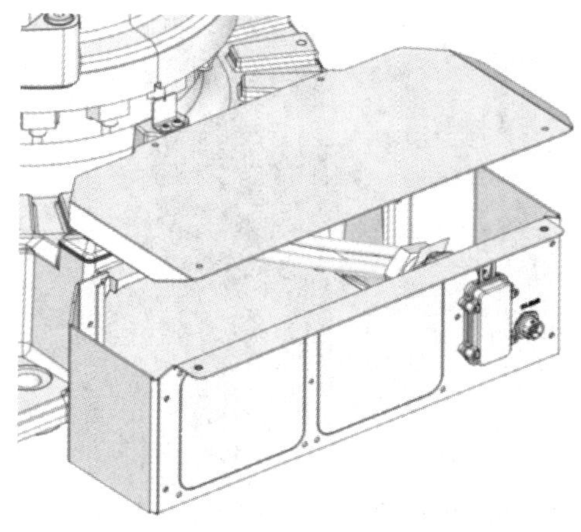

图 4-4　顶盖板

(4) 断开接地片，如图 4-5 所示。

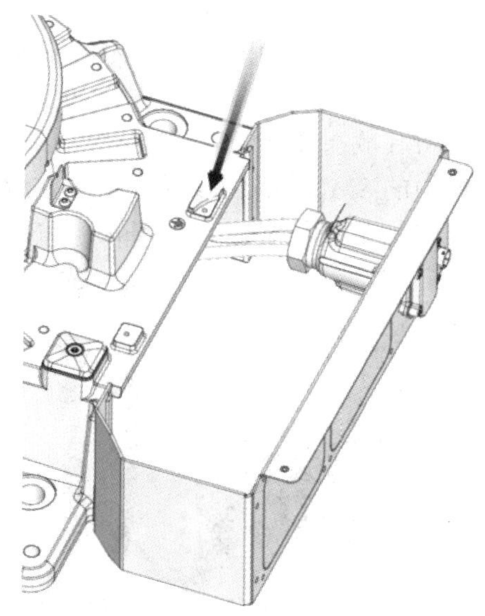

图 4-5　接地片

(5) 断开连接器 R1.MP 和 R1.SMB。

(6) 拧松下臂内部的轴 2 电缆导向装置的螺钉并松开电缆导向装置，如图 4-6 所示。

(7) 拧松下臂上固定电缆线束的金属夹具中的螺母。

(8) 拧松轴 1、2 和 3 的电机盖的螺钉，并取出电机盖(目的在于接触电机连接器)。

笔记

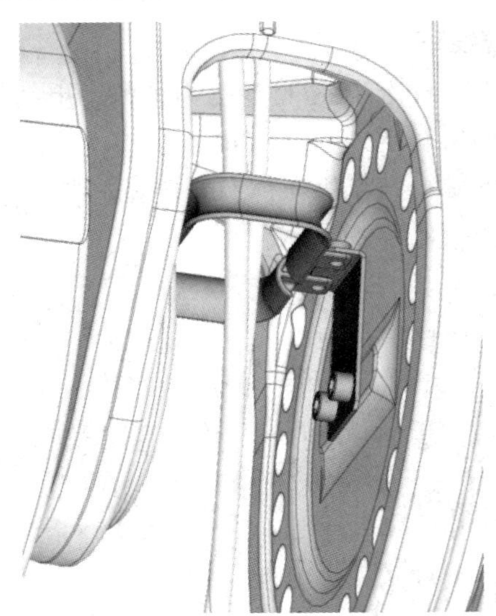

图 4-6　电缆导向装置

(9) 断开轴 1、2 和 3 电机处的所有连接器。

(10) 小心谨慎地打开 SMB 盖。

(11) 断开电池和 SMB 单元之间的电池电缆上的 R1.G 连接器。这样可以在重新安装后使转数计数器进行必要的更新。

(12) 将连接器 R2.SMB、R1.SMB1-3、R1.SMB6 从 SMB 单元断开。

(13) 将连接器 X8、X9 和 X10 从制动闸释放装置断开。

(14) 卸下 SMB 盖并将其放在安全的位置。

(15) 拧松 SMB 凹槽中的 SMB 电缆密封套螺钉，并取出电缆密封套，如图 4-7 所示。取出时需要多加小心，勿使 SMB 凹槽中的任何组件受损。

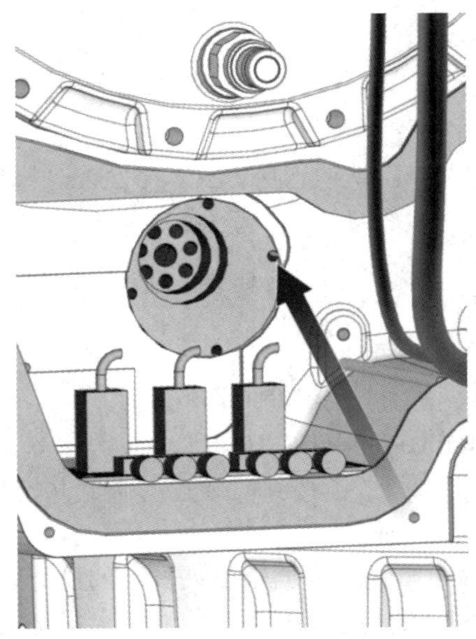

图 4-7　取出电缆密封套

笔记

(16) 轻轻地将电缆线束从底座处通过电缆密封套、轴 1 和机架拉出，如图 4-8 所示。

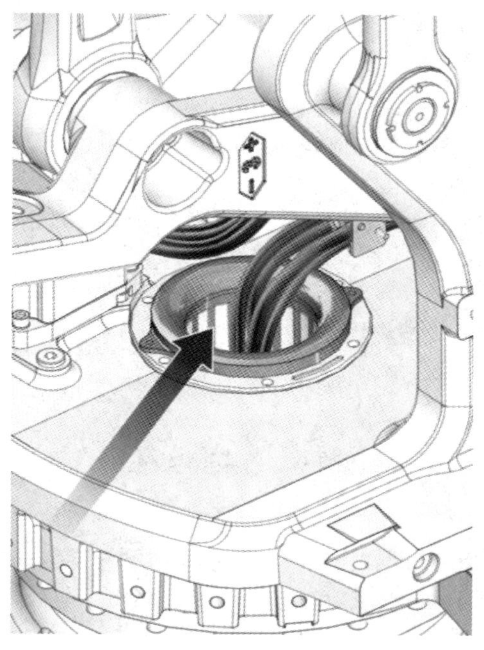

图 4-8　拉出轴 1 和机架

(17) 卸下上臂中的电缆线束。

2. 安装下端电缆线束(轴 1-3)

(1) 将电缆线束和连接头通过机架中心的轴 1 电缆导向套向下压，如图 4-8 所示。确保电缆不相互缠绕，也不与可能存在的客户线束缠绕。

(2) 通过机架拉出 SMB 单元电缆和连接器，并用其连接螺钉将电缆密封套重新安装到 SMB 凹槽中，如图 4-7 所示。重新安装时需要多加小心，勿使 SMB 凹槽中的任何组件受损。

(3) 重新连接机器人底座处的连接器 R1.MP 和 R1.SMB。

(4) 重新连接接地片，如图 4-5 所示。

(5) 用其连接螺钉将顶盖板重新安装到机器人底座上，如图 4-4 所示。

(6) 重新连接轴 1、2 和 3 电机处的所有连接器。

(7) 重新连接 SMB 单元的连接器 R2.SMB、R1.SMB1-3、R1.SMB6。重新将 X8、X9 和 X10 连接到制动闸释放装置。重新连接 R1.G。

(8) 用其连接螺钉固定 SMB 盖。

(9) 将电缆线束向上推通过上臂。

(10) 拧紧上臂处固定电缆线束的金属夹具的螺母。

(11) 重新安装电缆导向装置、轴 2，如图 4-6 所示。

(12) 重新安装上臂中的电缆线束。

(13) 更新转数计数器。

笔记

二、更换上端电缆线束(包括轴 6)

上端电缆线束的位置如图 4-9 和图 4-10 所示。

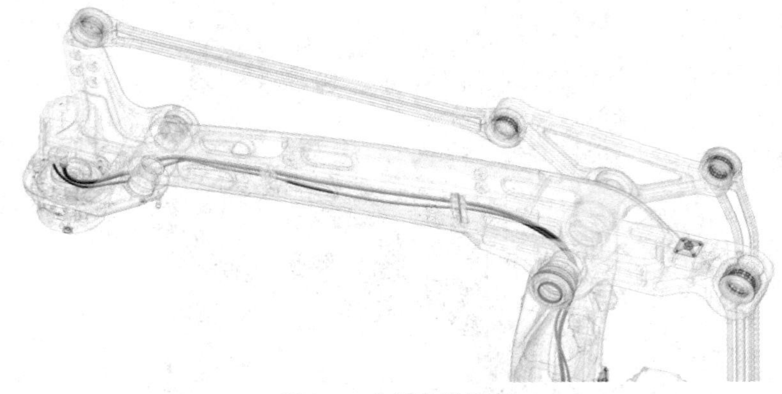

图 4-9　上端电缆线束

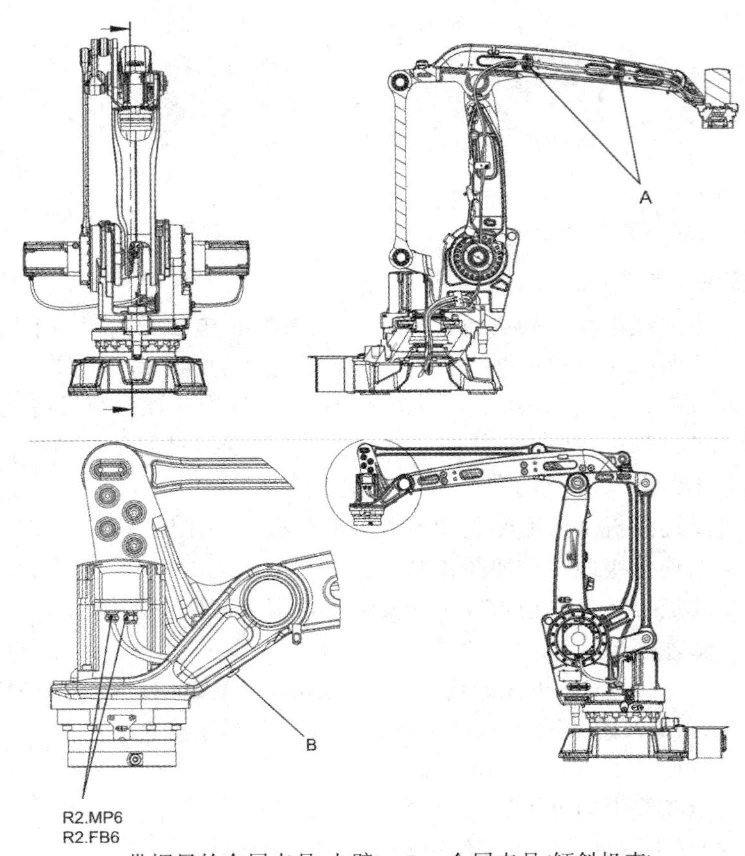

A—带螺母的金属夹具(上臂)；B—金属夹具(倾斜机壳)；

R2.MP6、R2.FB6—通往轴 6 电机的连接器

图 4-10　上端电缆线束的位置

笔记

1. 拆卸上端电缆线束(轴 6)

(1) 将机器人调至其校准姿态(目的是为了帮助更新转数计数器)。

(2) 关闭机器人的所有电力、液压和气压供给。

(3) 如果正在更换所有的电缆线束，请从拆卸下端电缆线束开始。

(4) 拆下通往轴 6 电机的电机电缆。

(5) 拧松将电缆固定在倾斜机壳上的金属夹具的螺母，以松开夹具，如图 4-11 所示。

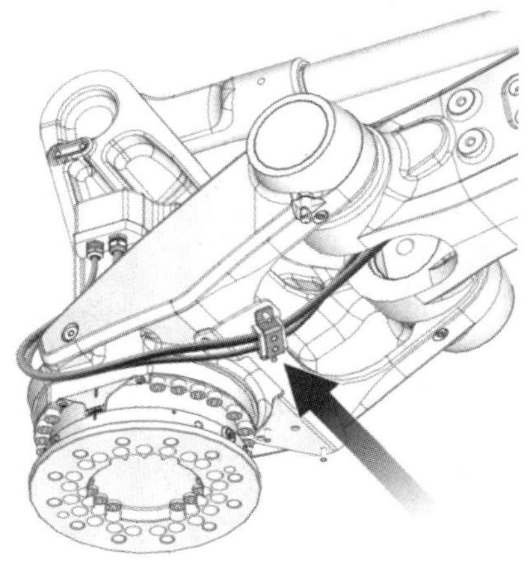

图 4-11　夹具

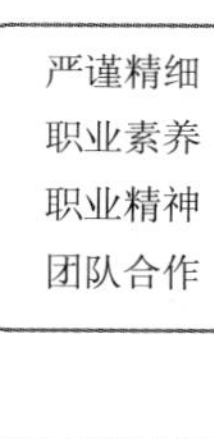

工匠精神

严谨精细
职业素养
职业精神
团队合作

(6) 拧松将电缆线束固定在上臂内的金属夹具的螺母。螺母位于上臂的外侧(2+2 pcs)，如图 4-12 所示。

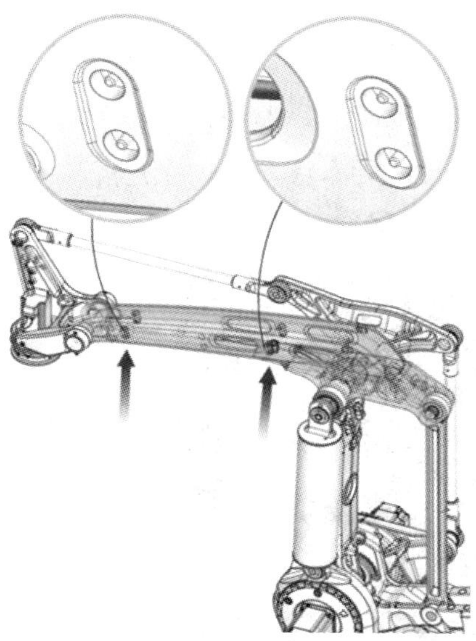

图 4-12　电缆线束夹具

2. 安装上臂电缆线束

(1) 如已拆卸了下端电缆线束，请先安装下端电缆线束。

笔记

(2) 将电缆线束推过上臂管。

(3) 通过使用上臂外侧的螺母(2+2 pcs)固定电缆线束，重新安装上臂内部的电缆线束，如图 4-12 所示。

(4) 用其螺母将金属夹具重新安装到倾斜机壳上，如图 4-11 所示。

(5) 重新连接并重新安装轴 6 电机的电机线缆。切勿让电缆相互缠绕。

(6) 更新转数计数器。

三、工业机器人外围设施的电气连接

1. 主回路

主回路如图 4-13 所示，电源供电通过控制柜上的电缆锁紧接头实现。电源电缆连接至主开关，如图 4-14 所示。

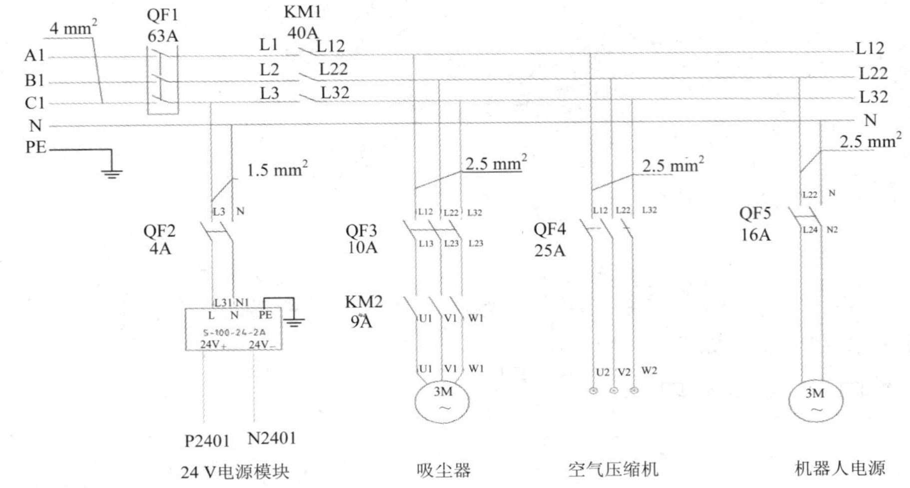

图 4-13　主回路的连接

1—电缆导入；

2—PE 接口；

3—主开关上的电源连接

图 4-14　主开关电源接口

2. 控制回路

控制回路如图 4-15 所示，机器人控制系统的接口配置不同，所实现的工

业机器人的功能也不同，图 4-16 为 KUKA 工业机器人 Q1 的接口。

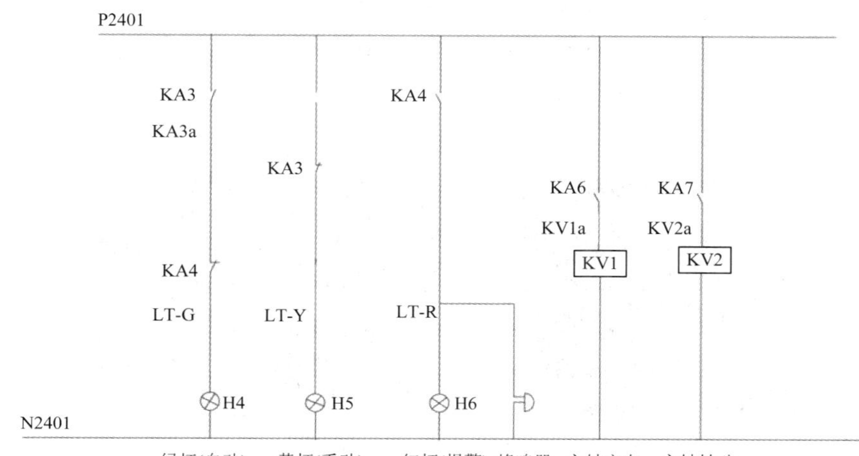

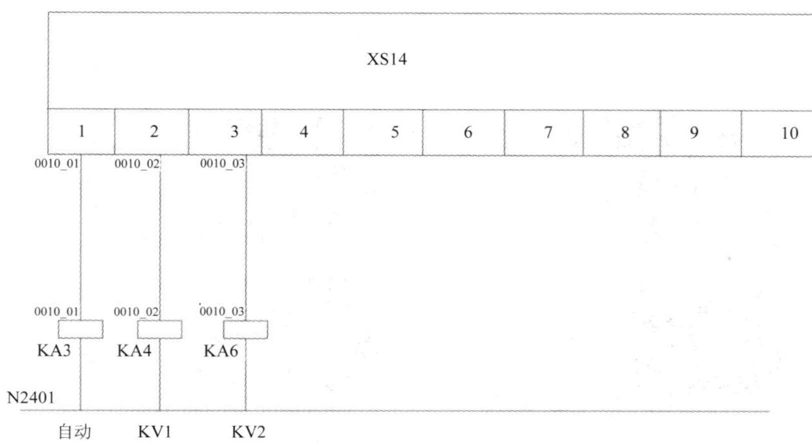

图 4-15　控制回路

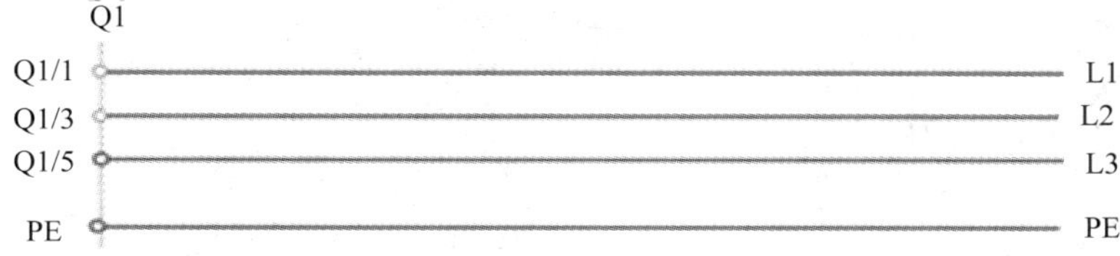

图 4-16　接口配置

操作步骤如下：

(1) 打开门锁，将主开关旋柄置于“复位”挡，打开门，如图 4-17 所示。

(2) 拆下主开关的盖子，如图 4-18 所示。取下上面的盖子；松开并取下旋转驱动装置的固定件；松开并取下辅助开关盖子的固定件；从后面解锁并取下电缆接口的盖子。

笔记

(3) 将电源连接电缆穿入螺纹管接线头 M32 并接至主开关,拧紧固线器。

(4) 将三相电缆连接至主开关接线柱。

(5) 将接地线连接至接地螺栓，如图 4-19 所示。

(6) 固定主开关的所有盖子。

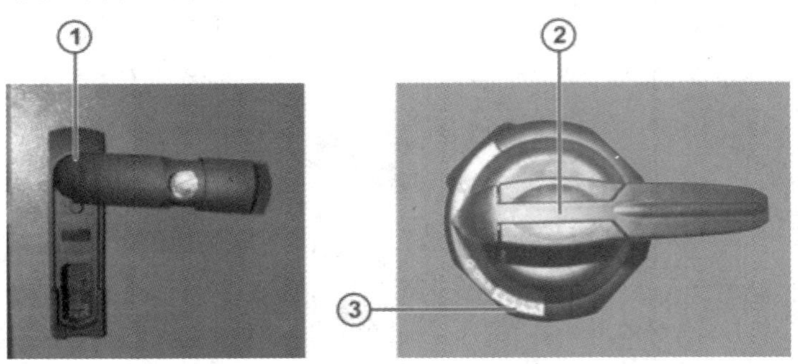

1—门锁；2—主开关旋柄；3—主开关旋柄的复位挡

图 4-17　门锁和主开关挡位

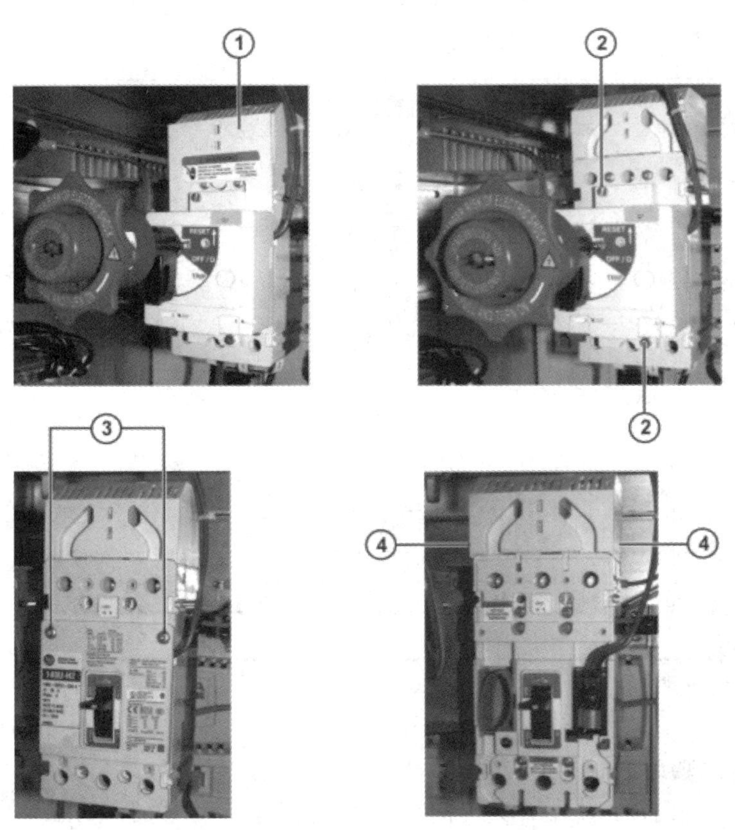

1—上面的盖子；2—旋转驱动装置的固定件；

3—辅助开关盖子的固定件；4—电缆接口的盖子

图 4-18　主开关盖子

笔记

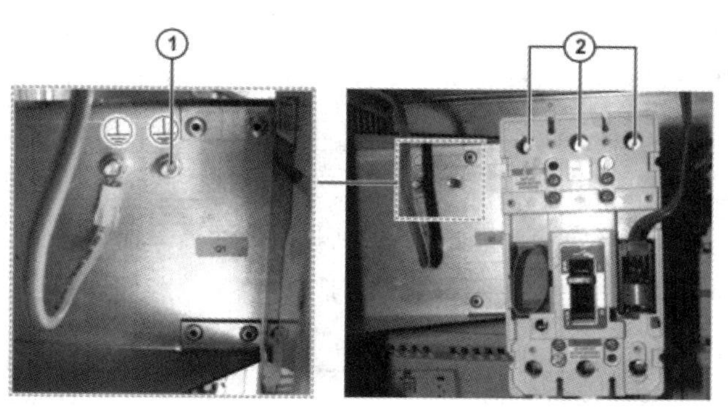

1—接地螺栓；2—主开关接线柱

图 4-19　主开关接口

3. 防护回路

防护回路的连接如图 4-20 所示。

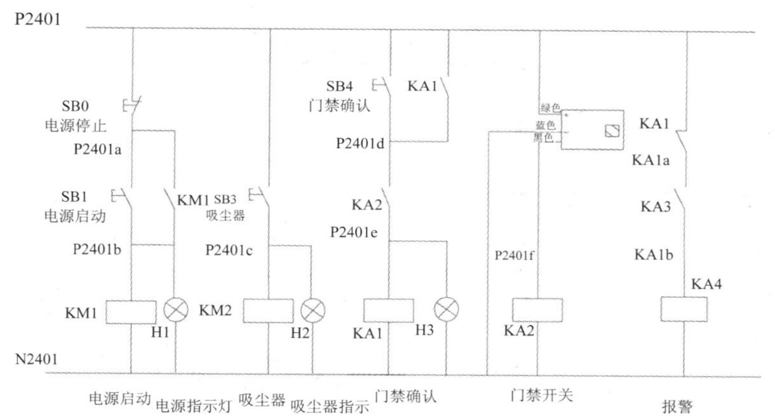

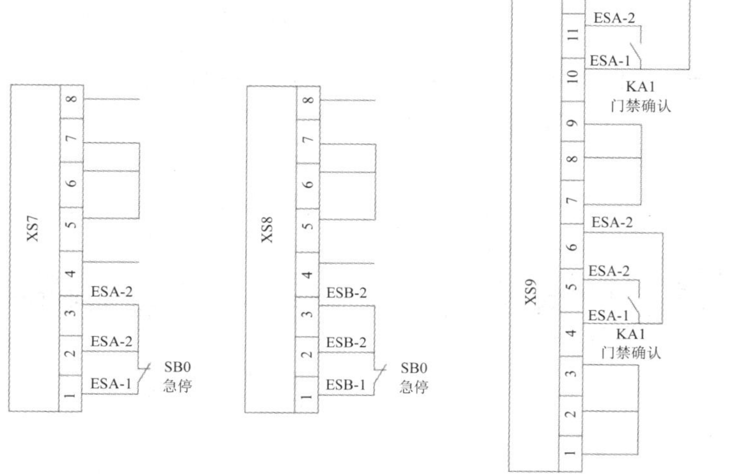

图 4-20　防护回路的连接

笔记

4. 静电保护

静电保护装置如图 4-21 所示。

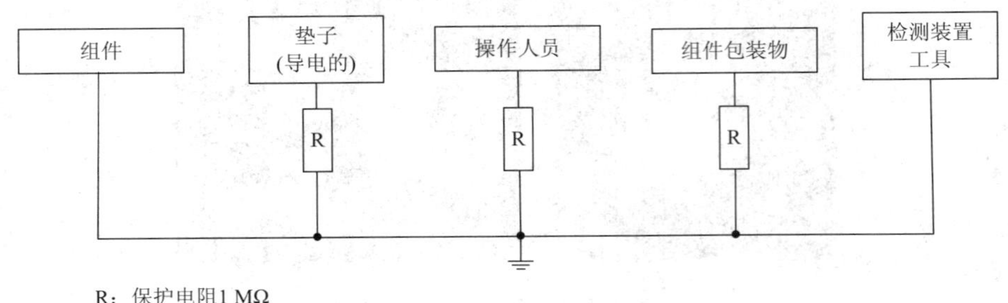

图 4-21　静电保护装置

任务扩展

接地线的连接电缆

接地线的连接电缆如图 4-22 所示。

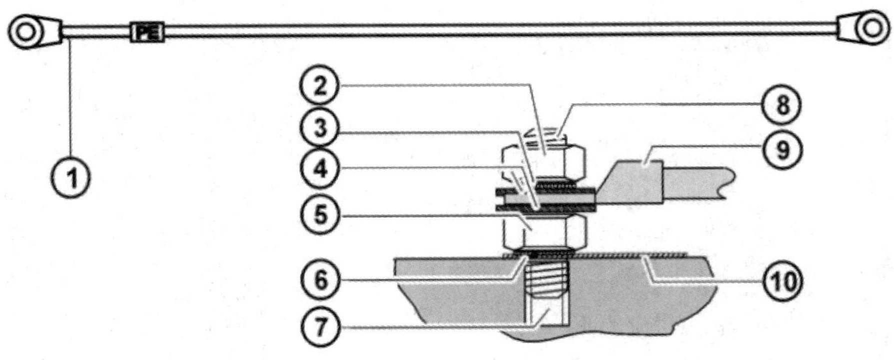

1——接地线；2—六角螺母；3—碟形垫圈(2pcs)；4—垫圈(2pcs)；5—六角螺母；6—碟形垫圈；7—机器人；8—紧定螺钉；9—接地安全引线、环形端子(M8)；10—接地导板

图 4-22　接地线的连接电缆

任务二　更换 SMB 单元与制动闸释放装置

任务导入

制动闸释放装置与 SMB 单元同样位于机架的左侧，轴 2 齿轮箱右侧，

如图 4-23 所示。

笔记

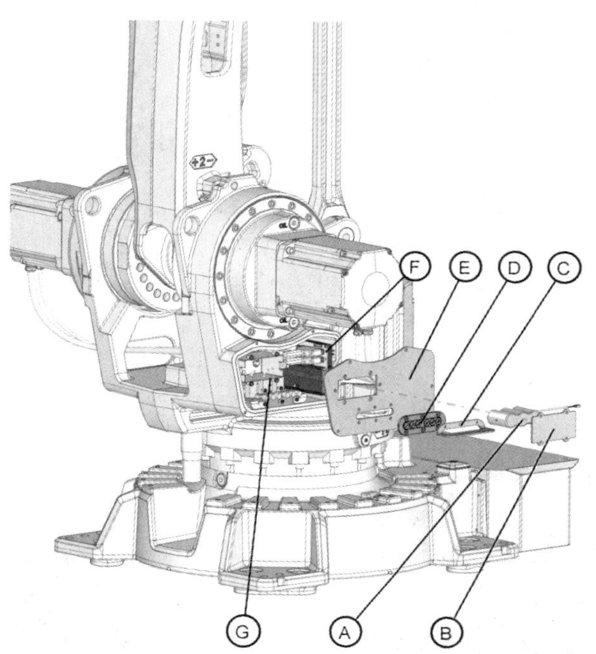

A—电池组；B—盖子；C—BU 按钮保护装置；D—按钮保护装置；E—SMB 盖；F—SMB 单元；G—制动闸释放装置

图 4-23　制动闸释放装置的位置

任务目标

知 识 目 标	能 力 目 标
1. 掌握机器人本体电气布置图知识 2. 熟悉机器人电气总装配图 3. 掌握工业机器人更换电池知识	1. 能根据维护保养手册，对工业机器人更换电池 2. 能更换制动闸

任务实施

若有条件，让学生现场观看，并让学生参与进来，但应注意安全。若无条件，可采用多媒体教学。

现场教学

一、更换 SMB 单元

SMB(串行测量电路板)单元位于机架的左侧，位置如图 4-24 所示。

笔记

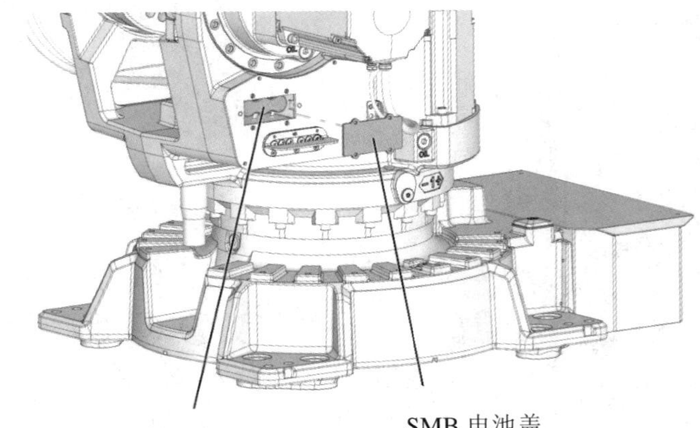

(a) 局部图

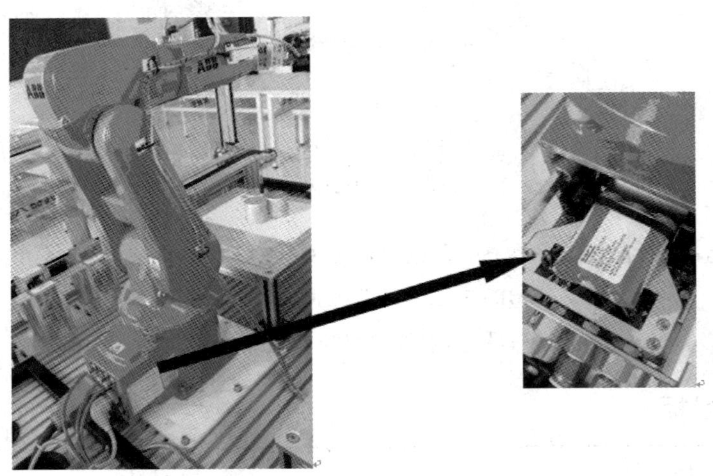

(b) 整体图

图 4-24　SMB 电池的位置

1. 卸下 SMB 单元

(1) 将机器人调至其校准姿态。

(2) 关闭机器人的所有电力、液压和气压供给。

(3) 拧松连接螺钉，卸下 SMB 盖。

(4) 如果需要更多空间，请将连接器 X8、X9 和 X10 从制动闸释放板处拆下。

(5) 卸下固定板的插脚处的螺母和垫圈。

(6) 拉出板的同时，轻轻地将连接器 R1.SMB1～R1.SMB3、R1.SMB6 和 R2.SMB 从 SMB 单元处断开。

(7) 将电池电缆从 SMB 单元处断开。

2. 重新安装 SMB 单元

笔记

(1) 关闭机器人的所有电力、液压和气压供给。

(2) 将电池电缆连接到 SMB 单元。

(3) 将连接器 R1.SMB1～R1.SMB3、R1.SMB6、R2.SMB 连接到 SMB。

(4) 将 SMB 单元安装到插脚上。

(5) 用螺母和垫圈将 SMB 单元固定在插脚上。

(6) 如果通往制动闸释放板的连接器 X8、X9 和 X10 已断开，请将它们重新连接上。

(7) 用其连接螺钉固定 SMB 盖。

(8) 更新转数计数器。

二、更换制动闸释放装置

挫折教育
敬业精神
规则意识

1. 卸下制动闸释放装置

(1) 关闭机器人的所有电力、液压和气压供给。

(2) 将按钮保护装置从 SMB 盖处卸下，如图 4-23 所示。

(3) 将电池保持在连接位置，以避免机器人的同步需求。

(4) 断开通往制动闸释放装置的连接器 X8、X9 和 X10，如图 4-25 所示。

(5) 卸下四个连接螺钉，将制动闸释放装置从支架上卸下。

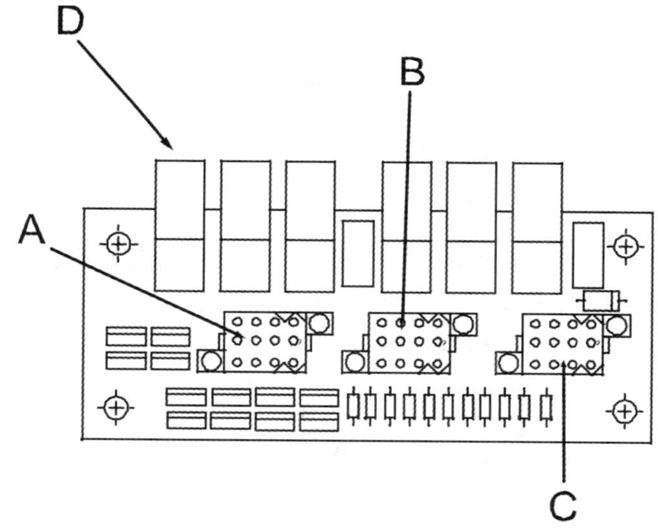

A—连接器 X8；B—连接器 X9；C—连接器 X10；D—按钮

图 4-25　连接器

2. 安装制动闸释放装置

(1) 关闭机器人的所有电力、液压和气压供给。

(2) 拧紧连接螺钉，将制动闸释放装置固定在支架上，确保该装置尽可能地与支架保持平齐，否则安装 SMB 盖时按钮可能会被卡住。

笔记

(3) 将连接器 X8、X9 和 X10 连接到制动闸释放装置，如图 4-25 所示。

(4) 重新将按钮保护装置和 BU 按钮保护板安装到 SMB 盖上。

(5) 如果电池已经断开，则必须更新转数计数器。

任务扩展

工业机器人常用标准

GB/T 12643—2013 机器人与机器人装备词汇(eqv ISO 8373:1994)

GB/T 12644—2001 工业机器人 特性表示(eqv ISO 9946:1999)

GB 2894—2008 安全标志及其使用导则(neq ISO 3864:1984)

GB/T 5226.1—2008 机械电气安全 机械电气设备 第 1 部分：通用技术条件

GB 11291.1—2011 工业环境用机器人 安全要求

GB/T 12642—2001 工业机器人 性能规范及其试验方法

GB/T 20868—2007 工业机器人 性能试验实施规范

GB/Z 19397—2003 工业机器人 电磁兼容性试验方法和性能评估准则指南

JB/T 8896—1999 工业机器人 验收规则

任务三 更换工业机器人的电机

任务导入

在工业机器人中，伺服电动机主要用于驱动机器人关节运动，可通过电动机轴直接带动减速器工作，此时，电动机轴的旋转中心与机器人关节的旋转中心同轴，如图 4-26 中的 J1～J4。

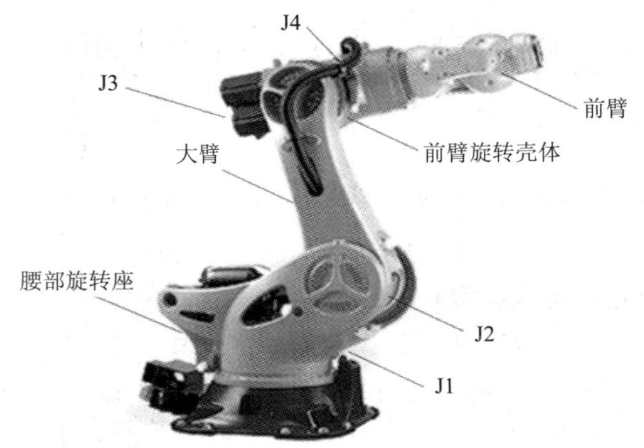

笔记

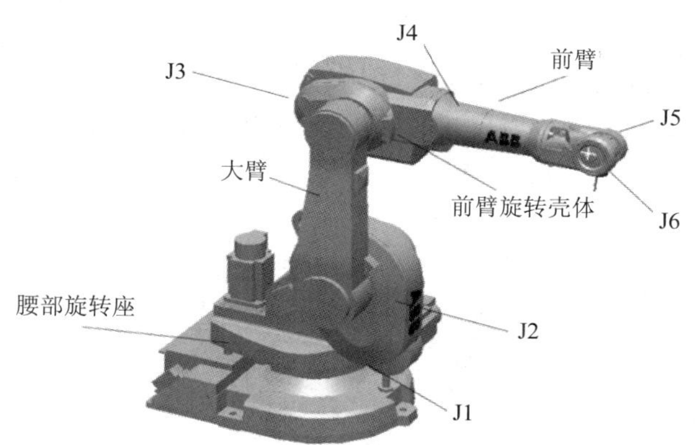

图 4-26　电动机轴旋转中心 J1、J2、J3、J4 与机器人关节旋转中心同轴

任务目标

知 识 目 标	能 力 目 标
1. 掌握机器人本体电气布置图知识	1. 能对工业机器人电动机进行更换
2. 能识读机器人电气总装配图	2. 能识别电缆并确认规格
3. 掌握工业机器人电动机知识	3. 能制作机器人本体中的线束

任务实施

若有条件，让学生现场观看，并让学生参与进来，但应注意安全。若无条件，可采用多媒体教学。

现场教学

一、更换轴 1 电机

轴 1 电机位于机器人的左侧，如图 4-27 所示。

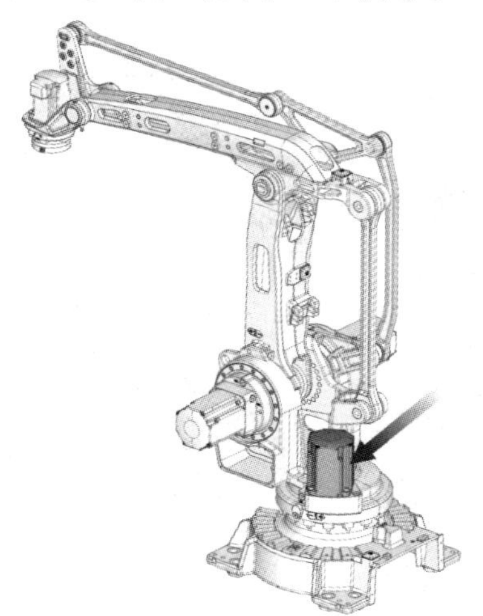

图 4-27　轴 1 电机的位置

笔记

1. 卸下轴 1 电机

(1) 关闭机器人的所有电力、液压和气压供给。

(2) 卸下电机盖以接触电机顶部的连接器，如图 4-28 所示。

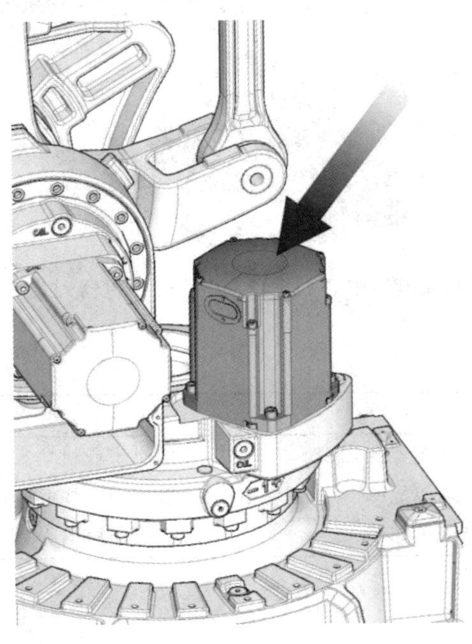

图 4-28　电机盖

(3) 卸下电机电缆出口处的电缆密封套盖，如图 4-29 所示。确保垫圈未受损，如有损坏应将其更换。

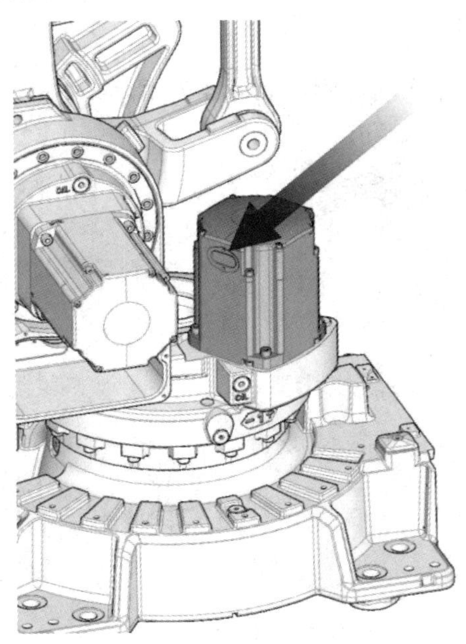

图 4-29　电缆密封套盖

笔记

(4) 断开电机盖下方的所有连接器。

(5) 为释放制动闸，连接 24 V DC 电源。连接至连接器 R2.MP1(+: 插脚 2； –: 插脚 5)。

(6) 使用长头螺丝刀卸下电机的连接螺钉和垫圈，如图 4-30 所示。

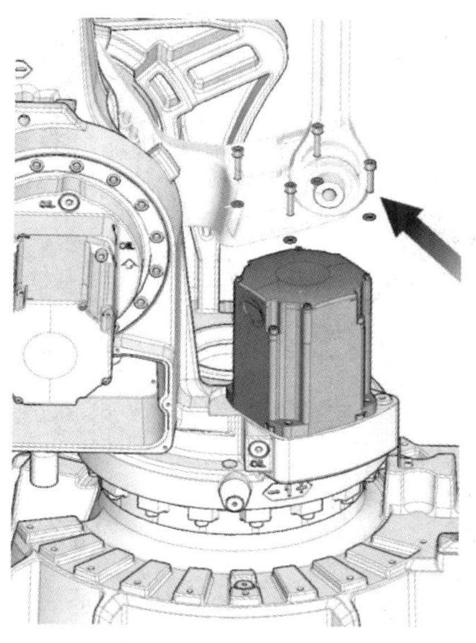

图 4-30　电机的连接螺钉和垫圈

(7) 如有需要，将两个螺钉安装在电机上用于顶出电机的螺孔中，以将电机顶出，如图 4-31 所示。务必成对地使用拆卸螺钉和工具。M12 × 100 是全螺纹。

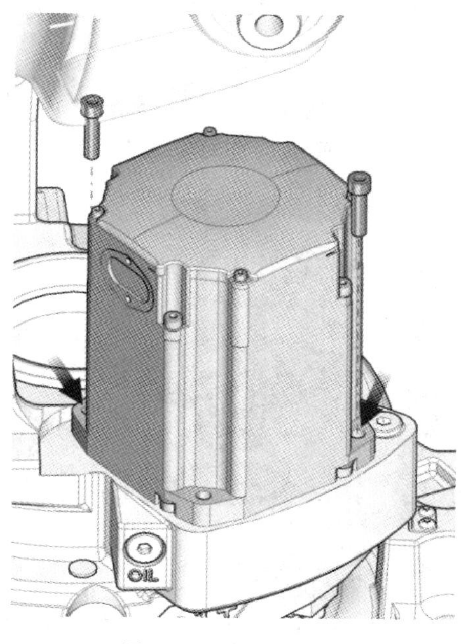

图 4-31　将电机顶出

笔记

(8) 小心地将电机直接向上吊起，卸下电机，将小齿轮从齿轮处移开，如图 4-32 所示。要小心，不要损坏小齿轮！

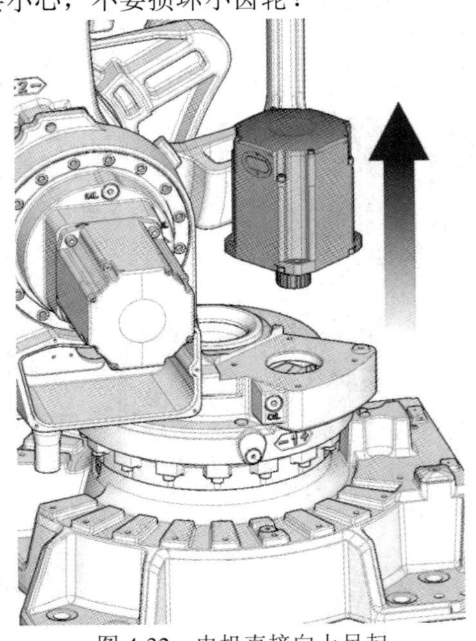

图 4-32　电机直接向上吊起

(9) 断开制动闸释放电压。

(10) 检查小齿轮。如果存在任何损伤，则必须更换小齿轮。

2. 重新安装轴 1 电机

(1) 确保 O 形环正好适应电机座的周长，如图 4-33 所示。用少量润滑脂润滑 O 形环。更换电机时，必须更换 O 形环。

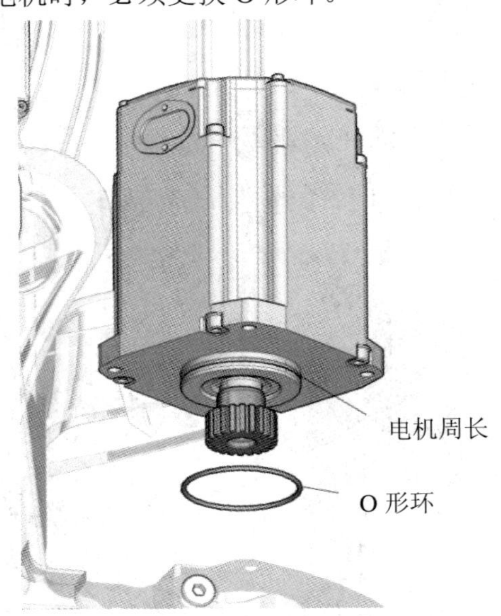

图 4-33　确保 O 形环正好适应电机座的周长

笔记

(2) 起吊电机。

(3) 为释放制动闸，连接 24 V DC 电源。连接至连接器 R2.MP1(+: 插脚 2；−: 插脚 5)。

(4) 轻轻将电机降到齿轮上，确保小齿轮与轴 1 的齿轮箱正确啮合，如图 4-34 所示。确保电机以正确的方式旋转，以确保电机小齿轮不会受损。

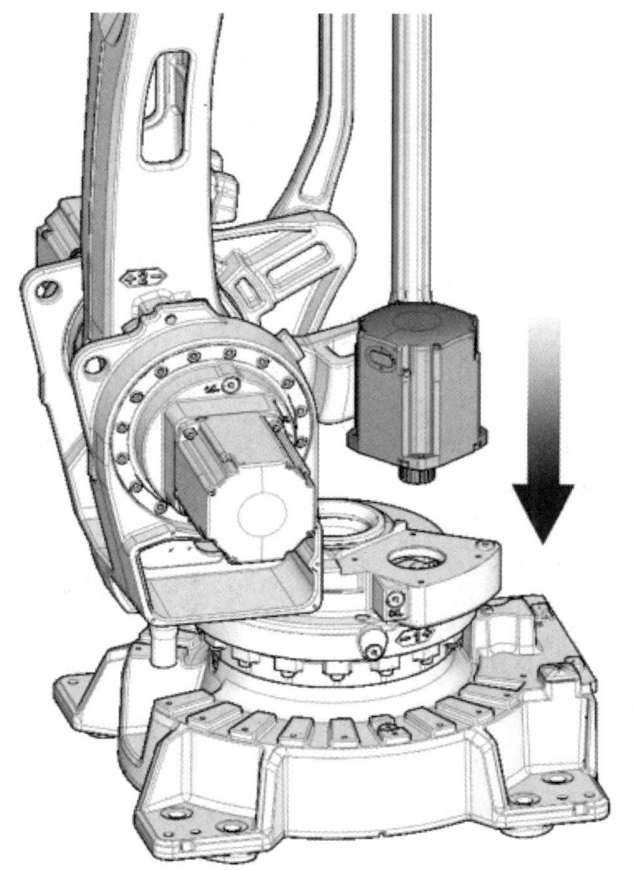

图 4-34　将电机降到齿轮上

(5) 使用电机的连接螺钉和平垫圈固定电机，如图 4-30 所示。使用长头螺丝刀。

(6) 断开制动闸释放电压。

(7) 重新接上电机盖下方的所有连接器。

(8) 用其连接螺钉重新安装电缆出口处的电缆密封套盖，如图 4-29 所示。要确保盖已紧紧地密封！如有损坏，应更换垫圈。

(9) 用其连接螺钉重新安装电机盖，如图 4-28 所示。要确保盖已紧紧地密封！

(10) 重新校准机器人。

笔记

二、更换轴 2 和轴 3 电机

轴 2 和轴 3 电机分别位于机器人的两侧，如图 4-35 所示。

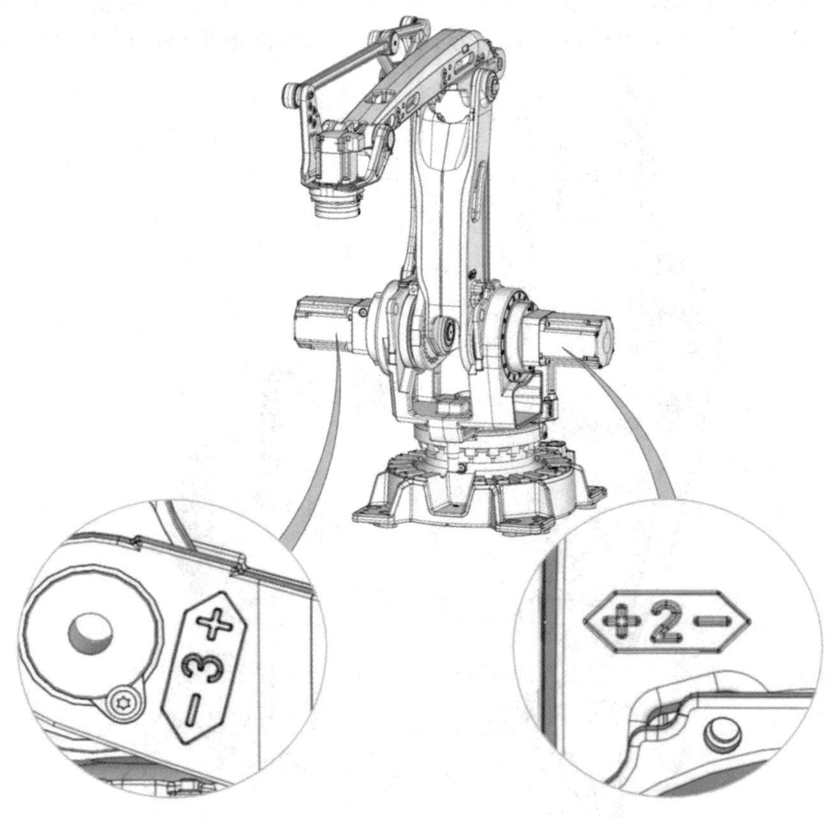

图 4-35　轴 2 和轴 3 电机的位置

1. 卸下轴 2 和轴 3 电机

卸下轴 2 和轴 3 电机的操作一样。

(1) 将机器人的姿势调整到非常接近其校准位置，以使螺钉能够插入锁紧螺钉的螺孔，如图 3-89 所示。

(2) 通过将锁紧螺钉插入机架的螺孔，锁定下臂。避免轴 2 在拆卸轴 2 齿轮箱时掉落。

(3) 将轴 3 微动至终端位置。

(4) 释放轴 3 的制动闸，使其静止。

(5) 关闭机器人的所有电力、液压和气压供给。

(6) 排出齿轮箱的润滑油。

(7) 卸下电机盖，如图 4-36 所示。

笔记

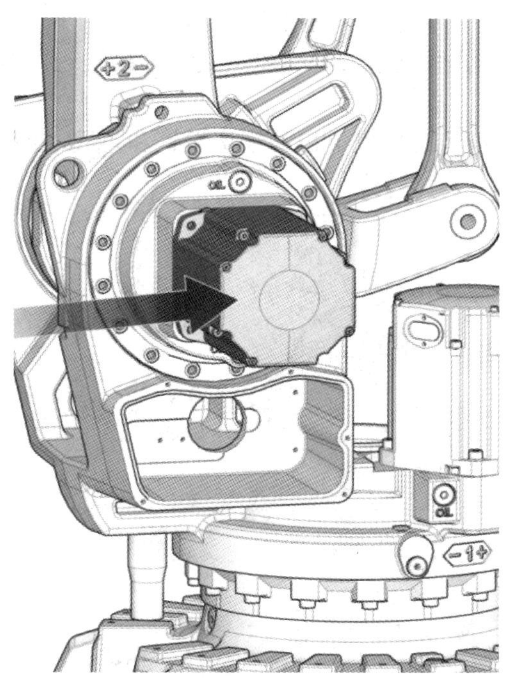

图 4-36　电机盖

(8) 卸下电缆出口处的电缆密封套盖，如图 4-37 所示。要确保垫圈未受损！如有损坏，应将其更换。

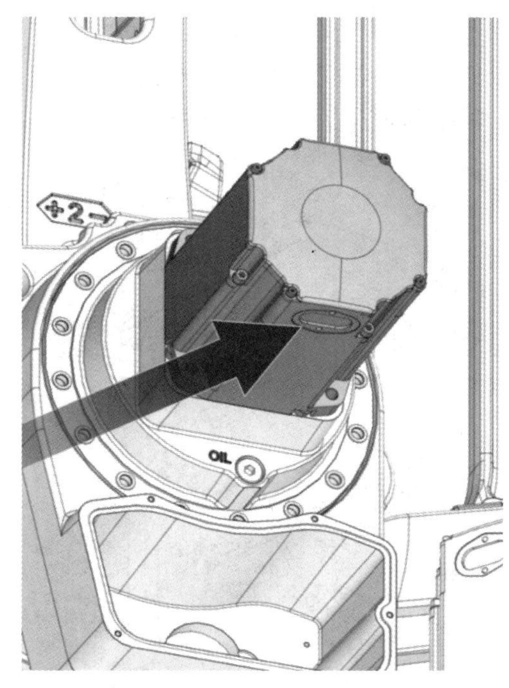

图 4-37　电缆密封套盖

笔记

(9) 断开电机盖下方的所有连接器。

(10) 为释放制动闸，连接 24 V DC 电源。连接至连接器 R2.MP2(+: 插脚 2；–: 插脚 5)。

(11) 使用长头螺丝刀拧松电机的连接螺钉和垫圈，如图 4-38 所示。

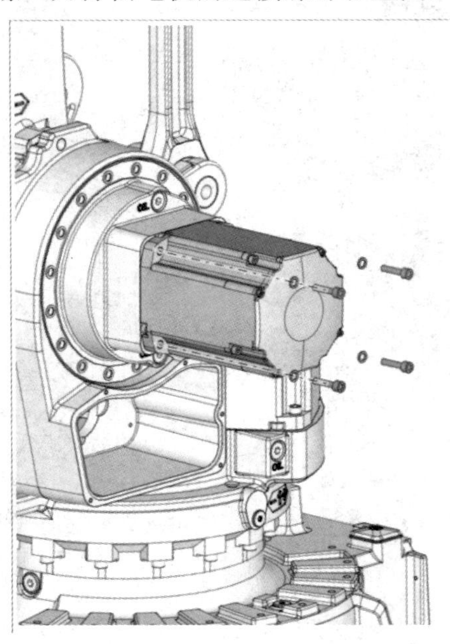

图 4-38　电机的连接螺钉和垫圈

(12) 在电机的两个连接孔中装两个导销，如图 4-39 所示。

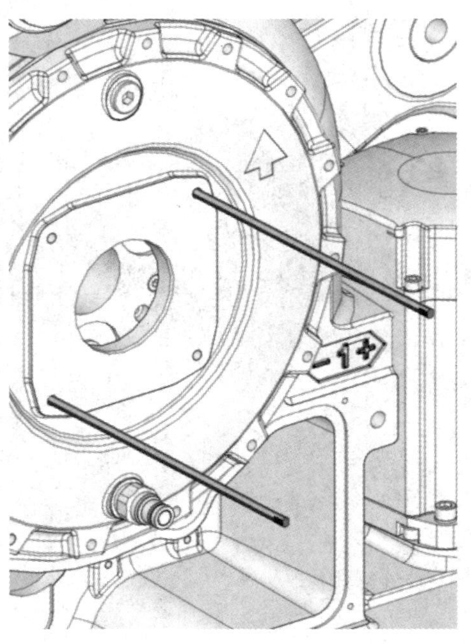

图 4-39　在电机的两个连接孔中装两个导销

(13) 如需要，通过在电机呈对角的两个剩余连接孔中安装两颗 M12 全螺纹螺钉将电机顶出，如图 4-40 所示。

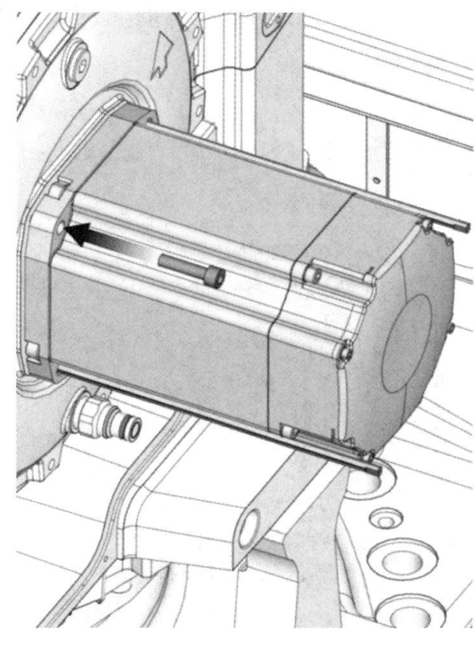

图 4-40　将电机顶出

(14) 卸下这两个螺钉并为电机装上轴 2(或轴 3)电机起吊工具。

(15) 拉出导销上的电机以使小齿轮离开齿轮，如图 4-41 所示。要确保小齿轮不会受损！

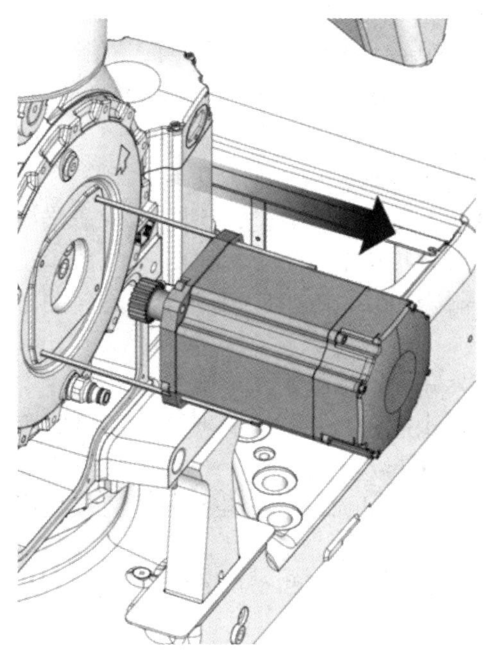

图 4-41　拉出导销上的电机

笔记

(16) 通过轻轻举起电机将其卸下，然后将其放置在固定的表面上。

(17) 断开制动闸释放电压。

(18) 检查小齿轮。如果存在任何损伤，则必须更换电机小齿轮。

2. 重新安装轴 2 和轴 3 电机

两个电机的安装步骤一样。

(1) 确保 O 形环正好适应电机座的周长。用少量润滑脂润滑 O 形环，如图 4-42 所示。

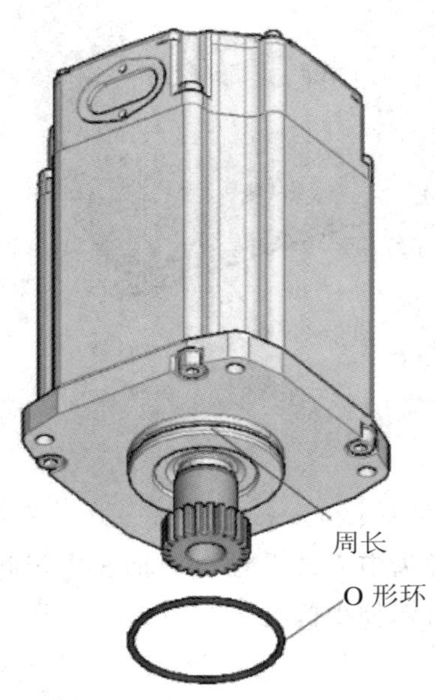

图 4-42　O 形环正好适应电机座的周长

(2) 为释放制动闸，连接 24 V DC 电源。连接至连接器 R2.MP1(+：插脚 2；–：插脚 5)。

(3) 为电机装上轴 2(或轴 3)电机起吊工具。

(4) 在电机连接孔中安装两根导销，如图 4-39 所示。

(5) 吊起电机并引导其移至导销上，如图 4-43 所示。尽可能接近正确的位置，但不把电机小齿轮推入齿轮中。确保电机旋转的方式正确，即电缆的接头朝下。

(6) 卸下吊运工具并使电机静止在导销上。

(7) 为了在将电机小齿轮与齿轮啮合时使小齿轮旋转，应使用旋转工具(如图 3-92 所示)。安装电机，确保电机小齿轮与轴 2(或轴 3)的齿轮箱齿轮正确啮合，且不会受损。在电机盖下方、电机轴上直接使用旋转工具。

(8) 卸下导销。

(9) 使用电机的四个连接螺钉和平垫圈固定电机，如图 4-38 所示。使用长头螺丝刀。

(10) 断开制动闸释放电压。

笔记

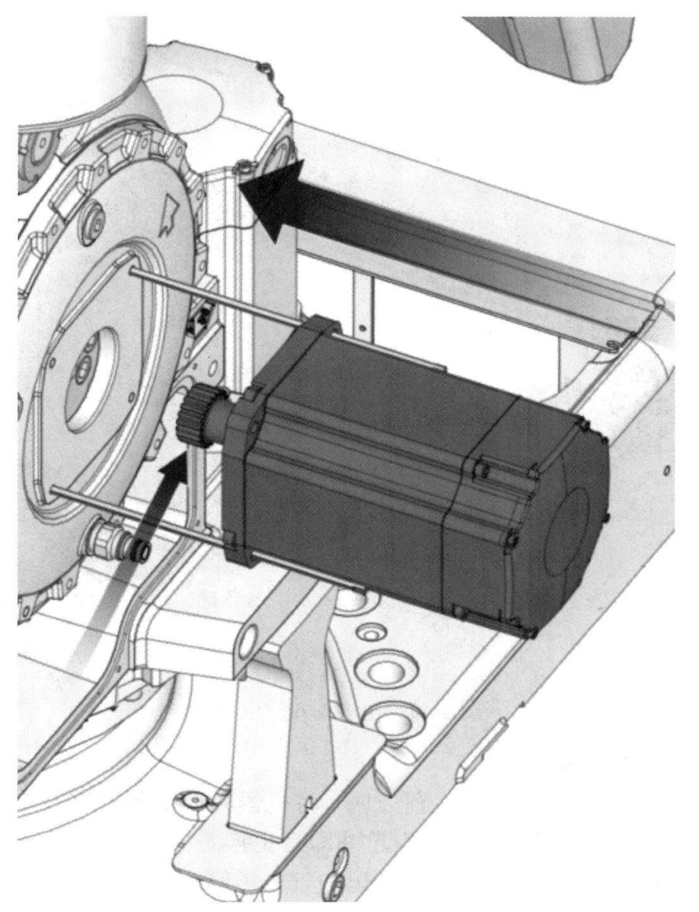

图 4-43　引导电机移至导销上

(11) 重新接上电机盖下方的所有连接器。根据连接器上的标记进行连接。

(12) 用两个连接螺钉重新安装电缆出口处的电缆密封套盖，如图 4-37 所示。应使用新垫圈。

(13) 用其连接螺钉和垫圈重新安装电机盖，如图 4-36 所示。确保盖已紧紧地密封。

(14) 卸下锁紧螺钉螺孔中的锁紧螺钉，如图 3-89 所示。

(15) 测试轴 2(或轴 3)齿轮箱的泄露。

(16) 向齿轮箱重新注入润滑油。

(17) 重新校准机器人。

三、更换轴 6 电机

轴 6 电机位于倾斜机壳的中心，如图 4-44 所示。

 笔记

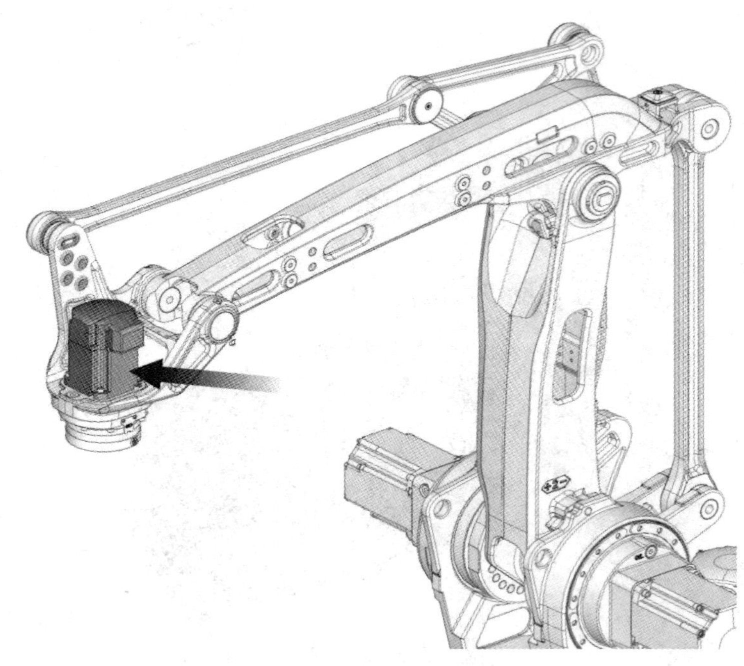

图 4-44 电机轴 6 的位置

1. 卸下轴 6 电机

(1) 当轴 6 电机立于机器人前方时，将机器人调整到最容易将轴 6 电机卸下的姿势。轴 6 电机无需排出齿轮油即可更换。

(2) 关闭机器人的所有电力、液压和气压供给。

(3) 卸下电机盖，如图 4-45 所示。

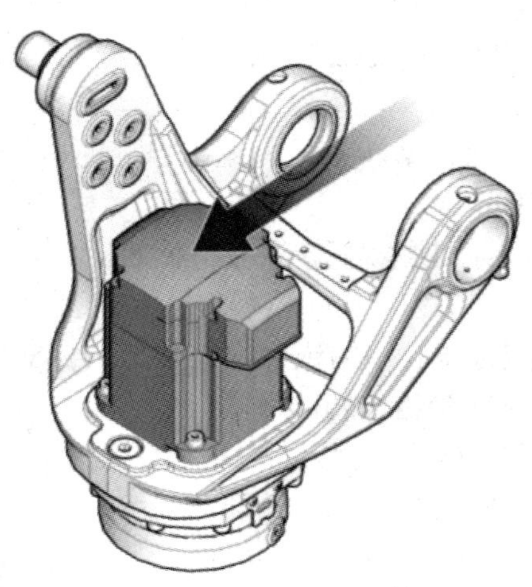

图 4-45 电机盖

(4) 通过拧松其内侧的连接螺钉，卸下电缆出口处的电缆密封套盖，如图 2-23 所示。注意确保垫圈未受损！

(5) 断开盖下方的所有连接器，如图 2-21 所示。如果机器人配备了 UL 灯，也必须断开通往该灯的连接。

(6) 为释放制动闸，连接 24 V DC 电源。连接至连接器 R2.MP6(+: 插脚 2；–: 插脚 5)。

(7) 使用长头螺丝刀卸下连接螺钉和垫圈，如图 4-46 所示。

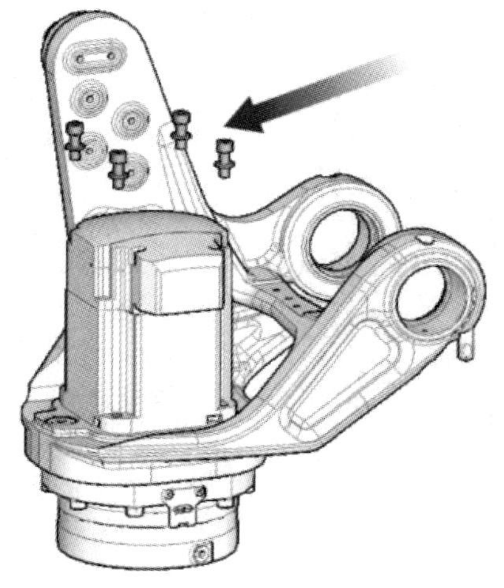

图 4-46　连接螺钉和垫圈

笔记

工匠精神

“技可进乎道，艺可通乎神。”锐意精进、精益求精永远是工匠精神之核心要义

(8) 如需要，通过在电机呈对角的两个连接螺孔中装上两个螺钉，将电机顶出。务必成对地使用拆卸螺钉！

(9) 小心地吊升电机，使小齿轮离开齿轮，如图 4-47 所示。注意确保小齿轮不会受损！

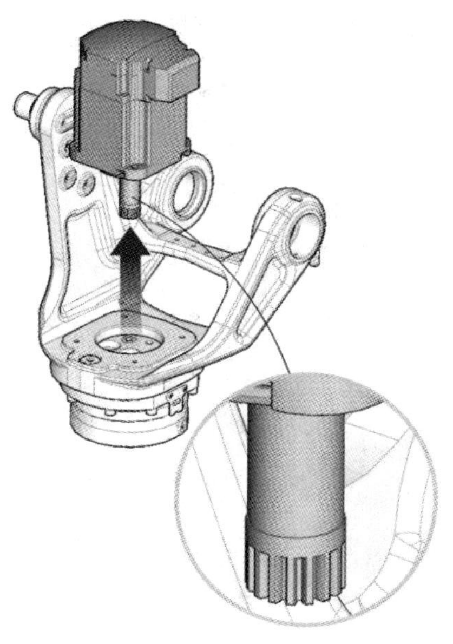

图 4-47　吊升电机

笔记

(10) 断开制动闸释放电压。

(11) 通过轻轻举起电机将其卸下，然后将其放置在固定的表面上。

2. 重新安装轴 6 电机

(1) 确保 O 形环正好适应电机座的周长，如图 4-48 所示。用少量润滑脂润滑 O 形环。注意更换电机时必须更换 O 形环。

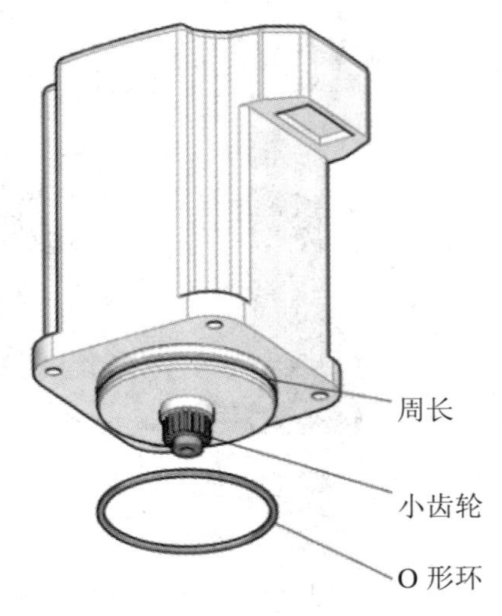

图 4-48　更换 O 形环

(2) 为释放制动闸，连接 24 V DC 电源。连接至连接器 R2.MP6(+: 插脚 2、–: 插脚 5)。

(3) 将电机小心地吊起到适当的位置，如图 4-49 所示。确保电机小齿轮与轴 6 的齿轮箱正确啮合。注意确保电机以正确的方式旋转。

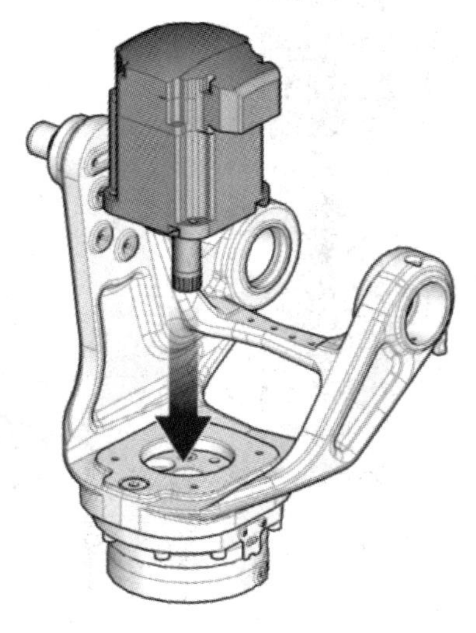

图 4-49　将电机小心地吊起到适当的位置

笔记

(4) 向连接螺钉注入锁紧液体(Loctite 243)。

(5) 使用电机的四个连接螺钉和垫圈固定电机，如图 4-46 所示。

(6) 断开制动闸释放电压。

(7) 重新连接轴 6 电机的所有连接器。根据连接器上的标记进行连接。

(8) 如果机器人配备了 UL 灯，重新安装到 UL 灯的连接，如图 2-21 所示。

(9) 检查垫圈，如图 4-50 所示。如已损坏，应进行更换。

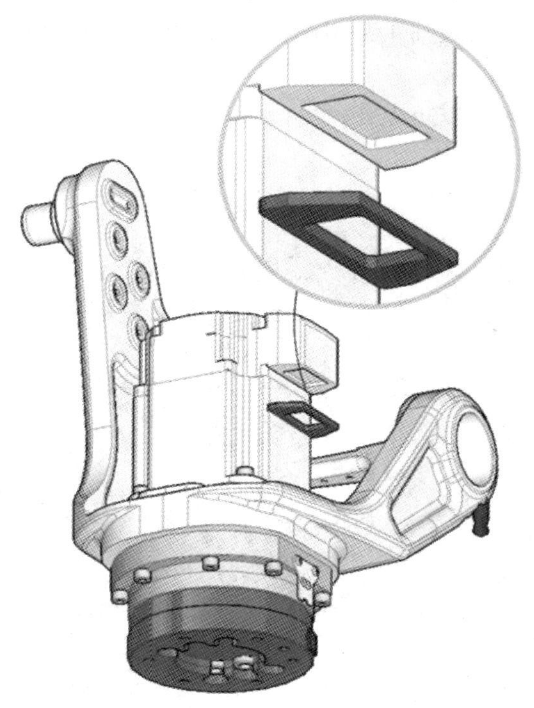

图 4-50　检查垫圈

(10) 用其连接螺钉重新安装电缆密封套，如图 2-23 所示。确保垫圈未受损。如有损坏，将其更换。

(11) 用其连接螺钉和垫圈重新安装轴 6 电机盖，如图 4-45 所示。注意确保盖已紧紧地密封。

(12) 重新校准机器人。

任务扩展

KUKA 工业机器人各轴电动机的更换

以更换轴 KUKA 工业机器人轴 1 电动机为例介绍。

笔记

1. 拆卸轴 1 电动机

锁住机器人，防止其绕轴 1 旋转。机器人的轴 1 由两个结构相同的电动机驱动时，如果只拆卸一个电动机，则无需锁住轴 1。两个电动机的拆卸方法相同。

(1) 松开并拔出设备插座(图 4-51 中 2、3)上的插头 XM1 和 XP1。

(2) 旋出 4 个内六角螺栓 M12 × 30-8.8 (4)。

(3) 松开并抬出轴 1 的电动机(1)，抬出时不要歪斜。

(4) 如果不重新安装轴 1 的电动机，则对轴 1 的电动机进行防锈处理和仓储。

(5) 盖住齿轮箱，以防弄脏。

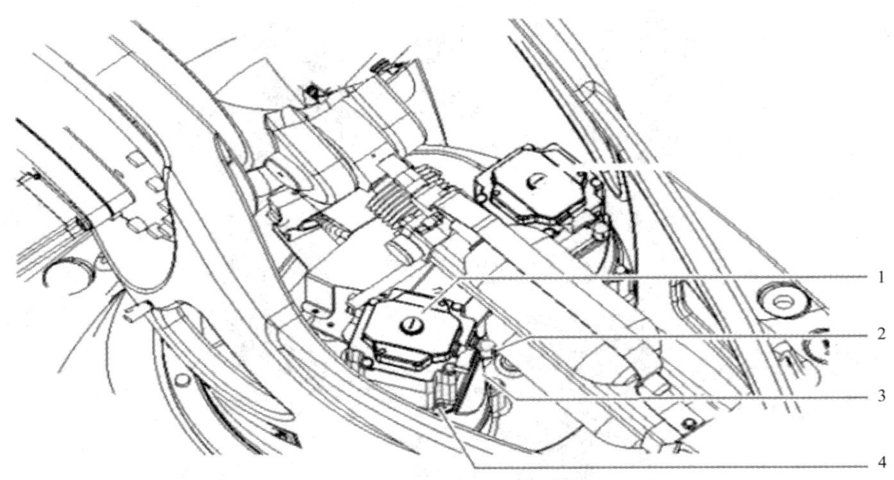

1—轴 1 电动机；2、3—插座；4—内六角螺栓

图 4-51　拆卸轴 1 的电机

2. 安装轴 1 电动机

(1) 必要时，应给轴 1 的新电动机除去防锈保护。

(2) 安装前先清洁电动机(图 4-52 中的 1)和齿轮箱上的啮齿，然后涂上少许油脂 Microlube GL 261，但要涂全。

(3) 清洁齿轮箱上轴 1 的电动机支承面。

(4) 检查电机轴上 O 形环(3)的状态是否正常。

(5) 按照图示布置设备插座 XM1(5)和 XP1(6)。

(6) 装入轴 1 的电动机(4)，安装时不要歪斜。

(7) 插入 4 个内六角螺栓 M12 × 30-8.8(7)。

(8) 用扭矩扳手对角交错拧紧 4 个内六角螺栓(7)。分几次将拧紧扭矩增加至 78 N • m。

笔记

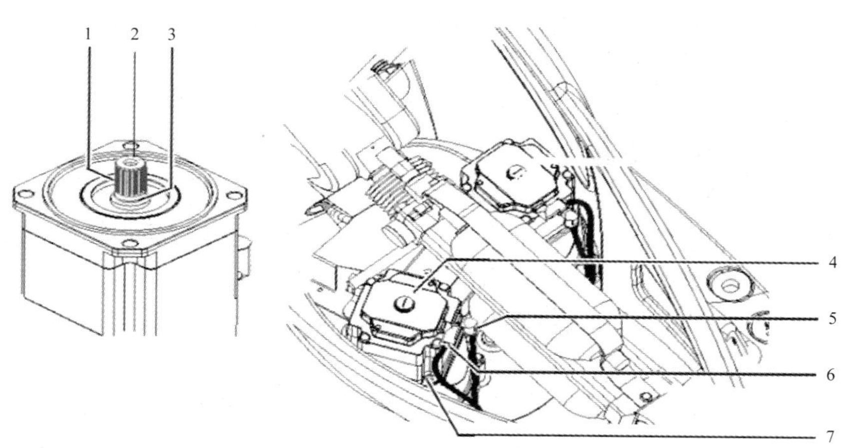

1、4—电动机；2—电动机输出轴齿轮；3—O 形环；5、6—插座；7—内六角螺栓

图 4-52　安装轴 1 的电机

(9) 将插头 XM1 和 XP1 插到设备插座(5、6)上。

(10) 拆下防止机器人绕旋转轴 1 转动的止动件。

(11) 校准轴 1 的零点。

注意：

(1) 在安装组件和部件时，必须用预先规定的库卡拧紧扭矩拧紧固定螺栓(标准螺栓，强度等级 8.8)。扭矩不同时会特别指出。强度等级等于或高于 10.9 的螺栓仅可用额定拧紧扭矩拧紧一次，再次松开后，必须更换新的螺栓。

(2) 安装电动机时注意，电动机和齿轮箱的啮齿应未被损坏。损坏会造成磨损加剧和提前失效。

警告：

(1) 机器人意外运动可能会导致人员受伤及设备损坏。如果在可运行的机器人上作业，则必须通过触发紧急停止装置锁定机器人。在重新运行前应向参与工作的相关人员发出警示。

(2) 拆卸和安装机器人时，有被挤伤手的危险，应戴上防护手套。

工厂经验：轻轻转动电动机的旋转轴可以使电动机安装更方便。

综合测试四

一、填空题

1. 工业机器人由____________、机器人控制系统、手持式编程器、连接____________、软件及附件等组成。

2. 工业机器人下端电缆线束(轴 1-3)贯穿了______、机架和______。

笔记

3. 工业机器人拆下端电缆时将机器人调至其校准姿态的目的是为了帮助__________________。

4. 如果正在更换所有的电缆线束，请从拆卸__________电缆线束开始。

5. 电源连接电缆连接至__________开关。

6. 制动闸释放装置与 SMB 单元同样位于机架的__________侧，轴 2 齿轮箱__________侧。

7. 重新安装电机轴时，用少量润滑脂润滑__________。

8. 更换电机时，必须更换__________。

二、判断题

(　　) 1. 工业机器人下端电缆线束(轴 1-3)贯穿了底座、机架和上臂。

(　　) 2. 工业机器人拆下端电缆时将机器人调至其校准姿态的目的是为了帮助更新转数计数器。

(　　) 3. 如果正在更换所有的电缆线束，请从拆卸上端电缆线束开始。

(　　) 4. 制动闸释放装置与 SMB 单元同样位于机架的右侧，轴 2 齿轮箱左侧。

(　　) 5. 重新安装电机轴时，用少量润滑脂润滑 O 形环。

(　　) 6. 更换电机时，若 O 形环没坏可用原来的。

三、问答题

1. 简述拆下下端电缆线束的步骤。
2. 简述安装下端电缆线束的步骤。
3. 简述更换上端电缆的步骤。
4. 简述更换电池的步骤。
5. 简述更换轴 1 电机的步骤。
6. 简述更换轴 6 电机的步骤。

四、应用题

1. 卸下自己所在学校工业机器人的电池，再重新安装。
2. 根据自己学校的情况，查看工业机器人电动机的位置。
3. 根据自己学校的情况，查看工业机器人电缆的连接。

综合测试答案(部分)

笔记

操作与应用

工 作 单

<table>
<tr><td>姓名</td><td></td><td>工作名称</td><td colspan="2">工业机器人强电装置的装调与维修</td></tr>
<tr><td>班级</td><td></td><td>小组成员</td><td colspan="2"></td></tr>
<tr><td>指导教师</td><td></td><td>分工内容</td><td colspan="2"></td></tr>
<tr><td>计划用时</td><td></td><td>实施地点</td><td colspan="2"></td></tr>
<tr><td>完成日期</td><td colspan="2"></td><td>备注</td><td></td></tr>
<tr><td colspan="5">工 作 准 备</td></tr>
<tr><td colspan="3">资　料</td><td>工具</td><td>设　备</td></tr>
<tr><td colspan="3"></td><td></td><td rowspan="2"></td></tr>
<tr><td colspan="3"></td><td></td></tr>
<tr><td colspan="5">工作内容与实施</td></tr>
<tr><td colspan="2">工作内容</td><td colspan="3">实　　施</td></tr>
<tr><td colspan="2">1. 简述拆装下端电缆线束的步骤</td><td colspan="3"></td></tr>
<tr><td colspan="2">2. 简述更换上端电缆的步骤</td><td colspan="3"></td></tr>
<tr><td colspan="2">3. 简述更换电池的步骤</td><td colspan="3"></td></tr>
<tr><td colspan="2">4. 简述更换轴 1 电动机的步骤</td><td colspan="3"></td></tr>
<tr><td colspan="2">5. 对图示工业机器人的电缆进行拆装</td><td colspan="3" rowspan="2"></td></tr>
<tr><td colspan="2">6. 对图示工业机器人的电池进行拆装
(注：可根据实际情况选用不同的机器人)</td></tr>
</table>

笔记

工 作 评 价

	评 价 内 容				
	完成的质量(60 分)	技能提升能力(20 分)	知识掌握能力(10 分)	团队合作(10 分)	备注
自我评价					
小组评价					
教师评价					

1．自我评价

序号	评 价 项 目			是	否
1	是否明确人员的职责				
2	能否按时完成工作任务的准备部分				
3	工作着装是否规范				
4	是否主动参与工作现场的清洁和整理工作				
5	是否主动帮助同学				
6	能否看懂工业机器人的说明书				
7	能否看懂工业机器人的电气连接图				
8	能否正确拆装工业机器人的电缆				
9	是否完成了清洁工具和维护工具的摆放				
10	是否执行 6S 规定				
评价人		分数		时间	年　月　日

2．小组评价

序号	评 价 项 目	评 价 情 况
1	与其他同学的沟通是否顺畅	
2	是否尊重他人	
3	工作态度是否积极主动	
4	是否服从教师的安排	
5	着装是否符合标准	
6	能否正确地理解他人提出的问题	
7	能否按照安全和规范的规程操作	
8	能否保持工作环境的干净整洁	
9	是否遵守工作场所的规章制度	

续表　　笔记

序号	评 价 项 目	评 价 情 况
10	是否有工作岗位的责任心	
11	是否全勤	
12	是否能正确对待肯定和否定的意见	
13	团队工作中的表现如何	
14	是否达到任务目标	
15	存在的问题和建议	

3. 教师评价

课程	工业机器人机电装调与维修	工作名称	工业机器人强电装置的装调与维修	完成地点	
姓名		小组成员			
序号	项 目		分值	得 分	
1	简答题		10		
2	拆装工业机器人的电缆		40		
3	拆装工业机器人的电池		40		
4	校准工业机器人		10		

自 学 报 告

自学任务	KUKA工业机器人强电装置与典型机构的拆装与调整
自学内容	
收 获	
存在问题	
改进措施	
总 结	

笔记

模块五

工业机器人弱电装置的装调与维修

工业机器人的控制器虽然很多，但其装调与维修却是大同小异的。本章以 ABB 工业机器人的 IRC5 Compact controller 为例来介绍。IRC5 紧凑型机器人控制柜如图 5-1 所示。

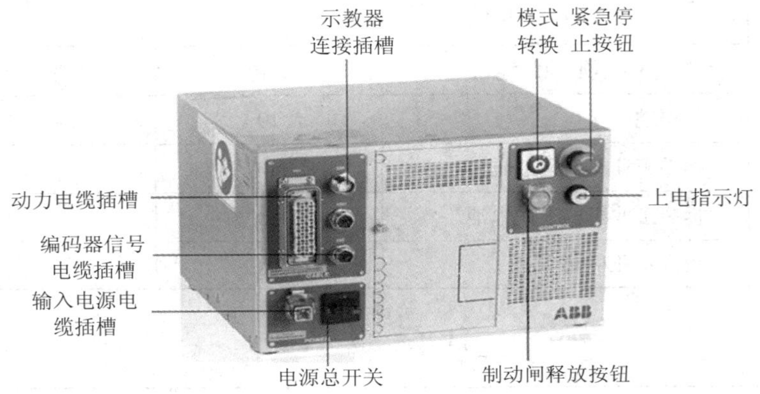

图 5-1 IRC5 紧凑型机器人控制柜

模块目标

知识目标	能力目标
1. 掌握机器人的控制系统维护知识 2. 了解机器人与外围设备通信控制信号含义与作用 3. 掌握机器人的 I/O 信号连接和检测知识 4. 掌握机器人控制系统的 I/O 信号知识	1. 能连接机器人的 I/O 信号，完成机器人和外部设备的通信工作 2. 对工业机器人控制系统进行常规性检查、诊断 3. 能对机器人电气柜的配电板、面板、示教盒进行配线与装配 4. 能完成电气柜与机器人的连接 5. 能进行远程控制连接，包括 I/O 接线和 I/O 校验及输出 6. 能判断控制系统故障部位、故障原因，排除控制系统相关故障 7. 能对机器人控制系统进行维护

笔记

任务一　控制器的整体安装与调试

任务导入

IRC5 Compact controller 由控制器系统部件(如图 5-2 所示)、I/O 系统部件(如图 5-3 所示)、主计算机 DSQC 639 部件(如图 5-4 所示)及其他部件组成(如图 5-5 所示)。

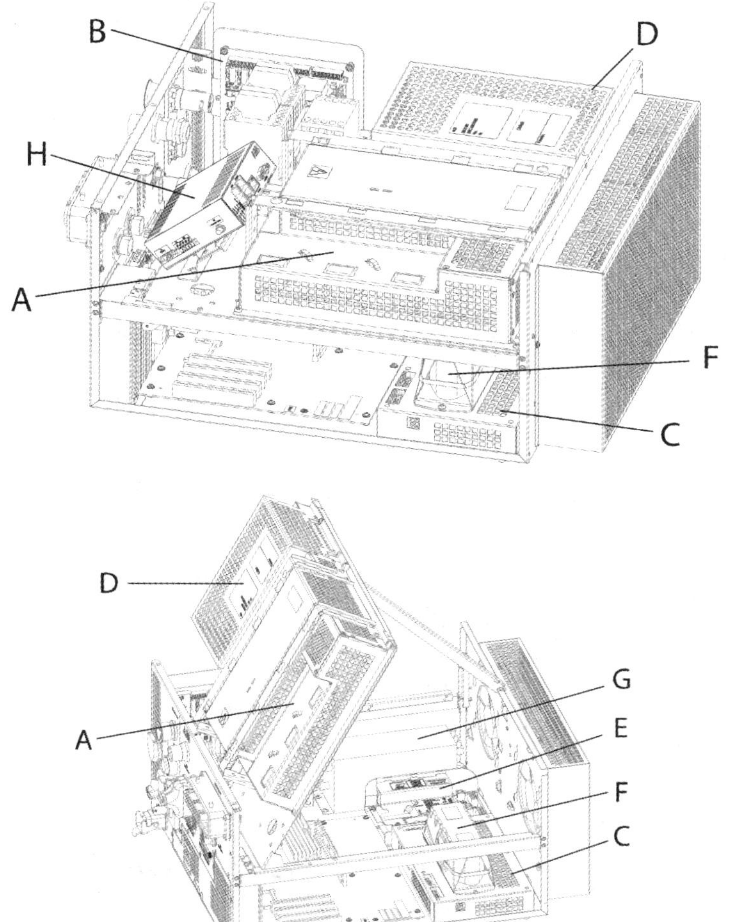

A—主驱动装置，MDU-430C(DSQC 431)；B—安全台(DSQC 400)；C—轴计算机(DSQC 668)；
D—系统电源(DSQC 661)；E—配电板(DSQC 662)；F—备用能源组(DSQC 665)；
G—线性过滤器；H—远程服务箱(DSQC 680)

图 5-2　控制器系统

笔记

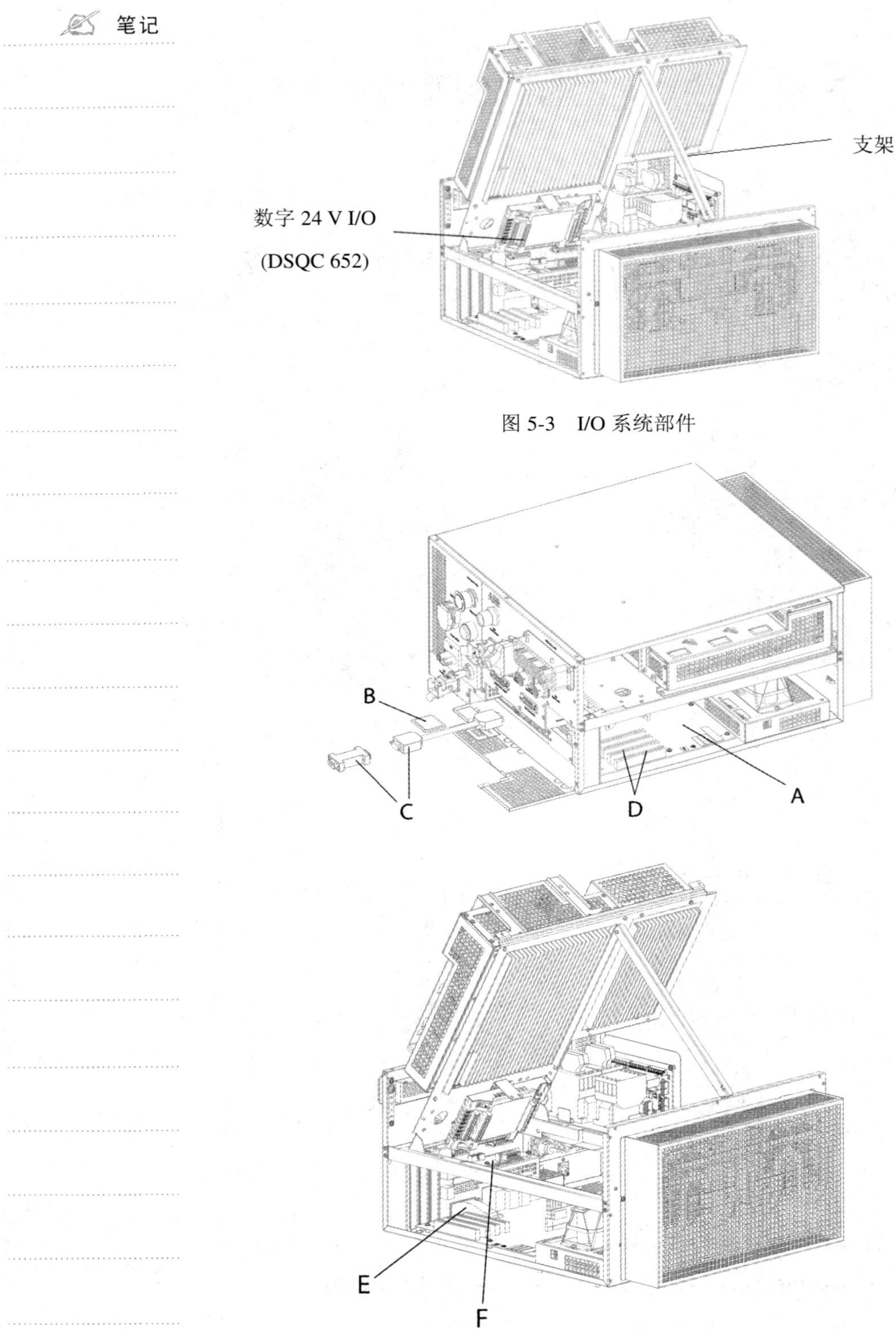

图 5-3　I/O 系统部件

图 5-4　主计算机 DSQC 639 部件

笔记

图 5-4 中各组成部分如下：

A—主计算机(DSQC639，该备件是主计算机装置。从主计算机装置卸除主机板(其外壳不可与 IRC5 Compact 搭配使用))

B—Compact 1 GB 闪存(DSQC 656 1 GB)

C—RS-232/422 转换器(DSQC 615)

D—单 DeviceNet M/S(DSQC 658)；D—双 DeviceNet M/S (DSQC 659)；D—Profibus-DP 适配器(DSQC 687)

E—Profibus 现场总线适配器(DSQC 667)；E—EtherNet/IP 从站(DSQC 669)；E—Profinet 现场总线适配器(DSQC 688)

F—DeviceNet Lean 板(DSQC 572)

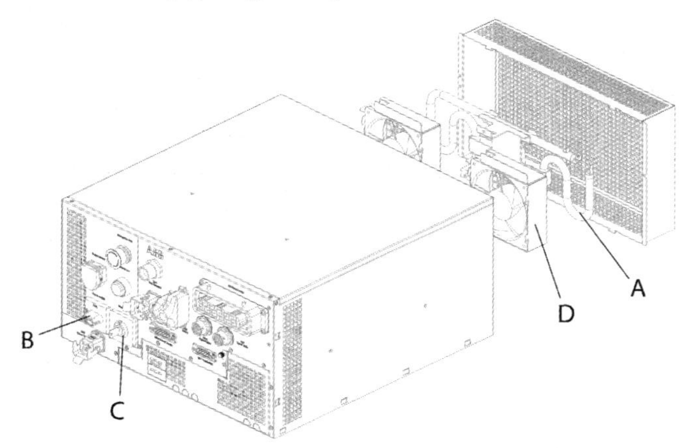

A—制动电阻泄流器；B—操作开关；C—凸轮开关；D—带插座的风扇

图 5-5　其他部件

任务目标

知 识 目 标	能 力 目 标
1. 掌握机器人的控制系统维护知识 2. 掌握机器人与外围设备通信控制信号的含义与作用 3. 机器人的 I/O 信号连接和检测知识	1. 能连接机器人的 I/O 信号，完成机器人和外部设备的通信工作 2. 能完成电气柜与机器人的连接 3. 能实现远程控制连接，包括 I/O 接线和 I/O 校验及输出 4. 能对机器人控制系统进行维护

任务实施

根据本单位的实际情况，对工业机器人控制系统进行维护，并对此有一个感性认识，为更换打下基础。

技能训练

笔记

一、IRC5 Compact controller 的维护

1. 维护计划

必须对 IRC5 Compact controller 进行定期维护才能确保其功能。维护活动及其相应的间隔规定如表 5-1 所示。

表 5-1 维护计划

设　备	维护活动	间　隔
完整的控制器	检查	12 个月 *
系统风扇	检查	6 个月 *
FlexPendant	清洁	随时

*：时间间隔取决于设备的工作环境：较为清洁的环境可能会增长维护间隔，反之亦然。

2. 控制器的检查

(1) 检查连接器和布线以确保其得以安全固定，并且布线没有损坏。

(2) 检查系统风扇和机柜表面的通风孔以确保其干净清洁，如图 5-6 所示。

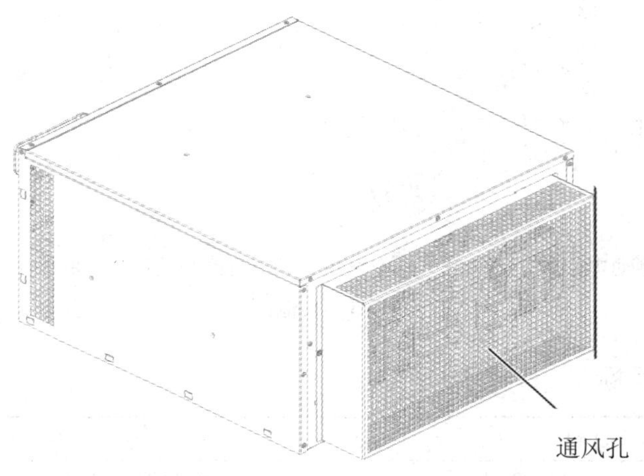

图 5-6　检查通风孔

(3) 清洁后暂时打开控制器的电源，检查风扇以确保其正常工作，然后关闭电源。

3. 清洁活动

1) 注意事项

(1) 使用 ESD 保护。

(2) 应使用真空吸尘器，其他清洁设备都可能会减少所涂油漆、防锈剂、标记或标签的使用寿命。

(3) 清洁前，请先检查是否所有保护盖都已安装到控制器。

(4) 清洁控制器外部时，不能卸除任何盖子或其他保护装置。

(5) 不可使用压缩空气或使用高压清洁器进行喷洒。

笔记

2) 清洁 FlexPendant 的步骤

要清洁的表面如图 5-7 所示。

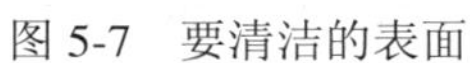
图 5-7　要清洁的表面

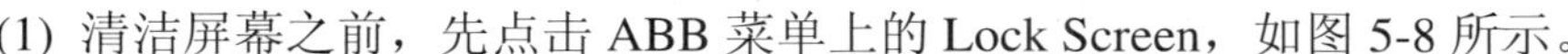
(1) 清洁屏幕之前，先点击 ABB 菜单上的 Lock Screen，如图 5-8 所示。

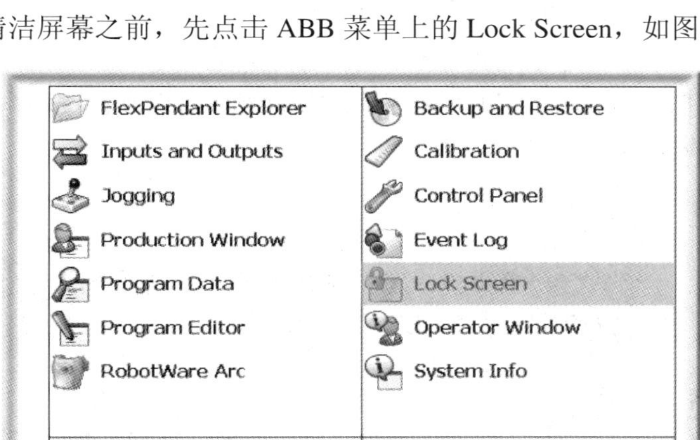

图 5-8　ABB 菜单

(2) 点击图 5-9 所示窗口中的 Lock 按钮。

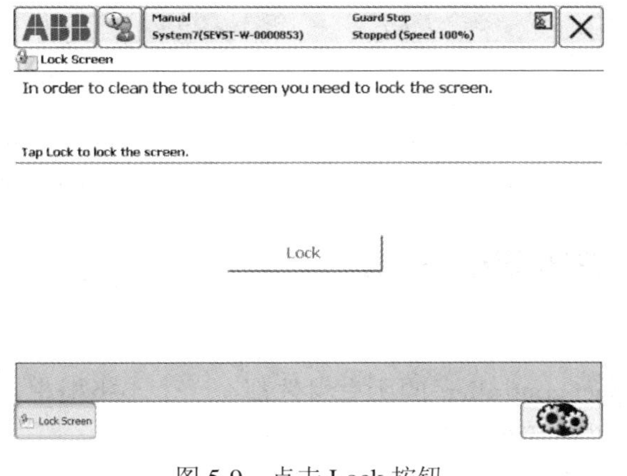

图 5-9　点击 Lock 按钮

笔记

(3) 当图 5-10 所示窗口出现时，可以安全地清洁屏幕。

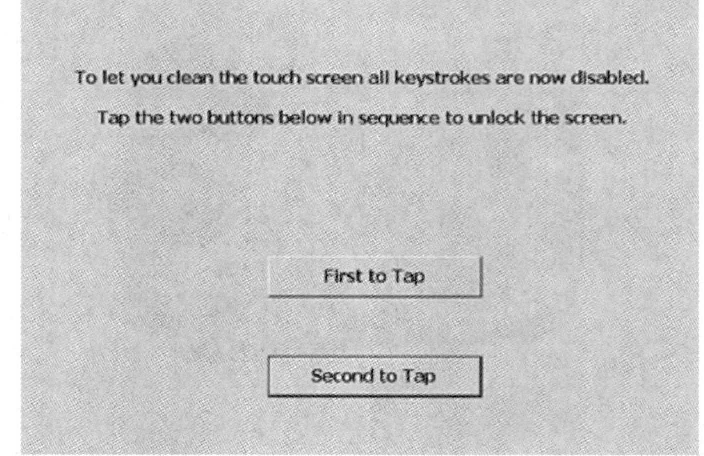

图 5-10　安全地清洁屏幕

课程思政

目标：

“课程门门有思政，教师人人讲育人”，让所有课都上出“思政味”，所有任课教师都挑起“思政担”，推动“思政课程”走向“课程思政”，构建“思政课程 + 课程思政”新格局

(4) 使用软布和水或温和的清洁剂来清洁触摸屏和硬件按钮。

(5) 解除对屏幕的锁定，如图 5-11 所示。

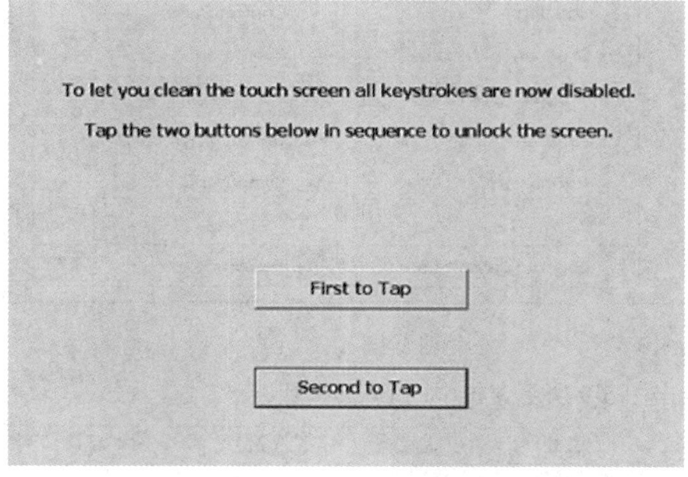

图 5-11　解除对屏幕的锁定

现场教学

若有条件，让学生现场观看并参与，但应注意安全；若无条件，可进行参观教学。

二、控制器的整体安装与调试

1. 安装步骤

IRC5 Compact controller 的所有组件都在一个小机柜中。

(1) 取出交付的 IRC5 Compact controller。

(2) 安装 IRC5 Compact controller。

笔记

(3) 将操纵器连接到 IRC5 Compact controller。

(4) 将电源连接到 IRC5 Compact controller。

(5) 将 FlexPendant 连接到 IRC5 Compact controller。

(6) 其他连接。

(7) 如果已使用，则安装附件。

2. 现场安装

1) IRC5 Controller 所需的安装空间

图 5-12 显示了 IRC5 Compact controller 所需的安装空间。垂直安装时如果控制器以右侧朝上的方式安装，则可直接将控制器放置在工作台上，还需在控制器顶部留出 50 mm 的空间，便于适当散热。如果控制器以左侧朝上的方式安装，则必须用支撑构件将控制器抬升 50 mm，以保持通风孔与空气相通。

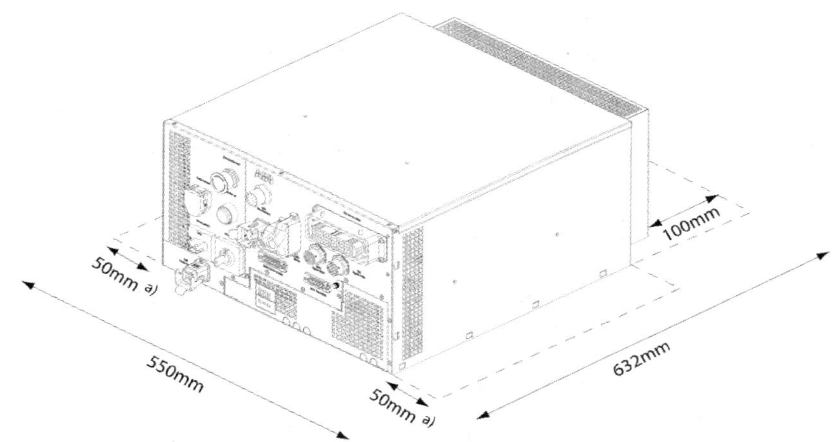

图 5-12 IRC5 Compact controller 所需的安装空间

说明：

(1) 如果是机架安装型控制器，则不需要空间。

(2) 如果控制器安装在桌面上(非机架安装型)，则其左右两边各需要 50 mm 的自由空间。

(3) 控制器的背部需要 100 mm 的自由空间来确保适当的冷却。切勿将其他电缆放置在控制器背部的风扇盖上，这将使检查难以进行并导致冷却不充分。

2) 安装 FlexPendant 支架

(1) 去除带子上的保护性衬垫，如图 5-13 所示。

(2) 紧靠控制机柜顶部安装带 FlexPendant 支架的安装板。表面必须清洁干燥。

注意：对于机架安装型 IRC5 Compact controller，请勿将 FlexPendant 支架放置在机架顶部。找到 FlexPendant 放置位置的解决方案，使其无法从高处跌落到地面。

笔记

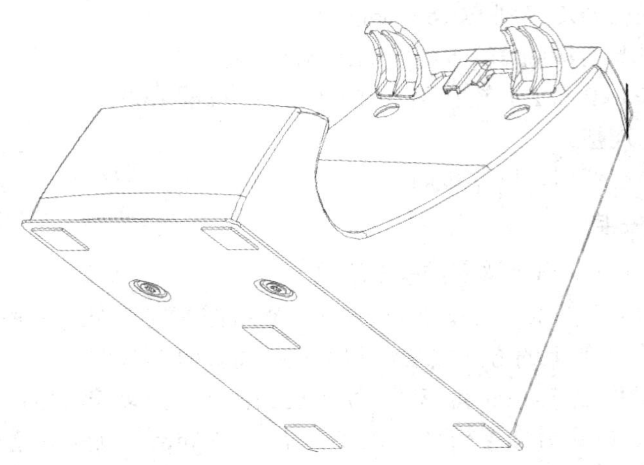

图 5-13　去除带子上的保护性衬垫

3. 安装外部操作员面板

外部操作员面板可以安装在单独的墙柜中，如图 5-14 所示的。

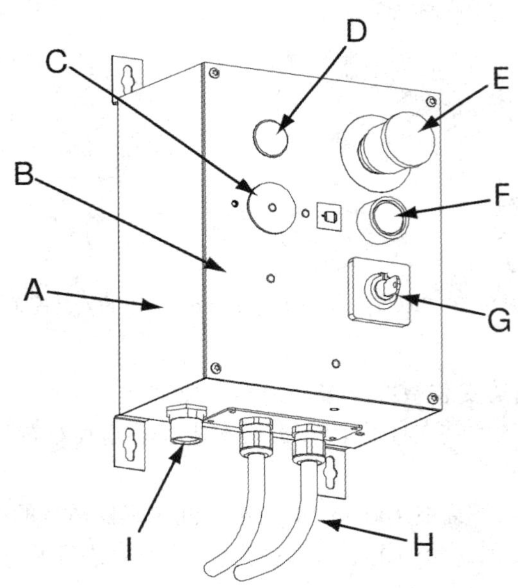

A—墙柜；B—前面板；C—FlexPendant 的堵塞器；D—启动器呈红色时的堵塞器；E—紧急停止按钮；F—电机“开”按钮；G—模式开关；H—外部操作员面板线束；I—FlexPendant 连接器

图 5-14　外部操作员面板

安装步骤如下：

(1) 卸除机柜顶盖。

(2) 卸除机柜的左侧盖和右侧盖。

笔记

(3) 卸下安全台装置的两个止动螺钉，并轻轻将其拉出少许。

(4) 卸除接触器装置(附加了板的接触器)止动螺钉，并将装置向左移动少许。

(5) 将信号电缆与 DSQC 400 断开。连接器：A21.X6；A21.X9。

(6) 使紧急停止按钮、电机“开”按钮和模式开关均与它们在控制器上的电缆分离。将这些按钮和开关安装在外部操作员面板上，并将电缆捆扎在前面板后面现有的电缆扎带上。

(7) 将外部操作员面板线束上的圆形连接器与控制器上的 XS4 连在一起。

(8) 将外部操作员面板线束上的电缆通过用于紧急停止按钮的孔安装在控制器上并盖紧电缆密封套。

(9) 用堵塞器盖住控制器上用于电机“开”按钮和模式开关的孔。

(10) 将地线连接到机柜内的接地端子上。

(11) 将信号连接器 Ext.A21.X6 和 Ext.A21.X9 连接到 DSQC 400 安全台的 X6 和 X9 上。

(12) 捆扎好电缆并固定接触器单元和安全台装置的止动螺钉。

(13) 用四颗止动螺钉将外部操作员面板线束固定在墙柜上。

(14) 将连接器与墙柜内的地线连接起来。

(15) 用四颗止动螺钉将外部操作员面板的前面板安装在墙柜上。

4. 在 IRC5 Compact controller 外部安装接口装置

I/O、Gateways 和编码器接口装置可以安装在 IRC5 Compact controller 外部的安装导轨上。可以在这些安装导轨上安装的位置如图 5-15 所示。

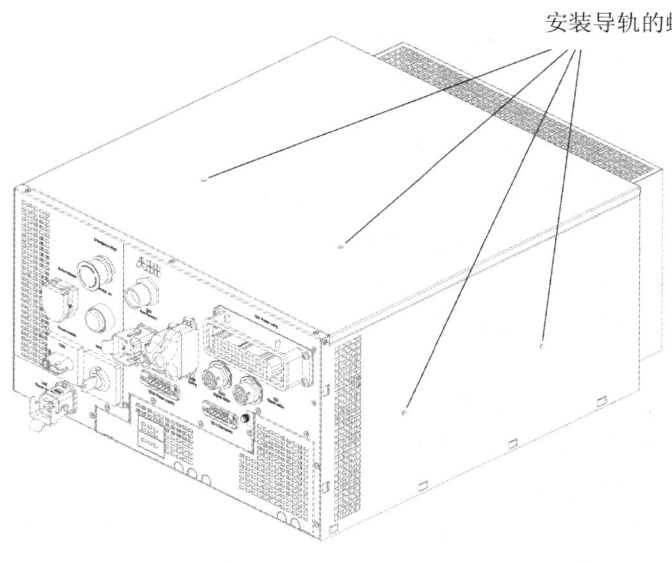

图 5-15 安装位置

笔记

I/O 单元可以通过连接器“XS10 Power supply”的 24 V 电源供电，也可以由外部的 24 V 电源供电。

安装步骤如下：

(1) 用螺孔中的两个止动螺钉将安装导轨安装到控制器机柜外部。

(2) 通过将 I/O 装置按进安装导轨来安装该 I/O 装置。

(3) 将直流电源连接到板。

(4) 根据需要将电线连接到输入和输出连接器。

5. 安装天线

1) 安装 Remote Service 箱

(1) 卸除翼形螺钉，然后打开机柜前端的保护盖，如图 5-16 所示。

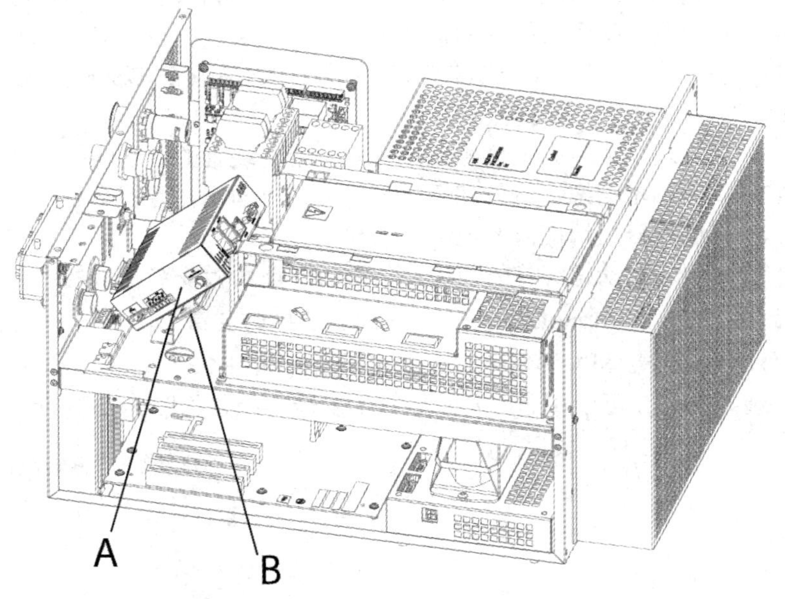

A—Remote Service 箱；B—安装支架

图 5-16 安装天线

(2) 切断保护盖上电缆的活动盖之一，然后在孔的尖端安装 Grommet 带以防电缆被切割。

(3) 将天线电缆连接到 PCI 卡支架上的天线连接器上并通过防护盖上的孔输送它。

(4) 关上防护盖并拧紧翼形螺钉。

(5) 将天线置于控制器顶部。

2) 安装外部接线板

XS7 和 XS9 上的端子可以拓展至外部接线板以进行现场配线。外部接线板可以安装在控制器顶部或右侧，如图 5-17 所示。

笔记

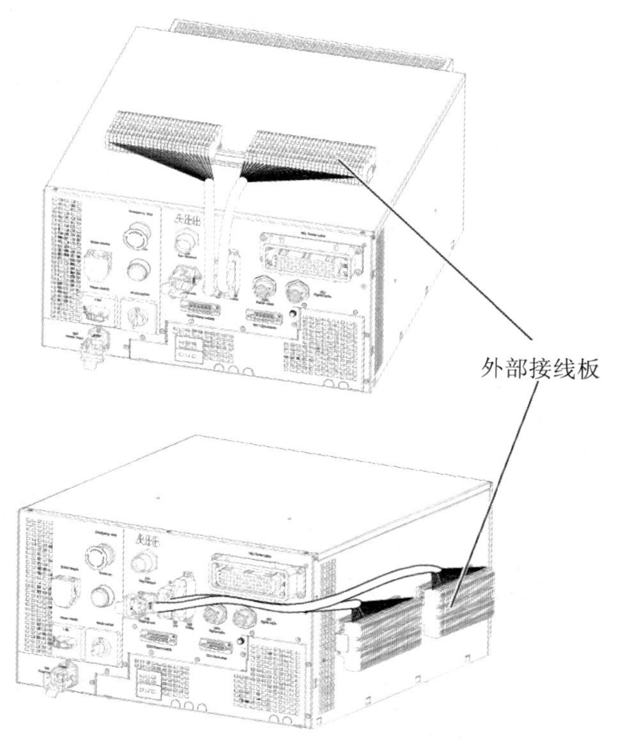

图 5-17　外部接线板位置

安装步骤如下：

(1) 通过两颗止动螺钉将带所有接线板的安装导轨安装在机柜顶部或右侧，如图 5-18 所示。

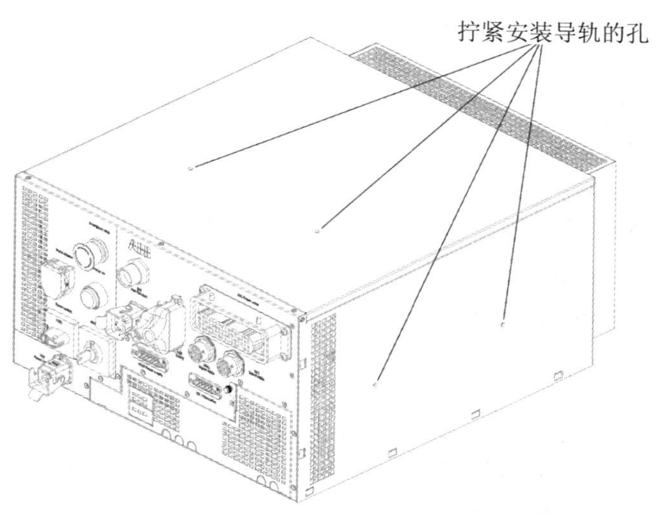

图 5-18　安装导轨

笔记

(2) 将 XP7 和 XP9 与机柜前面的连接器 XS7 和 XS9 连接起来。

6. 连接

1) 按钮和开关

IRC5 Compact 控制器面板上的按钮和开关如图 5-19 所示。

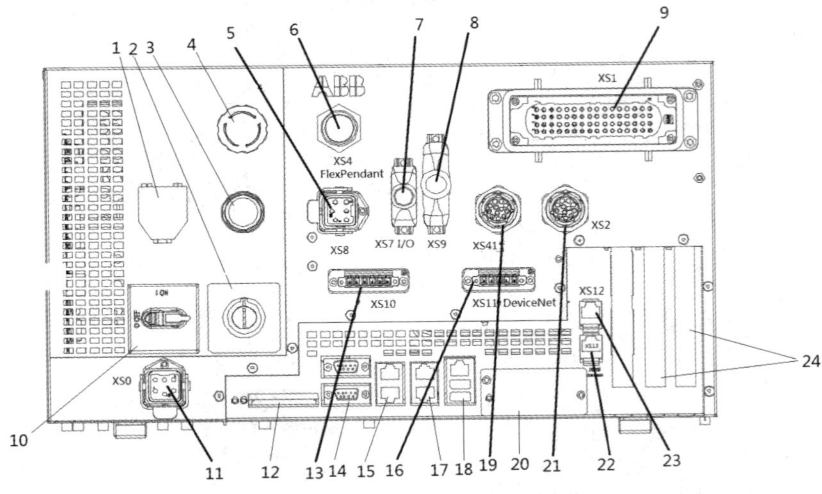

图 5-19 IRC5 Compact 控制器面板上的按钮和开关

图 5-19 中各按钮和开关的名称如下：

1——用于 IRB 120 的制动闸释放按钮(位于盖子下)

2——模式开关

3——电机开启

4——紧急停止

5——XS8 附加轴，电源电缆连接器(不能用于此版本)

6——XS4 FlexPendant 连接器

7——XS7 I/O 连接器 C

8——XS9 安全连接器 D

9——XS1 电源电缆连接器 E

10——主电源开关

11——XS0 电源输入连接器 F

12——Compact 闪存插槽

13——XS10 电源连接器 G

14——串行通道连接器(COM1)

15——服务端口

16——XS11 DeviceNet 连接器 H

17——局域网端口(连接到工厂局域网)

18——USB 端口

19——XS41 信号电缆连接器 I

20——现场总线适配器插槽

笔记

21——XS2 信号电缆连接器 J

22——XS13 轴选择器连接器 K

23——XS12 附加轴，信号电缆连接器(不能用于此版本)

24——PCI 卡插槽

与 IRB 120 配套使用的 IRC5 Compact controller 在塑料盖下方配有一个制动闸释放按钮。电源开启后，打开盖子并按制动闸释放按钮可手动更改操纵器轴的位置。释放制动闸时要小心谨慎。操纵器轴可能会立即下落并会造成损坏或伤害。

与其他机器人配套使用的 IRC5 Compact controller 无制动闸释放按钮，只有一个堵塞器。制动闸释放按钮位于机器人上。

2) 连接 FlexPendant

(1) 在控制器前面板上找到 FlexPendant 插座连接器，如图 5-19 所示。控制器必须处于手动模式。

(2) 插入 FlexPendant 电缆连接器。

(3) 顺时针旋转连接器的锁环，将其拧紧。

3) 将 PC 连接到服务端口

连接 IRC5 Compact 至工厂 LAN；将 PC 连接至 IRC5 Compact 服务端口。

(1) 确保要连接的计算机上的网络设置正确无误。计算机必须设置为“自动获取 IP 地址”，或者按照引导应用程序中 Service PC Information 的说明设置。

(2) 使用带 RJ45 连接器的 5 类以太网跨接引导电缆。

(3) 将引导电缆连接至计算机的网络端口。

(4) 卸除翼形螺钉，然后打开控制器前面板上的端盖，如图 5-20 所示。

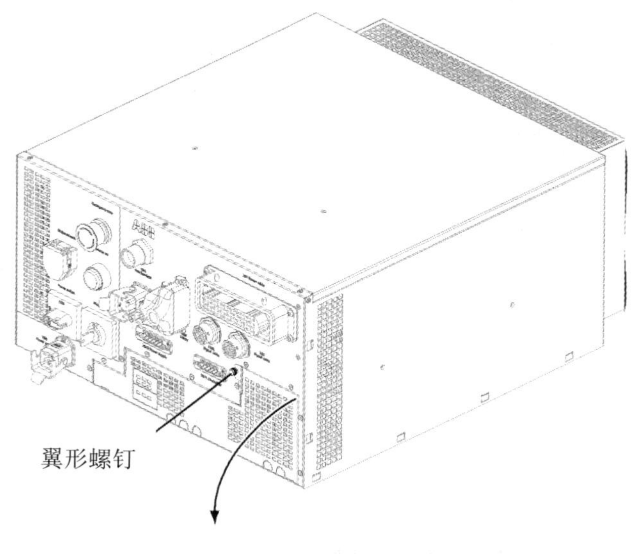

图 5-20　卸除翼形螺钉

(5) 将引导电缆连接至控制器上的服务端口，如图 5-19 所示。

4) 连接到串行通道

控制器具有一个可永久使用的串行通道 RS232，可用于与打印机、终端、计算机或其他设备进行点对点的通信。

为进行生产而永久连接串行端口需要切断保护盖上的活动盖，并在关闭保护盖的情况下通过小孔连接 RS232 连接器。

RS422 可实现更可靠的较长距离(从 RS232 = 15 m 到 RS422 = 120 m)的点到点通信(差分)。将适配器连接到串行通道连接器。串行通道连接器和适配器之间需要一条电缆，如图 5-4 中的 C。

5) 连接电源

图 5-19 显示了控制器前面板上电源输入连接器的位置。将电源电缆从电源连接到控制器前面板上的连接器 XS0。选择合适的单相电缆加接地电缆，并将其切割到所需的长度；通过电缆密封套和机罩安装电缆，如图 5-21 所示；按照图 5-22 连接电线，使用螺丝起子将触点拧紧；通过安装机罩和内孔连接器来装配连接器，并拧紧螺钉。

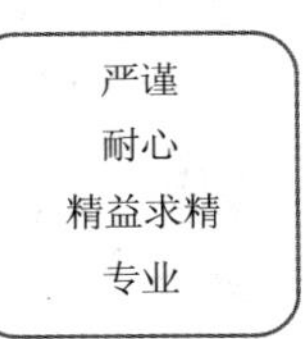

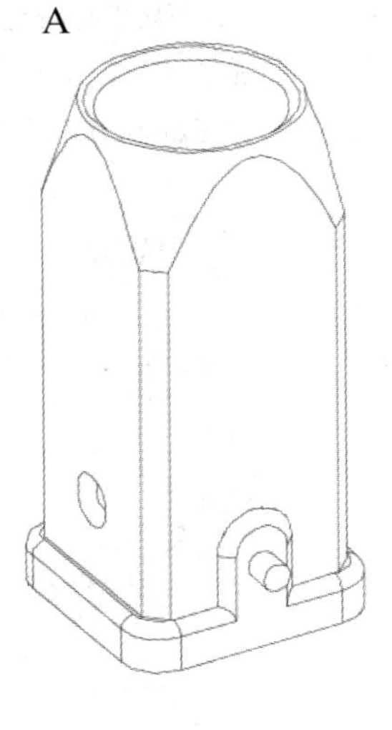

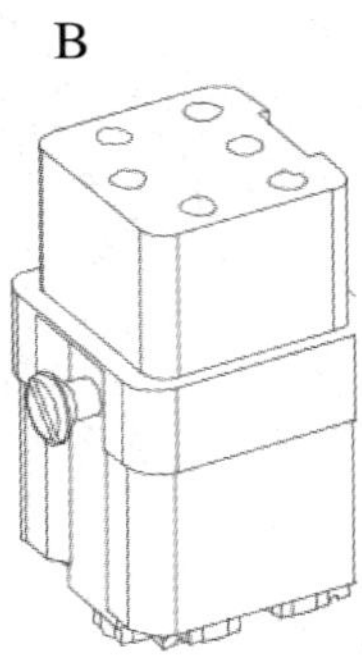

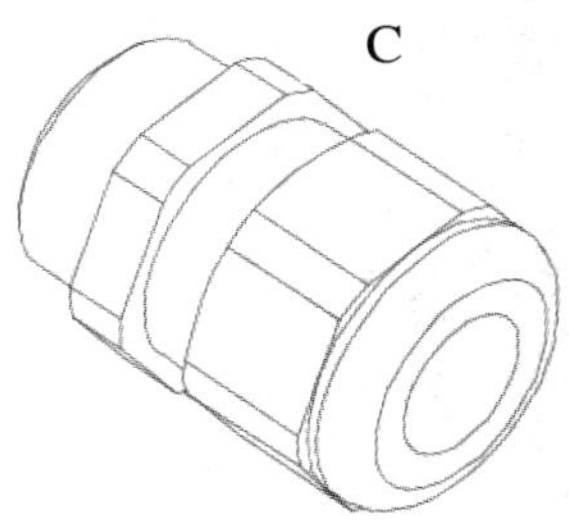

A—机罩；B—内孔插接件；C—电缆密封套

图 5-21　通过电缆密封套和机罩安装电缆

笔记

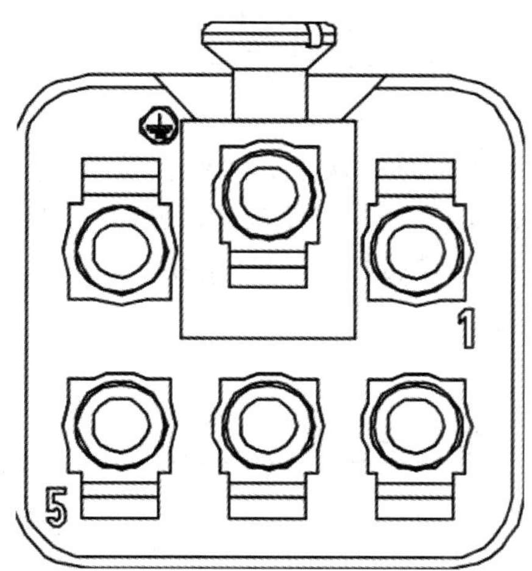

对于单相：1—X0.1(电源线)；5—X0.2(零线)；⊕—X0.PE(接地线)

图 5-22　连接电线图

6) 将操纵器连接到 IRC5 Compact controller

使用以下步骤将电源电缆从 IRC5 Compact controller 连接到操纵器。

(1) 将电源电缆和信号电缆连接到操纵器。

(2) 将电源电缆连接到 IRC5 Compact controller 上的连接器 XS1。

(3) 将信号电缆连接到 IRC5 Compact controller 上的连接器 XS2。

7) "电机开/关"电路的连接

"电机打开/电机关闭"电路由两个相同的开关链组成。图 5-23 显示可用的客户连接，即 AS、GS、SS 和 ES。

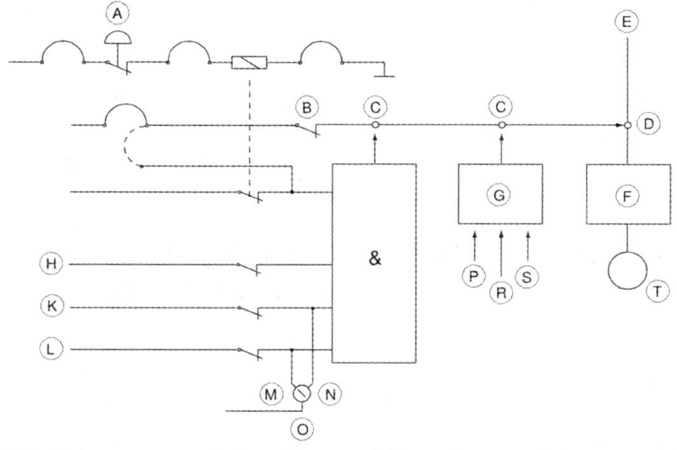

A—ES(紧急停止)；B—LS(限制开关)；C—固态开关；D—接触器；E—主电源；F—驱动装置；G—第二个链互锁；H—GS(常规模式安全保护空间停止)；K—AS(自动模式安全保护空间停止)；L—ED(TPU 使动装置)；M—手动模式；N—自动模式；O—操作模式选择器；P—运行；R—EN1；S—EN2；T—电机

图 5-23　"电机开/关"电路

笔记

该电路监控所有与安全相关的设备和开关。如果打开了其中的任何开关，则“电机打开/电机关闭”电路会将电源切换到“电机关闭”。

只要两个链不在同一种状态下，则机器人仍将处于“电机关闭”模式。

图 5-24 显示了紧急电路的端子。此时会显示内部 24 V(X1:2/X2:6)和 0 V(X1:6/X2:2)供电的电源。对于外部电源，应将 X1:1/X2:5 连接到外部 24 V 的电平，而 X1:5/X2:1 应连接到外部 0 V 的电平。

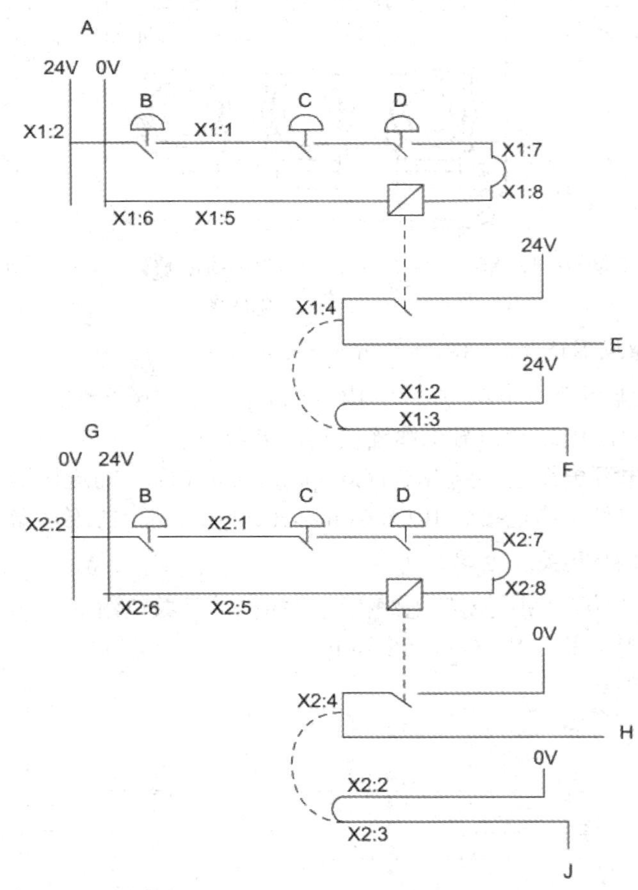

A—Internal；B—外部停止；C—FlexPendant；D—机柜；E—ES1 内部；F—运行链 1 顶部；G—Internal；H—ES2 内部；J—运行链 2 顶部

图 5-24 紧急电路的端子

7. I/O 装置的定义

一个 I/O 装置位于 IRC5 Compact controller 的内部。仅可在控制器内部使用 I/O 装置 DSQC 652。I/O 装置的位置如图 5-2 所示。在 IRC5 Compact controller 的外部，可以为装置(I/O、网关或编码器接口装置)安装两个安装导轨，如图 5-18 所示。

I/O 装置包括 DSQC 651(AD Combi I/O)、DSQC 652(数字 I/O)和 DSQC 653(带有继电器输出的数字 I/O)。

网关包括 DSQC 350A(DeviceNet/Allen Bradely Remote I/O Gateway)和 DSQC 351A(DeviceNet Gateway)。

DSQC 377A 为输送跟踪的编码器接口装置。

笔记

任务扩展

KUKA 工业机器人控制系统的保养

控制系统的保养位置如图 5-25 所示。

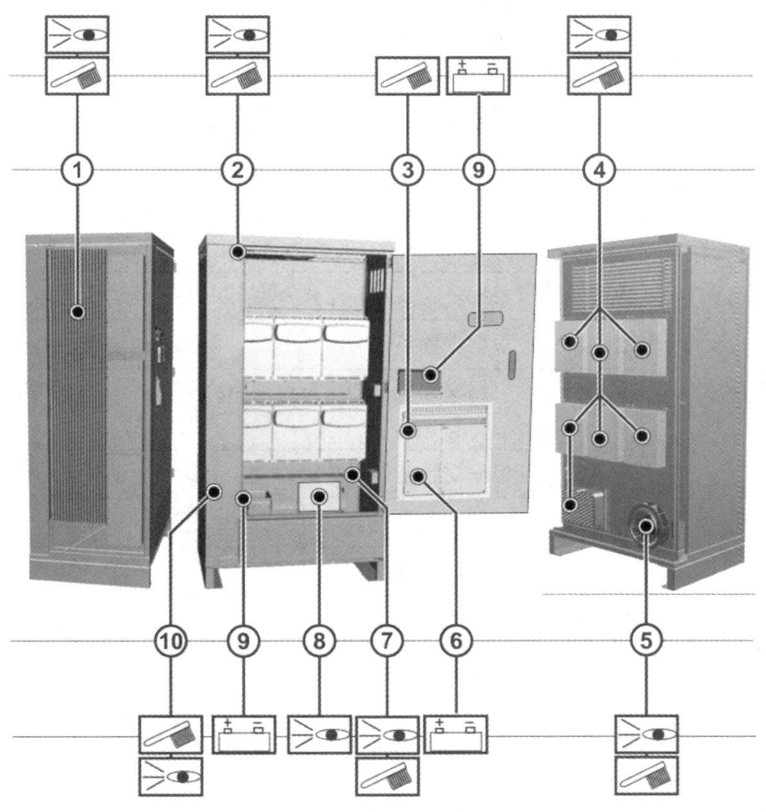

图 5-25　保养位置

图中各保养图标的含义如下：

：换油

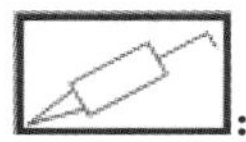：用油脂枪润滑

：用刷子润滑

企业管理三大着力点

一、以协同创造为企业发展重点；

二、以智慧管理赋能企业全流程；

三、以合规经营为企业持续发展基础

笔记

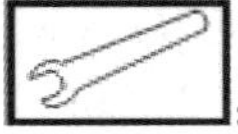：拧紧螺丝、螺母

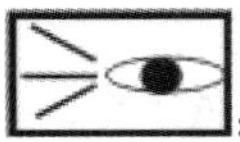：检查构件，目检

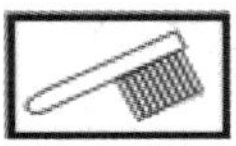：清洁构件

：更换电池/蓄电池

图 5-25 中各保养项目的保养周期如表 5-2 所示。

表 5-2 保养周期

周 期	项号	任 务
6 个月	8	检查使用的 SIB 和/或 SIB 扩展型继电器输出端功能是否正常
最迟 1 年	5	根据装配条件和污染程度，用刷子清洁外部风扇的保护栅栏
最迟 2 年	1	根据安置条件和污染程度，用刷子清洁换热器
	2，10	根据安置条件和污染程度，用刷子清洁内部风扇
	4	根据安置条件和污染程度用刷子清洁 KPP、KSP 的散热器和低压电源件
	5	根据安置条件和污染程度，用刷子清洁外风扇
5 年	6	更换主板电池
5 年 (三班运行情况下)	3	更换控制系统 PC 的风扇
	5	更换外部风扇
	2	更换内部风扇
根据蓄电池监控的显示	9	更换蓄电池
压力平衡塞变色时	7	视安置条件及污染程度而定。检查压力平衡塞外观：白色滤芯颜色改变时须更换

进行保养时需做到以下几点：

(1) 机器人控制器必须保持关断状态，并做好保护，防止未经许可的意外重启。

(2) 电源线已断电。

(3) 按照 ESD 准则工作。

执行保养清单中某项工作时，必须根据以下要点进行一次目视检查：检查保险装置、接触器、插头连接及印制线路板是否安装牢固；检查电缆是否损坏；检查接地电位均衡导线的连接；检查所有设备部件是否磨损或损坏。

笔记

任务二　IRC5 Compact controller 的维修

任务导入

IRC5 Compact controller 的型式如图 5-26(a)～(d)所示，有单柜式、双柜式、面板式、紧凑式四种。其结构如图 5-26(e)所示。限于电子技术的发展水平，工业机器人控制系统出现故障时很难做到元件级、片级维修，主要是以更换为主。

(a) 单柜式

(b) 双柜式

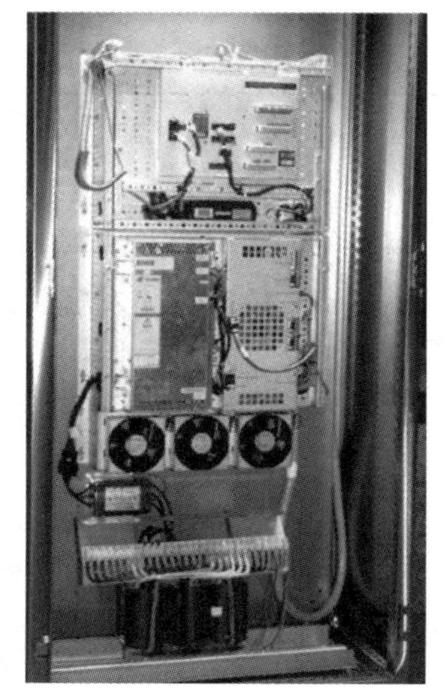

(c) 面板式

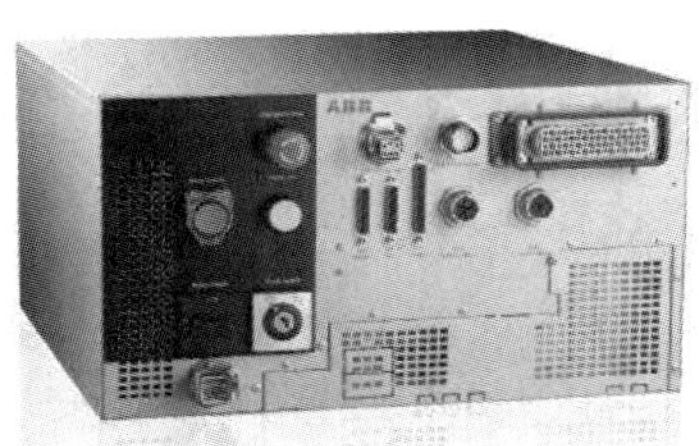

(d) 紧凑型

笔记

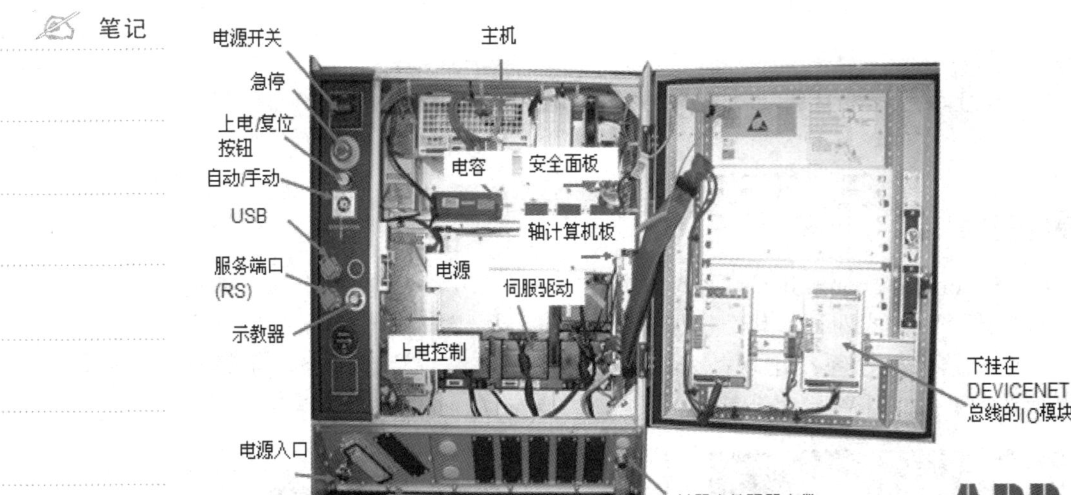

(e) 结构

图 5-26 IRC5 Compact controller

任务目标

知识目标	能力目标
1. 掌握机器人控制系统常规检查的知识 2. 掌握机器人控制系统相关部件更换的知识 3. 了解工业机器人控制系统相关部件的作用	1. 对工业机器人控制系统进行常规性检查、诊断 2. 能判断控制系统故障部位、故障原因，排除控制系统相关故障 3. 能对机器人控制系统相关部件进行更换

任务实施

一体化教学

若有条件，带领学生到工业机器人边，边操作边介绍，但应注意安全。若无条件，可进行多媒体教学。

一、打开 IRC5 Compact controller

1. 卸除顶盖

(1) 卸除顶盖上的 6 个止动螺钉。

(2) 向控制器的背部方向推动顶盖，以便它从前面板的弯曲处松开，然后向上拉将其卸除。

笔记

2. 卸除左侧盖

(1) 卸除左侧盖上的 4 个止动螺钉。

(2) 向控制器的背部方向推动左侧盖，以便它从前面板的弯曲处松开，然后向上拉将其卸除。

3. 卸除右侧盖

(1) 卸除右侧盖上的 4 个止动螺钉。

(2) 向控制器的背部方向推动右侧盖，以便它从前面板的弯曲处松开，然后向上拉将其卸除。

4. 提升中间层

在提升中间层以使用 IRC5 Compact controller 机柜底层中的部件时，请使用此步骤。

(1) 卸除机柜顶盖。

(2) 卸除机柜的左侧盖。

(3) 卸除机柜后端盖上的两个止动螺钉，如图 5-27 所示。

(4) 卸除中间层上的 5 个止动螺钉。

(5) 断开泄流器连接器与系统电源上所有连接器的连接。

(6) 用一只手提升中间层，同时从中间层下方翻转支架以便支撑机柜后端盖上的凹槽，如图 5-3 所示。

(7) 将支架的一个止动螺钉安装到凹槽附近的螺孔中，然后拧紧。

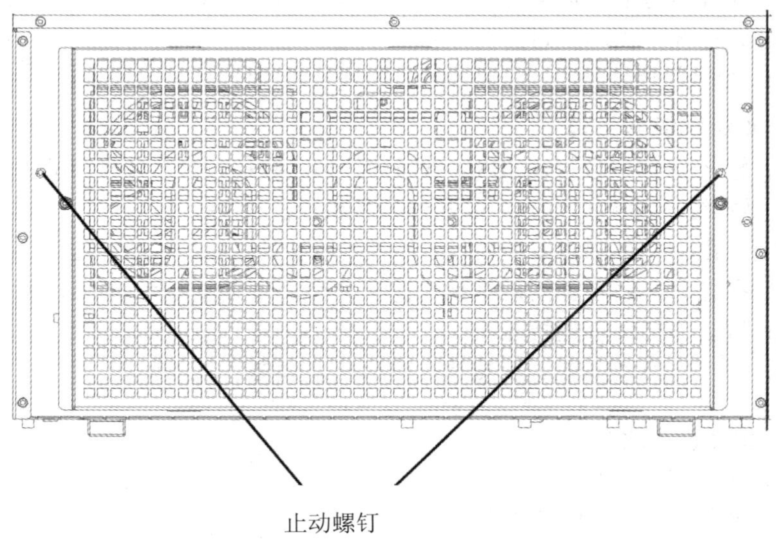

图 5-27　卸除螺钉

二、更换安全台

安全台的位置如图 5-28 所示。

笔记

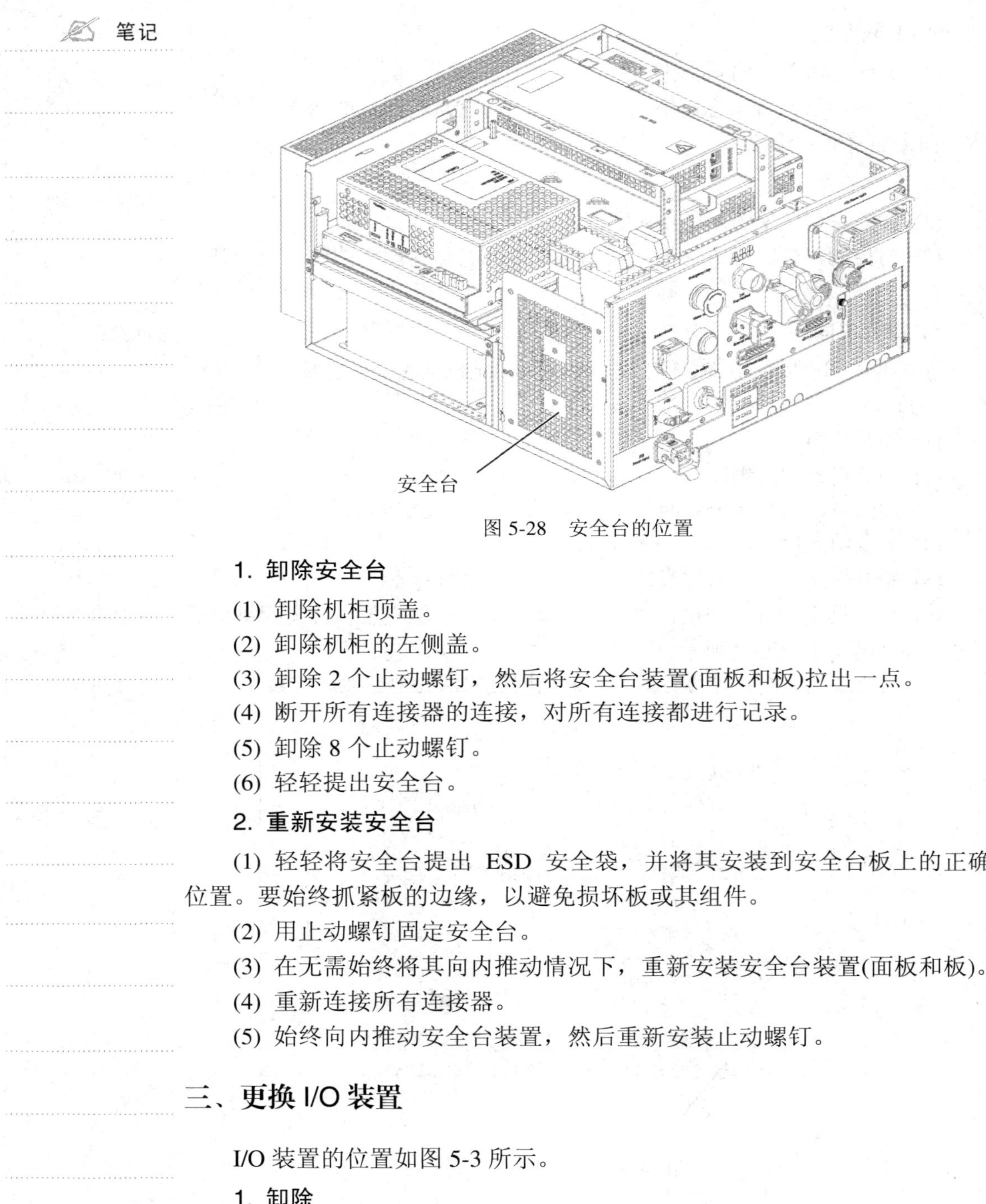

图 5-28　安全台的位置

1. 卸除安全台

(1) 卸除机柜顶盖。

(2) 卸除机柜的左侧盖。

(3) 卸除 2 个止动螺钉，然后将安全台装置(面板和板)拉出一点。

(4) 断开所有连接器的连接，对所有连接都进行记录。

(5) 卸除 8 个止动螺钉。

(6) 轻轻提出安全台。

2. 重新安装安全台

(1) 轻轻将安全台提出 ESD 安全袋，并将其安装到安全台板上的正确位置。要始终抓紧板的边缘，以避免损坏板或其组件。

(2) 用止动螺钉固定安全台。

(3) 在无需始终将其向内推动情况下，重新安装安全台装置(面板和板)。

(4) 重新连接所有连接器。

(5) 始终向内推动安全台装置，然后重新安装止动螺钉。

三、更换 I/O 装置

I/O 装置的位置如图 5-3 所示。

1. 卸除

(1) 卸除机柜顶盖。

(2) 卸除机柜的左侧盖和右侧盖。

(3) 提升机柜的中间层，然后将其固定。

(4) 断开连接器与装置的连接。

笔记

(5) 倾斜该装置使其远离安装导轨，然后将其卸除。

2. 重新安装

(1) 将该装置钩回安装导轨并轻轻将其卡到位。

(2) 重新连接在卸除过程中断开连接的所有连接器。

四、更换备用能源组

IRC5 Compact controller 中备用能源组的位置如图 5-2 所示。

1. 卸除

(1) 卸除机柜顶盖。

(2) 卸除机柜的左侧盖和右侧盖。

(3) 提升机柜的中间层，然后将其固定。

(4) 断开连接器 X7 与配电板的连接。

(5) 卸除止动螺钉，如图 5-29 所示。

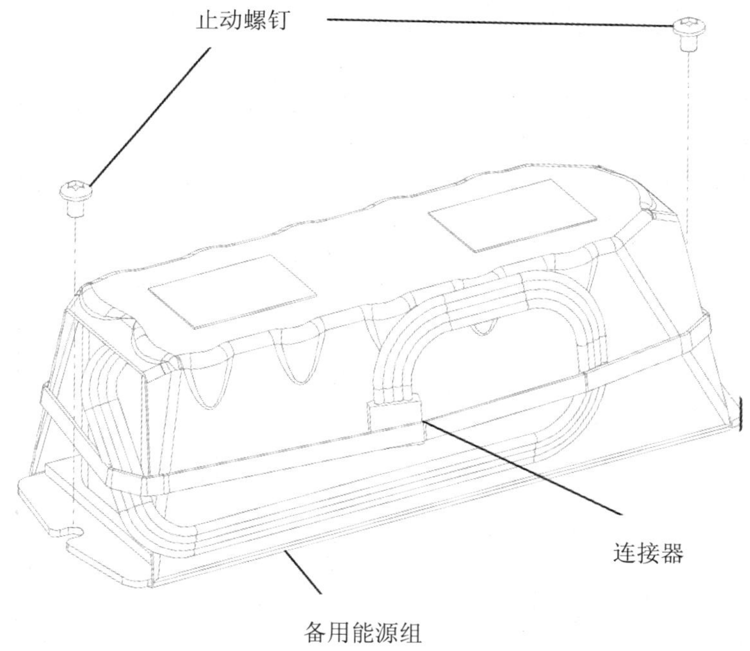

图 5-29　止动螺钉

(6) 拉出备用能源组。

2. 重新安装

(1) 重新安装新备用能源组。

(2) 重新安装止动螺钉，然后将其拧紧，如图 5-29 所示。

(3) 重新将连接器 X7 连接到配电板。

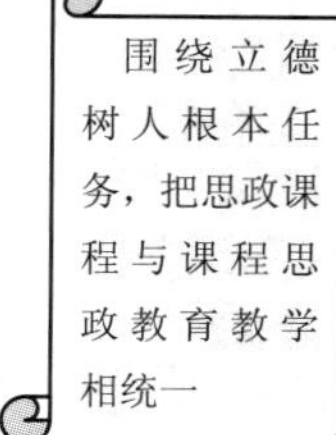

围绕立德树人根本任务，把思政课程与课程思政教育教学相统一

笔记

五、更换主板

主板的位置如图 5-4 所示。

1. 卸除

(1) 卸除机柜顶盖。

(2) 卸除机柜的左侧盖和右侧盖。

(3) 卸除 Compact 闪存。

(4) 卸除 PCI 板。

(5) 卸下安全台装置的两个止动螺钉，并轻轻将其拉出少许。

(6) 卸除接触器装置(附加了板的接触器)止动螺钉，并将装置向左移动少许。

(7) 分离机柜内部的模式切换连接器。

(8) 使用长螺丝起子卸除中间层上方的一个主板止动螺钉，如图 5-30 所示。

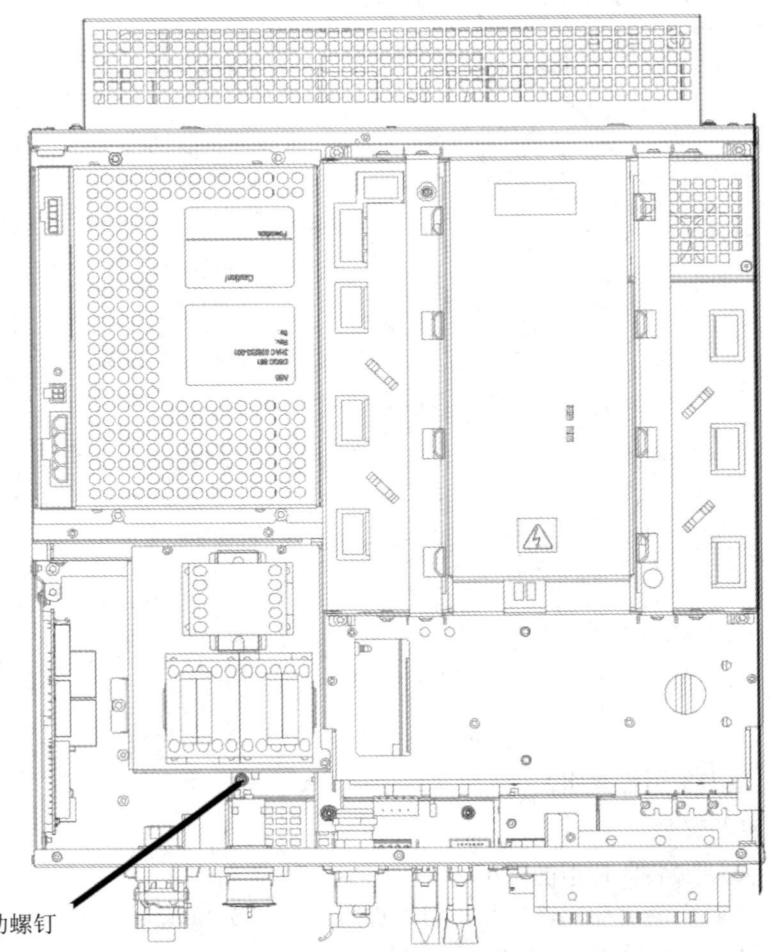

图 5-30　卸除主板止动螺钉

笔记

(9) 使用长螺丝起子卸除中间层上方的 3 个主板止动螺钉，如图 5-31 所示。

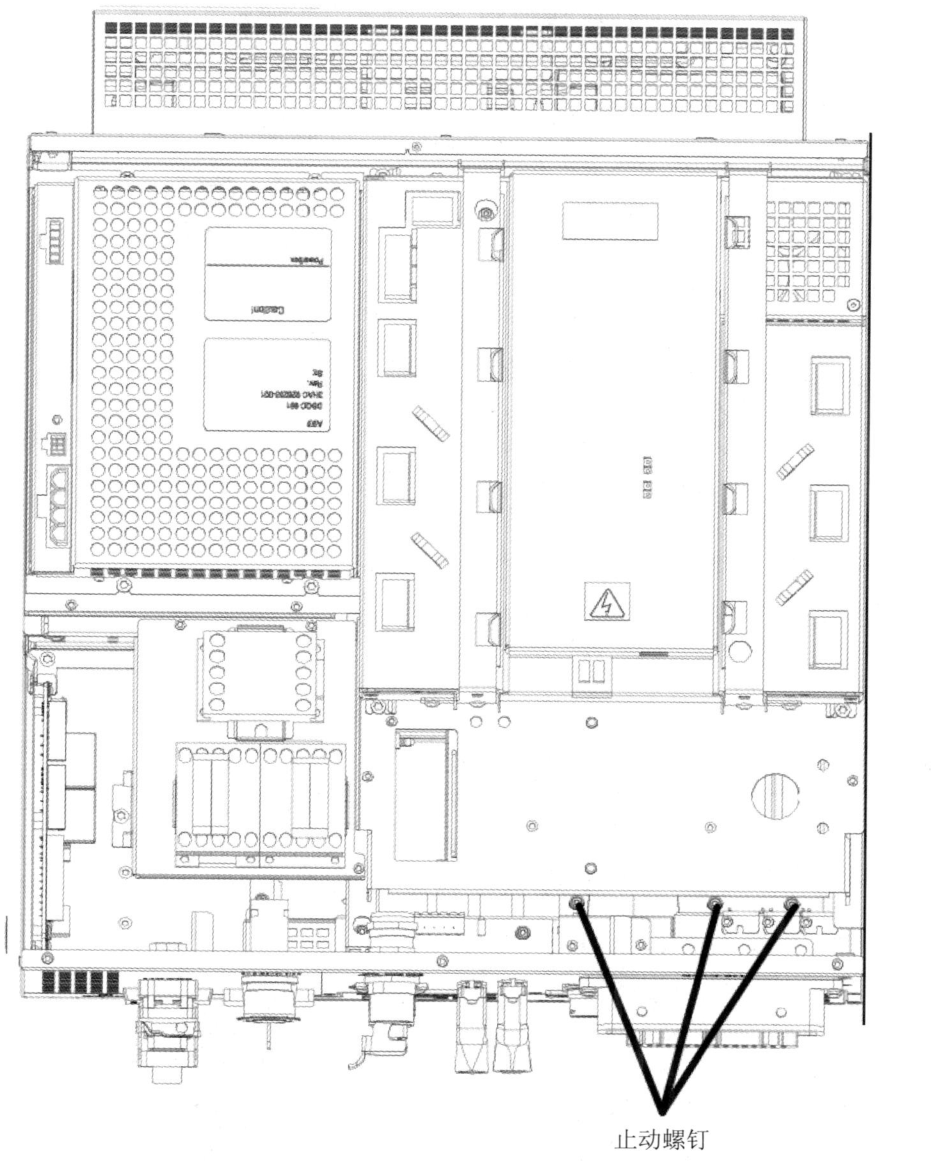

图 5-31　卸除主板止动螺钉

(10) 提升机柜的中间层，然后将其固定。

(11) 断开所有电缆与主板的连接。

(12) 卸除最后 6 个主板止动螺钉，如图 5-32 所示。

(13) 轻轻将主板垂直提升少许，然后将其从右侧支架下方取出放到正确的方位。要始终抓紧板的边缘，以避免损坏板或其组件，如图 5-33 所示。

笔记

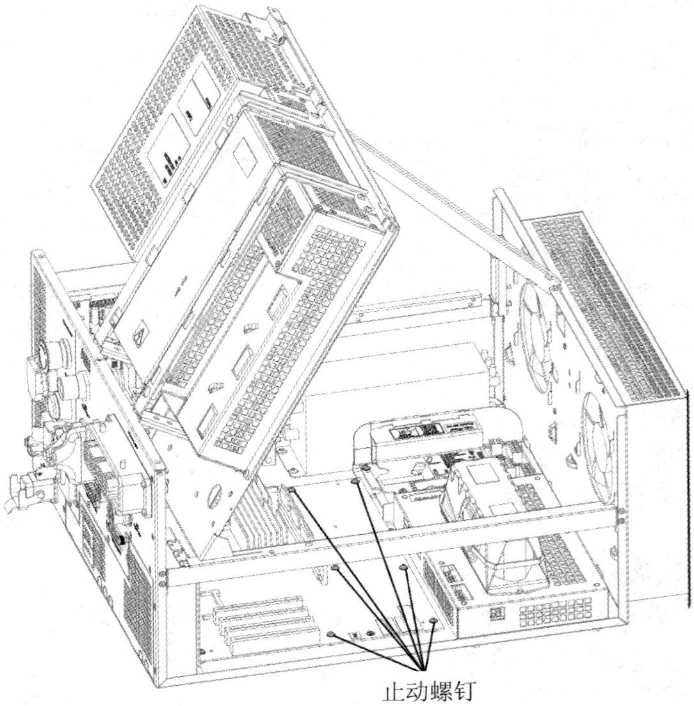

止动螺钉

图 5-32　主板止动螺钉

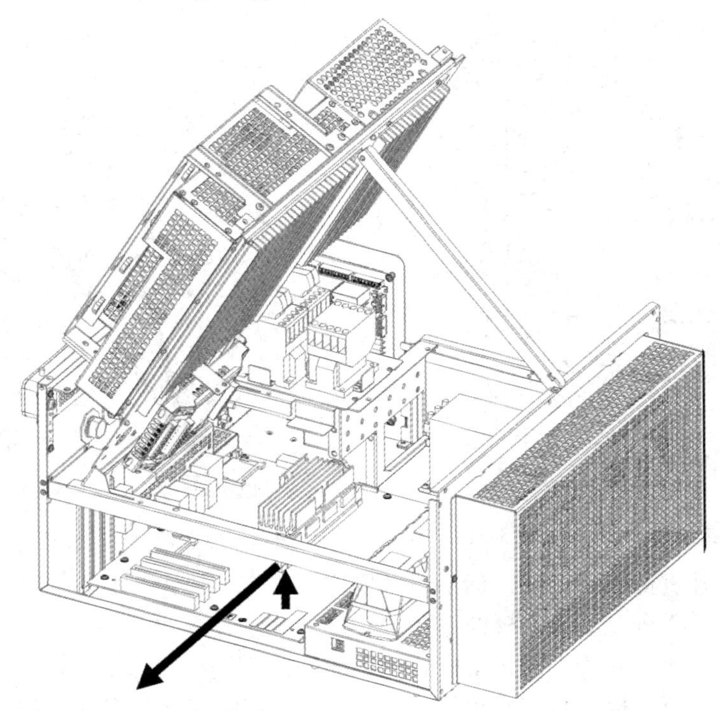

图 5-33　将主板垂直提升

笔记

2. 重新安装

(1) 轻轻将主板提出 ESD 安全袋，并将其安装到机柜的正确位置。要始终抓紧板的边缘，以避免损坏板或其组件。

(2) 用 6 个止动螺钉固定主板，如图 5-32 所示。

(3) 封闭机柜的中间层。

(4) 使用长螺丝起子固定主板的其他止动螺钉。

(5) 在机柜中重新安装模式切换连接器。

(6) 重新安装接触器装置并固定其止动螺钉。

(7) 重新安装安全台并固定其止动螺钉。

(8) 重新安装 PCI 板。

(9) 重新安装 Compact 闪存盘。

(10) 重新将所有电缆连接到主板。

(11) 将左右侧盖重新安装到机柜，并用止动螺钉固定。

(12) 将顶盖重新安装到机柜，并用止动螺钉固定。

六、更换主板上的 DDR SDRAM

DDR SDRAM 的位置如图 5-34 所示。

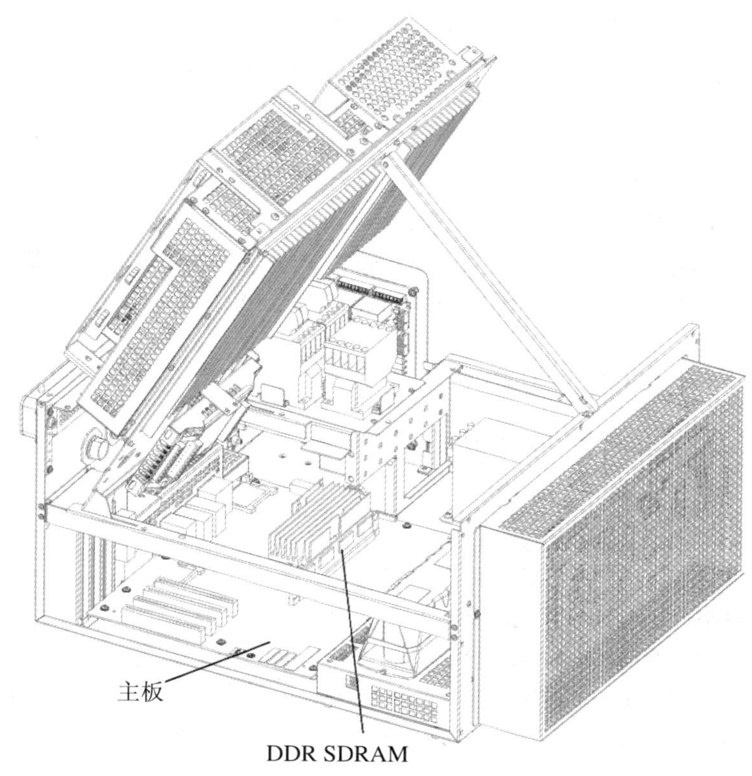

图 5-34　DDR SDRAM 的位置

笔记

1. 卸除

(1) 卸除机柜顶盖。

(2) 卸除机柜的左侧盖和右侧盖。

(3) 提升机柜的中间层，然后将其固定。

(4) 轻轻地垂直提升 DDR SDRAM，如图 5-35 所示。要始终抓紧内存的边缘，以避免损坏内存或其组件。应直接将内存放入 ESD 安全袋或类似物品。

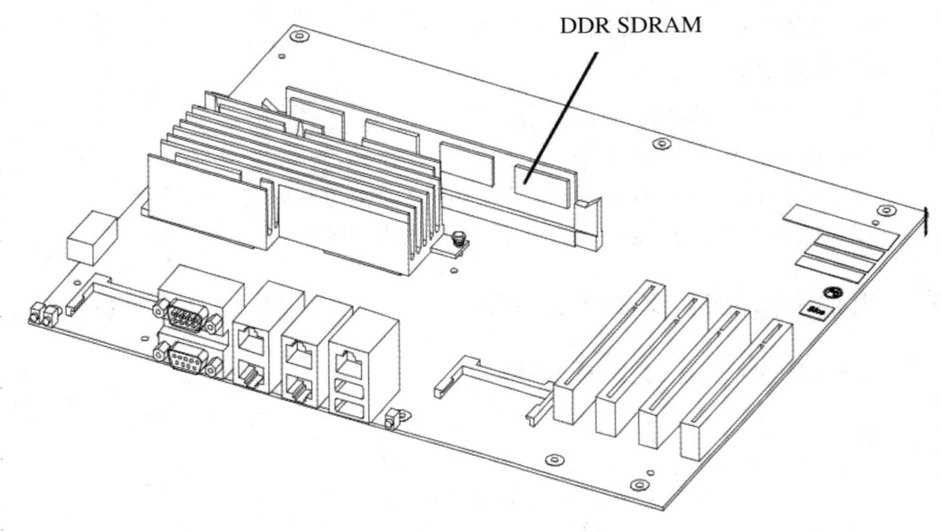

图 5-35　DDR SDRAM

2. 重新安装

轻轻将 DDR SDRAM 提出 ESD 安全袋，并将其安装到主板的正确位置，如图 5-35 所示。要始终抓紧内存的边缘，以避免损坏内存或其组件。

七、更换 DeviceNet Lean 板

DeviceNet Lean 板的位置如图 5-36 所示。

1. 卸除

(1) 卸除机柜顶盖。

(2) 卸除机柜的左侧盖和右侧盖。

(3) 卸除 DeviceNet Lean 板的两个止动螺钉。

(4) 提升机柜的中间层，然后将其固定。

(5) 断开连接器与装置的连接。

(6) 轻轻地垂直提升 DeviceNet Lean 板。

笔记

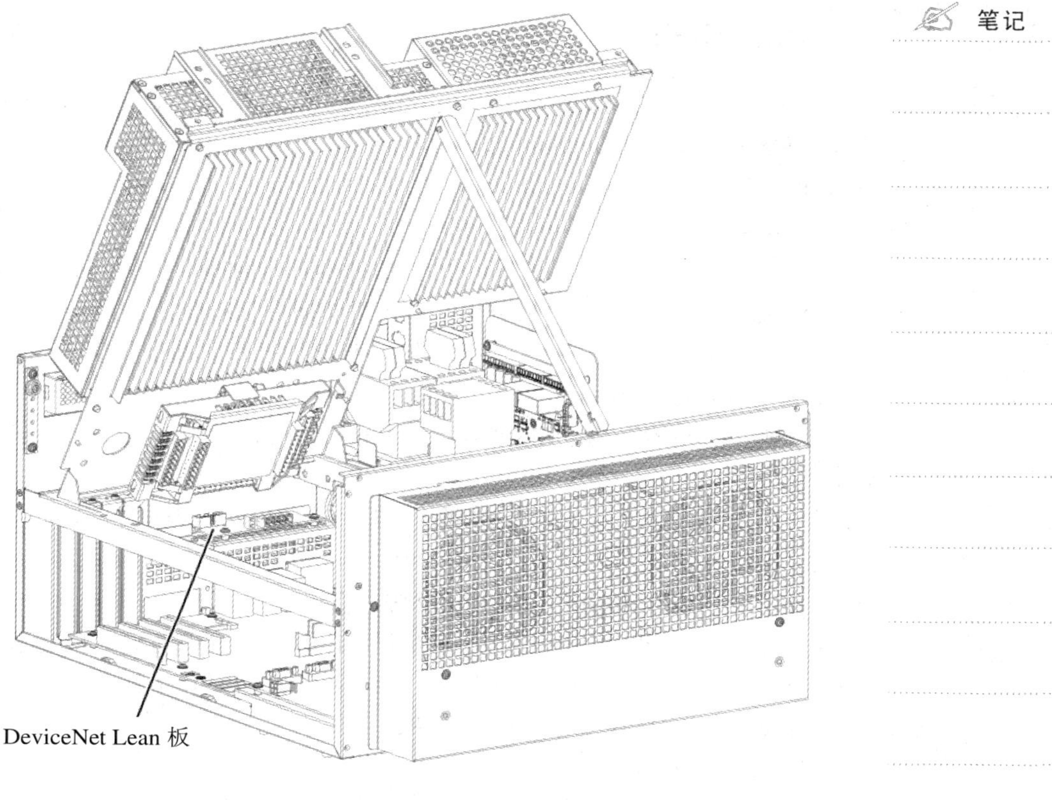

图 5-36 DeviceNet Lean 板的位置

2. 重新安装

(1) 轻轻将 DeviceNet Lean 板提出 ESD 安全袋，并卸下止动螺钉以将 DeviceNet Lean 板与卡支架分离，如图 5-37 所示。

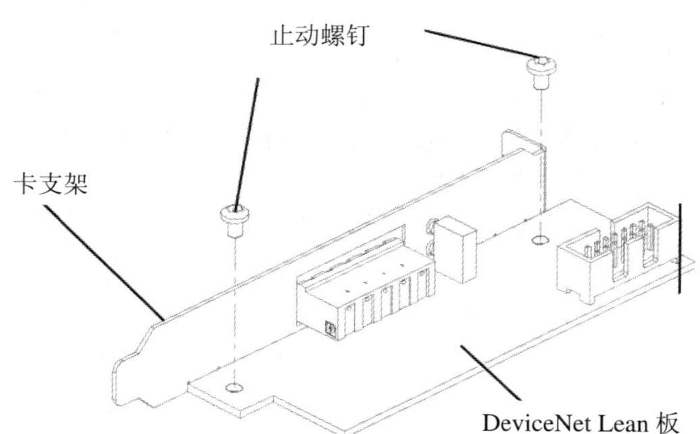

图 5-37 卸下止动螺钉

(2) 将 DeviceNet Lean 板安装到机柜的正确位置，用止动螺钉将其固定。

笔记

八、更换 PCI 板

许多板都可以安装到图 5-19 所示的插槽中，包括 Ethernet 卡；Profibus-DP Master/Slave；单 DeviceNet Master/Slave；双 DeviceNet Master/Slave；PROFINET Master/Slave。

1. 卸除

(1) 卸除翼形螺钉，然后打开控制器前面板上的端盖，如图 5-20 所示。

(2) 标识要更换的卡(条形码标签包含有关型号名称的信息)。

(3) 断开任何电缆与 PCI 板的连接，要记录断开了哪些电缆的连接。

(4) 提升机柜的中间层，然后将其固定。

(5) 卸除卡支架顶端的止动螺钉。注意：始终抓紧卡的边缘，以避免损坏卡或其组件。

(6) 轻轻地垂直提升卡，应直接将卡放入 ESD 安全袋或类似物品。

2. 重新安装

(1) 提升机柜的中间层，然后将其固定。

(2) 通过将卡推入主板上的插口将卡安装到位。用止动螺钉将其固定在卡支架的顶端。要始终抓紧卡的边缘，以避免损坏卡或其组件。

(3) 重新将所有附加电缆连接到 PCI 板。

(4) 封闭机柜的中间层。

(5) 确保对机器人系统进行了配置，以反映安装了 PCI 卡。

九、更换现场总线适配器

可以安装到插槽中的现场总线适配器有：EtherNet/IP Fieldbus Adapter；PROFIBUS Fieldbus Adapter；PROFINET 现场总线适配器，如图 5-19 所示。

1. 卸除

(1) 卸除翼形螺钉，然后打开控制器前面板上的端盖，如图 5-20 所示。

(2) 标识现场总线适配器(条形码标签包含有关型号名称的信息)。

(3) 断开电缆与现场总线适配器的连接。

(4) 拧松(请勿将其卸除)现场总线适配器前端的止动螺钉(2 颗)以释放紧固装置，如图 5-38 所示。

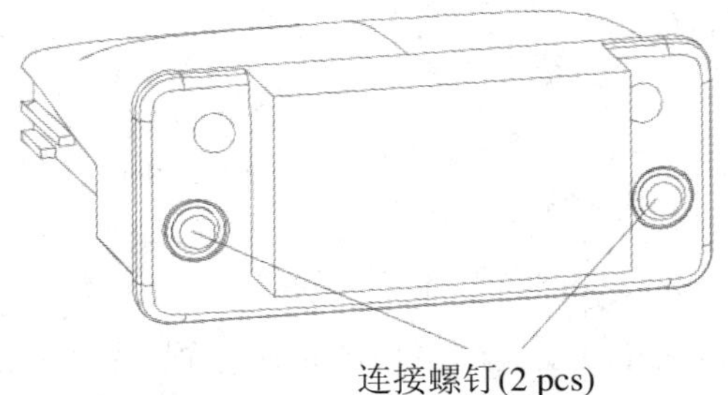

笔记

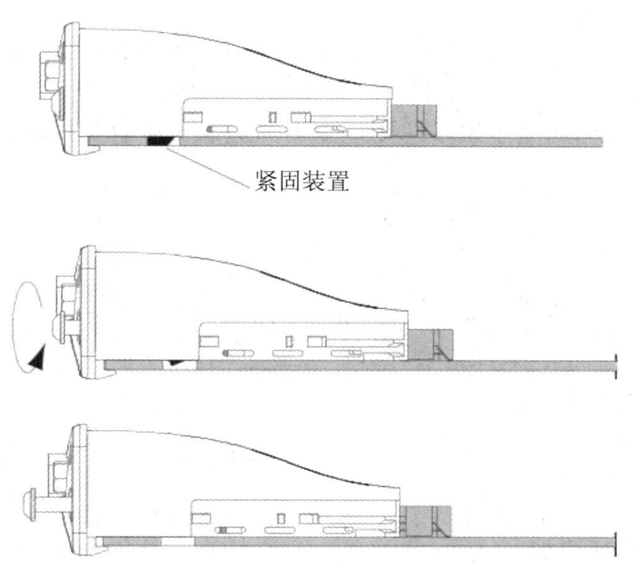

图 5-38　拧松止动螺钉

(5) 抓住拧松的止动螺钉，并轻轻将现场总线适配器按箭头的方向拉出，如图 5-39 所示。

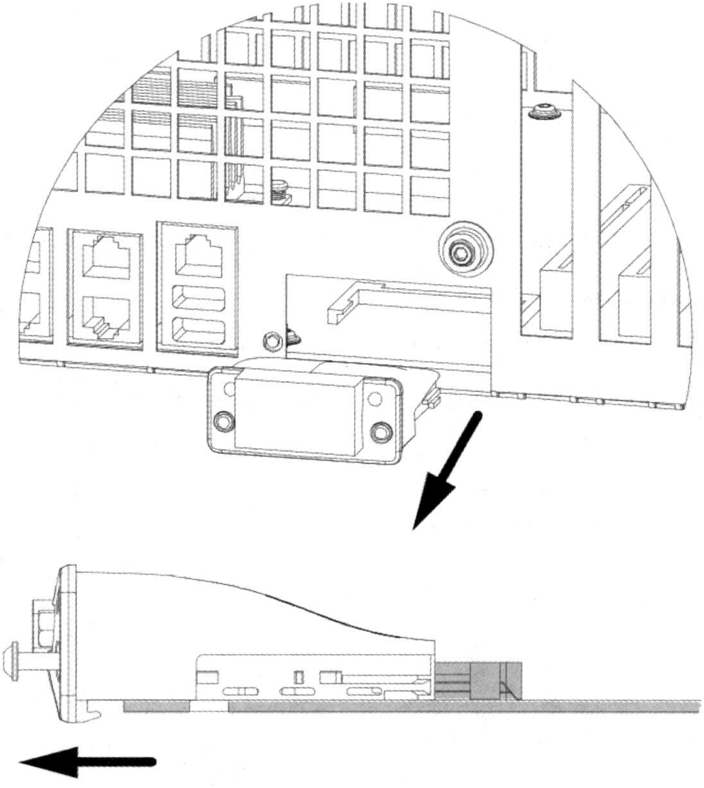

图 5-39　拉出现场总线适配器

笔记

2. 重新安装

(1) 通过沿着主板上的导轨推动现场总线适配器将现场总线适配器安装到位，如图 5-40 所示。应小心推动，不损坏任何插针。确保将适配器垂直推送到导轨上。要始终抓紧现场总线适配器的边缘，以避免损坏适配器或其组件。

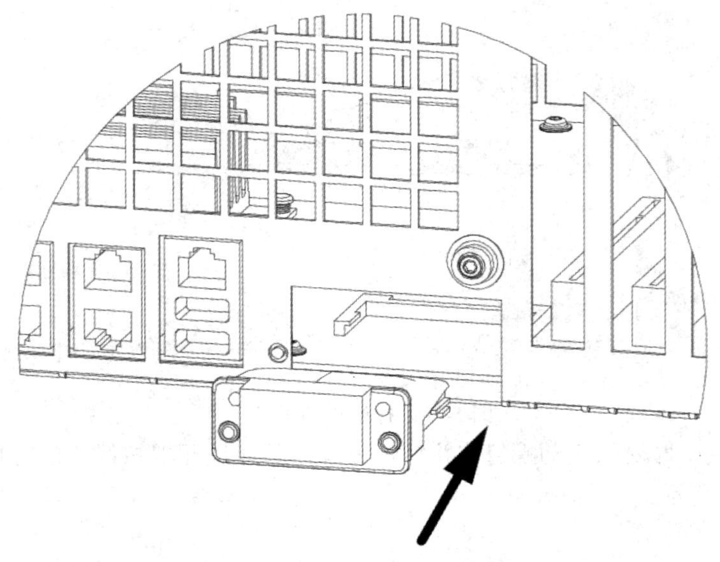

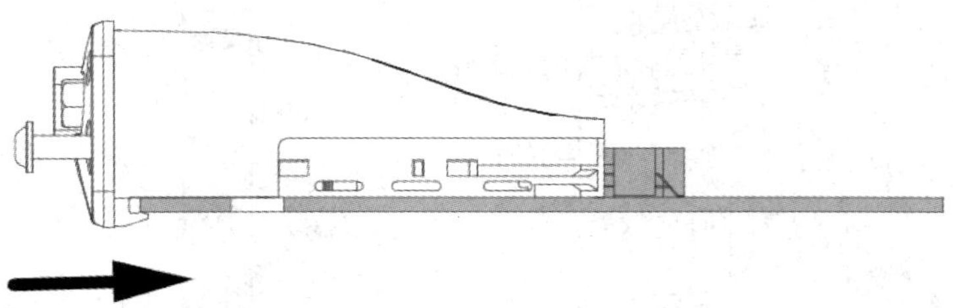

图 5-40　将现场总线适配器安装到位

(2) 用止动螺钉(2 pcs)将其固定在现场总线适配器的前端，如图 5-41 所示。

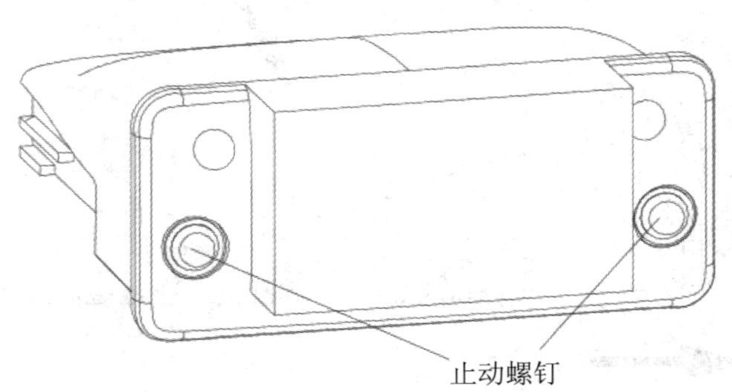

笔记

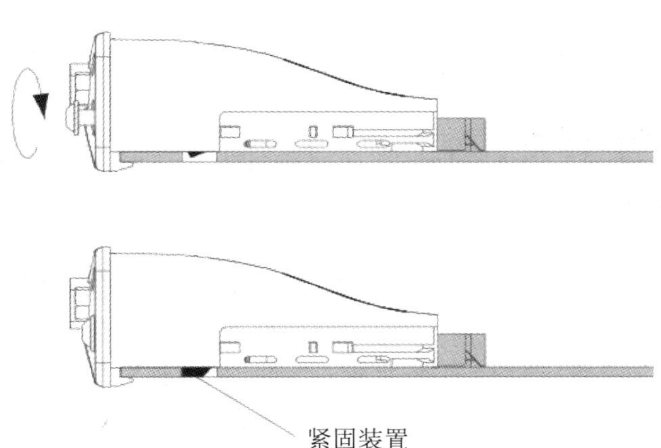

图 5-41　固定现场总线适配器的前端

(3) 重新将电缆连接到现场总线适配器。

(4) 确保对机器人系统进行了配置，以反映安装了现场总线适配器。

十、更换 Compact 闪存

Compact 闪存插槽的位置如图 5-19 所示。

1. 卸除

(1) 卸除翼形螺钉，然后打开控制器前面板上的端盖，如图 5-20 所示。

(2) 按箭头方向轻轻拉出 Compact 闪存，如图 5-42 所示。

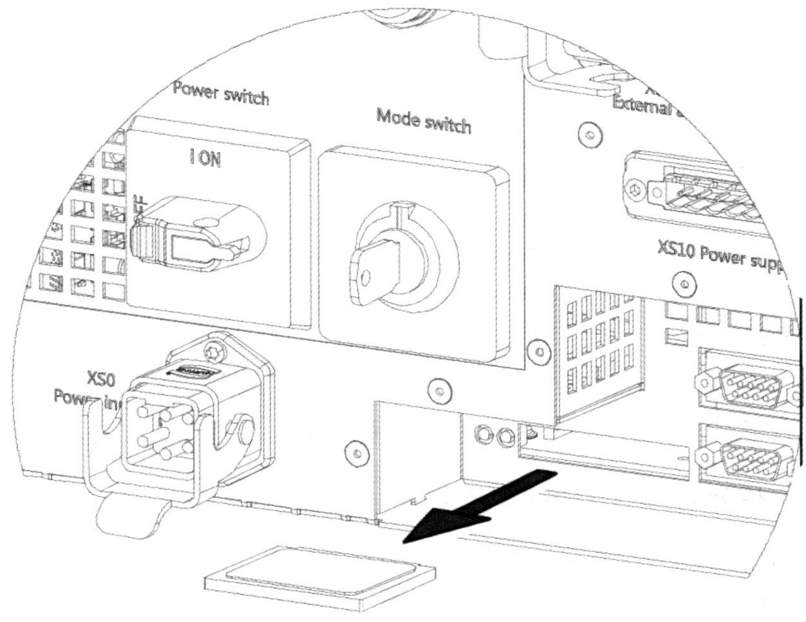

图 5-42　拉出 Compact 闪存

笔记

2. 重新安装

按图 5-42 相反方向重新安装 Compact 闪存。

十一、更换驱动装置

主驱动装置的位置如图 5-43 所示。

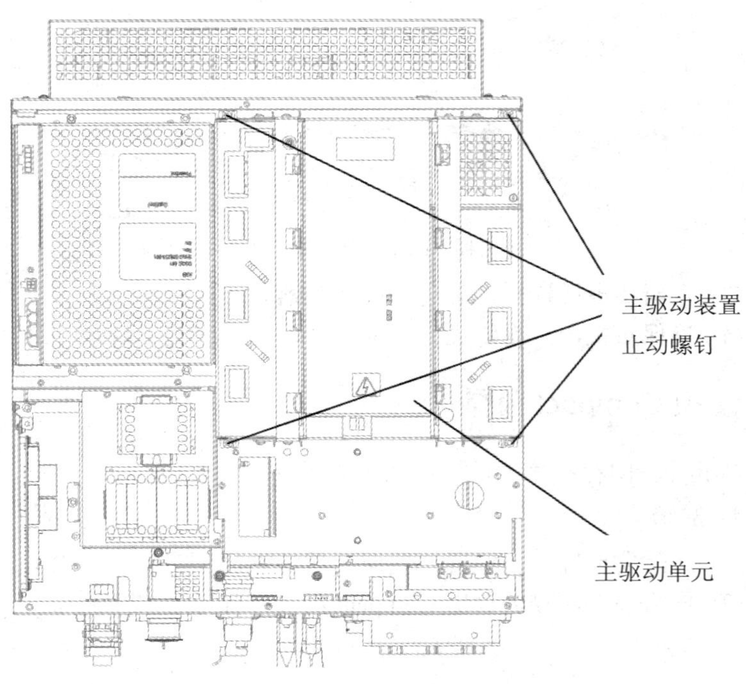

图 5-43　主驱动装置的位置

1. 卸除

(1) 卸除机柜顶盖。

(2) 卸除机柜的左侧盖和右侧盖。

(3) 断开所有连接器与要更换的装置的连接。

(4) 拧下止动螺钉后卸除驱动装置。

2. 重新安装

(1) 将该装置安装到其预定位置和方向。用止动螺钉将其固定。

(2) 重新连接在卸除过程中断开连接的所有连接器。

十二、更换轴计算机 DSQC 668

轴计算机的位置如图 5-2 所示。

1. 卸除

(1) 卸除机柜顶盖。

笔记

(2) 卸除机柜的左侧盖和右侧盖。

(3) 提升机柜的中间层，然后将其固定。

(4) 断开所有连接器与电容器组和轴计算机的连接。注意要对所有连接都进行记录。

(5) 卸除止动螺钉，如图 5-44 所示。

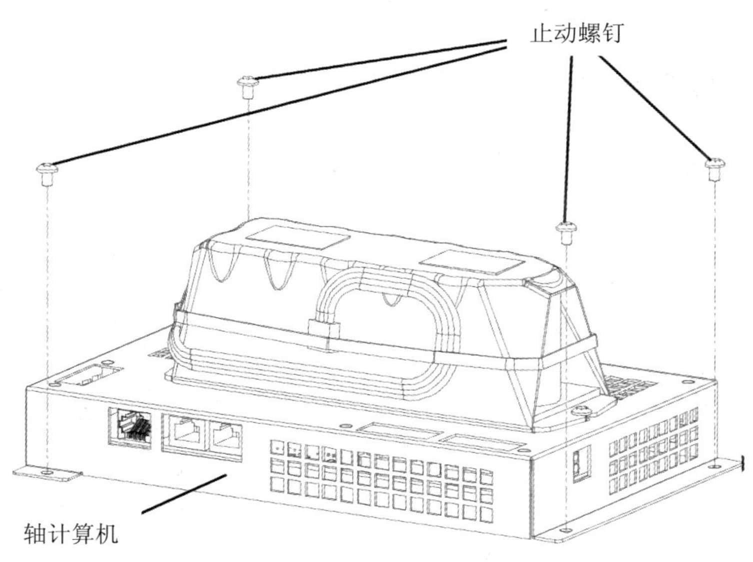

图 5-44　卸除止动螺钉

(6) 轻轻地垂直提升轴计算机单元。

(7) 拆除七颗止动螺钉并轻轻地垂直提升轴计算机台，如图 5-45 所示。

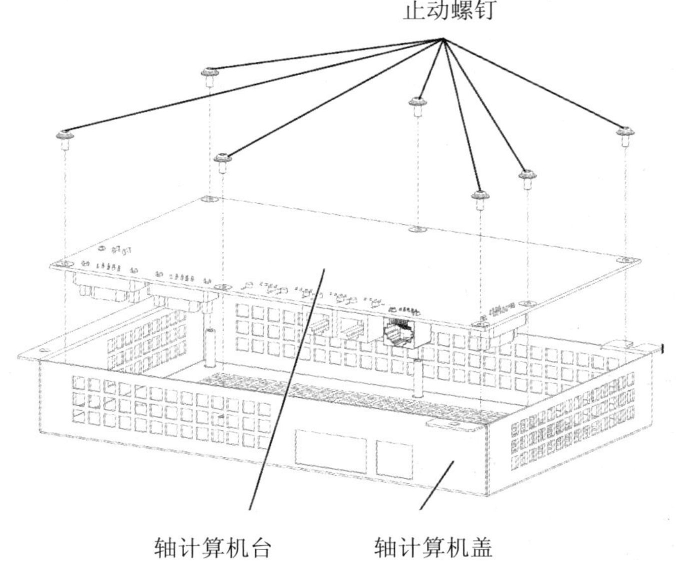

图 5-45　卸除止动螺钉

笔记

2. 重新安装

(1) 将轴计算机台轻轻地安装进盖中。
(2) 重新安装七颗止动螺钉。
(3) 轻轻地将轴计算机单元放低到正确位置。
(4) 重新安装止动螺钉。
(5) 重新连接所有连接器。

十三、更换系统风扇

系统风扇的位置如图 5-46 所示。

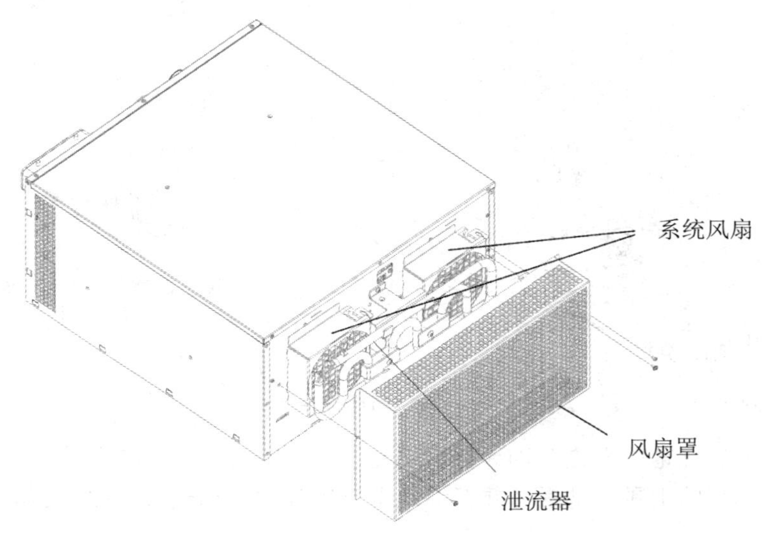

图 5-46　系统风扇的位置

1. 卸除

(1) 卸除风扇罩上的 3 个止动螺钉。
(2) 向右推风扇罩，然后将其卸除。
(3) 断开连接器与风扇的连接。
(4) 拧松风扇插座上的止动螺钉。
(5) 向上推风扇，然后将其卸除。

2. 重新安装

(1) 将风扇放置到位，然后向下推。
(2) 固定风扇插座上的止动螺钉。
(3) 将连接器连接到风扇。
(4) 将风扇罩放置到位，然后向左推。
(5) 固定风扇罩上的 3 个止动螺钉。

笔记

十四、更换制动电阻泄流器

制动电阻泄流器的位置如图 5-46 所示。

1. 卸除

泄流器顶部的表面较热，有导致操作员烧伤的危险，卸除装置时应小心谨慎。

(1) 移除风扇罩。

(2) 卸除机柜顶盖。

(3) 断开泄流器连接器与驱动装置的连接，然后通过孔将泄流电缆拉出机柜后盖。

(4) 松开泄流器支架上两颗位于下部的止动螺钉，如图 5-47 所示。

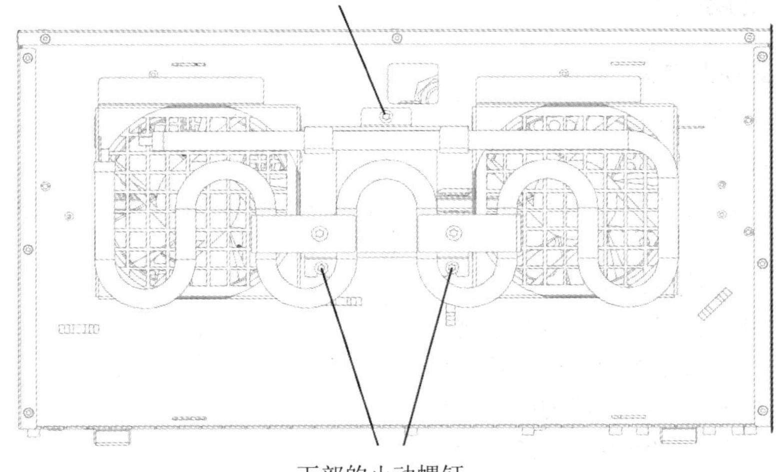

图 5-47　止动螺钉

(5) 卸除上部的止动螺钉。

(6) 向上拉制动电阻泄流器，然后向外拉，将其从上部螺钉头下释放出来，然后将其卸除。

2. 重新安装

(1) 重新安装制动电阻泄流器，方法是在下部止动螺钉头下方滑动凹进处，然后依次向里推和向下推。

(2) 重新安装上部的止动螺钉。

(3) 拧紧泄流器的所有止动螺钉。

(4) 通过机柜后盖上的孔拉出泄流器电缆。

(5) 重新安装风扇罩，然后将其向左推到凹槽内。

(6) 重新安装风扇罩上的止动螺钉，然后将其拧紧。

(7) 将泄流器电缆重新连接到驱动装置上。

笔记

十五、更换 Remote Service 箱

Remote Service 箱的位置如图 5-16 所示。

1. 卸除

(1) 卸除机柜顶盖。

(2) 卸除机柜的左侧盖和右侧盖。

(3) 断开所有连接器与 Remote Service 箱的连接。

(4) 倾斜该装置使其远离安装导轨，然后将其卸除。

2. 重新安装

(1) 将 Remote Service 箱安装到位。

(2) 将所有连接器重新连接到 Remote Service 箱。

十六、更换电源

1. 更换配电板

配电板的位置如图 5-2 所示。

1) 卸除

配电板装置顶部表面较热，有导致操作员烧伤的危险，卸除装置时应小心谨慎。

(1) 卸除机柜顶盖。

(2) 卸除机柜的左侧盖和右侧盖。

(3) 提升机柜的中间层，然后将其固定。

(4) 断开所有连接器与配电板的连接。

(5) 卸除止动螺钉，如图 5-48 所示。

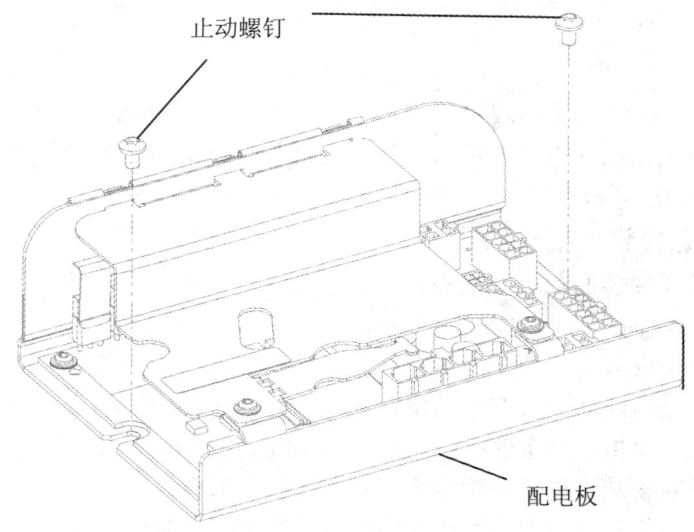

图 5-48　止动螺钉

笔记

(6) 垂直提升配电板。

2) 重新安装

(1) 将配电板放置到位，然后重新安装止动螺钉，如图 5-49 所示。

(2) 重新连接连接器 X1 - X9，注意配电板装置顶部的表面是热的，请勿在配电板顶部输送或放置电缆。

2. 更换系统电源

系统电源的位置如图 5-2 所示。

1) 卸除

(1) 卸除机柜的顶盖和左侧盖。

(2) 断开所有连接器与装置的连接。

(3) 拧松两个上部的止动螺钉，如图 5-49 所示。

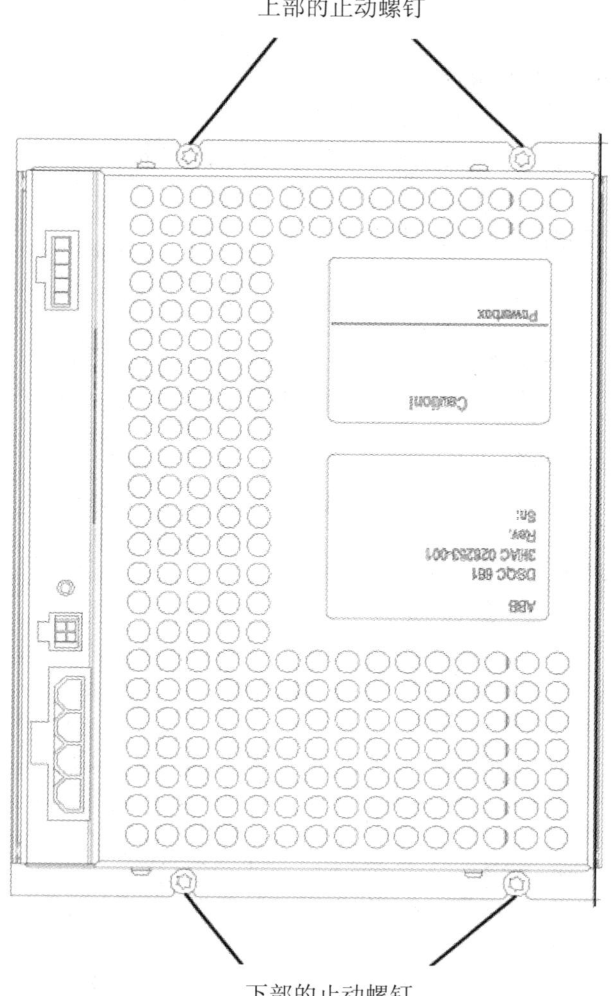

图 5-49　止动螺钉

笔记

(4) 卸除两个下部的止动螺钉。

(5) 将电源装置向外拉出，然后向下，将其从上部的释放，然后将其卸除。

2) 重新安装

(1) 重新安装电源，方法是在上部螺钉头下方滑动凹进处，然后依次向里推和向上推，如图 5-49 所示。

(2) 重新安装两个下部的止动螺钉。

(3) 拧紧止动螺钉(4 pcs)。

(4) 将所有连接器重新连接到装置。

十七、更换线性过滤器

线性过滤器的位置如图 5-2 所示。

1. 卸除

(1) 卸除机柜顶盖。

(2) 卸除机柜的左侧盖和右侧盖。

(3) 提升机柜的中间层，然后将其固定。

(4) 电缆与过滤器 L1、L2、L3 和 L1'、L2'、L3' 连接器的连接。

(5) 断开两个过滤器接地电缆与接地端子的连接。

(6) 卸除线性过滤器的四颗止动螺钉，如图 5-50 所示。

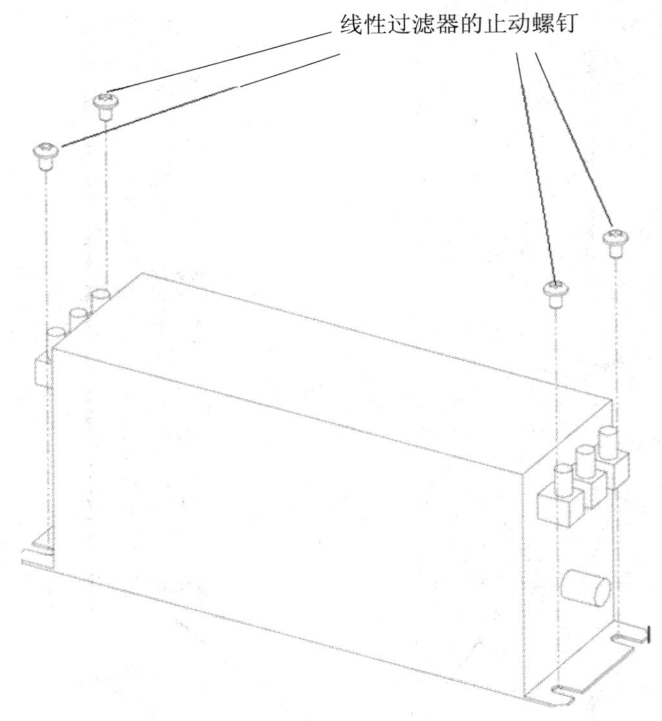

图 5-50 止动螺钉

(7) 拉出线性过滤器。

2. 重新安装

(1) 将线性过滤器安装到位，然后拧紧四颗止动螺钉。

(2) 重新连接在卸除过程中断开连接的所有连接器。

任务扩展

KUKA 工业机器人控制系统简介

KUKA 工业机器人控制系统由控制系统 PC(KPC)、低压电源件、带驱动调节器的驱动电源库卡配电箱(KPP)、驱动调节器库卡伺服包(KSP)、手持编程器(库卡 smartPAD)、控制柜(CCU)、控制系统操作面板(CSP)、安全接口板(SIB)、保险元件、蓄电池、风扇、接线面板、滚轮安装组件(选项)组成，如图 5-51 和图 5-52 所示。控制系统操作面板(CSP)是各种运行状态的显示单元，并且拥有 USB1、USB2、KSI (选项)接口，如图 5-53 所示。CSP 上各 LED 的说明如表 5-3 所示。

总线连接如图 5-54 所示。

笔记

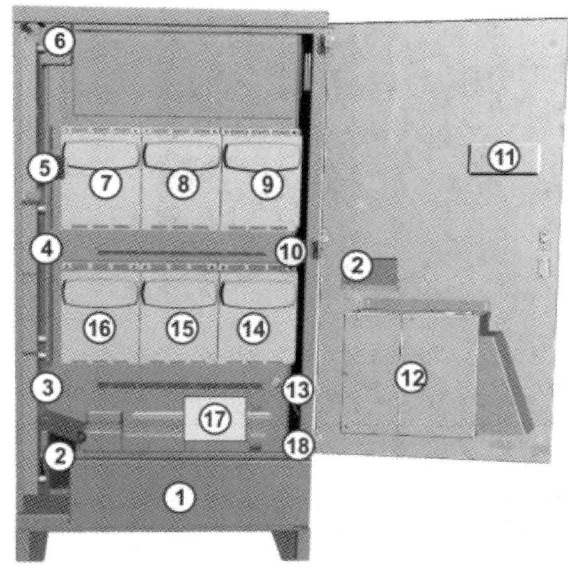

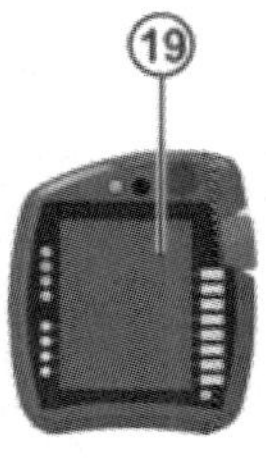

1—接线面板；2—蓄电池(根据规格放置)；3—保险元件 Q3；4—保险元件 Q13；5—主开关；6—内部风扇；7—驱动调节器 KSP T12；8—驱动调节器 KSP T11；9—驱动电源 KPP G11；10—制动滤波器 K12；11—CSP；12—控制系统 PC；13—制动滤波器 K2；14—驱动电源 KPP G1；15—驱动调节器 KSP T1；16—驱动调节器 KSP T2；17—SIB/SIB 扩展型；18—CCU；19—库卡 smartPAD

图 5-51　机器人控制系统正视图

笔记

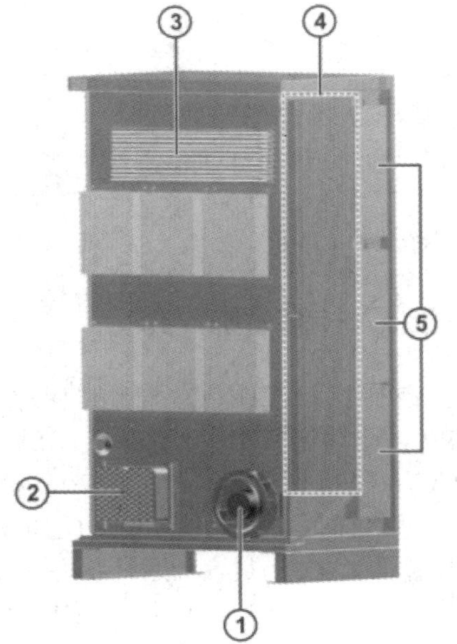

图 5-52 机器人控制系统后视图

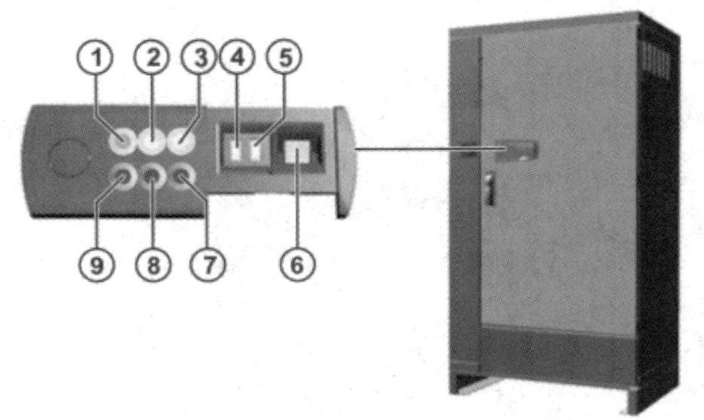

图 5-53 CSP 的 LED 和插头排布

表 5-3 CSP 的 LED 说明

序 号	部 件	颜 色	含 义
1	LED 指示灯 1	绿色	运行 LED 指示灯
2	LED 指示灯 2	白色	休眠模式 LED 指示灯
3	LED 指示灯 3	白色	自动模式 LED 指示灯
4	USB 1		KSI
5	USB 2		
6	RJ45		
7	LED 指示灯 6	红色	故障 LED 指示灯 3
8	LED 指示灯 5	红色	故障 LED 指示灯 2
9	LED 指示灯 4	红色	故障 LED 指示灯 1

笔记

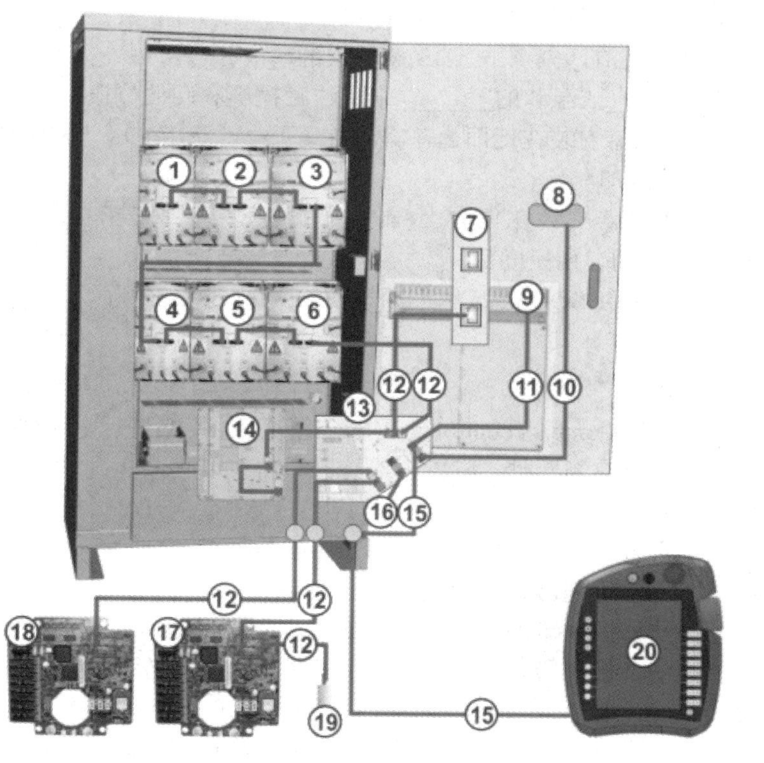

1—KSP T12；2 —KSP T11；3 —KPP G11；4 —KSP T2；5 —KSP T1；6 —KPP G1；7 —DualNIC 双网卡；8—CSP；9—以太网主板；10—KSI；11—库卡系统总线(KSB)；12—库卡控制器总线(KCB)；13—CCU；14—标准/扩展 SIB；15—KOI；16—库卡扩展总线(KEB)；17—RDC 2；18—RDC 1；19—电子控制仪(EMD)；20—库卡 smartPAD

图 5-54 总线连接

综合测试五

一、填空题

1. IRC5 Compact controller 必须进行定期_______才能确保其功能。

2. 检查控制器时，应检查连接器和布线以确保其得以_______，并且布线没有_______。

3. 检查控制器时，应检查系统风扇和机柜表面的通风孔以确保其_____。

4. 系统风扇清洁后，暂时打开控制器的_______，检查_______以确保其正常工作。

5. 清洁控制器时，应使用 _______保护。

6. 清洁控制器时，应使用_______。

笔记

7. 清洁控制器外部时，不能卸除任何_______或其他_______。

8. 清洁屏幕之前，先点击 ABB 菜单上的_______。

9. 使用_______或温和的_______来清洁触摸屏和硬件按钮。

10. 如果控制器安装在地面上，其背部需要________mm 以上的自由空间来确保适当的冷却。

11. 如果控制器安装在桌面上(非机架安装型)，则其左右两边各需要_______mm 以上的自由空间。

12. I/O 装置中 DSQC 652 为_______ I/O；DSQC 653 为_______的数字 I/O。

二、判断题

(　　) 1. IRC5 Compact controller 可以一直使用，不必进行定期维护。

(　　) 2. 检查控制器时，应检查连接器和布线以确保其得以安全固定，并且布线没有损坏。

(　　) 3. 系统风扇清洁后，不用打开控制器的电源。

(　　) 4. 清洁控制器时，应使用真空吸尘器。

(　　) 5. 清洁控制器外部时，为了彻底，可卸除盖子。

(　　) 6. 清洁控制器时，为了彻底，应使用压缩空气或使用高压清洁器进行喷洒。

(　　) 7. 为了节约空间，控制器的背部应紧靠墙安装。

三、问答题

1. 在清洁控制器时，为什么使用真空吸尘器？
2. 清洁控制器的注意事项有哪些？
3. 简述清洁 FlexPendant 的步骤。
4. 简述控制器的整体安装步骤。
5. 简述安装外部操作员面板的步骤。
6. 简述更换安全台的步骤。
7. 简述更换主板的步骤。
8. 简述更换系统风扇的步骤。
9. 简述更换电源的步骤。

四、应用题

1. 对工业机器人控制器进行清洁。
2. 根据本单位的实际情况，清洁 FlexPendant。
3. 根据本单位的情况，对工业机器人控制器进行拆装。

综合测试题答案(部分)

笔记

操 作 与 应 用

工 作 单

<table>
<tr><td>姓名</td><td></td><td>工作名称</td><td colspan="2">工业机器人弱电装置的装调与维修</td></tr>
<tr><td>班级</td><td></td><td>小组成员</td><td colspan="2"></td></tr>
<tr><td>指导教师</td><td></td><td>分工内容</td><td colspan="2"></td></tr>
<tr><td>计划用时</td><td></td><td>实施地点</td><td colspan="2"></td></tr>
<tr><td>完成日期</td><td colspan="2"></td><td>备注</td><td></td></tr>
<tr><td colspan="5">工 作 准 备</td></tr>
<tr><td colspan="3">资　料</td><td>工具</td><td>设　备</td></tr>
<tr><td colspan="3"></td><td></td><td rowspan="2"></td></tr>
<tr><td colspan="3"></td><td></td></tr>
<tr><td colspan="5">工作内容与实施</td></tr>
<tr><td>工作内容</td><td colspan="4">实　　施</td></tr>
<tr><td>1. 简述更换控制系统主板的步骤</td><td colspan="4"></td></tr>
<tr><td>2. 简述更换控制系统风扇的步骤</td><td colspan="4"></td></tr>
<tr><td>3. 简述更换控制系统电源的步骤</td><td colspan="4"></td></tr>
<tr><td>4. 对图示工业机器人的控制柜进行拆装</td><td colspan="4" rowspan="2"> </td></tr>
<tr><td>5. 对图示工业机器人的控制柜进行维护
(注：可根据实际情况选用不同的控制柜)</td></tr>
</table>

笔记

工作评价

	评价内容				
	完成的质量(60分)	技能提升能力(20分)	知识掌握能力(10分)	团队合作(10分)	备注
自我评价					
小组评价					
教师评价					

1. 自我评价

序号	评价项目			是	否
1	是否明确人员的职责				
2	能否按时完成工作任务的准备部分				
3	工作着装是否规范				
4	是否主动参与工作现场的清洁和整理工作				
5	是否主动帮助同学				
6	能否看懂工业机器人控制柜的说明书				
7	能否看懂工业机器人控制柜的电气连接图				
8	能否完成配电板、面板、示教盒的配线与装配				
9	是否完成了清洁工具和维护工具的摆放				
10	是否执行6S规定				
评价人		分数		时间	年　月　日

2. 小组评价

序号	评价项目	评价情况
1	与其他同学的沟通是否顺畅	
2	是否尊重他人	
3	工作态度是否积极主动	
4	是否服从教师的安排	
5	着装是否符合标准	
6	能否正确地理解他人提出的问题	
7	能否按照安全和规范的规程操作	
8	能否保持工作环境的干净整洁	
9	是否遵守工作场所的规章制度	

续表　　笔记

序号	评 价 项 目	评 价 情 况
10	是否有工作岗位的责任心	
11	是否全勤	
12	是否能正确对待肯定和否定的意见	
13	团队工作中的表现如何	
14	是否达到任务目标	
15	存在的问题和建议	

3. 教师评价

课程	工业机器人机电装调与维修	工作名称	工业机器人弱电装置的装调与维修	完成地点	
姓名		小组成员			
序号	项　目		分值	得　分	
1	简答题		10		
2	拆装工业机器人的控制柜		40		
3	维护工业机器人的控制柜		20		
4	I/O的定义与连接		30		

自 学 报 告

自学任务	KUKA工业机器人控制柜的拆卸与安装
自学内容	
收　获	
存在问题	
改进措施	
总　结	

笔记

模块六

工业机器人常见故障的诊断与维修

图 6-1 所示为焊接工业机器人工作站，在应用过程中造成故障的原因，除去工业机器人本体、控制系统外，还有外围设施。

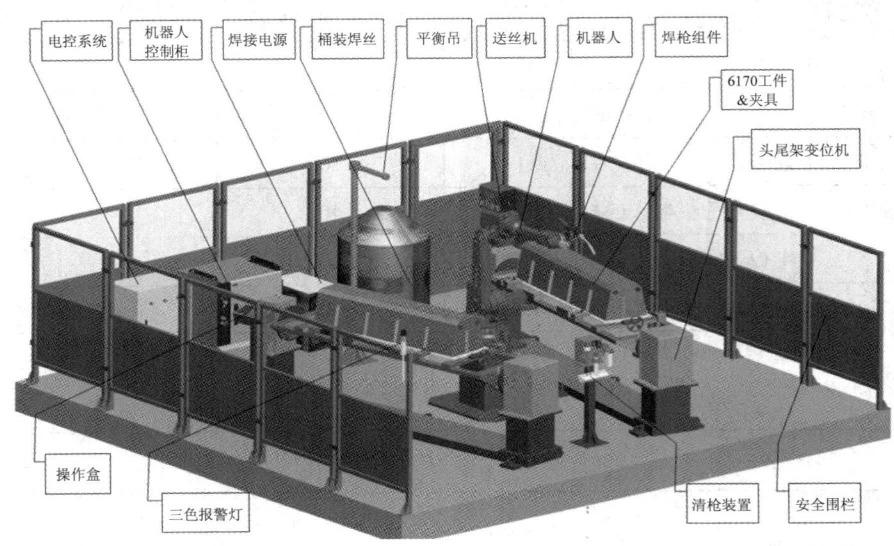

图 6-1　焊接工业机器人工作站

模块目标

知 识 目 标	能 力 目 标
1. 掌握电气连接线路检测方面的有关知识 2. 掌握机器人控制系统 I/O 信号知识 3. 掌握机器人电气故障诊断方法 4. 了解故障代码含义	1. 能检查工业机器人外围安装是否符合要求 2. 能检查并排除电气连接线路故障 3. 能对电气系统各功能模块存在的安全隐患进行排查 4. 能对工业机器人工作站或系统的故障进行分析、诊断与维修 5. 能查看 I/O 模块信号状态，判断控制系统故障部位、故障原因，排除控制系统相关故障 6. 能排查机器人电气线路故障

笔记

任务一　工业机器人故障处理的基础知识

任务导入

工业机器人上有众多的指示，不同的指示表示工业机器人的不同状态，也能大体上指示其故障位置与处理方式。DSQC 512 板的指示如图 6-2 所示。LED 含义如表 6-1 所示。

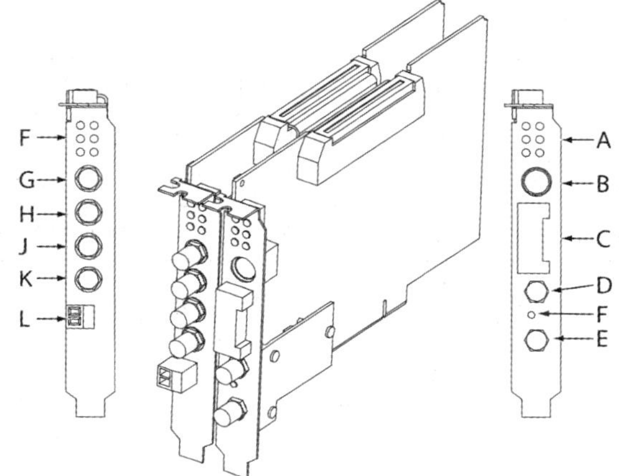

A—主控 LED；B～E，G～L—不是 LED，不在本文中讨论；F—从控 LED

(a) DSQC 512 板

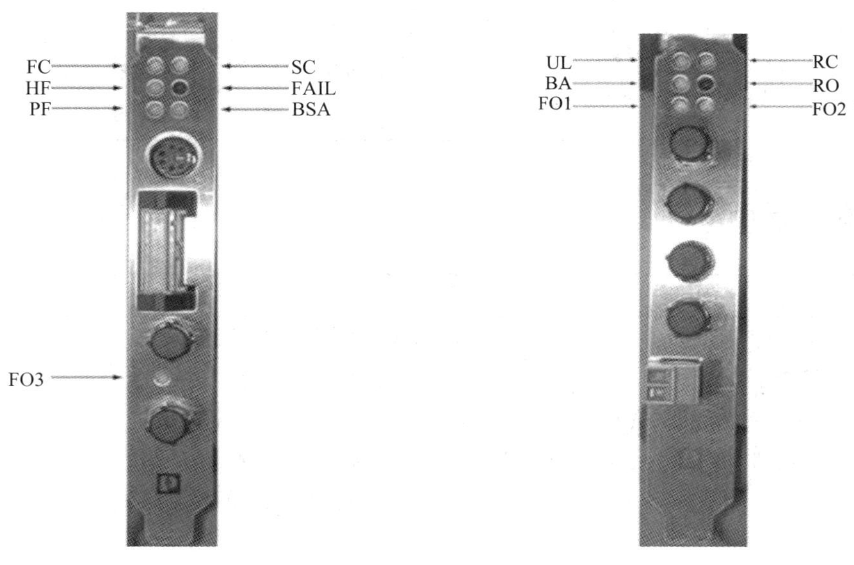

(b) 主控 LED　　(c) 从控 LED

图 6-2　DSQC 512 板的情况

笔记

表 6-1　LED 含义

序号	名称		颜色	描　述
1	主控LED	PF	黄色	外围设备故障，连接该总线的一个或多个外围设备有故障
2		HF	黄色	主机故障，该单元与主机断开连接
3		FC	绿色	保留，不可用
4		BSA	黄色	总线段中止，一个或多个总线段被断开(禁用)
5		FAIL	红灯	总线失败，INTERBUS 系统中发生错误
6		SC	闪烁绿灯	状态控制器，单元活动，但没有配置
7		SC	绿色	状态控制器，单元活动，并且已经配置
8		FO3	黄色	通道 3 的光纤正常。在主控电路板初始化或者通信失败期间亮起
9	从控LED	UL	绿色	电源，单元使用外部 24 V DC 电源供电
10		BA	闪烁绿灯	总线活动，单元活动，但没有配置
11		BA	绿色	总线活动，单元活动，并且已经配置
12		FO1	黄色	通道 1 的光纤正常。在从控电路板初始化或者通信失败期间亮起
13		RC	绿色	远程总线检查，单元外的总线段处于活动状态
14		RD	红灯	远程总线禁用，单元外的总线段被禁用
15		FO2	黄色	通道 2 的光纤正常。在从控电路板初始化或者通信失败期间亮起

任务目标

知识目标	能力目标
1. 了解故障代码含义 2. 了解指示灯的含义 3. 掌握电气连接线路检测方面的有关知识 4. 掌握机器人控制系统 I/O 信号知识	1. 能检查工业机器人外围安装是否符合要求 2. 能对电气系统各功能模块存在的安全隐患进行排查 3. 能查看 I/O 模块信号状态，判断控制系统故障部位、故障原因，排除控制系统相关故障 4. 能排查机器人电气线路故障

笔记

任务实施

若有条件，让学生现场观看，并让学生参与进来，但应注意安全。若无条件，可采用多媒体教学。

现场教学

一、限位开关

限位开关是可移动的机电开关，安装在操纵器轴的工作范围末端。当出现安全隐患或其他故障时，可用限位开关将操纵器的部件限定在可能的工作范围内。通常，机器人程序包含了在操纵器工作范围内设置的软件限制，以使在正常操作期间永远不会拨动机电限位开关。如果拨动限位开关，必然是某些故障而导致，此时 Motors ON 被取消激活且机器人停止运作。利用特殊的覆盖功能可在拨动覆盖开关之后在该区域外手动微动控制机器人。

1. 限位开关电路

限位开关电路的原理如图 6-3 所示。其中外部限位开关用于外部设备，如跟踪动作等；覆盖限位开关可覆盖限位开关以在离开限位开关的地方微动控制机器人。

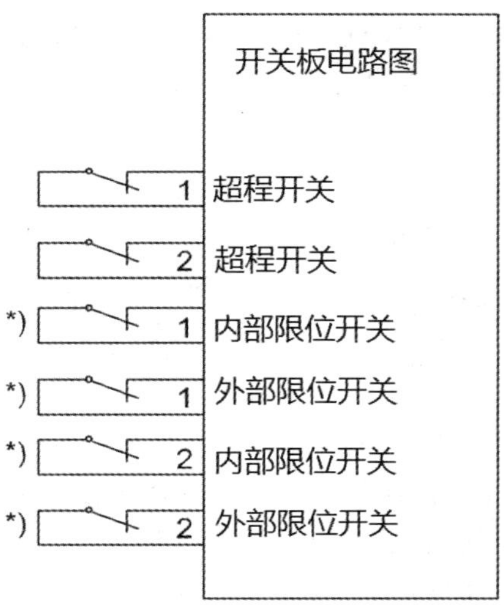

图 6-3　限位开关电路的原理

标有*)的限位开关可在交付时旁通电路，即除跳线之外没有连接任何部件，可串联任何数量的开关。

2. 覆盖限位开关电路

如果因为限位开关跳闸而导致操作停止，Motors ON 电路可能暂时闭合，以手动将机器人运行回其工作区内。为此，它要求将两极“限位开关覆盖开关”连接到接触器接口电路板输入端，如图 6-4 所示。

课程思政

现在高校学生大多是“95 后”，再过两年，新世纪出生的青少年也将走进高校校园。他们朝气蓬勃、好学上进、视野宽广、开放自信，是可爱、可信、可为的一代。对当代高校学生，党和人民充分信任、寄予厚望。

——习近平在全国高校思想政治工作会议上的讲话

笔记

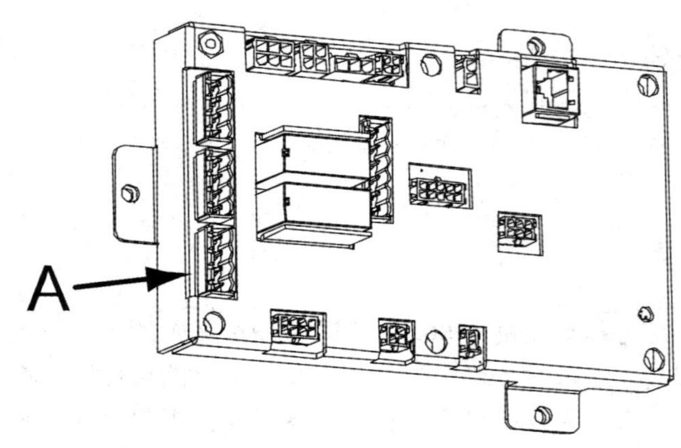

图 6-4　覆盖限位开关电路

图 6-4 中的 A 为接触器接口电路板上的连接器 X23，该连接器的针脚 1-2 之间连接限位开关覆盖开关第一极，针脚 3-4 之间连接第二极。保持此覆盖开关闭合，可按下 FlexPendant 上的 Motors ON 按钮使用控制杆手动运行机器人。

二、信号 ENABLE1 和 ENABLE2

信号 ENABLE1 和 ENABLE2 是控制器在启动(即通电)之前对自身进行检查的一种方法。任一计算机检测到错误，都会影响 ENABLE1 和 ENABLE2 中的一个信号。

1. ENABLE1

ENABLE1 信号由主机监控，并通过大量检查其状态的单元来运行，包括面板单元和驱动模块。所有单元正常时，电路可能闭合，以激活 Motors ON 接触器。

2. ENABLE2

ENABLE2 信号由轴计算机监控，并通过大量检查其状态的设备来运行，包括面板单元、轴计算机、驱动系统整流器和接触器电路板。所有单元正常时，电路可能闭合，以激活 Motors ON 接触器。

3. 信号 EN1 和 EN2

信号 EN1 和 EN2 不能与信号 ENABLE1 和 ENABLE2 混淆。在 FlexPendant 上按下并联的两个使动装置时，将生成 EN1 和 EN2 信号。

三、电源

1. 控制模块电源

主电源线路如图 6-5 所示。

笔记

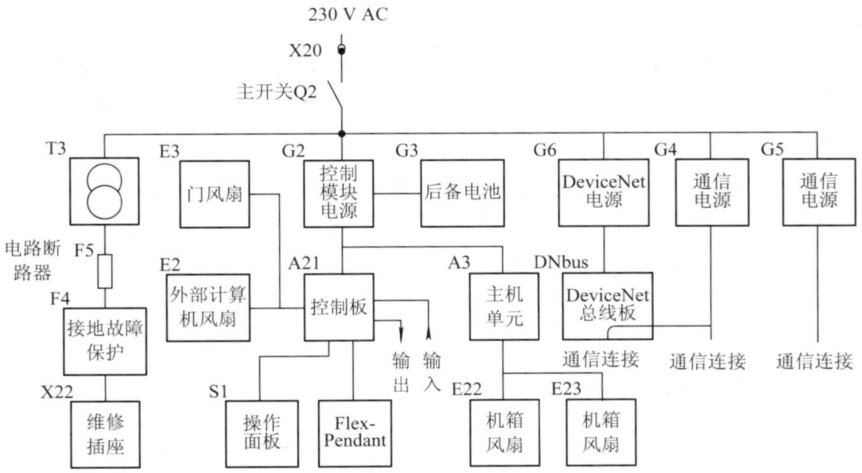

图 6-5　主电源线路图

图 6-5 中各模块说明如下：

(1) 控制板(A21)：控制板使用 G2 单元提供的 ±24 V DC 电源。

(2) 主机单元(A3)：主机单元使用 G2 单元提供的 ±24 V DC 电源。该单元还有一个内部的 DC/DC 变频器，用于对逻辑电路供电。

(3) 外部计算机风扇(E2)：该风扇安装在模块的后面。它通过控制板采用 G2 单元提供的 24 V COOL 电源。

(4) 门风扇(E3)，备选件：该风扇安装在模块门的内侧。它通过控制板采用 G2 单元提供的 24 V COOL 电源。

(5) 机箱风扇(E22、E23)：该风扇安装在计算机单元的内部。它使用计算机主机电路板上的 G31 电源单元供电。

(6) 接地故障保护(F4)：备选件，用于维修插座的接地故障保护，以免 115 V/230 V AC 维修插座受到潜在接地电流的损坏。

(7) 电路断路器(F5)：备选件，保护维修插座免受过流(2 A)损坏。

(8) 控制模块电源(G2)：控制模块电源是主 AC/DC 变频器(DSQC 604)，用于将许多单元的 230 V AC 电源转换为 ±24 V DC 电源。

(9) 后备电池(G3)：后备电池(电容器)用于向主机单元供电。在发生电源故障的情况下，该单元确保在故障发生之前对内存内容作一个完整的备份。G3 单元由 G2 单元供电。

(10) 通信电源(G4、G5)：通信电源是可选的电源单元(DSQC 608)，用于为通信连接供电。

(11) DeviceNet 电源(G6)，备选件 DeviceNet 电源是为 DeviceNet 单元供电的备选电源(DSQC608)。

(12) DNbus：备选件，DeviceNet 总线板由 G6 单元供电。

(13) Q2：控制模块前面的主开关。

笔记

(14) 操作面板(S1)：该面板由G2单元供电，G2单元同时也为FlexPendant供电。

(15) 变压器(T3)：备选件，是为维修插座供电的230 / 230 V AC变压器。

(16) X20：将230 V AC电源自驱动模块中的主变压器连接至控制模块的连接器。

(17) 维修插座(X22)：备选件，是为外部维修设备(如笔记本电脑等)供电的230 V AC维修插座。

控制模块中电源的物理位置如图6-6所示。其参数如表6-2所示。

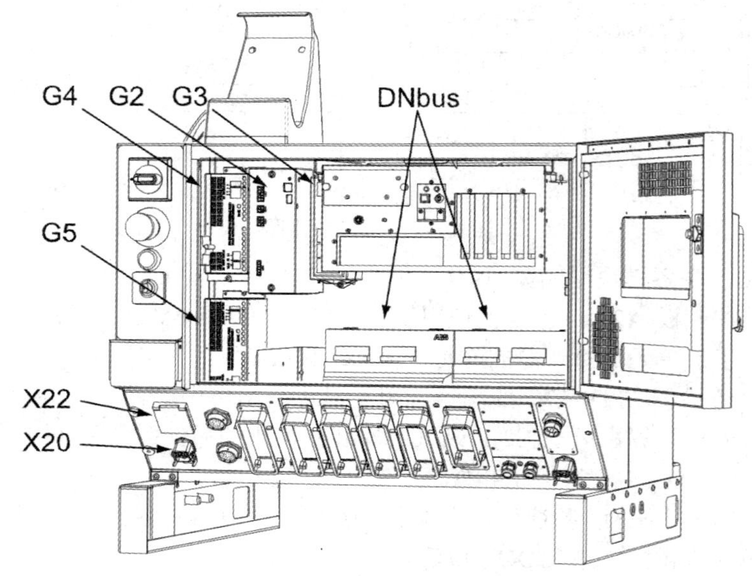

图6-6 控制模块中电源的物理位置

表6-2 控制模块中电源的参数

序 号	电 压	生成电压的电源单元	电 源
1	24V COOL	G2	控制板
2	24V SYS	G2	控制板
3	24V PC	G2	主机单元
4	24V I/O	G4，G5	通信连接
5	24V Device Net	G6	
6	24V PANEL	A21	
7	24V TP_POWER	A21	

2. 驱动模块电源

主电源线路如图6-7所示。

笔记

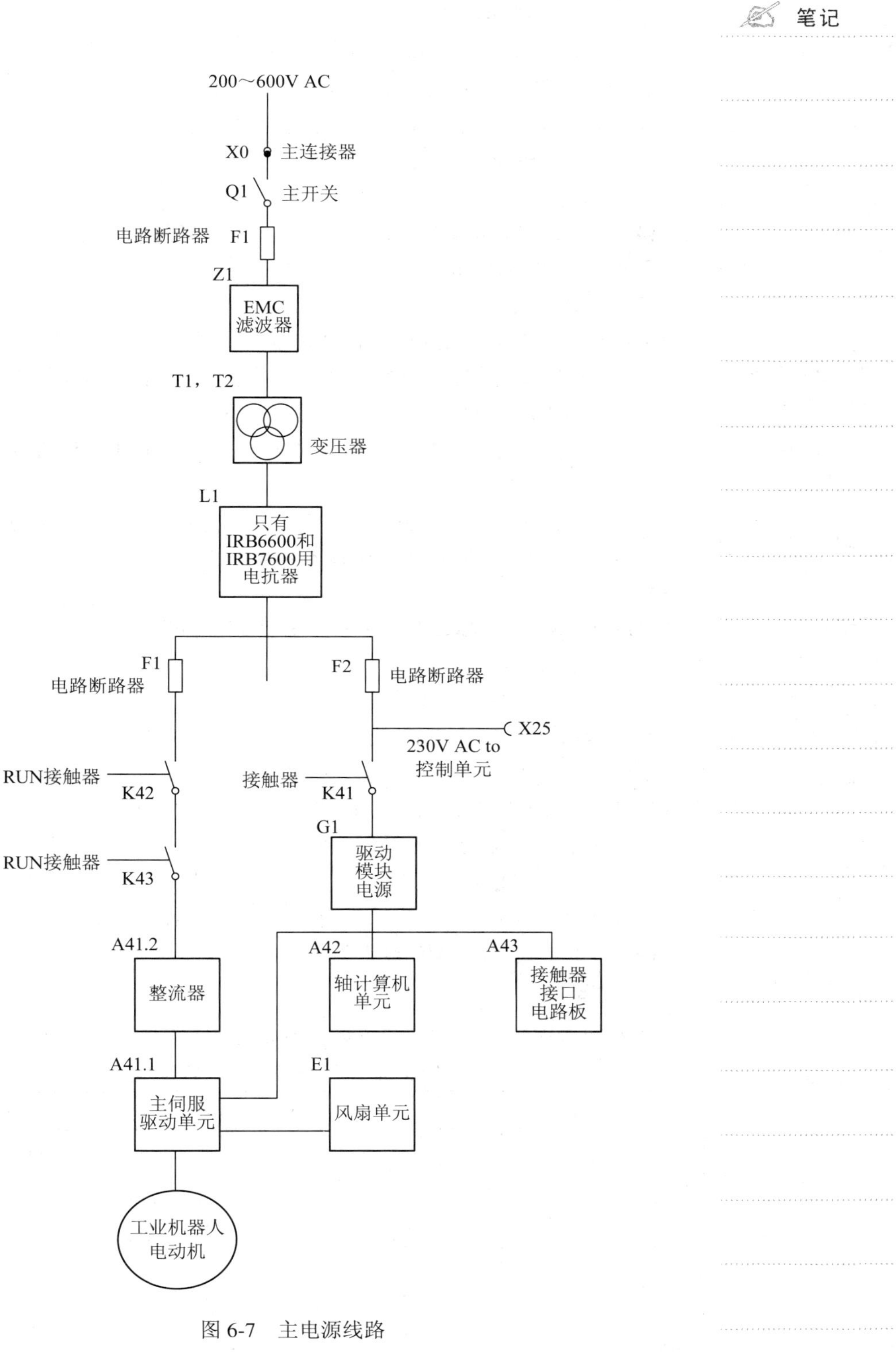
200～600V AC
X0
主连接器
Q1
主开关
电路断路器
F1
Z1
EMC
滤波器
T1，T2
变压器
L1
只有
IRB6600和
IRB7600用
电抗器
F1
电路断路器
F2
电路断路器
X25
230V AC to
控制单元
RUN接触器
K42
接触器
K41
G1
驱动
模块
电源
RUN接触器
K43
A41.2
A42
A43
整流器
轴计算机
单元
接触器
接口
电路板
A41.1
E1
主伺服
驱动单元
风扇单元
工业机器人
电动机

图 6-7　主电源线路

笔记

工匠精神

工匠精神是一种职业精神，它是职业道德、职业能力、职业品质的体现，是从业者的一种职业价值取向和行为表现。“工匠精神”的基本内涵包括敬业、精益、专注、创新等方面的内容

图 6-7 中各模块说明如下：

(1) 主伺服驱动单元(A41.1)：向机器人的电机提供电源的驱动单元。它也为风扇单元供电。驱动单元中的低压电子装置由驱动模块电源供电。

(2) 整流器(A41.2)：向驱动单元提供 DC 电压的驱动设备整流器。

(3) 轴计算机单元(A42)：轴计算机单元还有一个内部的 DC/DC 变频器，用于对逻辑电路供电。

(4) 接触器接口电路板(A43)：接触器接口电路板控制系统中的许多接触器，例如两个 RUN 接触器。

(5) 风扇单元(E1)：驱动模块后面的冷却风扇，它由驱动单元供电。

(6) 电路断路器(F1)：电路断路器(25 A)用于保护驱动设备免受过流损害。

(7) 电路断路器(F2)：保护电子元件电源的电路断路器(10 A)。

(8) 驱动模块电源(G1)：驱动模块中的驱动模块电源(用于较小型机器人的 DSQC626 以及用于 IRB 340、IRB 6600 和 IRB 7600 的 DSQC 627)，将 230 V AC 转换为 24V DC。

(9) 接触器(K41)：由控制模块控制板控制的接触器，为电子装置供电。

(10) RUN 接触器(K42)：由接触器电路板控制的 RUN 接触器，为驱动设备供电。

(11) RUN 接触器(K43)：由接触器电路板控制的第二个 RUN 接触器，为驱动设备供电。

(12) 主开关(Q1)：驱动模块前面的主开关。

(13) 变压器(T1 或 T2)；T1：主变压器，将主电源(200 V～600 V AC)转换为 3×262 V AC(小型机器人)、3×400V AC(IRB6600)或 3×480 V AC(IRB 7600)。T2 由直流电源机器人，如 IRB6600(400 V～480 V)和 IRB7600(480 V)用于向各种类型的电源单元提供 230V AC 电源。

(14) X0：连接器面板上的主连接器。未显示位置，位于盖后面。

(15) X25：向驱动模块提供二相电源的连接器。未显示位置，位于盖后面。

(16) Z1 备选件：EMC 滤波器。

3. 位置

控制模块中电源的物理位置如图 6-8 所示。其参数如表 6-3 所示。

表 6-3　控制模块电源的参数

序　号	电　压	生成电压的电源单元	电　源
1	24V COOL	G1	接触器单元、主伺服驱动单元
2	24V SYS	G1	
3	24V DRIVE	G1	轴计算机、主伺服驱动单元、接触器单元
4	24V BRAK	G1	接触器单元

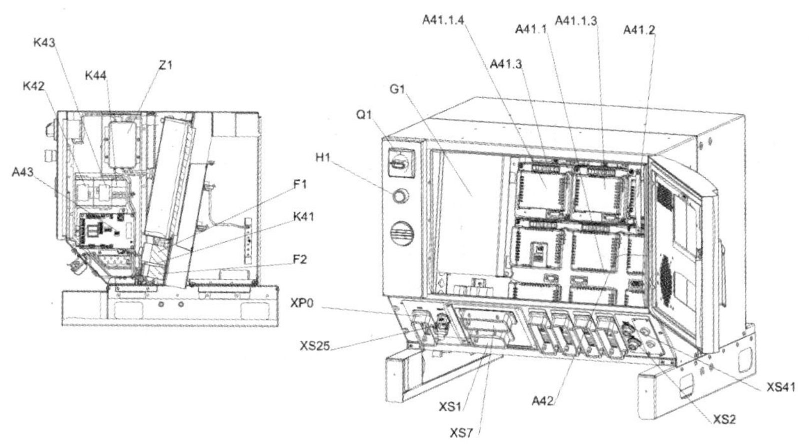

图 6-8　控制模块电源的物理位置

四、保险丝

(1) 伺服系统保险丝(F1)。伺服系统的电源使用 25 A 自动保险丝保护。

(2) 主保险丝(F2)。驱动模块电源和轴计算机的电源使用 10 A 的自动保险丝保护。

(3) 插座连接器的保险丝(F5)和接地故障保护单元(F4)。控制模块上的维修插座(115～230 V AC)使用保险丝(欧洲为 2 A，美国为 4 A)和接地故障保护单元。

(4) 可选的电路断路器(F6)。可将一个 25 A 的电路断路器作为备选件直接安装在驱动模块上的 Q1 主开关后面。

控制模块中保险丝的位置如图 6-9 所示。驱动模块中保险丝的位置如图 6-10 所示。

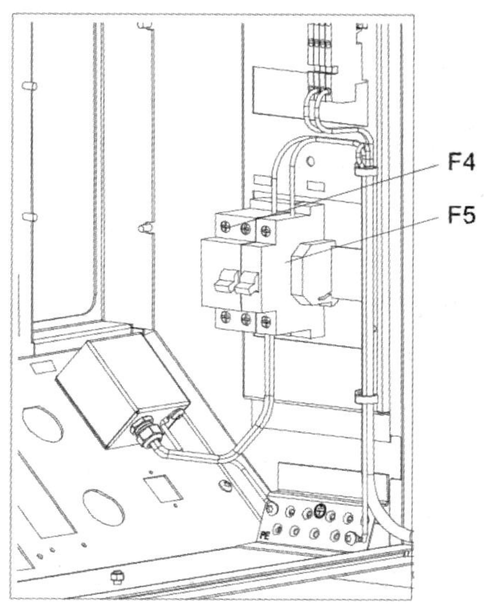

图 6-9　保险丝位置(控制模块)

笔记

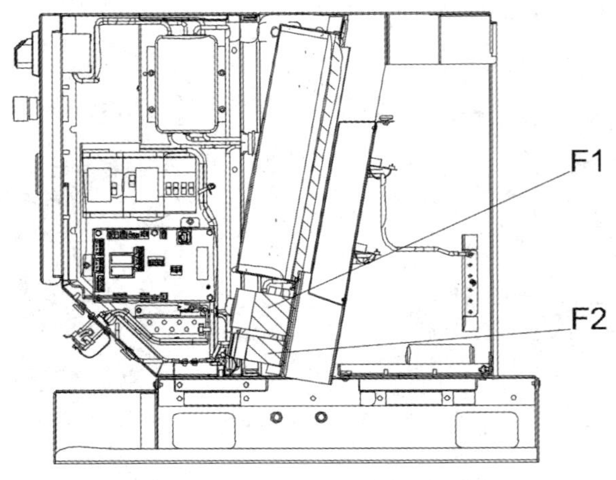

图 6-10 保险丝位置(驱动模块)

五、指示

1. 控制模块中的 LED

控制模块中有许多指示LED，它们为故障排除提供了重要的信息。图6-11显示了所有单元及 LED。

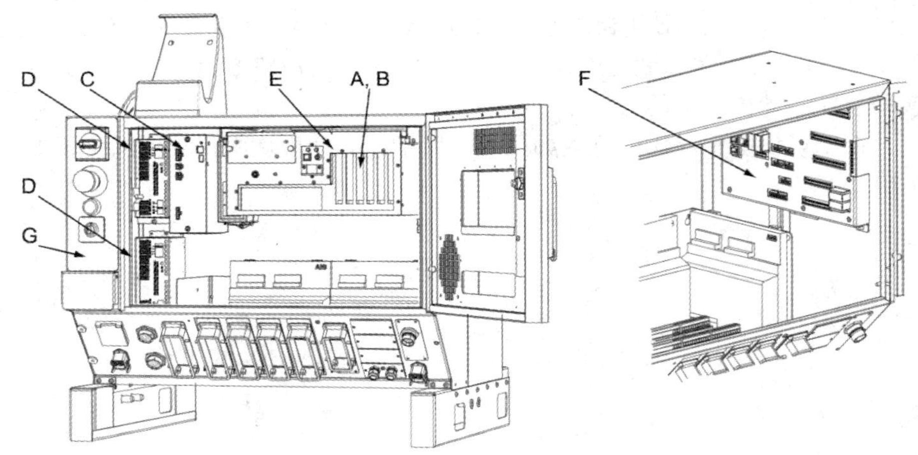

A—机器人通信卡(五个板槽中的任何一个)；B—以太网电路板(五个板槽中的任何一个)；C—控制模块电源；D—客户 I/O 电源(多达三个单元)；E—计算机单元；F—控制板；G—LED 板

图 6-11 所有单元及 LED

1) 机器人通信卡(RCC)上的 LED

图 6-12 显示了机器人通信卡上的 LED。各 LED 的含义如表 6-4 所示。

笔记

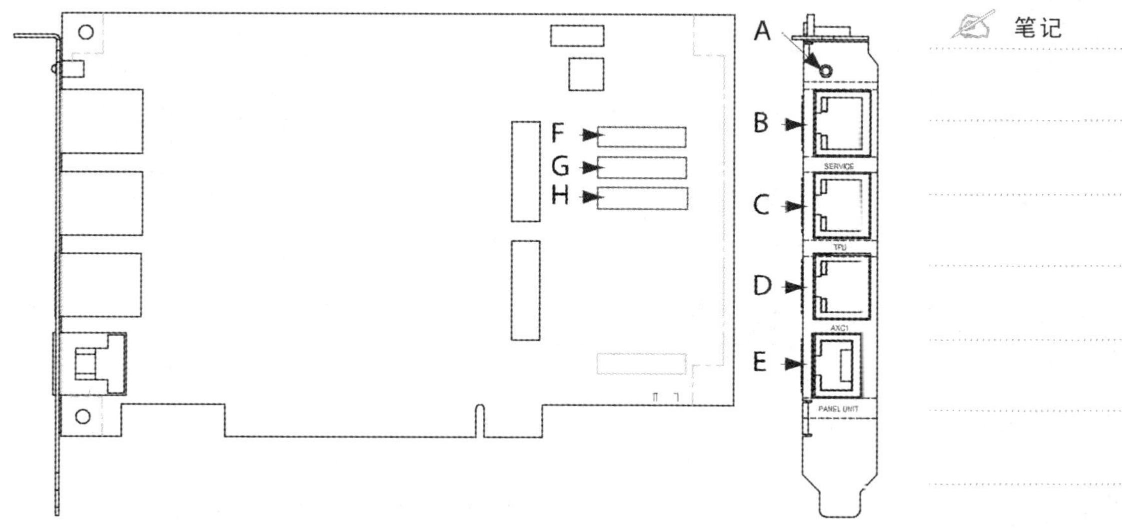

A—主机单元状态 LED (注意：并非 RCC 电路板状态 LED)；B—服务连接器 LED
C—TPU 连接器 LED；D—AXC1 连接器 LED；E～H—并非 LED

图 6-12 机器人通信卡上的 LED

表 6-4 机器人通信卡上 LED 的含义

序号	描 述	含 义
1	主机状态 LED (在启动期间)	以下按正常启动期间亮起的顺序说明 LED 的含义： (1) 持续红灯：主机引导序列正在运行。在正常引导序列期间，LED 在几秒之后进入闪烁状态。如果持续亮红灯，引导计算机的磁盘可能出现故障并且必须更换。 (2) 闪烁红灯：正在加载主机操作系统。 (3) 闪烁绿灯：系统正在启动。 (4) 持续绿灯：系统完成启动
2	服务连接器 LED	显示服务连接器通信。此 LED 仅在系统已经启动(即计算机单元状态 LED 为持续的绿灯)并且服务端口已经初始化之后亮起 (1) 绿灯熄灭：选择了 10 Mb/s 数据率。 (2) 绿灯亮起：选择了 100 Mb/s 数据率。 (3) 黄灯闪烁： 两个单元正在以太网通道上通信。 (4) 黄色持续： LAN 链路已建立。 (5) 黄色熄灭：LAN 链路未建立
3	TPU 连接器 LED	显示 FlexPendant 和机器人通信卡之间的以太网通信状态
4	AXC1 连接器 LED	显示轴计算机 1 和机器人通信卡之间的以太网通信状态

2) 以太网电路板上的 LED

图 6-13 显示了以太网电路板上的 LED。各 LED 的含义如表 6-5 所示。

笔记

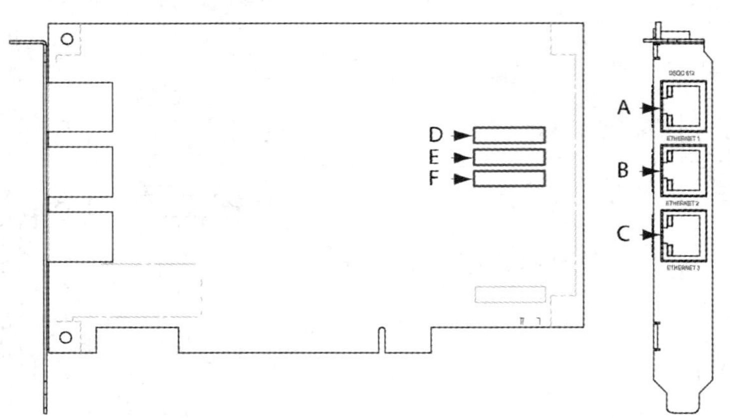

A—AXC2 连接器 LED；B—AXC3 连接器 LED；C—AXC4 连接器 LED；
D～F—并非 LED

图 6-13　以太网电路板上的 LED

表 6-5　以太网电路板上 LED 的含义

序号	描　述	含　　义
1	AXC2 连接器 LED	显示轴计算机 2 和以太网电路板之间的以太网通信状态： (1) 绿灯熄灭：选择了 10 Mb/s 数据率。 (2) 绿灯亮起：选择了 100 Mb/s 数据率。 (3) 黄灯闪烁：　两个单元正在以太网通道上通信。 (4) 黄色持续：　LAN 链路已建立。 (5) 黄色熄灭：LAN 链路未建立
2	AXC3 连接器 LED	显示轴计算机 3 和以太网电路板之间的以太网通信状态
3	AXC4 连接器 LED	显示轴计算机 4 和以太网电路板之间的以太网通信状态

3) 控制模块电源上的 LED

控制模块电源上的 LED 有 DCOK 指示灯，其状态与含义如下。

(1) 绿色：在所有 DC 输出都超过指定的最低水平时。

(2) 关：在一个或多个 DC 输出低于指定的最低水平时。

4) 控制模块配电板上的 LED

控制模块配电板也有 DCOK 指示灯，其状态与含义如下。

(1) 绿色：在直流输出超出指定的最小电压时。

(2) 关：在直流输出低于指定的最小电压时。

5) 客户 I/O 电源上的 LED

客户 I/O 电源上的 LED 也有 DCOK 指示灯，其状态与含义和控制模块电源上 LED 指示灯一样。

笔记

6) 计算机单元上的LED

图6-14显示了计算机单元上的LED。各LED的含义如表6-6所示。

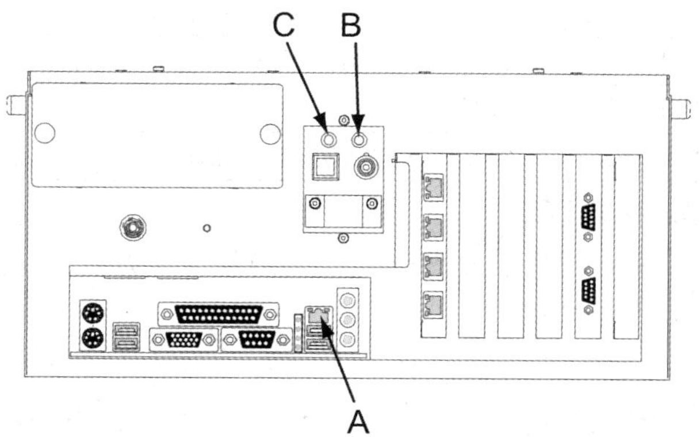

A—以太网LED；B—海量存储器指示LED；C—电源开启LED

图6-14 计算机单元上的 LED

表6-6 计算机单元上的 LED含义

序号	描 述	含 义
1	以太网LED	显示主机以太网通道上的通信状态： (1) 绿灯熄灭：选择了10 Mb/s数据率。 (2) 绿灯亮起：选择了100 Mb/s数据率。 (3) 黄灯闪烁：两个单元正在以太网通道上通信。 (4) 黄色持续：LAN链路已建立。 (5) 黄色熄灭：LAN链路未建立
2	海量存储器指示LED	黄灯：闪烁的LED指示硬盘和处理器之间通信
3	电源开启LED	(1) 持续绿灯：计算机单元已通电并且工作正常 (2) 绿灯熄灭：单元未通电

7) Panel Board上的LED

Panel Board上LED的含义如表6-7所示。

表6-7 Panel Board上LED的含义

序号	描 述	含 义
1	状态 LED	闪烁绿灯： 串行通信错误
		持续绿灯： 找不到错误，且系统正在运行
		闪烁红灯： 系统正在加电/自检模式中
		持续红灯： 出现串行通信错误以外的错误
2	指示 LED，ES1	黄灯，在紧急停止链1关闭时亮起
3	指示 LED，ES2	黄灯，在紧急停止链2关闭时亮起
4	指示 LED，GS1	黄灯，在常规停止开关链1关闭时亮起
5	指示 LED，GS2	黄灯，在常规停止开关链2关闭时亮起
6	指示 LED，AS1	黄灯，在自动停止开关链1关闭时亮起

笔记

续表

序号	描　述	含　　义
7	指示 LED，AS2	黄灯，在自动停止开关链 2 关闭时亮起
8	指示 LED，SS1	黄灯，在上级停止开关链 1 关闭时亮起
9	指示 LED，SS2	黄灯，在上级停止开关链 2 关闭时亮起
10	指示 LED，EN1	黄灯，在 ENABLE1=1 且 RS 通信正常时亮起

2. 驱动模块中的 LED

驱动模块中有许多指示 LED，它们为故障排除提供了重要的信息，图 6-15 显示了所有单元及 LED。

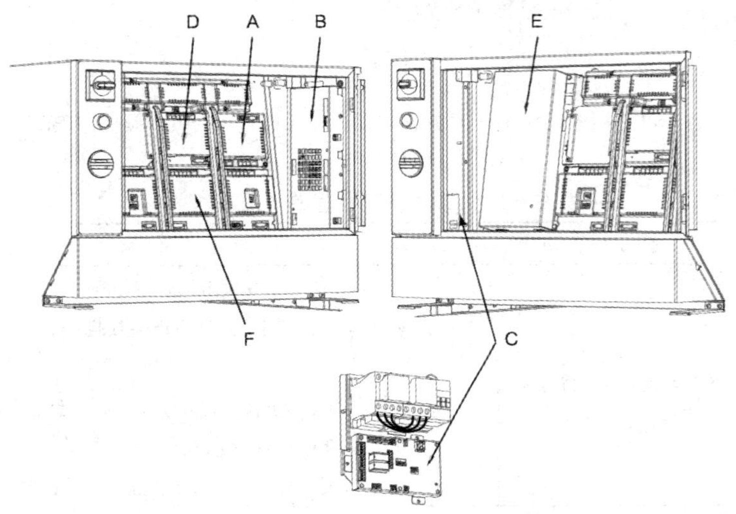

A—整流器；B—轴计算机；C—接触器接口电路板；D—单伺服驱动器；
E—驱动模块电源；F—主伺服驱动器

图 6-15　驱动模块中的 LED

1) 轴计算机

图 6-16 显示了轴计算机上的 LED，其含义如表 6-8 所示。

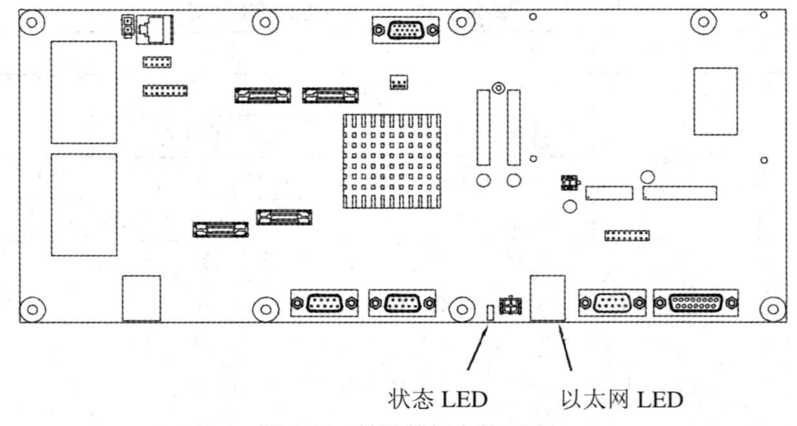

图 6-16　轴计算机上的 LED

笔记

表 6-8　轴计算机上的 LED 含义

序号	描　述	含　　义
1	状态 LED	以下按正常启动期间亮起的顺序说明了各 LED 的含义： (1) 持续红灯：电源开启。轴计算机正在初始化基本的硬件和软件。 (2) 闪烁红灯：正在连接主机、尝试下载 IP 地址和图像文件至轴计算机。 (3) 持续绿灯：启动序列就绪。VxWorks 正在运行。 (4) 闪烁红灯：出现初始化错误。如有可能，轴计算机会通知主机
2	以太网 LED	显示其他轴计算机(2、3 或 4)和以太网电路板之间的以太网通信状态： (1) 绿灯熄灭：选择了 10 Mb/s 数据率。 (2) 绿灯亮起：选择了 100 Mb/s 数据率。 (3) 黄灯闪烁：两个单元正在以太网通道上通信。 (4) 黄色持续：LAN 链路已建立。 (5) 黄色熄灭：LAN 链路未建立

2) 伺服驱动器与整流器单元

有两种主伺服驱动单元，都用于为六轴机器人供电的六单元驱动器和三单元驱动器。三单元驱动器是六单元驱动器大小的一半，但指示 LED 在相同的位置。驱动模块主伺服驱动器、单伺服驱动器和整流器单元上的指示 LED 的含义如下：

(1) 闪烁绿灯：内部功能正常，但与单元的接口中出现故障，此时不需要更换单元。

(2) 持续绿灯：程序加载成功，单元功能正常并且与这些单元的所有接口功能正常。

(3) 持续红灯：检测到永久性内部故障。如果启动时内部自测故障或者在检测到运行的系统中有内部故障，LED 会有此种模式，此时很可能需要更换单元。

3) 驱动模块电源

驱动模块电源上的 LED 也有 DCOK 指示灯，其状态与含义和控制模块电源上的 LED 指示灯的状态与含义一样。

4) 接触器接口电路板

图 6-17 显示了接触器接口电路板上的 LED。状态 LED 的含义如下：

(1) 闪烁绿灯：串行通信错误。

(2) 持续绿灯：找不到错误，且系统正在运行。

(3) 闪烁红灯：系统正在加电/自检模式中。

(4) 持续红灯：出现串行通信错误以外的错误。

笔记

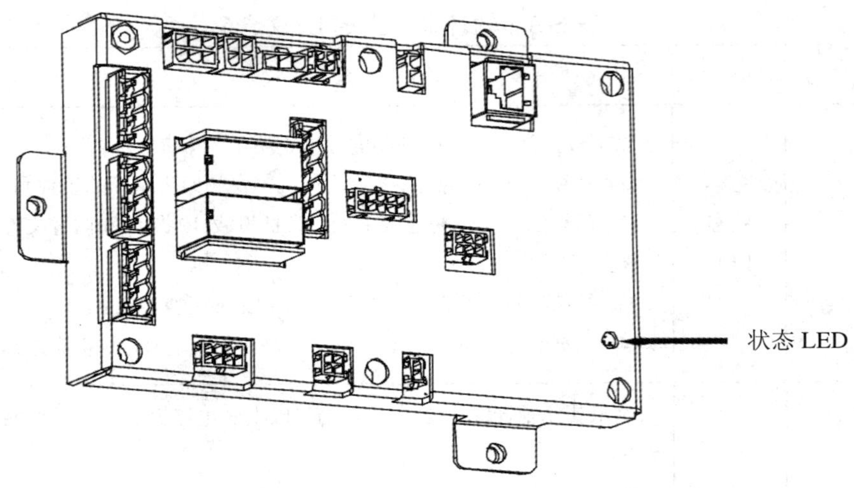

图 6-17 接触器接口电路板上的 LED

3. I/O 单元

所有数字和组合 I/O 单元都有相同的 LED 指示。图 6-18 显示了数字 I/O 单元 DSQC 328，并且适用于以下的 I/O 单元：120 V AC I/O DSQC 320、组合 I/O DSQC 327、数字 I/O DSQC 328、继电器 I/O DSQC 332。

数字 I/O 单元 LED 的含义如表 6-9 所示。

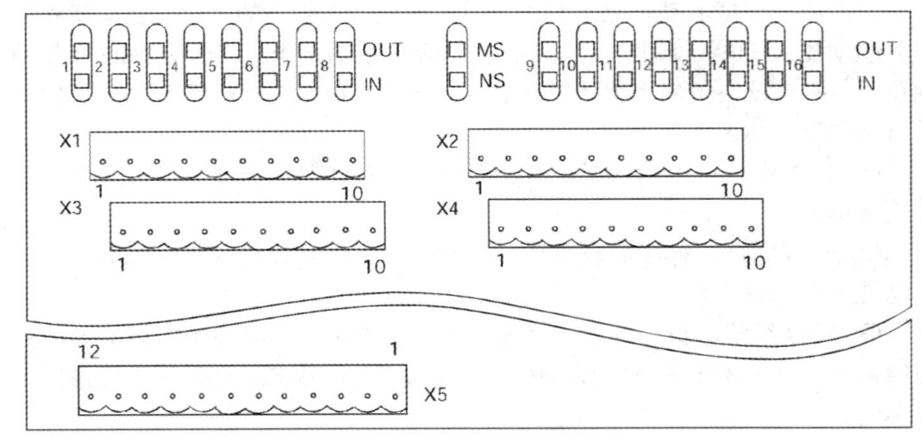

图 6-18 数字 I/O 单元 DSQC 328

表 6-9 数字 I/O 单元 LED 的含义

序号	名称	颜色	描述
1	IN	黄色	输入高信号时亮起。施加的电压越高，LED 发出的光越亮。也就是说，即使输入电压在电压级别“1”之下，LED 也会发出微光
2	OUT	黄色	输出高信号时亮起。施加的电压越高，LED 发出的光越亮

笔记

续表

序号	名称	颜　色	描　　述	
3	MS	颜色	指示	要求操作
		熄灭	未通电	检查 24 V CAN
		绿色	正常条件	——
		闪烁绿灯	软件配置缺失，处于待机状态	配置设备
		闪烁绿灯/红灯	设备自检	等待测试完成
		闪烁红灯	小故障(可修复)	重启设备
		红灯	不可修复的故障	更换设备
4	NS	关	未通电/离线	——
		闪烁绿灯	在线，未连接	等待连接
		绿色	在线，已建立连接	——
		红灯	关键链路故障，不能通信(重复的 MAC ID 或者总线断开)	更改MAC ID和(或)检查 CAN连接/电缆

4. 加电时的 DeviceNet 总线状态 LED

系统在启动期间执行 MS 和 NS LED 的测试。此测试的目的是检查所有 LED 是否正常工作。测试按表 6-10 所示的方式进行。

表 6-10　加电时的 DeviceNet 总线状态 LED

顺序	LED 操作
1	NS LED 关闭
2	MS LED 打开，绿灯亮起约 0.25 秒
3	MS LED 打开，红灯亮起约 0.25 秒
4	MS LED 打开绿灯
5	NS LED 打开，绿灯亮起约 0.25 秒
6	NS LED 打开，红灯亮起约 0.25 秒
7	NS LED 打开绿灯

5. Interbus 通信板上的 LED

Interbus 通信板通常安装在控制模块中。在板的前面，许多指示 LED 显示单元的状态及其通信。

DSQC 351A 板上的 LED 如图 6-19 所示。特定 LED 的含义如表 6-11 所示。

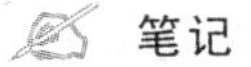 笔记

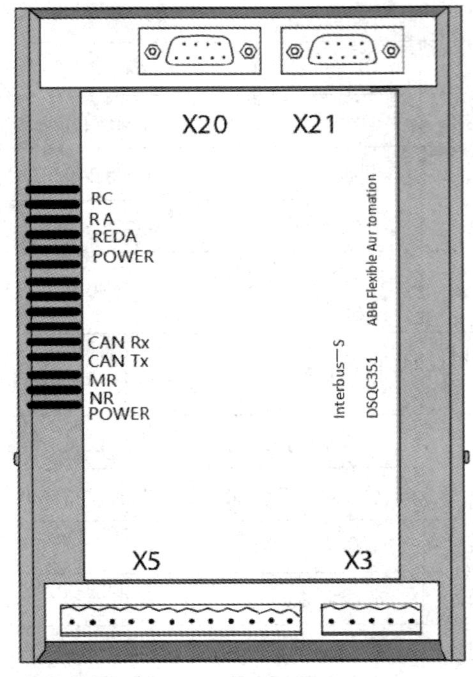

图 6-19　DSQC 351A 板上的 LED

表 6-11　DSQC 351A 板上特定 LED 的含义

序号	名　称	颜色	描　　述
1	POWER-24 VDC(上部指示灯)	绿色	(1) 指示有电源电压，并且电压超过 12 V DC。 (2) 如果没有亮起，检查电源模块模块上是否有电压。另外检查电源连接器中是否有电。如果没有，检查电缆和连接器。 (3) 如果向单元加电，但其未工作，则更换单元
2	POWER- 5 VDC(下部指示灯)	绿色	(1) 在 5 V DC 电源在限制内并且复位不活动时亮起。 (2) 如果没有亮起，检查电源模块模块上是否有电压。另外检查电源连接器中是否有电。如果没有，检查电缆和连接器。 (3) 如果向单元加电，但其未工作，则更换单元
3	RBDA	红灯	此 INTERBUS 工作站是 INTERBUS 网络中最后一个工作站时亮起。如果不是，请检查 INTERBUS 配置
4	BA	绿色	(1) 在 INTERBUS 活动时亮起。 (2) 如果未亮起，请检查网络、节点和连接
5	RC	绿色	(1) 在 INTERBUS 通信无错误运行时亮起。 (2) 如果未亮起，请检查机器人和 INTERBUS 网中的系统消息

DSQC 529 板上的 LED 如图 6-20 所示。主控 LED 如图 6-21 所示。LED

含义如表 6-12 所示。

笔记

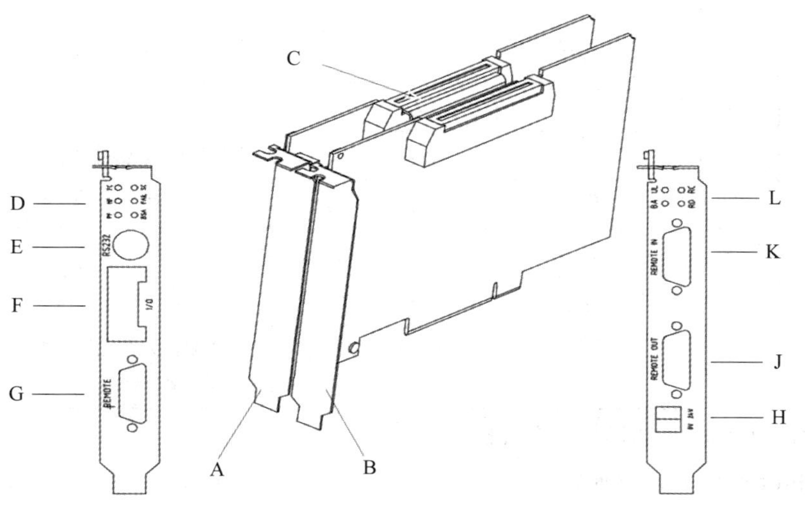

A～C，E～H，J～K—不是 LED，不在本文中讨论；D—主控 LED；L—从控 LED

图 6-20　DSQC 529 板

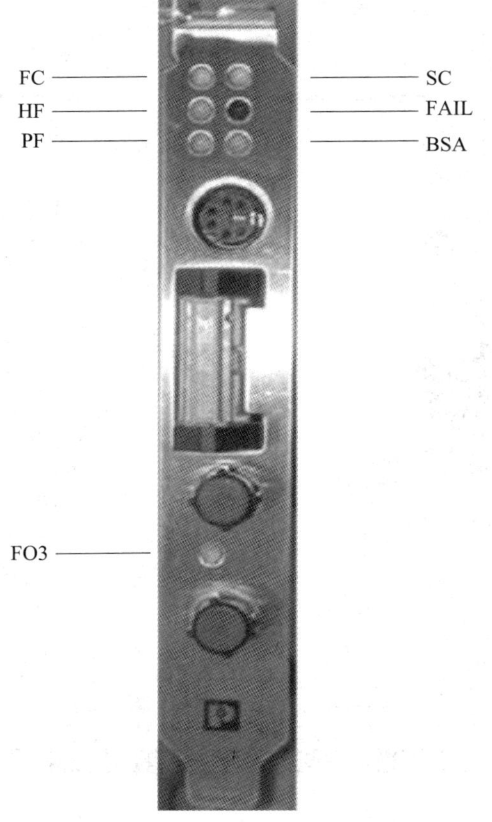

图 6-21　DSQC 529 板主控 LED

笔记

表 6-12　DSQC 529 板上 LED 的含义

序号	名　称	颜　色	描　　述
1	HF	黄色	主机故障，该单元与主机断开连接
2	FC	绿色	保留，不可用
3	BSA	黄色	总线段中止，一个或多个总线段被断开(禁用)
4	FAIL	红灯	总线失败，INTERBUS 系统中发生错误
5	SC	闪烁绿灯	状态控制器，单元活动，但没有配置
6	SC	绿色	状态控制器，单元活动，并且已经配置
7	FO3	黄色	仅适用于 DSQC 512。通道 3 的光纤正常。在主控电路板初始化或者通信失败期间亮起

6. Profibus 通信板上的 LED

Profibus 通信板通常安装在控制模块中。在板的前面，许多指示 LED 显示单元的状态及其通信。

DSQC 352 板上的实际情况如图 6-22 所示。板的特定 LED 含义如表 6-13 所示。

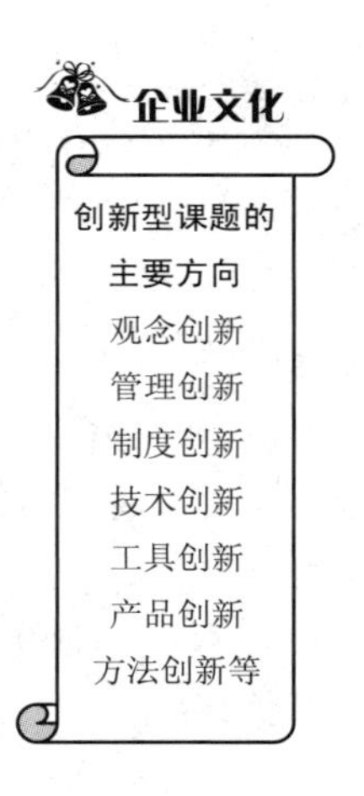

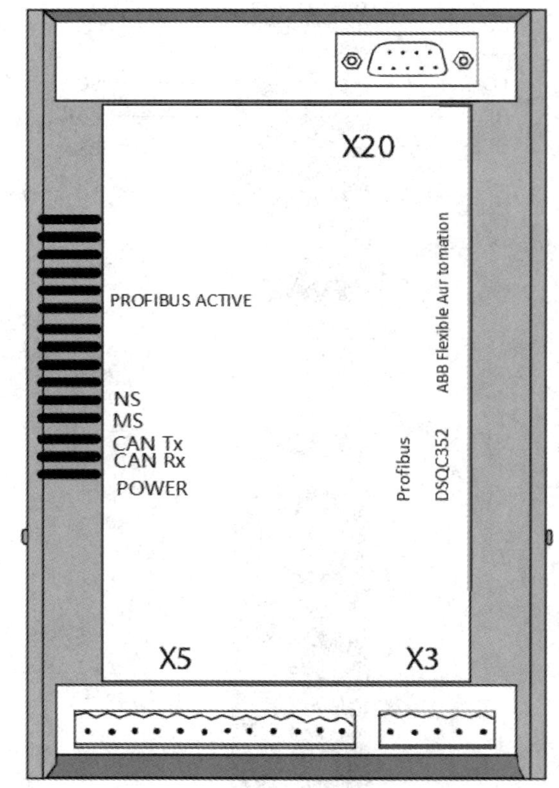

图 6-22　DSQC 352 板上的实际情况

笔记

表 6-13　DSQC 352 板特定的 LED 含义

序号	名　称	颜色	描　　述
1	PROFIBUS ACTIVE	绿色	(1) 在节点与主节点通信时亮起。 (2) 如果未亮起，则检查机器人和 PROFIBUS 网中的系统消息
2	POWER，24 VDC	绿色	(1) 指示有电源电压，并且电压超过 12 V DC。 (2) 如果未亮起，请检查电源单元和电源连接器中是否有电压。如果没有，则检查电缆和连接器。 (3) 如果向单元加电，但其未工作，则更换单元

DSQC 510 板上的实际情况如图 6-23 所示。LED 的含义见表 6-14。

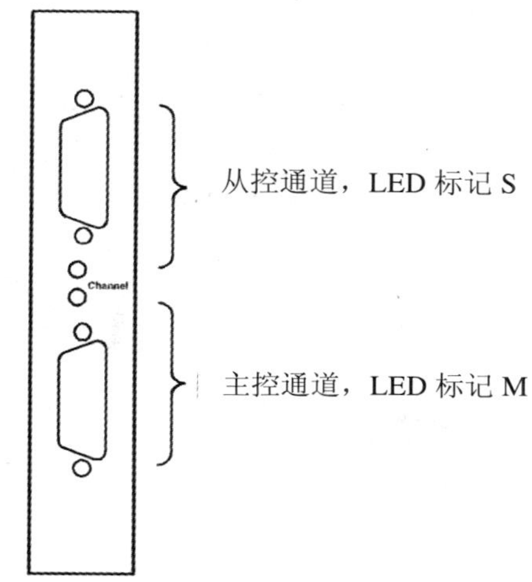

图 6-23　DSQC 510 板上的实际情况

表 6-14　DSQC 510 板上 LED 含义

序　号	名　称	描　　述
1	0	(1) 指示从控通道的状态。 (2) 在从控通道处于数据交换模式时亮起
2	1	(1) 指示主控通道的状态。 (2) 在主控具有 Profibus 信号时亮起

六、故障排除期间的安全性

所有正常的检修、安装、维护和维修工作通常在关闭全部电气、气压和液压动力的情况下执行。通常使用机械挡块等防止所有操纵器运动。

1. 故障排除期间的危险

在故障排除期间必须考虑如下注意事项：

(1) 所有电气部件必须视为是带电的。

(2) 操纵器必须一直能够进行任何运动。

笔记

(3) 由于安全电路可以断开或者绑住以启用正常禁止的功能，因此必须能够相应地执行系统。

2. 安全故障排除

(1) 没有轴制动闸的机器人可能产生致命危险。机器人手臂系统非常沉重，特别是大型机器人。如果没有连接制动闸、连接错误、制动闸损坏或任何故障导致制动闸无法使用，都会产生危险。

如果怀疑制动闸不能正常使用，请在作业前使用其他的方法确保机器人手臂系统的安全性；如果打算通过连接外部电源禁用制动闸，当禁用制动闸时，切勿站在机器人的工作范围内(除非使用了其他方法支撑手臂系统)。

(2) 驱动模块内带电危险。即使在主开关关闭的情况下，驱动模块也带电，可直接从后盖后面及前盖内部接触，如图 6-24 所示。

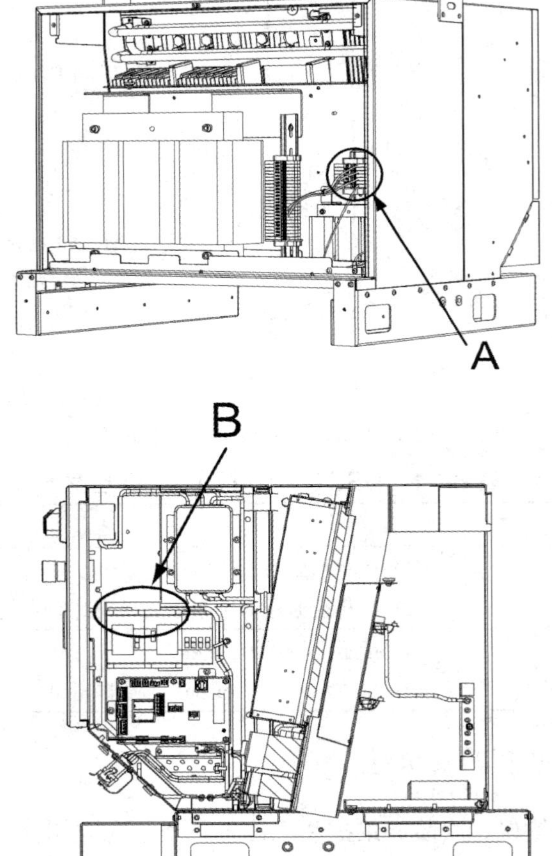

A—变压器端子带电，即使在主电源开关关闭时也带电；

B—电机的 ON 端带电，即使在主电源开关关闭时也带电

图 6-24　驱动模块内带电

排除方法如下：

(1) 确保已经关闭输入主电源。

(2) 使用电压表检验，确保任何终端之间没有电压。

(3) 继续检修工作。

3. 排除静电影响

(1) 使用手腕带，手腕带必须经常检查以确保没有损坏并且要正确使用。

(2) 使用 ESD 保护地垫。地垫必须通过限流电阻接地。

(3) 使用防静电桌垫。此垫应能控制静电放电且必须接地。

(4) 在不使用时，手腕带必须始终连接手腕带按钮。

4. 热部件可能会造成灼伤

在正常运作期间，许多操纵器部件会变热，尤其是驱动电机和齿轮。触摸它们可能会造成各种严重的烧伤。

在实际触摸之前，务必用手在一定距离感受可能会变热的组件是否有热辐射。如果要拆卸可能会发热的组件，请等到它冷却，或者采用其他方式处理。

七、提交错误报告

如果需要 ABB 支持人员协助对系统进行故障排除，可以提交一个正式的错误报告。为了使 ABB 支持人员更好地解决问题，可根据要求附上系统生成的专门诊断文件。

诊断文件包括事件日志所有系统事件的列表、备份为诊断而作的系统备份、系统信息供 ABB 支持人员使用的内部系统信息。

注意，若非支持人员明确要求，则不必创建或者向错误报告附加任何其他文件。

创建诊断文件的步骤如下：

(1) 点击 ABB 图标，然后点击控制面板，再点击诊断，显示界面如图 6-25 所示。

(2) 指定诊断文件的名称和保存文件夹，然后点击“确定”。默认的保存文件夹是 C:/Temp，但可选择其他文件夹，如外部连接的 USB 存储器。在显示“正在创建文件，请等待!”消息框时，可能需要几分钟的时间。

(3) 要缩短文件传输时间，可以将数据压缩进一个 zip 文件中。

(4) 写一封普通的电子邮件发给当地的 ABB 支持人员，邮件中要确保包括下面的信息：机器人序列号、RobotWare 版本、书面故障描述(描述越详细就越便于 ABB 支持人员提供帮助)，如有许可证密钥，也需随附，此外还有附加诊断文件。

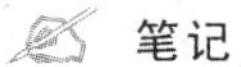 笔记

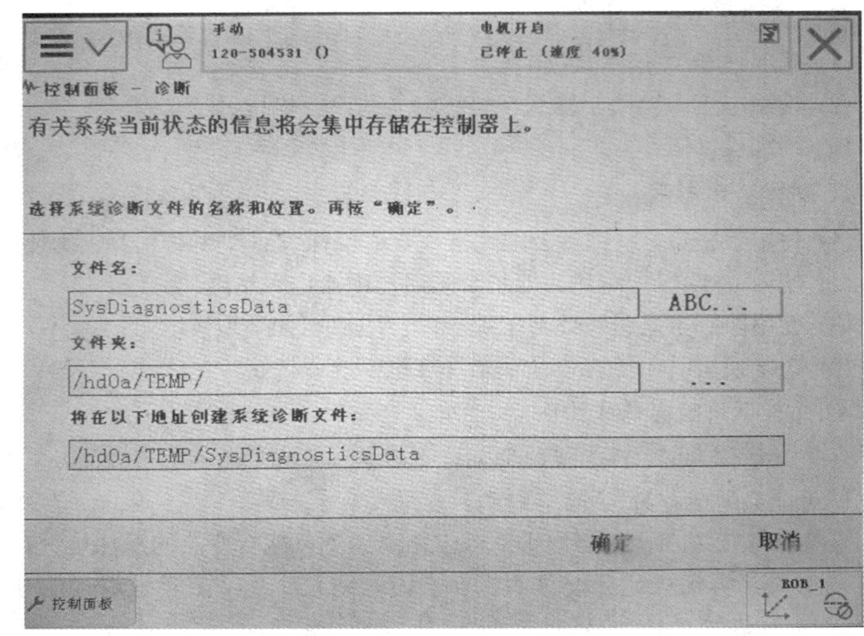

图 6-25　创建诊断文件

八、安全处理 USB 存储器

课程思政

三个结合
课堂内外
校园内外
线上线下

当插入 USB 存储器时，正常情况下，系统会在几秒钟之内检测到设备并准备使用。系统启动时可以自动检测到插入的 USB 存储器。

系统运行中可以插入和拔除 USB 存储器。为了避免出现问题，操作时应注意：

(1) 切勿插入 USB 存储器后立刻拔除，应等待 5 秒直至系统检测到此设备。

(2) 切勿在文件操作(例如保存或复制文件)时拔除 USB 存储器。许多 USB 存储器通过闪烁的 LED 指示设备正在操作。

(3) 切勿在系统关闭过程中拔除 USB 存储器，应等待关闭过程完成。

注意以下 USB 存储器的使用限制：

(1) 不保证支持所有的 USB 存储器。

(2) 有些 USB 存储器有写保护开关。由于写保护引起的文件操作失败，系统不可检测。

九、安全地断开驱动模块电气连接器

接通电源时，驱动模块上的某些连接器如果断开，则会因为大功率电流而被损坏。驱动模块电气连接器如图 6-26 所示。

笔记

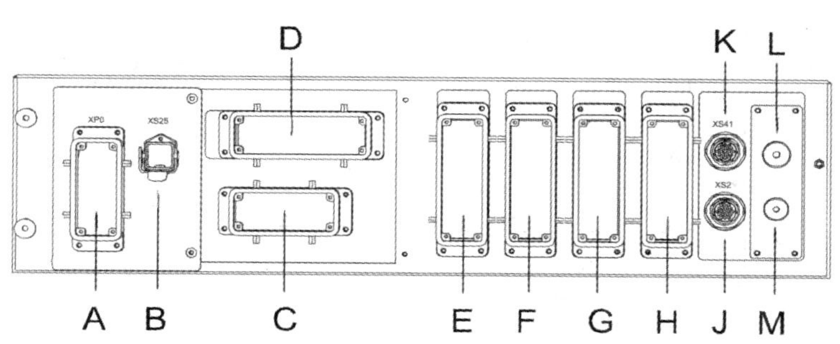

图 6-26　驱动模块电气连接器

图中各连接器的名称及断开时的注意事项如下：

A——连接器 XP0：输入主电源。在断开之前应确保关闭驱动模块主开关。

B——连接器 XS25：从驱动模块到控制模块的主电源。在断开之前应确保关闭控制模块主开关。

C——连接器 XS1：到机器人的马达电流。在断开之前应确保关闭驱动模块主开关。

D——连接器 XS7：到外部轴 (如果使用的话)的马达电流：在断开之前应确保关闭驱动模块主开关。

E～H——用户使用的额外连接器。如果用于马达电流连接器，在断开之前请确保附近的马达没有运行。

K、J——串行测量信号连接器。如果在操作期间断开就不会损坏。

L、M——固定螺钉。

十、串行测量电路板

串行测量板(SMB)是测量系统的一部分，通常位于机器人的底座中。在用于额外的外部轴时，其位置可能不同。

串行测量电路板如图 6-27 所示。图中各部件的名称及含义如下：

SMB1-4——轴 1-4 的分解器连接。

SMB3-6——轴 3-6 的分解器连接。

SMB1.7——轴 1 和 7 的分解器连接。

SMB——驱动模块电源单元的 24 V DC 电源以及与轴计算机的通信。

X1——连接器 1 至 SMS-01 控制器板。

X2——连接器 2 至 SMS-01 控制器板。

X3——连接器至电池组(SMB 存储器的电源)。

在以下情况下使用适用于串行测量电路板的大量实际数据：校准轴、应更换操纵器、应更换 SMB、应更换控制器。

以下数据存储在 SMB 上：校准数据、机械单元序列号、SIS 数据。

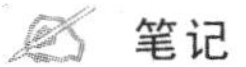 笔记

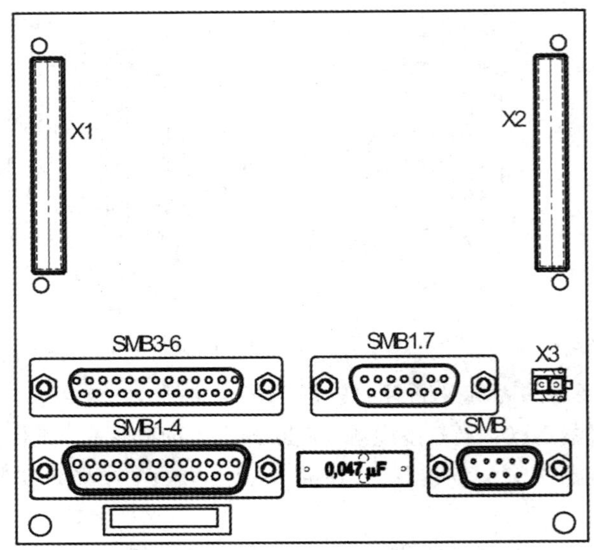

图 6-27　SMB

SMB 上的数据处理内容如下：

(1) 可从机器人 SMB 将 SMB 机器人参数加载到控制器存储器中。

(2) 如果将该机器人更换为同类型的另一机器人，可将控制器中的参数读进 SMB 中。

(3) SMB 存储器可删除。

(4) 可删除控制器参数存储器中特定用于控制器的参数。

(5) 如果 SMB 中的数据与控制器存储器中的不同，可以选择所需的数据。

(6) 按 SIS 数据中的指定，可以更新和读取机器人历史记录(以后的版本中)。

任务扩展

事件日志消息

IRC5 支持三种类型的事件日志消息。RAPID 事件日志消息如表 6-15 所示，事件编号序列视其引用的机器人系统的部件或其他方面而定。事件日志消息的类型有以下三种。

(1) 信息。这些消息用于将信息记录到事件日志中，但是并不要求用户进行任何特别操作。信息类消息不会在控制器的显示设备上显示。

(2) 警告。这些消息用于提醒用户系统上发生了某些无需纠正的事件，操作会继续。这些消息会保存在事件日志中，但不会在显示设备上占据焦点。

(3) 错误。这些消息表示系统出现了严重错误，操作已经停止。这些消息在需要用户立即采取行动时使用。

笔记

表 6-15　RAPID 事件日志消息

编号序列	事 件 类 型
1××××	操作事件：与系统处理有关的事件
2××××	系统事件：与系统功能、系统状态等有关的事件
3××××	硬件事件：与系统硬件、机械臂以及控制器硬件有关的事件
4××××	程序事件：与 RAPID 指令、数据等有关的事件
5××××	动作事件：与控制机械臂的移动和定位有关的事件
7××××	I/O 事件：与输入和输出、数据总线等有关的事件
8××××	用户事件：用户定义的事件
9××××	功能安全事件：与功能安全相关的事件
11××××	工艺事件：特定应用事件，包括弧、点焊等
12××××	配置事件：与系统配置有关的事件
13××××	油漆
15××××	RAPID
17××××	Remote Service Embedded(嵌入式远程服务)事件日志，与启动、注册、取消注册、失去连接等有关的事件

任务二　工业机器人常见故障的处理方法

任务导入

维修工业机器人的故障时首先要找到故障发生的原因、位置等，但要做到这些却是不容易的，因为其原因很多，比如工业机器人电气系统发生了故障，其主要原因有电缆连接点接触不良、继电器触点损坏、继电器触点烧坏、主电无法接通、继电器板信号连接不正常、保险丝熔断等。这些问题的解决方法是查看电柜安装图样，并进行检查，以排除其故障。

任务目标

知 识 目 标	能 力 目 标
1. 掌握机器人电气故障诊断方法 2. 掌握机器人机械故障诊断方法	1. 能排除工业机器人外围设施的故障 2. 能排除工业机器人的电气故障 3. 能排除工业机器人的机械故障

笔记

任务实施

教师讲解

一、典型单元故障的排除方法

1. FlexPendant 故障排除方法

FlexPendant 通过控制板与控制模块主机通信。FlexPendant 使用电缆物理连接至控制制板，其中具有 +24 V 电源并且运行两个使动装置链。

(1) 如果 FlexPendant 完全“死机”，请按“FlexPendant 死机”处理。

(2) 如果 FlexPendant 启动，但不能正常操作，请按“FlexPendant 无法通信”处理。

(3) 如果 FlexPendant 启动并且似乎可以操作，但显示错误事件消息，请按“FlexPendant 的偶发事件”处理。

(4) 如果显示器未亮起，请尝试调节对比度。

(5) 检查电缆的连接和完整性。

(6) 检查 24 V 电源。

(7) 阅读错误事件日志消息并按参考资料的说明进行操作。FlexPendant 和主计算机之间的通信错误可在 FlexPendant 上或者使用 RobotStudio 当作事件日志消息查看。

2. 电源故障排除方法

(1) 检查电源设备上的指示 LED。

(2) 断开电源单元的输出连接器。

(3) 测量单元的输出电压。

(4) 测量输入电压。

(5) 如有必要，从电源单元逐一断开负载，以消除任何过载。

(6) 如果发现电源单元出现故障，则进行更换，并检查故障是否已经修复。

3. 通信故障排除方法

(1) 维修有故障的电缆(如发送和接收信号相混)。

(2) 正确设置传输率(波特率)。

(3) 正确设置数据宽度。

4. I/O 单元故障排除方法

1) 功能检查

以某个 I/O 单元没有按预期通过其输入和输出通信为例说明。

(1) 检查当前的 I/O 信号状态是否正常。使用 FlexPendant 显示器上的 I/O 菜单。

(2) 检查当前输入或输出的 I/O 单元的 LED。如果输出 LED 未亮起，则检查 24 V I/O 电源是否正常。

(3) 检查从 I/O 单元到过程连接的所有连接器和电缆。

(4) 确保 I/O 单元连接的过程总线正常工作。如果总线停止运行，事件日志中通常会存储一个事件日志消息。另外请检查总线板上的指示 LED。

2) 通道通信检查

可从 FlexPendant 上的 I/O 菜单读取并激活 I/O 通道。如果与机器人的往返通信存在 I/O 通信错误，请按如下步骤检查：

(1) 当前程序中是否有 I/O 通信程序？

(2) 在所提单元上，MS(模块状态)和 NS(网络状态)LED 必须持续亮起绿灯。

5. 启动故障排除方法

1) 症状

(1) 任何单元上面无 LED 指示灯亮起。

(2) 接地故障保护跳闸。

(3) 无法加载系统软件。

(4) FlexPendant 已“死机”。

(5) FlexPendant 启动，但未对任何输入做出响应。

(6) 包含系统软件的磁盘未正确启动。

2) 无 LED 指示时的操作

(1) 确保系统的主电源通电并且在指定的极限之内。

(2) 确保驱动模块中的主变压器正确连接，以符合现有的主电压要求。

(3) 确保打开主开关。

(4) 确保控制模块电源和驱动模块电源在各自指定的限制范围内。

(5) 如果无 LED 亮起，按“所有 LED 熄灭”处理。

(6) 如果系统好像完全“死机”，按“控制器死机”处理。

(7) 如果 FlexPendant 显示为“死机”，按“FlexPendant 死机”处理。

(8) 如果 FlexPendant 启动，但未与控制器通信，按“FlexPendant 无法通信”处理。

(9) 如果系统硬盘正常工作，在启动后应立即发出嗡嗡声，并且前面的 LED 会亮起。如果在尝试启动之后计算机发出两声嘀声之后停止，表明磁盘不能正常工作。

二、间歇性故障

在操作期间，错误和故障的发生可能是随机的。发生此类随机故障时操作被中断，并且偶尔显示事件日志消息，有时并不像是实际系统故障。这类问题有时会相应地影响紧急停止或启用链，并且可能难以查明原因。

此类故障可能会在机器人系统的任何部位发生，可能的原因有：外部干扰、内部干扰、连接松散或者接头干燥(例如未正确连接电缆屏蔽)、热现象(例如工作场所内很大的温度变化)。

笔记

要排除间歇性故障，建议采用下面的操作(按概率顺序列出)：

(1) 检查所有电缆，尤其是紧急停止以及启动链中的电缆，确保所有连接器连接稳固。

(2) 检查指示LED信号是否有故障，可为该问题提供一些线索。

(3) 检查事件日志中的消息。有时一些特定错误是间歇性的，可在FlexPendant上或者使用RobotStudio查看事件日志消息。

(4) 在每次发生该类型的错误时检查机器人的行为，如有可能，以日志形式或其他类似方式记录故障。

(5) 调查环境条件(如环境温度、湿度等)与该故障是否有任何关系。如有可能，以日志形式或其他类似方式记录故障。

魏晋时期的数学家刘徽的割圆术

"…割之弥细，所失弥少，割之又割，以至于不可割，则与圆周合体而无所失矣…"

——刘徽

刘徽的这种研究方法对你有什么启示？

三、控制器死机

故障现象：机器控制器完全或者间歇地"死机"，无指示灯亮起且不能操作。

该故障可能由以下原因引起(按概率的顺序列出)：

(1) 控制器未连接主电源。

(2) 主变压器出现故障或者未正确连接。

(3) 主保险丝(Q1)可能已断开。

(4) 控制器与驱动模块之间的连接缺失。

要排除该故障，建议采用下面的操作 (按概率顺序列出)：

(1) 确保车间里的主电源正常工作并且电压符合控制器的要求。

(2) 确保主变压器正确连接，以符合现有的主电压要求。

(3) 确保驱动模块中的主保险丝(Q1)未断开。如果已断开，则将其复位。

(4) 如果在控制模块正常工作并且驱动模块主开关打开的情况下驱动模块仍无法启动，则确保正确建立了模块之间的连接。

四、控制器性能低

故障现象：控制器性能低，并且似乎无法正常工作。控制器没有完全"死机"。如果完全死机，请按"控制器死机"处理。

控制器性能低时可能出现程序执行迟缓，看上去无法正常执行并且有时停止。

造成控制器性能下降的原因是计算机系统负载过高，具体如下：

(1) 程序仅包含太高程度的逻辑指令，造成程序循环过快，使处理器过载。

(2) I/O更新间隔设置为低值，造成频繁更新和过高的I/O负载。

(3) 内部系统交叉连接和逻辑功能使用太频繁。

(4) 外部PLC或者其他监控计算机对系统寻址太频繁，造成系统过载。

处理方式如下：

(1) 检查程序是否包含逻辑指令(或其他“不花时间”执行的指令)，因为此类程序在未满足条件时会造成执行循环。要避免此类循环，可以通过添加一个或多个 WAIT 指令来进行测试。仅使用较短的 WAIT 时间，以避免不必要地减慢程序。适合添加 WAIT 指令的位置有：在主例行程序中，最好是接近末尾；在 WHILE/FOR/GOTO 循环中，最好是在末尾或接近指令 ENDWHILE/ENDFOR 等部分。

(2) 确保每个 I/O 板的 I/O 更新时间间隔值没有太低。这些值使用 RobotStudio 更改。不经常读的 I/O 单元可切换到“状态更改”操作。ABB 建议使用的频率：DSQC 327A: 1000；DSQC 328A: 1000；DSQC 332A: 1000；DSQC 377A: 20-40；所有其他：>100。

(3) 检查 PLC 和机器人系统之间是否有大量的交叉连接或 I/O 通信。与 PLC 或其他外部计算机过重的通信可造成机器人系统主机中出现重负载。

(4) 尝试以事件驱动指令而不是使用循环指令编辑 PLC 程序。机器人系统有许多固定的系统输入和输出可用于实现此目的。与 PLC 或其他外部计算机过重的通信可造成机器人系统主机中出现重负载。

五、FlexPendant 死机

故障现象：FlexPendant 完全或间歇性“死机”。无适用的项，并且无可用的功能。如果 FlexPendant 启动，但屏幕无任何显示，按“FlexPendant 无法通信”处理。

该故障可能由以下原因引起(按概率的顺序列出)：

(1) 系统未开启。

(2) FlexPendant 没有与控制器连接。

(3) 到控制器的电缆被损坏。

(4) 电缆连接器被损坏。

(5) FlexPendant 出现故障。

(6) FlexPendant 控制器的电源出现故障。

要排除该故障，建议采用下面的操作(按概率顺序列出)：

(1) 确保系统已经打开并且 FlexPendant 连接到控制器。

(2) 检查 FlexPendant 电缆看是否存在任何损坏迹象。如有可能，通过连接不同的 FlexPendant 进行测试以排除导致错误的 FlexPendant 和电缆。尽可能测试现有的 FlexPendant 与不同控制器之间的连接。如有故障，请更换 FlexPendant。

(3) 检查 Control Module 电源是否向 FlexPendant 供应 24 V 的直流电。

六、所有 LED 熄灭

故障现象：控制模块或驱动模块上根本没有相应的 LED 亮起。发生此故障时系统可能不能操作或者根本无法启动。

笔记

该故障可能由以下原因引起(按概率的顺序列出)：

(1) 未向系统提供电源。

(2) 可能未连接主变压器以获得正确的主电压。

(3) 电路断路器 F6(如有使用)可能出现故障或者因为任何其他原因处于开路状态。

(4) 接触器 K41 可能出现故障或者因为任何其他原因处于开路状态，如图 6-28 所示。

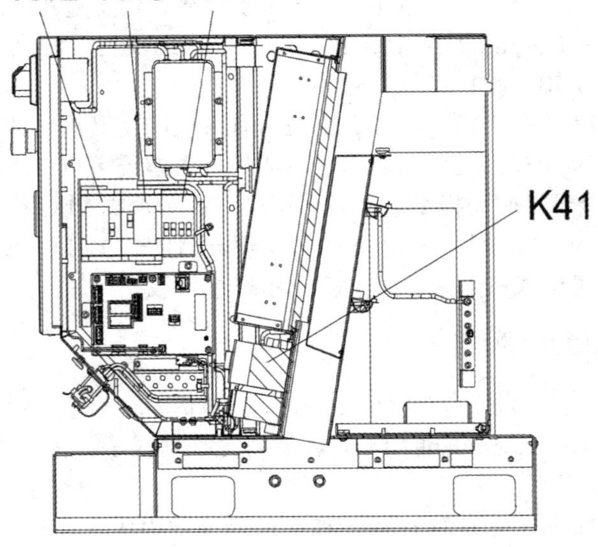

图 6-28 接触器

处理方式如下：

(1) 确保主开关已打开。

(2) 确保系统通电。使用电压表测量输入的主电压。

(3) 检查主变压器连接。在各终端上标记电压，确保它们符合市电要求。

(4) 确保电路断路器 F6(如有使用)于位置 3 闭合。

(5) 确保接触器 K41 处于开路状态并在执行指令时闭合。

(6) 从驱动模块电源断开连接器 X1 并测量输入的电压。在 X1.1 和 X1.5 针脚之间测量。

(7) 如果电源输入电压正确(230 V AC)但 LED 仍无法工作，则更换驱动模块电源。

七、FlexPendant 无法通信

故障现象：FlexPendant 启动，但屏幕无任何显示；无适用的项，并且无可用的功能。FlexPendant 没有完全“死机”。如果“死机”，请按“FlexPendant 死机”处理。

FlexPendant 无法通信时，系统可能无法操作。

该故障可能由以下原因引起(按概率的顺序列出)：

(1) 主机无电源。

(2) FlexPendant 和主机之间可能无通信。

要排除该故障，建议采用下面的操作(按概率顺序列出)：

(1) 确保控制模块主电源正常。

(2) 如果电源正常，则检查从电源到主机的所有电缆，确保正确连接。

(3) 确保 FlexPendant 与控制模块正确连接。

(4) 检查控制模块和驱动模块中所有单元上的所有指示 LED。

(5) 确保与机器人通信卡(RCC)的所有连接和电源正常。

(6) 确保 RCC 和接线台之间的以太网线正确连接。

(7) 如果所有电缆和电源正常，并且似乎没有其他办法可以解决该问题，则更换主机设备。

八、FlexPendant 的偶发事件消息

故障现象：FlexPendant 上显示的事件消息是偶发的，并且似乎与机器人上的任何实际故障不对应。可能会显示几种类型的消息，标示出现错误。如果没有正确执行，在主操纵器拆卸或者检查之后可能会发生此类故障。

不断显示偶发事件消息会造成重大的操作干扰。

FlexPendant 上显示偶发事件消息可能的原因是内部操纵器接线不正确。具体原因包括：连接器连接欠佳、电缆扣环太紧使电缆在操纵器移动时被拉紧、因为摩擦使信号与地面短路造成电缆绝缘擦破或损坏。

要排除该故障，建议采用下面的操作(按概率顺序列出)：

(1) 检查所有内部操纵器接线，尤其是所有断开的电缆、在最近维修工作期间连接的重新布线或捆绑的电缆。

(2) 检查所有电缆连接器以确保它们正确连接并且拉紧。

(3) 检查所有电缆绝缘是否损坏。

九、维修插座中无电压

故障现象：某些控制模块配有电压插座，并且此插座仅适用于这些模块。用于为外部维修设备供电的控制模块维修插座中无电压。

此故障会导致连接控制模块维修插座的设备无法工作。

该故障可能由以下原因引起(各种原因按概率的顺序列出)：

(1) 电路断路器跳闸(F5)，如图 6-29 所示。

(2) 接地故障保护跳闸(F4)。

(3) 主电源掉电。

(4) 变压器连接不正确。

笔记

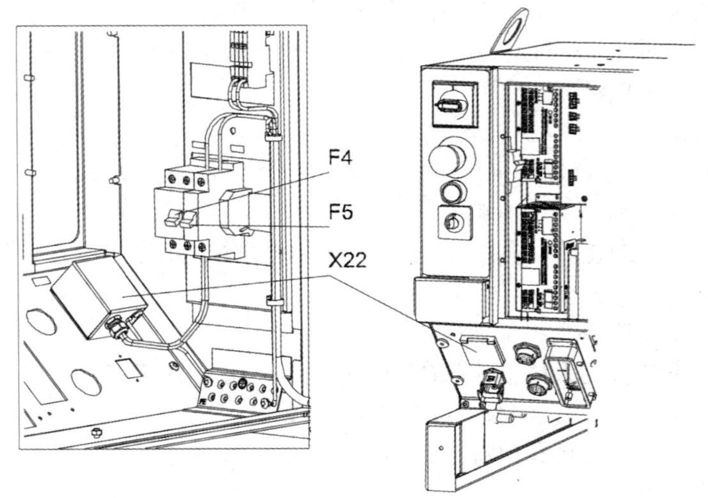

图 6-29　电路断路器与接地故障保护

处理方式如下：

(1) 确保控制模块中的电路断路器未跳闸。确保与维修插座连接的任何设备没有消耗太多的功率，造成电路断路器跳闸。

(2) 确保接地故障保护未跳闸。确保与维修插座连接的任何设备未将电流导向地面，造成接地故障保护跳闸。

(3) 确保机器人系统的电源符合规范要求。

(4) 确保为插座供电的变压器(T3)正确连接，即输入和输出电压符合规范要求，如图 6-30 所示。

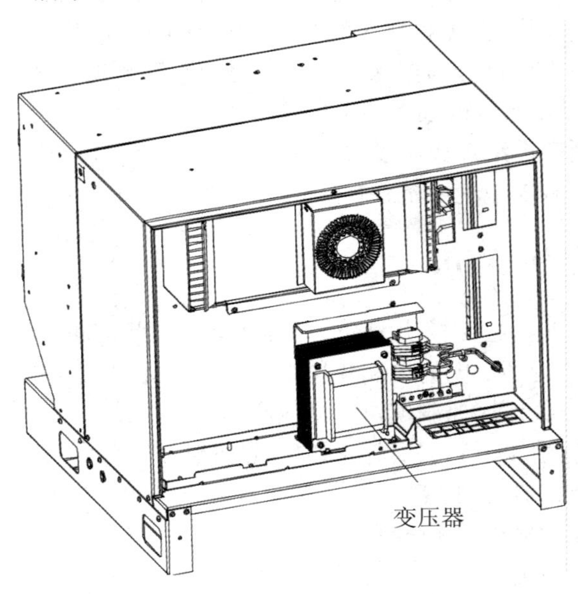

图 6-30　变压器

十、控制杆无法工作

故障现象：系统可以启动，但 FlexPendant 上的控制杆似乎无法工作，此时无法手动微动控制机器人。

该故障可能由以下原因引起(各种原因按概率的顺序列出)：

(1) Flexpandant 可能未正确连接或者电缆可能被损坏。

(2) FlexPendant 的电源不能正常工作。

(3) FlexPendant 发生故障。

要排除该故障，建议采用下面的操作(按概率顺序列出操作)：

(1) 系统是否启动？如果没有系统，请正确启动系统。

(2) 是否已在 Manual Mode 中选择了 Jogging？如果没有，应正确操作。

(3) FlexPendant 是否工作？如果没有，按“FlexPendant 死机”处理。

(4) 确保 FlexPendant 与控制模块正确连接。

(5) 确保 FlexPendant 电缆未损坏。

(6) 确保控制模块电源和控制板正常工作。

(7) 如果所有方法都无效，请更换 FlexPendant。

十一、更新固件失败

故障现象：在更新固件时，自动过程可能会失败。更新固件失败导致自动更新过程被中断并且系统停止。

此故障最常在硬件和软件不兼容时发生。

处理方式如下：

(1) 检查事件日志，查看显示发生故障的单元的消息。

(2) 最近是否更换了相关的单元。如果“是”，则确保新旧单元的版本相同；如果“否”，则检查软件版本。

(3) 最近是否更换了 RobotWare。如果“是”，则确保新旧单元的版本相同；如果“否”，请继续以下步骤。

(4) 与当地的 ABB 代表检查固件版本是否与现在的硬件/软件兼容。

十二、不一致的路径精确性

故障现象：机器人 TCP 的路径不一致。它经常变化，并且有时会伴有轴承、齿轮箱或其他位置发出的噪声。

此故障会导致生产无法进行。

该故障可能由以下原因引起 (各种原因按概率的顺序列出)：

(1) 未正确校准机器人。

(2) 未正确定义机器人 TCP。

(3) 平行杠被损坏(仅适用装有平行杆的机器人)。

(4) 电机和齿轮之间的机械接头损坏，从而使出现故障的电机发出噪声。

笔记

(5) 轴承损坏或破损(尤其当耦合路径不一致，并且一个或多个轴承发出滴答声或摩擦噪声时)。

(6) 将错误类型的机器人连接到控制器。

(7) 制动闸未正确松开。

处理方式如下：

(1) 确保正确定义机器人的 Tool 和 Work Object。

(2) 检查转数计数器的位置。如有必要应进行更新。

(3) 如有必要，重新校准机器人轴。

(4) 通过跟踪噪声找到有故障的轴承。根据各机器人的产品手册更换有故障的轴承。

(5) 通过跟踪噪声找到有故障的电机。分析机器人 TCP 的路径以确定哪个轴进而确定哪个电机可能有故障。应根据各机器人的产品手册更换有故障的电机/齿轮。

(6) 检查平行杆是否正确(仅适用于装有平行杆的机器人)。

(7) 确保根据配置文件中的指定连接正确的机器人类型。

(8) 确保机器人制动闸可以正常工作。

十三、油脂沾污电机和(或)齿轮箱

企业文化

"PDCA"循环的8个步骤

1. 找出存在的问题
2. 分析问题的原因
3. 找出主要原因
4. 研究措施
5. 采取措施
6. 检查效果
7. 巩固措施
8. 分析遗留问题

故障现象：电机或齿轮箱周围的区域出现油泄漏的迹象。此种情况可能发生在底座、最接近结合面，或者在分解器电机的最远端。

除弄脏表面之外，油脂沾污电机(齿轮箱)在某些情况下不会出现严重的后果。但是，在某些情况下，漏油会润滑电机制动闸，造成关机时操纵器损毁。

该故障可能由以下原因引起 (各种原因按概率的顺序列出)：

(1) 齿轮箱和电机之间的防泄漏密封。

(2) 齿轮箱溢油。

(3) 齿轮箱油过热。

处理方式如下：

(1) 检查电机和齿轮箱之间的所有密封和垫圈。不同的操纵器型号使用不同类型的密封。根据各机器人的产品手册更换密封和垫圈。

(2) 检查齿轮箱油面高度。机器人产品手册中指定了正确的油面高度。

(3) 齿轮箱过热可能由以下原因造成：

① 使用的油的质量或油面高度不正确，应根据每个机器人的产品手册检查建议的油面高度和类型。

② 机器人工作周期运行特定轴太困难。 研究是否可以在应用程序编程中写入小段的“冷却周期”。

③ 齿轮箱内出现过大的压力。操纵器执行某些特别重的负荷工作周期可能装配有排油插销。正常负荷的操纵器未装配此类排油插销。

笔记

十四、机械噪声

在操作期间，电机、齿轮箱、轴承等不应发出机械噪声。出现故障的轴承在故障之前通常会发出短暂的摩擦声或者嘀嗒声。

轴承出现噪声会造成路径精确度不一致，在严重的情况下，接头会完全抱死。

该故障可能由以下原因引起(各种原因按概率的顺序列出)：

(1) 磨损的轴承。

(2) 污染物进入轴承圈。

(3) 轴承没有润滑。

(4) 如果齿轮箱发出噪声，也可能是过热引起的。

处理方式如下：

(1) 确定发出噪声的轴承。

(2) 确保轴承有充分的润滑。

(3) 如有可能，拆开接头并测量间距。

(4) 电机内的轴承不能单独更换，只能更换整个电机。根据各机器人的产品手册更换有故障的电机。

(5) 确保轴承正确装配。

(6) 齿轮箱过热可能由以下原因造成：

① 使用的油的质量或油面高度不正确。

② 机器人工作周期运行特定轴太困难。研究是否可以在应用程序编程中写入小段的“冷却周期”。

③ 齿轮箱内出现过大的压力。操纵器执行某些负荷特别重的工作周期时可能装配有排油插销。

十五、关机时操纵器损毁

故障现象：在 Motors ON 活动时操纵器能够正常工作，但在 Motors OFF 活动时，它会因为自身的重量而损毁。与每台电机集成的制动闸不能承受操纵臂的重量。

此故障可能会对在该区域工作的人员造成严重的伤害甚至造成死亡，或者对操纵器和(或)周围的设备造成严重的损坏。

该故障可能由以下原因引起(各种原因按概率的顺序列出)：

(1) 制动闸故障。

(2) 制动闸的电源故障。

处理方式如下：

(1) 确定造成机器人损毁的电机。

(2) 在 Motors OFF 状态下检查损毁电机的制动闸电源。

(3) 拆下电机的分解器检查是否有任何漏油的迹象。

笔记

(4) 从齿轮箱拆下电机，从驱动器一侧进行检查。

十六、机器人制动闸未释放

在开始机器人操作或者微动控制机器人时，必须释放内部制动闸以进行运动。如果未释放制动闸，机器人不能运动，并且会发出许多错误日志消息。

该故障可能由以下原因引起(各种原因按概率的顺序列出)：

(1) 制动接触器(K44)不能正常工作，如图 6-28 所示。

(2) 系统未正确进入 Motors ON 状态。

(3) 机器人轴上的制动闸发生故障。

(4) 电源电压 24 V BRAKE 缺失。

处理方式如下：

(1) 确保制动接触器已激活。应听到“嘀”声，或者可以测量接触器顶部辅助触点之间的电阻。

(2) 确保激活了 RUN 接触器(K42 和 K43)。注意，两个接触器必须激活，而不只是激活一个。应听到“嘀”声，或者可以测量接触器顶部辅助触点之间的电阻。

(3) 使用机器人上的按钮测试制动闸。如果只有一个制动闸出现故障，现有的制动闸很有可能发生故障，必须更换。如果未激活任何制动闸，很可能没有 24 V BRAKE 电源。按钮的位置因机器人的型号而不同。请参阅各机器人的产品手册。

(4) 检查 Drive Module 电源以确保 24 V BRAKE 电压正常。

(5) 系统内许多其他的故障可能会使制动闸一直处于激活状态。

十七、电控柜常见故障处理

电控柜常见故障及处理方法如表 6-16 所示。

表 6-16　常见故障

后果及现象	可能故障	排除方法
开机不能听到接触器吸合的声音，主电源不能接通，伺服电源指示灯不亮	门禁开关未闭合	将门禁开关临时短接或者关门调试
	接触器可能损坏	更换接触器
控制器电源指示灯不亮，接触器不吸合，风扇不转，伺服数码管无显示	开关电源损坏无 24 V 输出	更换开关电源
示教器显示报警，检测伺服处于错误状态	数码管显示当前报警代码	根据具体故障代码排除
示教器无法登陆	示教器没有注册码	重新注册示教器

笔记

续表

后果及现象	可能故障	排除方法
机器人不能使能	手动模式，只能使用三位开关	确认运行模式是否正确
	安全回路断开	确认安全回路是否断开
打开隔离开关后，控制柜无反应	隔离开关进出线虚接，柜内断路器处于 OFF 状态，滤波器损坏	逐段测量电压，排查电路

十八、示教器常见故障处理

ABB 机器人示教器常见的错误信息如表 6-17 所示。常见的故障现象及对应解决方案见表 6-18。

表 6-17　ABB 示教器常见错误信息提示

序号	故　障	处　理
1	示教器触摸不良或局部不灵	更换触摸面板
2	示教器无显示	维修或更换内部主板或液晶屏
3	示教器显示不良、竖线、竖带、花屏、摔破等	更换液晶屏
4	示教器按键不良或不灵	更换按键面板
5	示教器有显示无背光	更换高压板
6	示教器操纵杆 XYZ 轴不良或不灵	更换操纵杆
7	示教器急停按键失效或不灵	更换急停按键
8	示教器数据线不能通讯或不能通电，内部有断线等	更换数据线

表 6-18　故障现象及对应解决方案

序号	故障	现象	原　因	解　决
1	触摸偏差	手指所触摸的位置与鼠标箭头没有重合	示教器安装完驱动程序后，在进行校正位置时，没有垂直触摸靶心正中位置	重新校正位置
		部分区域触摸准确，部分区域触摸有偏差	表面声波触摸屏四周边上的声波反射条纹上面积累了大量的尘土或水垢，影响了声波信号的传递	清洁触摸屏，特别注意要将触摸屏四边的声波反射条纹清洁干净，清洁时应将触摸屏控制卡的电源断开

笔记

续表

序号	故障	现象	原因	解决
2	示教器触摸无反应	触摸屏幕时鼠标箭头无任何动作，没有发生位置改变	① 表面声波触摸屏四周边上的声波反射条纹上面所积累的尘土或水垢非常严重，导致触摸屏无法工作	观察触摸屏信号指示灯，该灯在正常情况下为有规律的闪烁，大约每秒钟闪烁一次，当触摸屏幕时，示教器黑屏，需要请教专业人员
			② 触摸屏发生故障	
			③ 触摸屏控制卡发生故障	
			④ 触摸屏信号线发生故障	
			⑤ 主机的串口发生故障	
			⑥ 示教器的操作系统发生故障	
			⑦ 触摸屏驱动程序安装错误	

任务扩展

工业机器人过流原因及其处理方式

故障定义	可能原因	对策
母线过流	直流母线电压过高	检查电网电压是否过高； 检查是否大惯性负载无能耗制动快速停机
	外围有短路现象	检查伺服动力输出接线是否短路，对地是否短路，制动电阻是否短路
	编码器故障	检查编码器是否损坏，接线是否正确； 检查编码器线缆屏蔽层是否接地良好，线缆附近是否有强干扰源
	伺服内部器件损坏	请专业技术人员进行维护
硬件过流	直流母线电压过高	检查电网电压是否过高； 检查是否大惯性负载无能耗制动快速停机
	外围有短路现象	检查伺服动力输出接线是否短路，对地是否短路
	编码器故障	检查编码器是否损坏，接线是否正确； 检查编码器线缆屏蔽层是否接地良好，线缆附近是否有强干扰源
	伺服内部器件损坏	请专业技术人员进行维护

笔记

综合测试六

一、填空题

1. 利用特殊的覆盖功能可在拨动覆盖限位开关之后，在该区域外手动微动控制＿＿＿＿＿＿。

2. ENABLE1 信号由＿＿＿＿＿＿监控，并通过大量检查其状态的单元来运行。

3. ENABLE2 信号由＿＿＿＿＿＿监控，并通过大量检查其状态的设备来运行。

4. 驱动单元中的低压电子装置由 ＿＿＿＿＿＿供电。

5. 即使在主开关关闭的情况下，驱动模块也带＿＿＿＿＿＿。

二、判断题

(　　) 1. ENABLE1 信号由轴计算机监控，并通过大量检查其状态的单元来运行。

(　　) 2. ENABLE2 信号由主机监控，并通过大量检查其状态的设备来运行。

(　　) 3. 即使在主开关关闭的情况下，驱动模块也带电。

三、问答题

1. 简述 FlexPendant 故障的排除方法。
2. 简述电源故障的排除方法。
3. 简述启动故障的排除方法。
4. 简述 I/O 单元故障的排除方法。

四、应用题

根据本单位的实际情况找到各元件的位置。

综合测试答案(部分)

笔记

操作与应用

工　作　单

<table>
<tr><td>姓名</td><td></td><td>工作名称</td><td colspan="2">工业机器人常见故障的诊断与维修</td></tr>
<tr><td>班级</td><td></td><td>小组成员</td><td colspan="2"></td></tr>
<tr><td>指导教师</td><td></td><td>分工内容</td><td colspan="2"></td></tr>
<tr><td>计划用时</td><td></td><td>实施地点</td><td colspan="2"></td></tr>
<tr><td>完成日期</td><td colspan="2"></td><td>备注</td><td></td></tr>
<tr><td colspan="5">工 作 准 备</td></tr>
<tr><td colspan="3">资　料</td><td>工具</td><td>设　备</td></tr>
<tr><td colspan="3"></td><td></td><td rowspan="2"></td></tr>
<tr><td colspan="3"></td><td></td></tr>
<tr><td colspan="5">工作内容与实施</td></tr>
<tr><td colspan="2">工作内容</td><td colspan="3">实　　施</td></tr>
<tr><td colspan="2">1. 简述 FlexPendant 故障排除方法</td><td colspan="3"></td></tr>
<tr><td colspan="2">2. 简述电源故障排除方法</td><td colspan="3"></td></tr>
<tr><td colspan="2">3. 简述启动故障排除方法</td><td colspan="3"></td></tr>
<tr><td colspan="2">4. 对图示工业机器人抓取工件时常落下的故障进行维修</td><td colspan="3" rowspan="2"></td></tr>
<tr><td colspan="2">5. 对图示工业机器人在搬运工件时定位不准的故障进行维修
(注：可根据实际情况对不同的故障进行维修)</td></tr>
</table>

笔记

工 作 评 价

	评 价 内 容				
	完成的质量(60 分)	技能提升能力(20 分)	知识掌握能力(10 分)	团队合作(10 分)	备注
自我评价					
小组评价					
教师评价					

1. 自我评价

序号	评 价 项 目			是	否
1	是否明确人员的职责				
2	能否按时完成工作任务的准备部分				
3	工作着装是否规范				
4	能否主动参与工作现场的清洁和整理工作				
5	能否主动帮助同学				
6	能否看懂工业机器人电气与机械说明书				
7	能否看懂工业机器人控制柜的电气连接图				
8	能否完成配电板、面板、示教盒的配线与装配				
9	是否完成了清洁工具和维护工具的摆放				
10	是否执行6S规定				
评价人		分数		时间	年　　月　　日

2. 小组评价

序号	评 价 项 目	评 价 情 况
1	与其他同学的沟通是否顺畅	
2	是否尊重他人	
3	工作态度是否积极主动	
4	是否服从教师的安排	
5	着装是否符合标准	
6	能否正确地理解他人提出的问题	
7	能否按照安全和规范的规程操作	
8	能否保持工作环境的干净整洁	
9	是否遵守工作场所的规章制度	
10	是否有工作岗位的责任心	
11	是否全勤	

笔记

续表

序号	评价项目	评价情况
12	是否能正确对待肯定和否定的意见	
13	团队工作中的表现如何	
14	是否达到任务目标	
15	存在的问题和建议	

3. 教师评价

课程	工业机器人机电装调与维修	工作名称	工业机器人常见故障的诊断与维修	完成地点	
姓名		小组成员			
序号	项目		分值	得分	
1	简答题		10		
2	工业机器人机械故障的诊断与维修		30		
3	工业机器人电气故障的诊断与维修		30		
4	工业机器人外围部件的故障诊断与维修		30		

自学报告

自学任务	KUKA工业机器人常见故障的诊断与维修
自学内容	
收获	
存在问题	
改进措施	
总结	

笔记

模块七

工业机器人典型部件与直角坐标工业机器人的装调与维修

直角坐标工业机器人的外形轮廓与数控镗铣床或三坐标测量机相似(如图 7-1 所示)，其 3 个关节都是移动关节，关节轴线相互垂直，相当于笛卡儿坐标系的 x、y 和 z 轴。

(a) 平面双关节型机器人

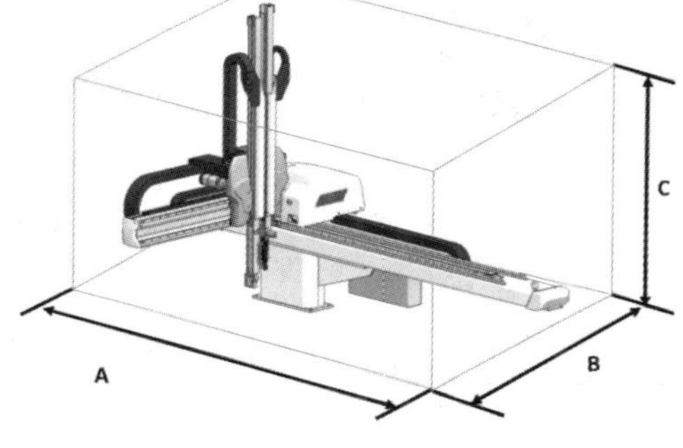

(b) 桁架工业机器人

图 7-1　直角坐标工业机器人

模块目标

知 识 目 标	能 力 目 标
1. 掌握机械零部件装配结构知识 2. 掌握联轴器、滚珠丝杠、滚动导轨、同步齿形带、齿轮－齿条的知识 3. 了解工业机器人用电气元件、检测元件与输入/输出元件 4. 掌握扭力扳手的使用方法	1. 能完成减速器、滚珠丝杠、滚动导轨的装配 2. 能装配直角坐标机器人的部件，如桁架、纵向驱动装置、横向驱动装置、升降机 3. 能完成伺服电动机的装配 4. 能完成减速器的装配

笔记

任务一 工业机器人用典型机械部件的装调与维修

任务导入

图 7-2 为图 7-1 所示的直角坐工业机器人常用的机械零部件。

(a) 滚珠丝杠

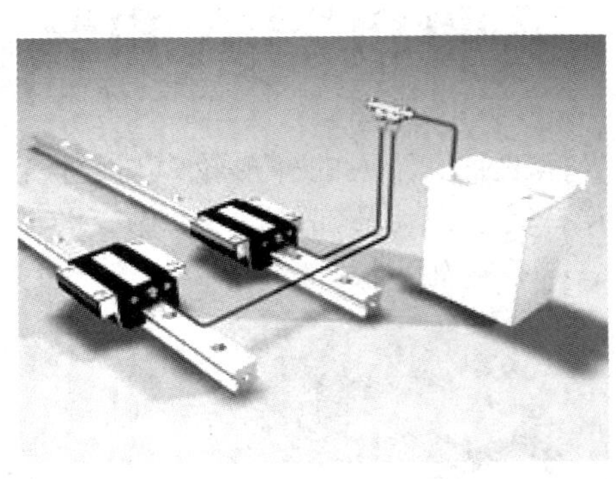

(b) 滚动导轨

图 7-2 工业机器人常用的机械零部件

任务目标

知识目标	能力目标
1. 掌握机械零部件装配结构知识 2. 掌握联轴器、滚珠丝杠、滚动导轨、同步齿形带、齿轮－齿条的知识	1. 能完成减速器、滚珠丝杠、滚动导轨的装配 2. 能完成减速器的装配 3. 会使用扭力扳手

任务实施

实物教学

若有条件，结合实物进行现场讲授；若无条件，可采用多媒体教学。

一、联轴器

1. 套筒联轴器

套筒联轴器(图 7-3)由连接两轴轴端的套筒和联接套筒与轴的联接件(键或销钉)所组成，一般当轴端直径 $d \leqslant 80$ mm 时，套筒用 35 或 45 钢制造；$d > 80$ mm 时，可用强度较高的铸铁制造。

笔记

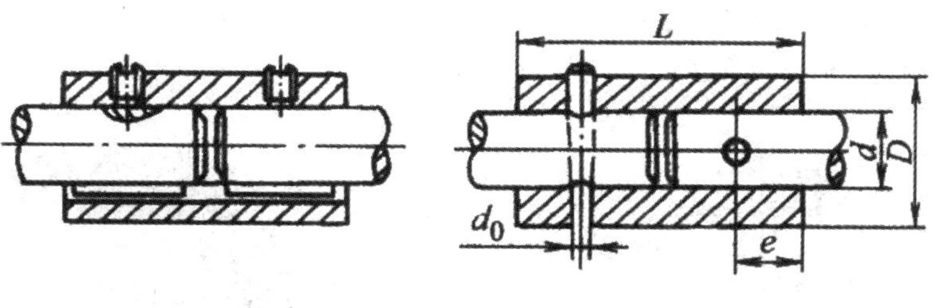

(a) 键连接　　(b) 销钉连接

图 7-3　套筒联轴器

2. 凸缘式联轴器

凸缘式联轴器是把两个带有凸缘的半联轴器分别与两轴连接，然后用螺栓把两个半联轴器连成一体，以传递动力和扭矩，见图 7-4。凸缘式联轴器有两种对中方法：一种是用一个半联轴器上的凸肩与另一个半联轴器上的凹槽相配合而对中(如图 7-4(a))；另一种则是共同与另一部分环相配合而对中(如图 7-4(b))。前者在装拆时轴必须作轴向移动，后者则无此缺点。联接螺栓可以采用半精制的普通螺栓，此时螺栓杆与钉孔壁间存有间隙，扭矩靠半联轴器结合面间的摩擦力来传递(图 7-4(b))；也可采用铰制孔用螺栓，此时螺栓杆与钉孔为过渡配合，靠螺栓杆承受挤压与剪切来传递扭矩(图 7-4(a))。凸缘式联轴器可制作成带防护边的(图 7-4(a))或不带防护边的(图 7-4(b))。

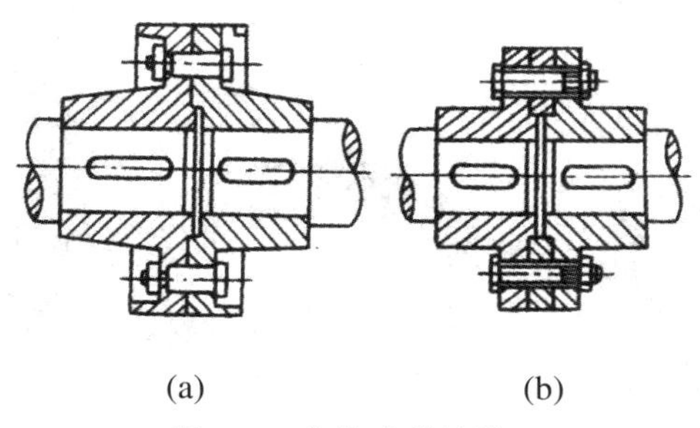

(a)　　(b)

图 7-4　凸缘式联轴器

凸缘式联轴器的材料可用 HT250 或碳钢，重载时或圆周速度大于 30 m/s 时应用铸钢或锻钢。

凸缘式联轴器对于所连接的两轴的对中性要求很高，当两轴间有位移与倾斜存在时，就在机件内引起附加载荷，使工作情况恶化，这是它的主要缺点。但由于其构造简单、成本低以及可传递较大扭矩，故当转速低、无冲击、轴的刚性大以及对中性较好时亦常采用。

3. 弹性联轴器

在大扭矩宽调速直流电机及传递扭矩较大的步进电机的传动机构中，与丝杠之间可采用直接连接的方式，这不仅可简化结构、减少噪声，而且对减少间隙、提高传动刚度也大有好处。

图 7-5 为挠性联轴器。柔性片 7 分别用螺钉和球面垫圈与两边的联轴套相连，通过柔性片传递扭矩。柔性片每片厚 0.25 mm，材料为不锈钢。两端

笔记

的位置偏差由柔性片的变形抵消。

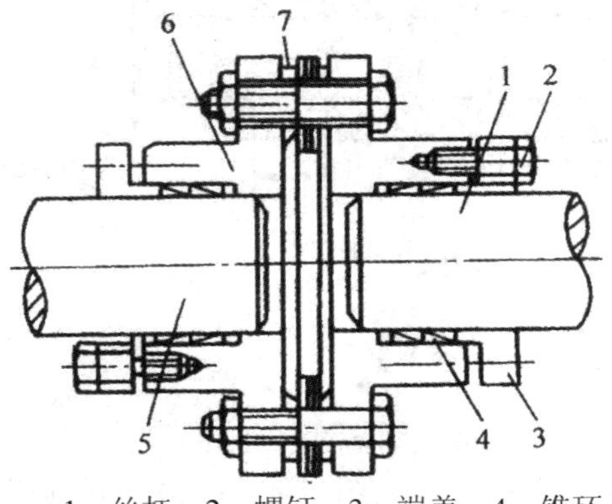

1—丝杠；2—螺钉；3—端盖；4—锥环；
5—电动机轴；6—联轴器；7—柔性片

(a) 锥环联轴器的结构

(b) 锥环联轴器的实物

图 7-5 挠性(无键锥环)联轴器

课程思政

高校思想政治工作关系到高校培养什么样的人、如何培养人以及为谁培养人这个根本问题。要坚持把立德树人作为中心环节，把思想政治工作贯穿教育教学全过程，实现全程育人、全方位育人，努力开创我国高等教育事业发展新局面。

——习近平在全国高校思想政治工作会议上的讲话

由于利用了锥环的胀紧原理，可以较好地实现无键、无隙连接，因此挠性联轴器通常又称为无键锥环联轴器，它是安全联轴器的一种。锥环形状如图 7-6 所示。

(a) 外锥环

(b) 内锥环

(c) 成对锥环

图 7-6 锥环

现场教学

二、滚珠丝杠螺母副

现代工业机器人上常用滚珠丝杠螺母副作为传动元件，滚珠丝杠螺母副是一种在丝杠和螺母间装有滚珠作为中间元件的丝杠副，其结构原理如图 7-7 所示。在丝杠 3 和螺母 1 上都有半圆弧形的螺旋槽，当它们套装在一起时便形成了滚珠的螺旋滚道。螺母上有滚珠回路管道 4，将几圈螺旋滚道的两端连接起来构成封闭的循环滚道，并在滚道内装满滚珠 2。当丝杠 3 旋转时，滚珠 2 在滚道内沿滚道循环转动即自转，迫使螺母(或丝杠)轴向移动。

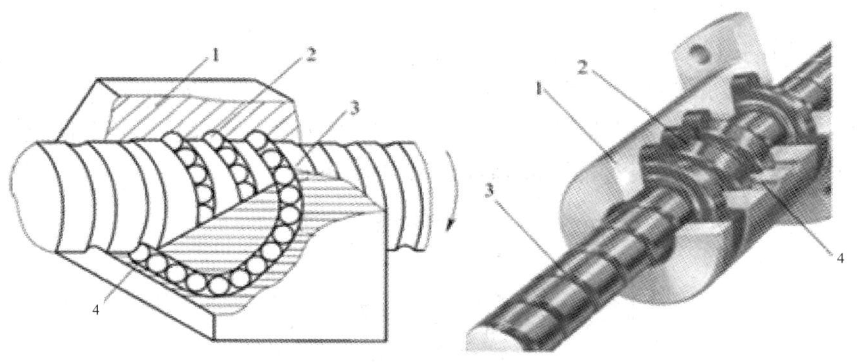

1—螺母；2—滚珠；3—丝杠；4—滚珠回路管道

图 7-7　滚珠丝杠螺母副的结构原理

1. 滚珠丝杠螺母副的种类

滚珠丝杠螺母副从问世至今，其结构有十几种之多，通过多年的改进，现国际上基本流行的结构有图 7-8 所示的四种。

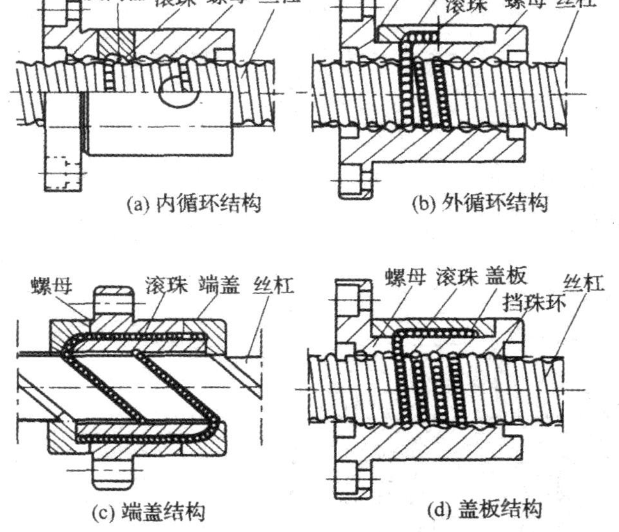

图 7-8　滚珠丝杠螺母的结构

2. 滚珠丝杠螺母副间隙的调整

为了保证滚珠丝杠反向传动精度和轴向刚度，必须消除滚珠丝杠螺母副轴向间隙。消除间隙的方法常采用双螺母结构，利用两个螺母的相对轴向位移，使两个滚珠螺母中的滚珠分别贴紧在螺旋滚道的两个相反的侧面上，用这种方法预紧消除轴向间隙时，应注意预紧力不宜过大(小于 1/3 最大轴向载荷)，预紧力过大会使空载力矩增加，从而降低传动效率，缩短使用寿命。

笔记

1) 双螺母消隙

常用的双螺母丝杠消除间隙方法如下：

(1) 垫片调隙式。如图 7-9 所示，调整垫片厚度使左右两螺母产生轴向位移，即可消除间隙和产生预紧力。这种方法结构简单，刚性好，但调整不便，滚道有磨损时不能随时消除间隙和进行预紧。

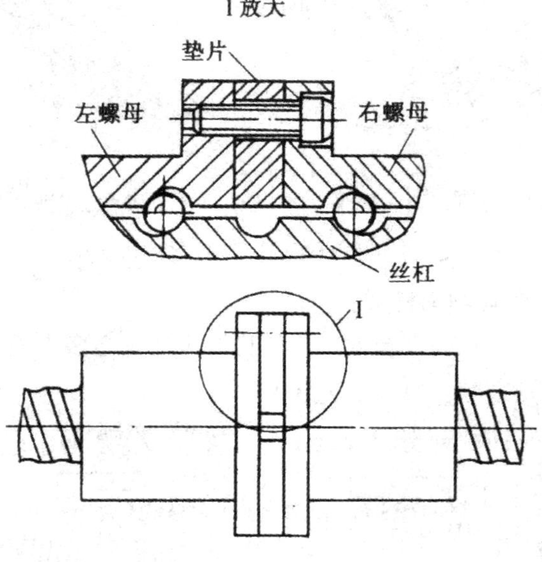

图 7-9 垫片调隙式

(2) 螺纹调隙式。如图 7-10 所示，螺母 1 的一端有凸缘，螺母 7 外端制有螺纹，调整时只要旋动圆螺母 6，即可消除轴向间隙并可达到产生预紧力的目的。

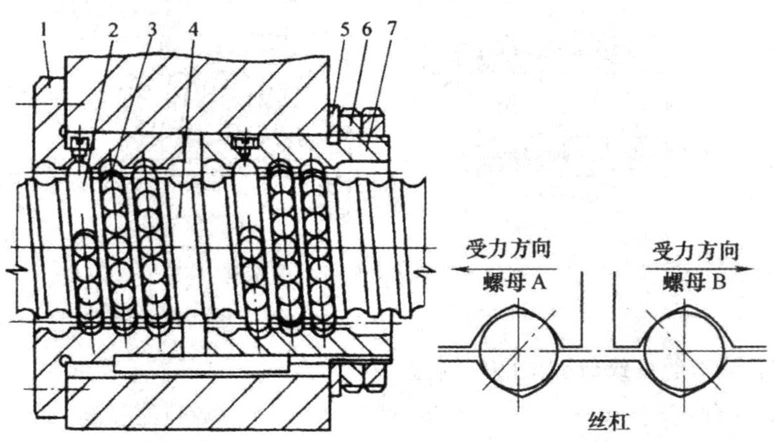

1、7—螺母；2—返向器；3—钢球；4—螺杆；5—垫圈；6—圆螺母

图 7-10 螺纹调隙式的滚珠丝杠螺母副

(3) 齿差调隙式。如图 7-11 所示，在两个螺母的凸缘上各制有圆柱外齿

笔记

轮，分别与固紧在套筒两端的内齿圈相啮合，其齿数分别为 Z_1 和 Z_2，并相差一个齿。调整时，先取下内齿圈，让两个螺母相对于套筒同方向都转动一个齿，然后再插入内齿圈，则两个螺母便产生相对角位移，其轴向位移量 $S=(1/Z_1-1/Z_2)P_n$。例如，$Z_1=80$，$Z_2=81$，滚珠丝杠的导程为 $P_n=6$ mm 时，$S=6/6480\approx0.001$ mm，这种调整方法能精确调整预紧量，调整方便、可靠，但结构尺寸较大，多用于高精度的传动。

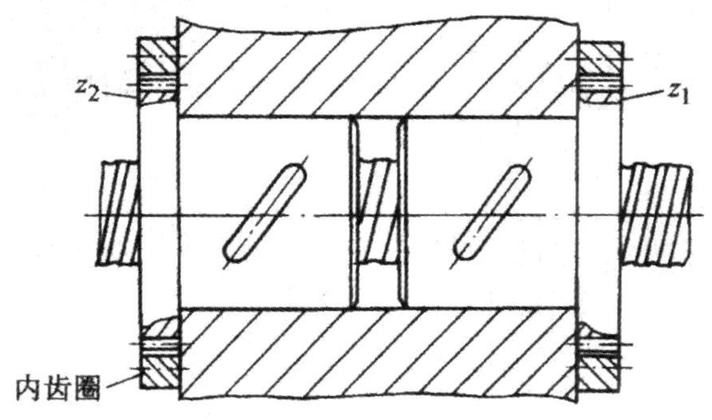

图 7-11　齿差调隙式

2) 单螺母消隙

(1) 单螺母变位螺距预加负荷。如图 7-12 所示，它是在滚珠螺母体内的两列循环珠链之间，使内螺母滚道在轴向产生一个 ΔL_0 的螺距突变量，从而使两列滚珠在轴向错位实现预紧。这种调隙方法结构简单，但负荷量须预先设定且不能改变。

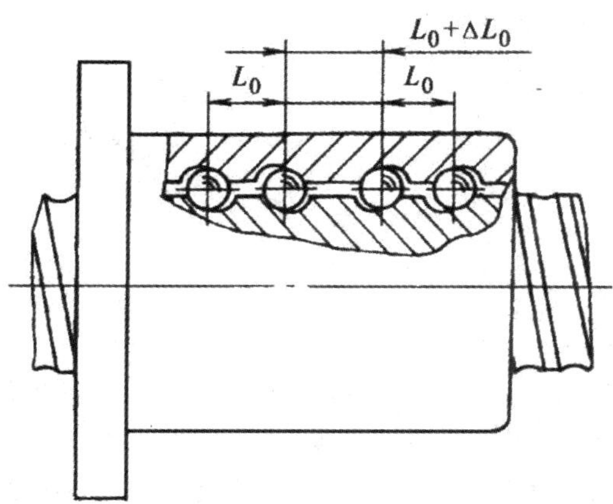

图 7-12　单螺母变螺距预加负荷

(2) 单螺母螺钉预紧。如图 7-13 所示，螺母的专业生产工作完成精磨之后，沿径向开一薄槽，通过内六角调整螺钉实现间隙的调整和预紧。该专利技术成功地解决了开槽后滚珠在螺母中良好的通过性。单螺母结构不仅具有很好的性能价格比，而且间隙的调整和预紧极为方便。

笔记

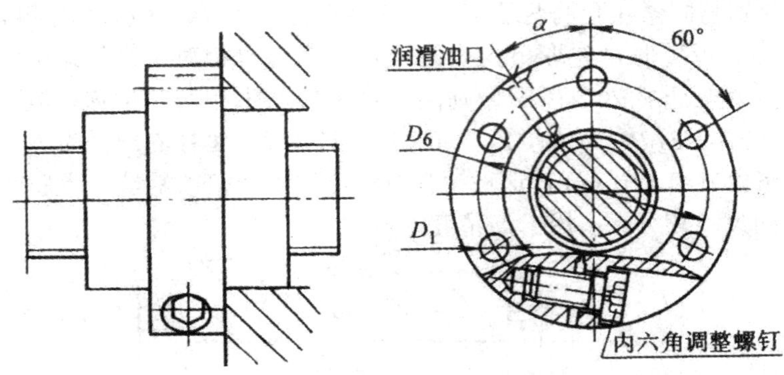

图 7-13　单螺母螺钉预紧

(3) 单螺母增大滚珠直径预紧方式。这种方式是单螺母加大滚珠直径产生预紧，磨损后不可恢复，如图 7-14 所示。

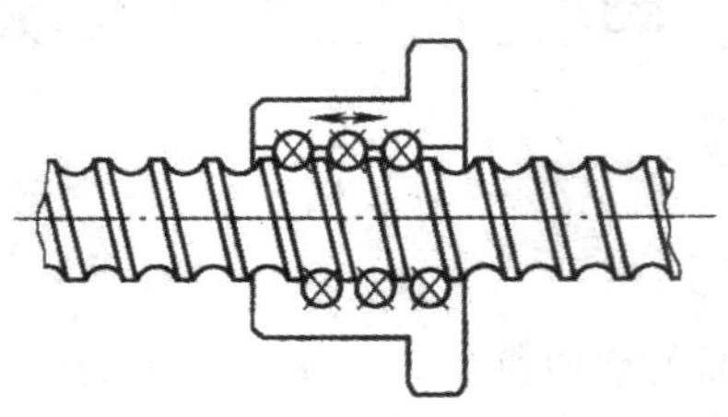

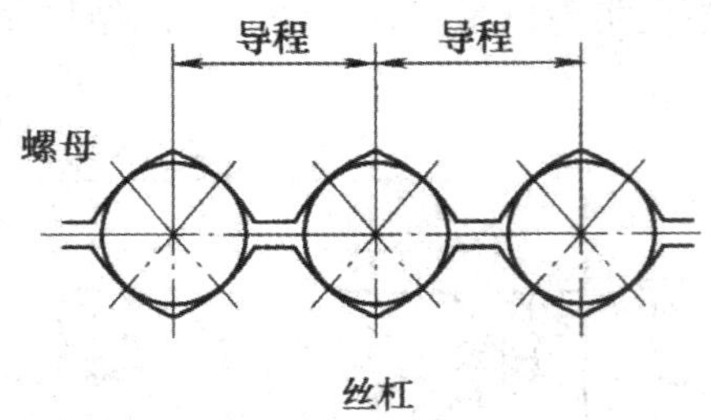

图 7-14　单螺母增大滚珠直径预紧

3. 滚珠丝杠的支承

滚珠丝杠常用推力轴承支座，以提高轴向刚度(当滚珠丝杠的轴向负载很小时，也可用角接触球轴承支座)，滚珠丝杠在工业机器人上的安装支承方式如图 7-15 所示。近来出现一种滚珠丝杠专用轴承，其结构如图 7-16 所示。这是一种能够承受很大轴向力的特殊角接触球轴承，与一般角接触球轴承相比，接触角增大到 60°，增加了滚珠的数目并相应减小了滚珠的直径。产品成对出售，而且在出厂时已经选配好内外环的厚度，装配调试时只要用螺母和端盖将内环和外环压紧，就能获得出厂时已经调整好的预紧力，使用极为方便。

笔记

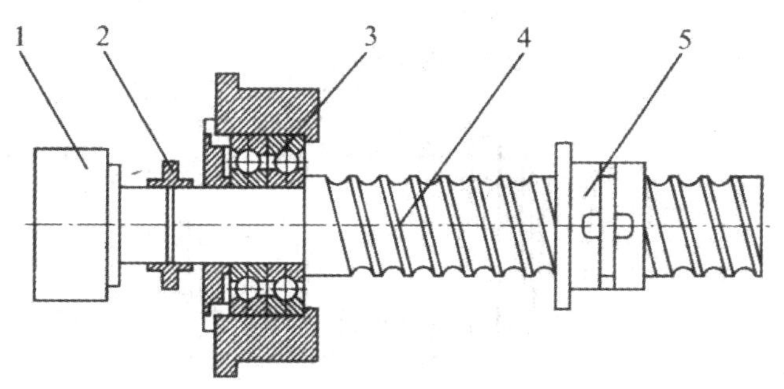

(a) 一端装止推轴承

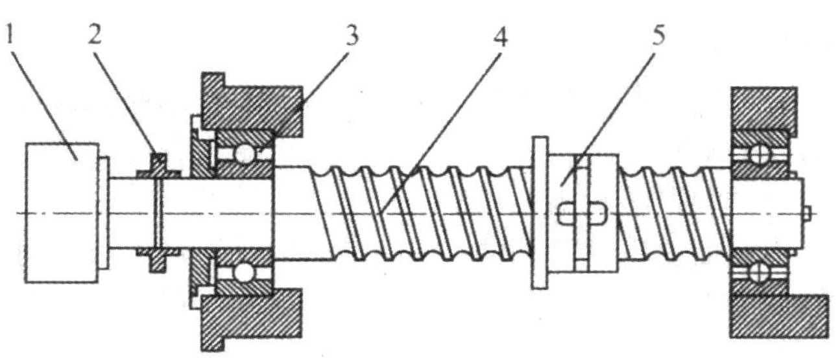

(b) 一端装止推轴承，另一端装向心球轴承

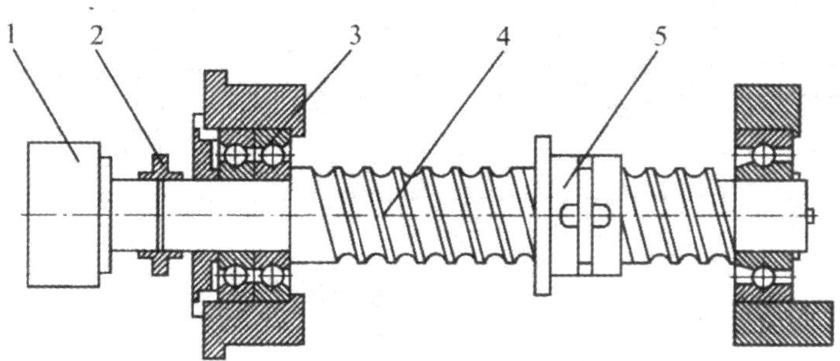

(c) 两端装止推轴承

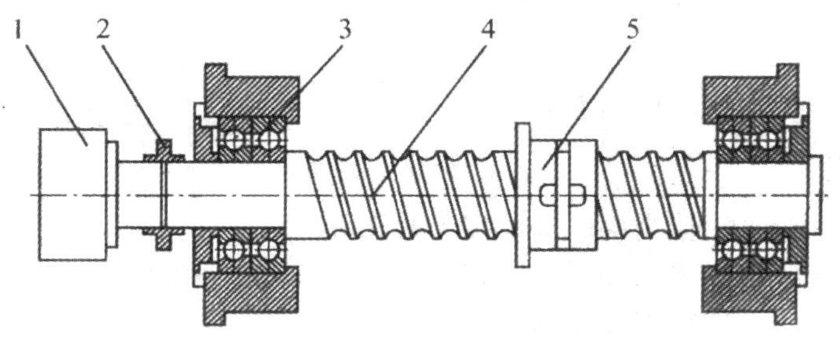

(d) 两端装止推轴承及向心球轴承

1—电动机；2—弹性联轴器；3—轴承；4—滚珠丝杠；5—滚珠丝杠螺母

图 7-15　滚珠丝杠在工业机器人上的支承方式

笔记

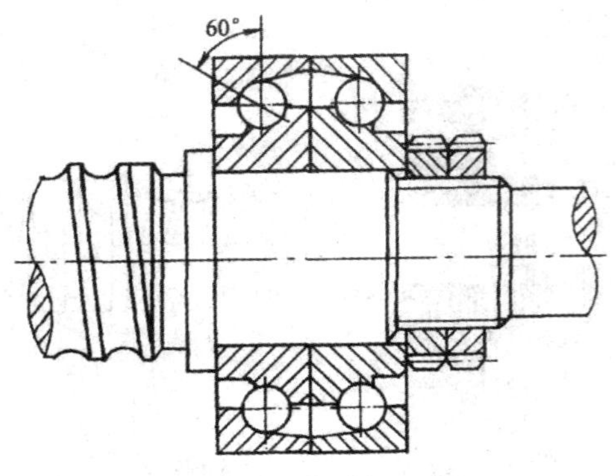

图 7-16　接触角 60°的角接触球轴承

4. 滚珠丝杠的安装

滚珠丝杠在工业机器人运动过程中主要承受的是轴向载荷。通常在丝杠两端安装轴承，用以支承滚珠丝杠，并通过轴承座将丝杠固定。丝杠的固定支承端连接电机用以提供动力源，螺母上安装运动部件。

图 7-17 中两端轴承座是活动的两个零件，运动部件上设计有与丝杠连接的螺母座。丝杠两端用轴承支撑，用锁紧圆螺母和压盖对丝杠施加预紧力。丝杠一侧轴端通过联轴器与伺服电机相连接。

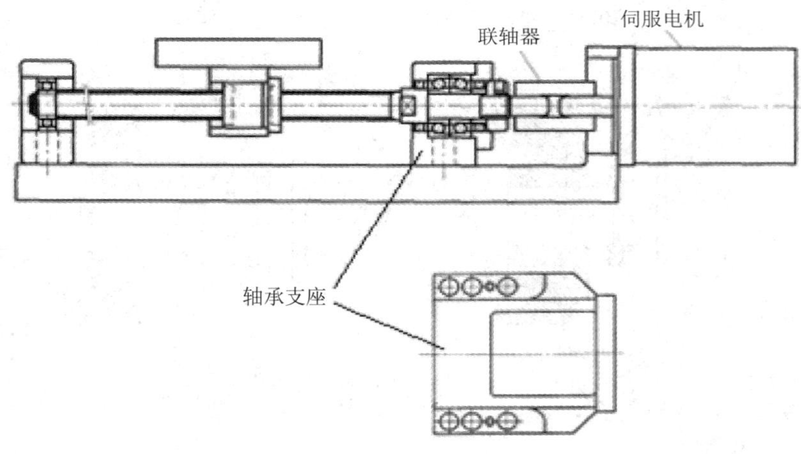

图 7-17　滚珠丝杠装配简图

1) 安装要求

(1) 基准面水平校平≤0.02 mm/1000 mm。

(2) 滚珠丝杠水平面和垂直面母线与导轨平行度≤0.015 mm。

(3) 滚珠丝杠螺母端面跳动≤0.02 mm。

2) 注意事项

滚珠丝杠副仅用于承受轴向负荷，径向力、弯矩会使滚珠丝杠副产生附加表面接触应力等负荷，从而可能造成丝杠的永久性损坏。正确的安装是有效维护的前提，因此，滚珠丝杠副安装到工业机器人时，应注意以下事项。

(1) 丝杠的轴线必须和与之配套导轨的轴线平行，工业机器人的两端轴承座与螺母座必须三点成一线。

(2) 安装螺母时，尽量靠近支撑轴承。

(3) 同时安装支撑轴承时，尽量靠近螺母安装部位。

(4) 滚珠丝杠安装到工业机器人时，请不要把螺母从丝杠轴上卸下来。如必须卸下来要使用辅助套筒，否则装卸时滚珠有可能脱落。

3) 安装步骤

(1) 丝杠安装。滚珠丝杠的装配是工业机器人装调与维修常见的操作项目，具体装配方法如表 7-1 所示。

表 7-1　滚珠丝杠的装配方法

序号	说　明	操作示意图
1	如右图所示，将工作台倒转放置，在丝杠螺母孔中套入长 400 mm 的精密试棒，测量其轴心线对工作台导轨面在垂直方面的平行度误差，公差为 0.005 mm/1000 mm	螺母座 工作台
2	如右图所示，以同样的方法测量丝杠轴心线对工作台导轨面在水平方向的平行度误差，公差为 0.005 mm/1000 mm	螺母座 工作台
3	测量工作台对导轨面与螺母座孔中心的高度尺寸，并记录	—
4	如右图所示，将轴承座装于底座两端，并各自套入精密试棒，测量其轴心线对底座导轨面在垂直方向的平行度误差，公差为 0.005 mm/1000 mm	轴承座 底座

笔记

工匠精神

工匠精神落在企业家层面表现在几个方面：

第一，创新是企业家精神的内核。

第二，敬业是企业家精神的动力。

第三，执著是企业家精神的本色

笔记

续表

序号	说　明	操作示意图
5	如右图所示，用同样方法测量轴承座孔轴心线对底座导轨面在水平方向的平行度误差，公差为 0.005 mm/1000 mm	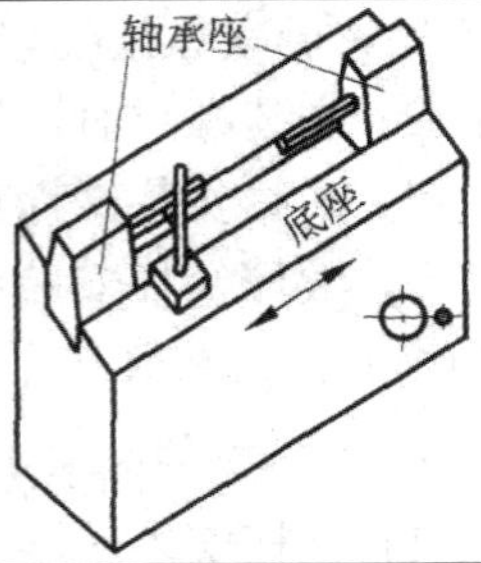 轴承座 底座
6	测量底座导轨面与轴承座孔中心线的高度尺寸，修整配合螺母座孔的高度尺寸	—
7	将工作台和底座导轨面擦拭干净，将工作台安放在底座正确位置上，装上镶条，以试棒为基准，测量螺母座轴心线与轴承座孔轴心线的同轴度。如果达到装配要求，则可紧固螺钉并配钻、铰定位销孔，如有偏差则需修整直到满足要求为止	—
8	将轴承座孔、螺母座孔擦拭干净，再将滚珠丝杠副仔细装入螺母座，紧固螺钉	—
9	安装选定适当配合公差的轴承、轴承安装应采用专用套管，以免损坏轴承。使用百分表检查滚珠丝杠轴端径跳和轴向间隙，如图所示，移动工作台并调整滚珠丝杠螺母，使螺母能在全行程范围内移动顺滑 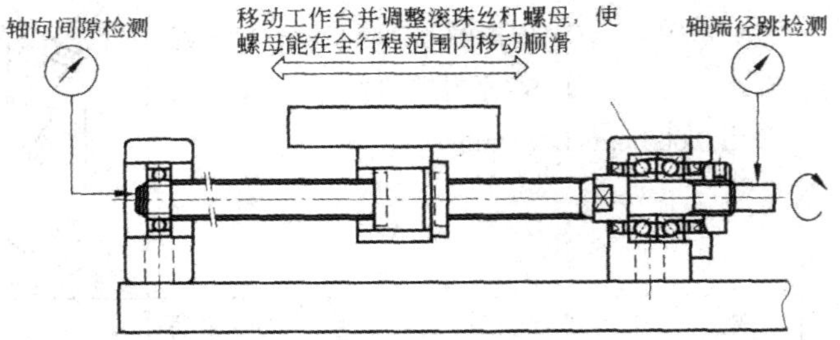 轴向间隙检测 移动工作台并调整滚珠丝杠螺母，使螺母能在全行程范围内移动顺滑 轴端径跳检测	
10	按顺序依次拧紧丝杠螺母、螺母支架、滚珠丝杠固定支承端、滚珠丝杠自由支承端	—

工厂经验：滚珠丝杠安装到工业机器人时，请不要把螺母从丝杠上拆下来。在必须把螺母卸下来的场合，要使用外径比丝杠底径小 0.2～0.3 mm 的安装辅助套筒(如图 7-18 所示)。

将安装辅助套筒推至螺纹起始端面，从丝杠上将螺母旋至辅助套筒上，连同螺母、辅助套筒一并小心取下，注意不要使滚珠散落。

笔记

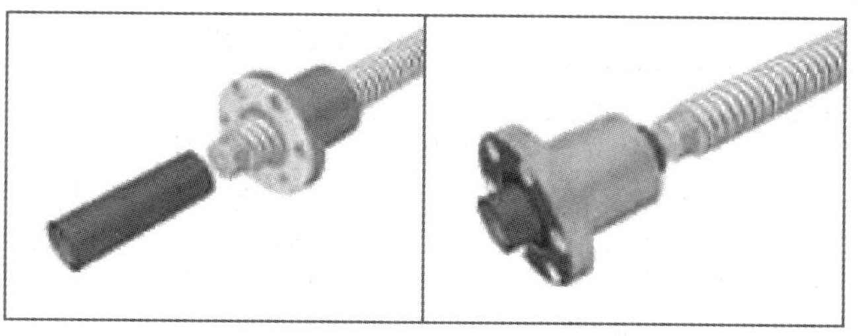

图 7-18　安装辅助套筒

注意：安装顺序与拆卸顺序相反。必须特别小心谨慎地安装，否则螺母、丝杠或其他内部零件可能会受损或掉落，导致滚珠丝杠传动系统的提前失效。

(2) 电机与丝杠的连接。

首先安装电机座；使用联轴器将电机与丝杠相连，注意保证两者的安装精度。

① 调整电机和滚珠丝杠位置，使电机轴和滚珠丝杠轴在同一直线上。

② 清洗电机轴和滚珠丝杠轴表面，并在其上涂上润滑油或油脂；注意不能使用含有硅和钼成分的油，以避免减小摩擦力。

③ 将联轴器装到电机轴上，然后移至轴承座。

④ 将联轴器装在滚珠丝杠上，在紧固前移动联轴器，确认是否存在阻力；如果旋转或移动时遇有阻力，说明两根轴出现偏移，装配完成后，当电机旋转时会出现振动。调整电机座，使电机与滚珠丝杠的同轴度在规定的范围内。

⑤ 用螺丝固定联轴器，并用力矩扳手按对角线方向紧固螺丝，最后沿圆周方向紧固螺丝。

⑥ 检查安装精度。采用千分表检查联轴器外直径(避开螺钉孔)，调整安装精度，使电机轴处的精度在范围之内，如图 7-19 所示。

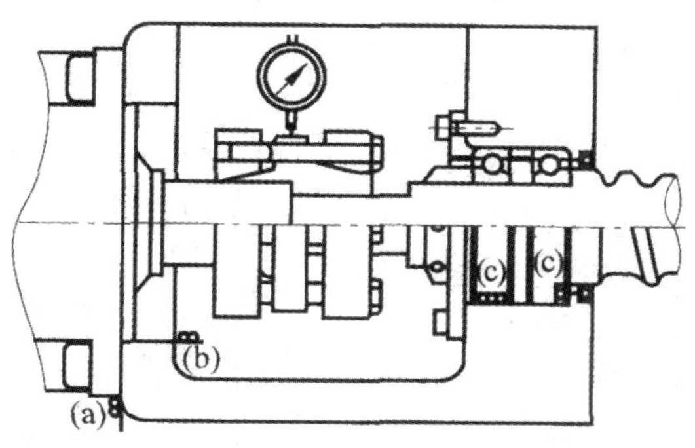

图 7-19　电机与丝杠的连接

讨论总结

上网查询，参与工厂调研，查阅参考资料，在教师的带领下与工厂技术人员讨论总结以下问题。

4) 滚珠丝杠副的故障诊断

滚珠丝杠副的故障诊断如表 7-2 所示。

笔记

表 7-2 滚珠丝杠副故障诊断

序号	故障现象	故障原因	排除方法
1	反向误差大	丝杠轴联轴器锥套松动	重新紧固并用百分表反复测试
		丝杠轴滑板配合压板过紧或过松	重新调整或修研，用 0.03 mm 塞尺塞不入为合格
		丝杠轴滑板配合楔铁过紧或过松	重新调整或修研，使接触率达 70%以上，用 0.03 mm 塞尺塞不入为合格
		滚珠丝杠预紧力过紧或过松	调整预紧力。检查轴向窜动值，使其误差不大于 0.015 mm
		滚珠丝杠螺母端面与结合面不垂直，结合过松	修理、调整或加垫处理
		丝杠支座轴承预紧力过紧或过松	修理调整
		滚珠丝杠制造误差大或轴向窜动	用控制系统自动补偿功能消除间隙，用仪器测量并调整丝杠窜动
		润滑油不足或没有	调节至各导轨面均有润滑油
		其他机械干涉	排除干涉部位
2	滚珠丝杠在运转中转矩过大	二滑板配合压板过紧或研损	重新调整或修研压板，使 0.04 mm 塞尺塞不入为合格
		滚珠丝杠螺母反向器损坏，滚珠丝杠卡死或轴端螺母预紧力过大	修复或更换丝杠并精心调整
		丝杠研损	更换
		伺服电动机与滚珠丝杠连接不同轴	调整同轴度并紧固连接座
		无润滑油	调整润滑油路
		超程开关失灵造成机械故障	检查故障并排除
		伺服电动机过热报警	检查故障并排除
3	丝杠螺母润滑不良	分油器是否分油	检查定量分油器
		油管是否堵塞	清除污物使油管畅通
4	滚珠丝杠副噪声	滚珠丝杠轴承压盖压合不良	调整压盖，使其压紧轴承
		滚珠丝杠润滑不良	检查分油器和油路，使润滑油充足
		滚珠产生破损	更换滚珠
		电动机与丝杠联轴器松动	拧紧联轴器锁紧螺钉
5	滚珠丝杠不灵活	轴向预加载荷太大	调整轴向间隙和预加载荷
		丝杠与导轨不平行	调整丝杠支座位置，使丝杠与导轨平行
		螺母轴线与导轨不平行	调整螺母座的位置
		丝杠弯曲变形	校直丝杠

笔记

现场教学

三、齿条在机器人中的应用

齿轮齿条传动是机械传动中应用最广的一种传动形式，在工业机器人特别是在图 7-20 所示的桁架机器人中应用较多。

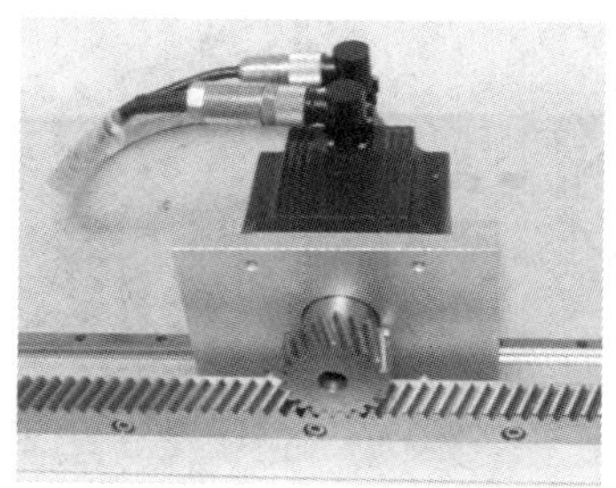

图 7-20　齿轮齿条传动

教师讲解

四、滚动导轨

1. 滚动导轨的分类

滚动导轨分为直线滚动导轨、圆弧滚动导轨、圆形滚动导轨。直线滚动导轨品种很多，有整体型和分离型。整体型滚动导轨常用的有滚动导轨块，如图 7-21 所示，滚动体为滚柱或滚针，有单列和双列。直线滚动导轨副如图 7-22 所示，图 7-22(a)中滚动体为滚珠，图 7-22(b)中滚动体为滚柱。分离型滚动导轨有 V 字形和平板形，其应用如图 7-23 所示，滚动体有滚柱、滚针和滚珠。为提高抗振性，有时装有抗振阻尼滑座，如图 7-24 所示。

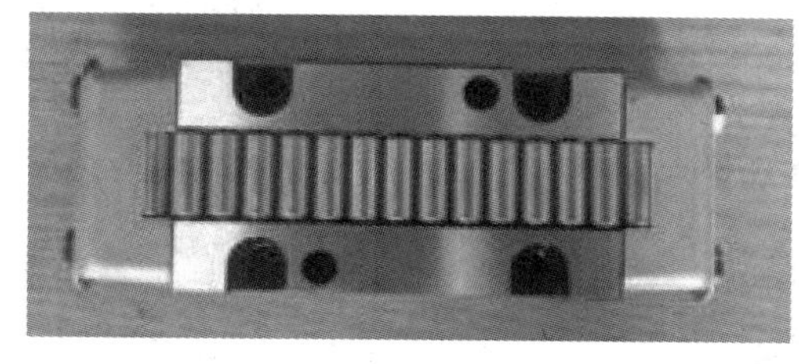

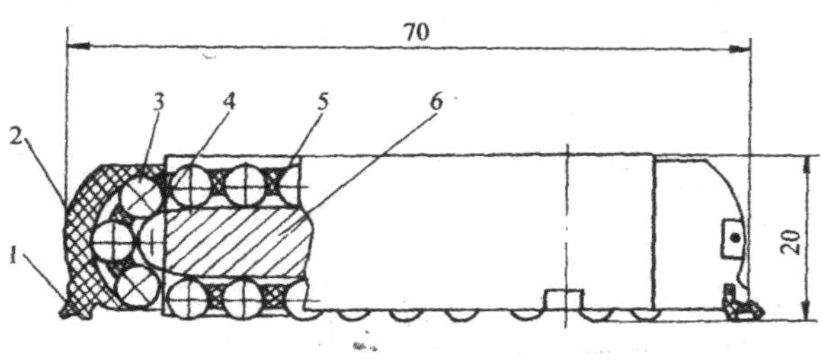

(a) 主视图

笔记

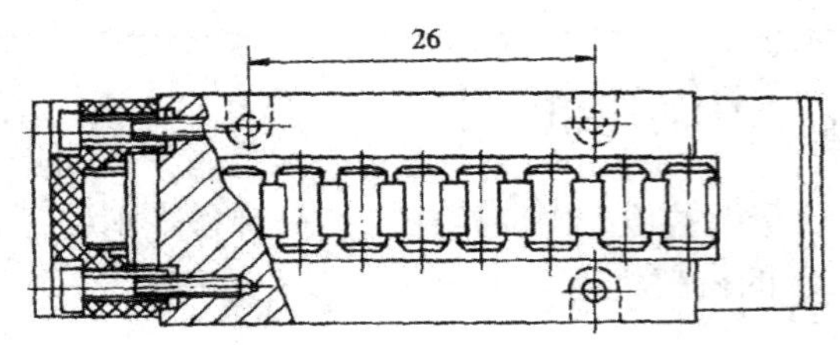

(b) 俯视图

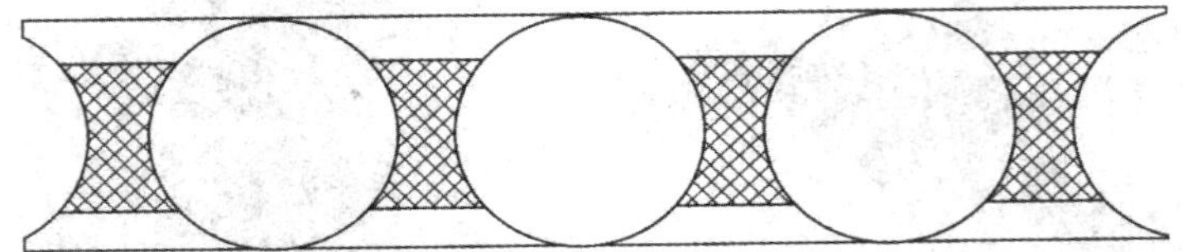

(c) 保持器

1—防护板；2—端盖；3—滚柱；4—导向片；5—保持器；6—本体

图 7-21　滚动导轨块

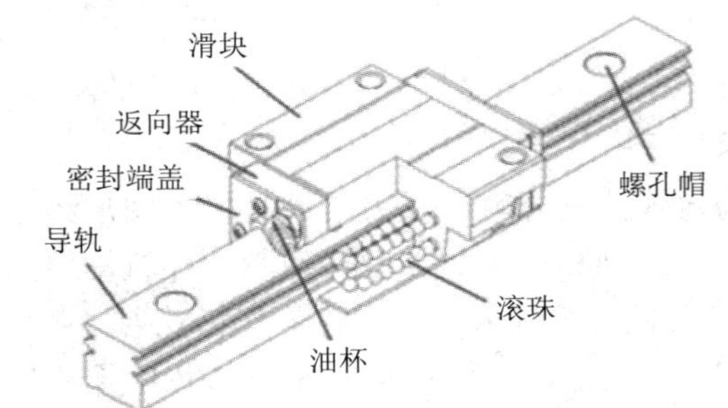

(a) 滚动体为滚珠

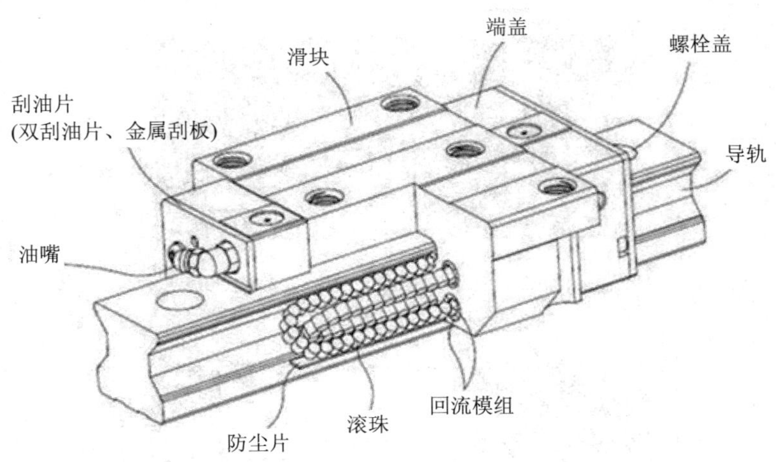

(b) 滚动体为滚柱

图 7-22 直线滚动导轨

笔记

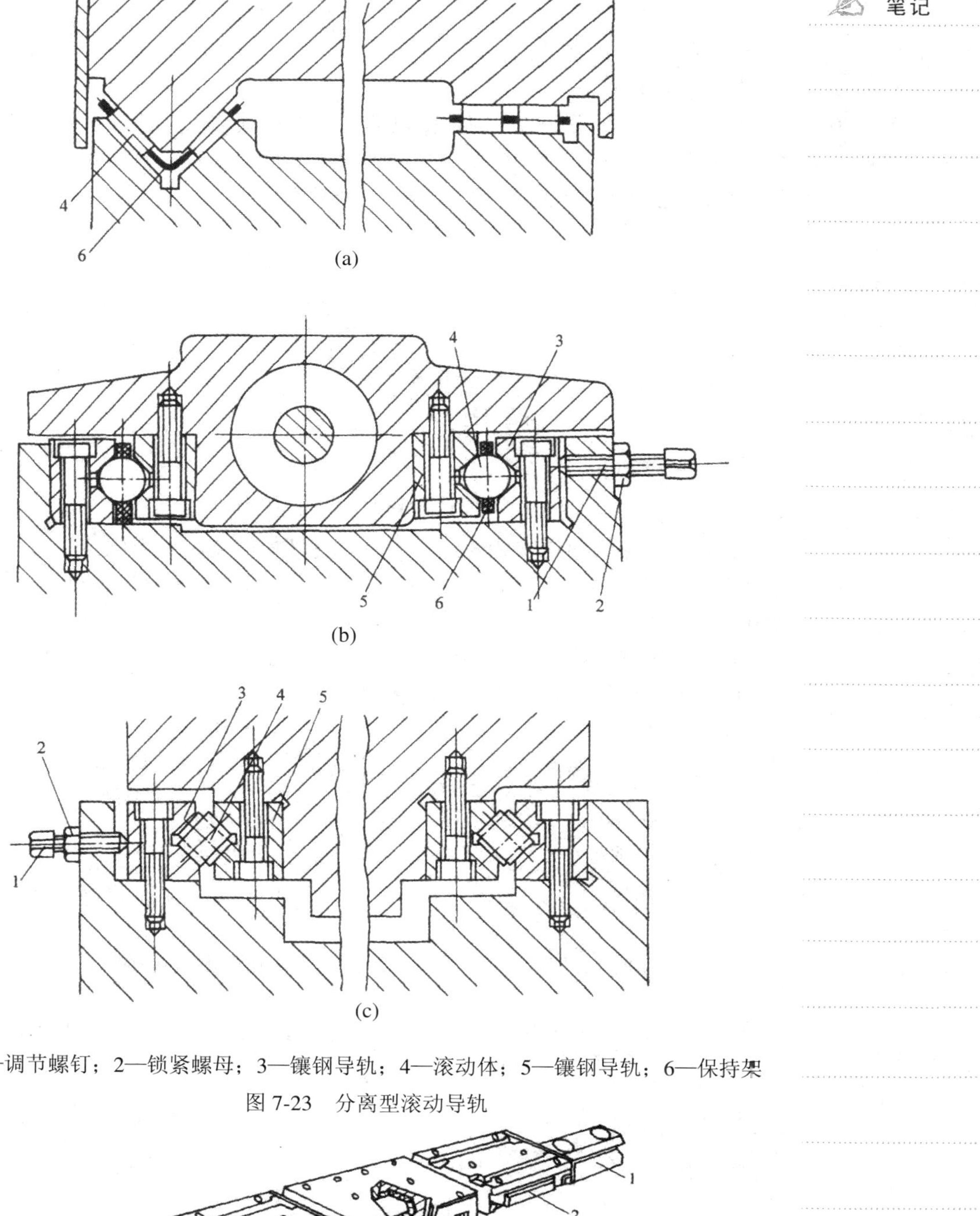

1—调节螺钉；2—锁紧螺母；3—镶钢导轨；4—滚动体；5—镶钢导轨；6—保持架

图 7-23　分离型滚动导轨

1—导轨条；2—循环滚柱滑座；3—抗振阻尼滑座

图 7-24　带阻尼器的滚动直线导轨副

笔记

一体化教学

2. 导轨副的安装

1) 导轨的固定

直线滚动导轨采用由供应商提供的专用螺栓固定，拧紧时必须达到规定的拧紧力矩。螺栓的拧紧必须按一定的次序进行，一般从中间开始向两边延伸，如图7-25所示，这样可防止导轨内部产生的应力致使导轨变形。

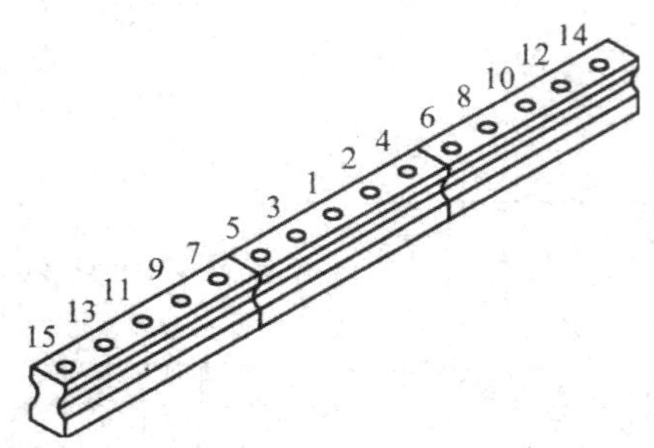

图7-25　导轨螺栓的拧紧顺序

滚动直线导轨副的安装固定方式主要有螺栓固定、压板固定、定位销固定和斜楔块固定，如图7-26所示。在实际使用中，通常是两根导轨成对使用，其中一条为基准导轨，通过对基准导轨的正确安装，以保证运动部件相对于支承元件的正确导向。在安装时，将基准导轨的定位面紧靠在安装基准面上，然后用螺栓、压板、定位销和斜楔块固定。

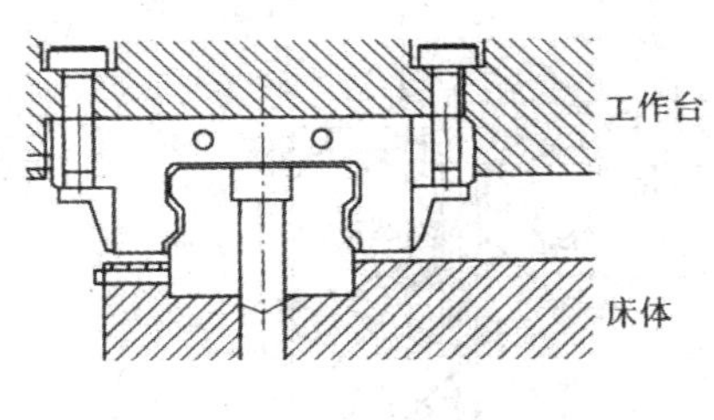

(a) 用螺栓固定

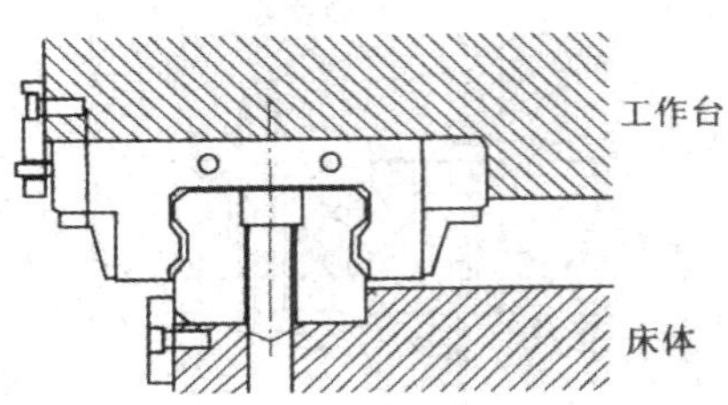

(b) 用压板和螺栓固定

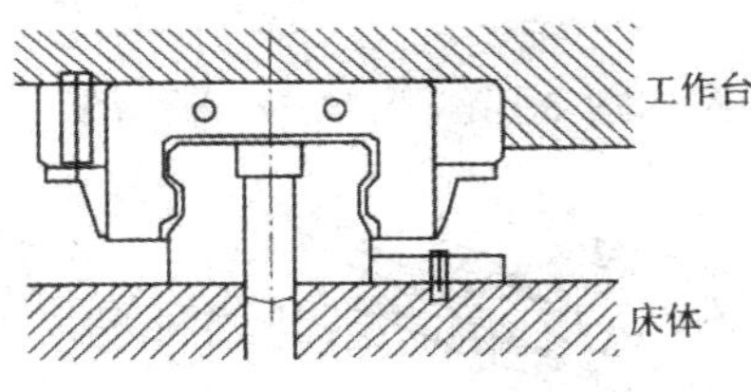

(c) 定位销固定

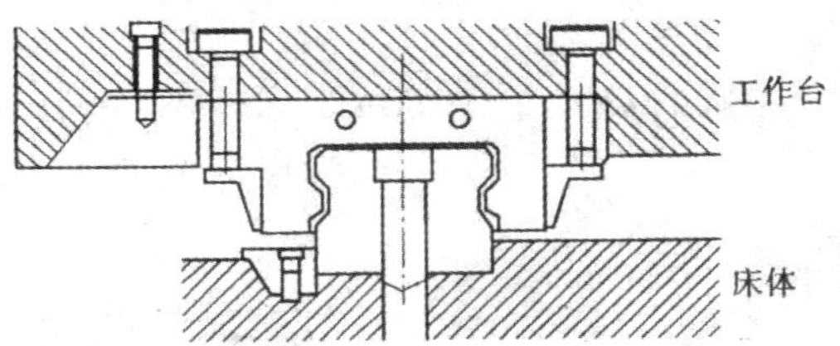

(d) 用斜楔块和螺栓固定

图7-26　滚动直线导轨副的安装固定方式

2) 滑块座的固定

工业机器人上用的滚柱式滚动导轨块的结构如图7-27所示，它多用于中等负载导轨。支承块 2 用紧固螺钉 1 固定在移动件 3 上，滚子 4 在支承块与支承导轨 5 之间滚动，并经两端挡板 7 和 6 及上面的返回槽返回，作循环运动。使用时每一导轨副至少用两块或更多块，导轨块的数目取决于动导轨的长度和负载大小。直线滚动导轨块的安装方式之一如图 7-28 所示，其中件 3 和件 4 为淬硬的钢导轨，件 2 是不同型号的滚动导轨块，件 1 是预加负荷用的斜楔组件，左侧导轨 3 是导向导轨，四面都经过精磨，右侧导轨 4 是支承导轨，上下面精磨。安装方式之二如图 7-29 所示，用两条淬硬导轨 3 内侧导向，件 1 是相同型号的滚动导轨块，件 2 是侧向预加负荷用的斜楔组件，件 4 是上下预紧的垫片(装配时配磨)。直线滚动导轨副出厂时已预紧，安装比较方便，如图 7-30 所示，导轨条用压板压紧在床身的导向面(侧面)上。图 7-30(a)中左边滑块用压板压紧在工作台的定位面(侧面)上，右边滑块不定位，图 7-30(b)中右边滑块用压板压紧在工作台的定位面上，左边滑块配好垫片后用压板压紧。

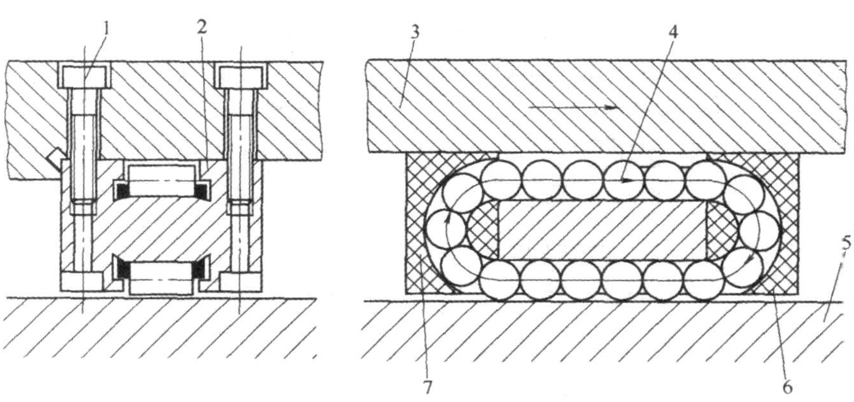

1—紧固螺钉；2—支承块；3—移动件；4—滚子；5—支承导轨；6、7——挡板

图 7-27　滚动导轨块

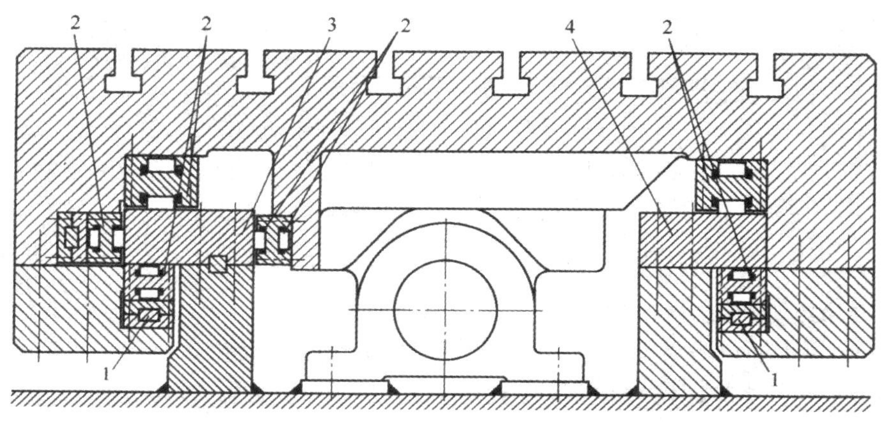

1—斜楔组件；2—滚动导轨块；3—导向导轨；4—支承导轨

图 7-28　滚动导轨块安装方式一

笔记

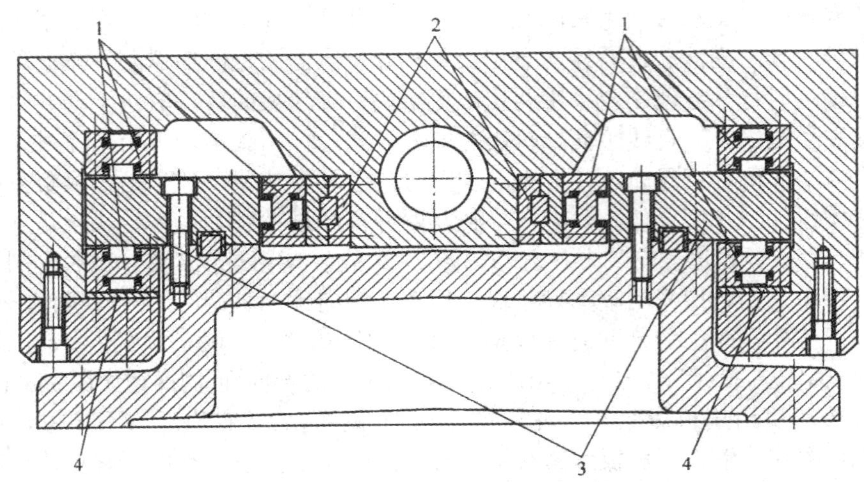

1—滚动导轨块；2—斜楔组件；3—导向导轨；4—垫片

图 7-29　滚动导轨块安装方式二

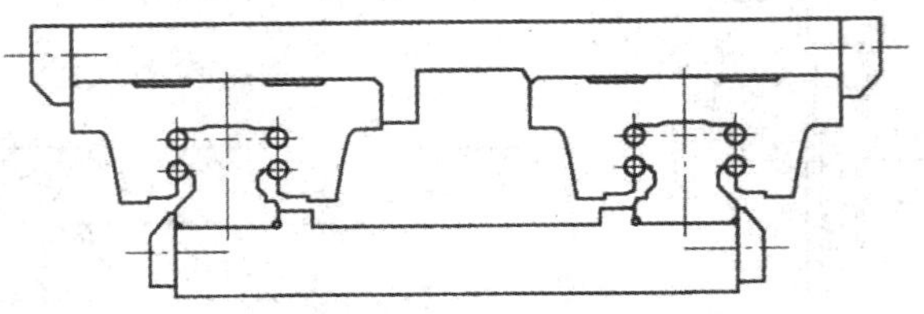

(a) 左滑块规定在工作台上，右滑块不定位

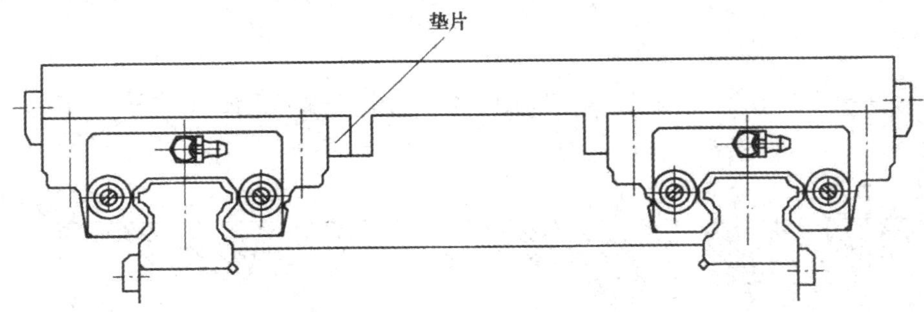

(b) 右滑块用压板固定，左滑块配垫片后压紧

图 7-30　滚动导轨副的安装

3) 安装

滚动导轨副的安装要求如下：

(1) 对工业机器人安装基准面的要求：基准面水平校平，水平仪水泡不得超过半格；水平面内平行度≤0.04 mm；侧基面内平行度≤0.015 mm。

(2) 安装后运行平行度≤0.010 mm。

(3) 安装后普通导轨对基准轨的运行平行度≤0.015～0.02 mm。运行平行度(μm)指螺栓将导轨紧固到基准平面上，导轨处于紧固状态，使滑块沿行程

笔记

全长运行时，导轨和滑块基准平面之间的平行度误差。

本任务所用的直线导轨采用平行安装方式，如图 7-31 所示。滚动导轨副的安装步骤如表 7-3 所示。

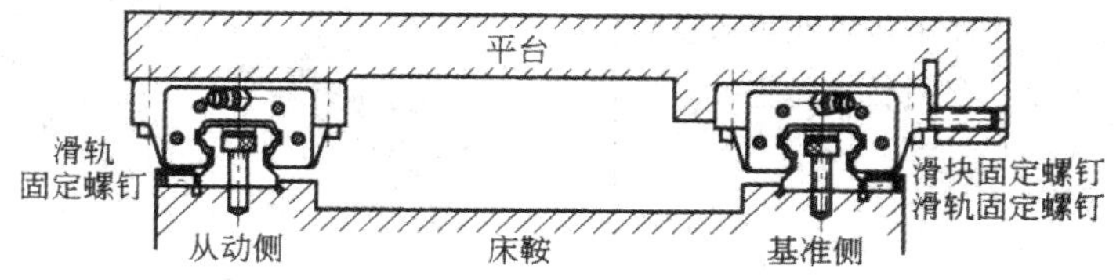

图 7-31　总装配示意图

安装时需注意：装配同一组位置的螺栓，应保证长短一致，松紧均匀；装配时须涂上机油，螺栓尾部不得露出在沉孔外；备有防尘帽的最后要将防尘帽全部盖好，螺孔防尘盖放置在导轨螺栓孔中，用塑料槌轻敲防尘盖，并保持防尘盖上面与导轨顶面平行，不要凸起造成脱落，也不要凹陷造成堆积铁屑。

表 7-3　滚动导轨副安装步骤及检测方法

序号	说　明	操作示意图
1	检查待装机部件，领出要用的直线滚动导轨副，区分出基准轨和从动轨，并辨识基准面 基准轨侧边基准面精度较高，作为机床安装承靠面 基准轨上刻有 MA 标记，如右图所示	从动侧 基准侧 HGH35C 10249-1 001 MA 规格 系列号 滑块号码 基准块代号
2	检查装配面 使用油石将安装基准面的毛刺及微小变形处修平，并清洗导轨基准面上的防锈油，所有安装面上不得有油污、脏物和铁屑存在	油石
3	检测安装基准面的精度 用水平仪校准基准面的水平，水泡不得超过半格，否则调整机床垫铁	—

笔记

续表一

序号	说　明	操作示意图
4	将滑轨平稳地放置在机床安装基准面上，将滑轨侧边基准面靠上机床装配面	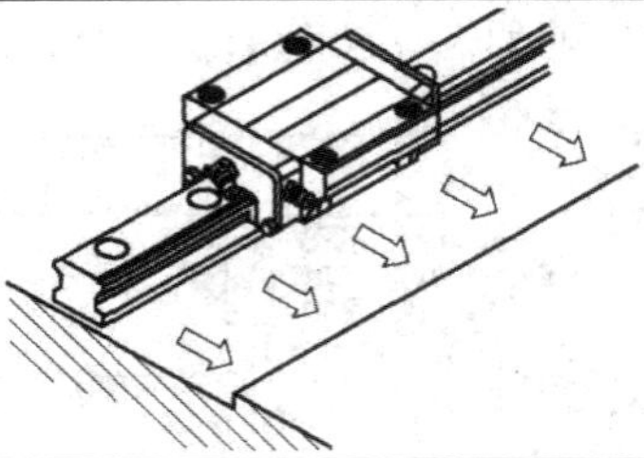
5	用螺栓试配以确认与螺孔位置是否吻合，由中央向两侧按顺序将滑轨定位螺丝稍微旋紧，使滑块底部基准面大概固定于机床底部装配面	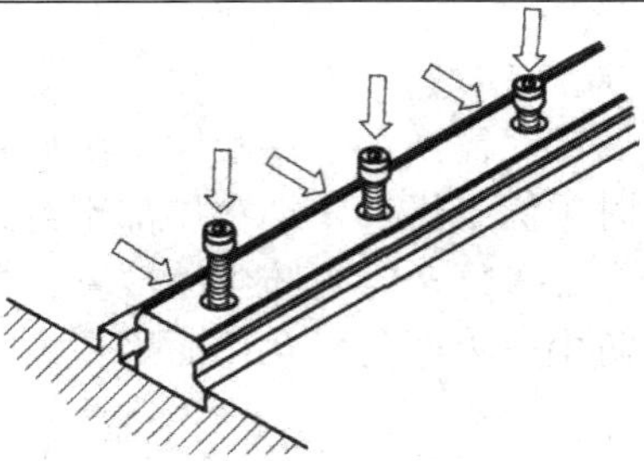
6	使用侧向固定螺钉，按顺序将滑轨侧边基准面紧靠机床侧边装配面，以固定滑轨位置	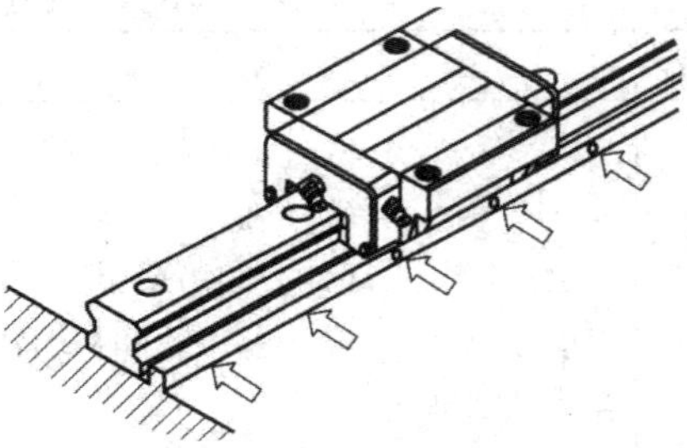
7	使用扭力扳手，以厂商规定的扭力，按顺序锁紧装配螺丝，将滑轨底部基准面固定在机床底部装配面 **注：按照滑轨材质及固定螺丝型号选用锁紧扭矩，使用扭力扳手将滑轨螺栓慢紧固**	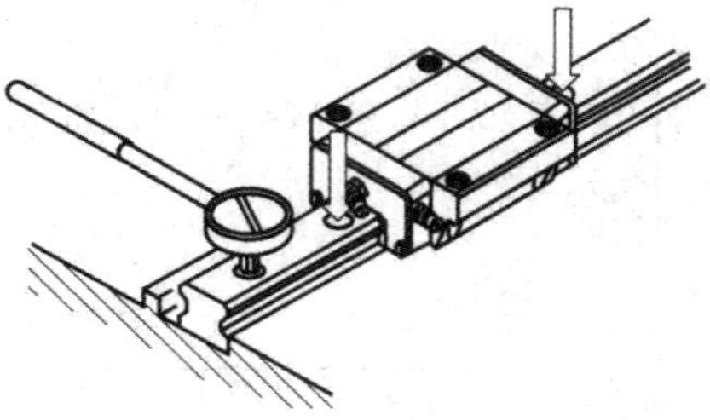
8	按步骤 2～5 安装其余配对滑轨。从中间开始按交叉顺序向两端逐步拧紧所有螺钉	—
9	安装完毕，检查其全行程内运行是否灵活，有无打嗝和阻碍现象，摩擦阻力在全行程内不应有明显的变化，若此时发现异常应及时找到故障并及时解决，以防后患	—

续表二　　笔记

序号	说　明	操作示意图
10	导轨的装配精度检测和校直 利用千分尺检测导轨水平和铅垂方向的直线度误差是否符合要求，否则调整导轨。采用垫薄片材料的方式校直导轨，使其直线度误差的值在规定的范围内。千分表按图(a)所示固定在中间位置，触头接触平尺，并调整平尺，使其头尾读数相等。然后全程检验，取其最大差值，即为垂直方向的直线度误差 水平面内的直线度测量方法如图(b)所示	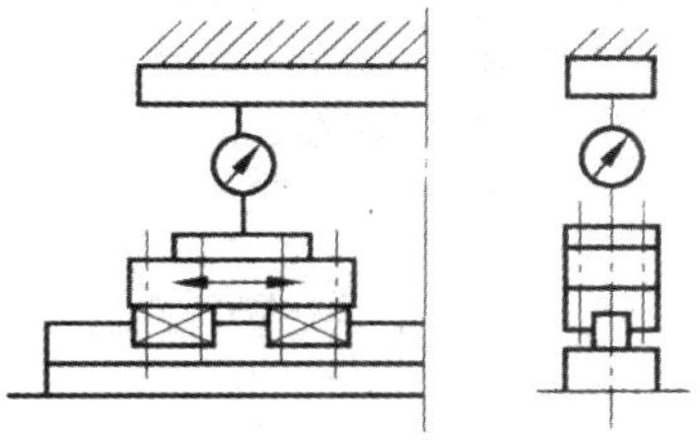 (a) 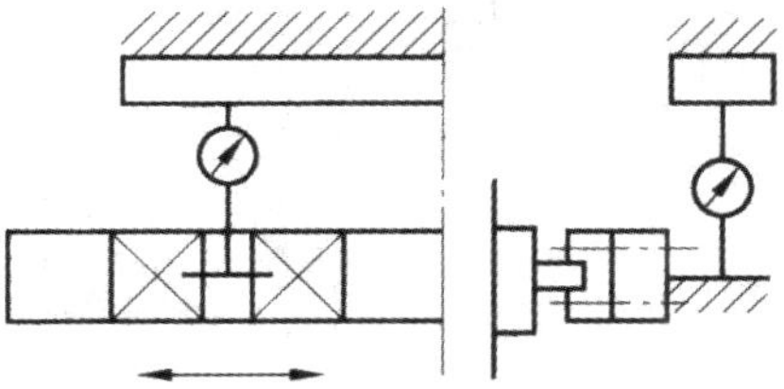 (b)
11	安装并校直另一根从动导轨 将直线块规放置于两滑轨之间，用千分表校准直线块规，使之与基准滑轨的侧边基准面平行；再按直线块规校准从动滑轨，从滑轨的一端开始校准，并依序按一定的扭力锁紧装配螺钉	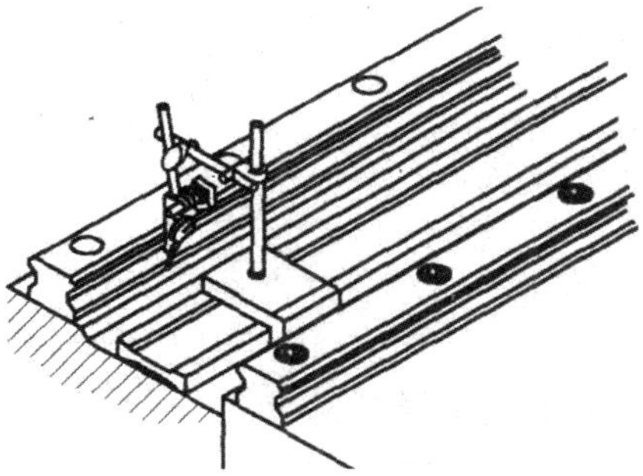
12	按右图所示检验精度，如不合格，松开紧固螺栓，进行返修调整，直至合格为止，调整手段可采用铲刮基准面、用沙皮或油石修正基准面或增加补偿垫片	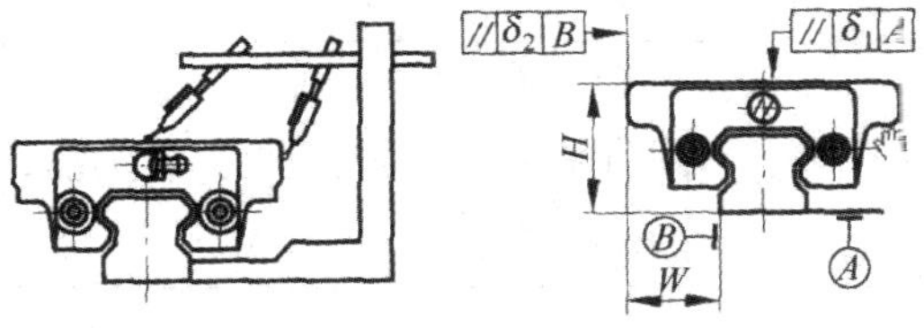

注意： 安装时首先要正确区分基准导轨副与非基准导轨副，基准导轨上除了标有 MA 的以外，还有标有 J 的，滑块上有磨光的基准侧面，如图 7-32 所示；其次要认清导轨副安装时所需的基准侧面，如图 7-33 所示。

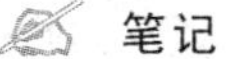 笔记

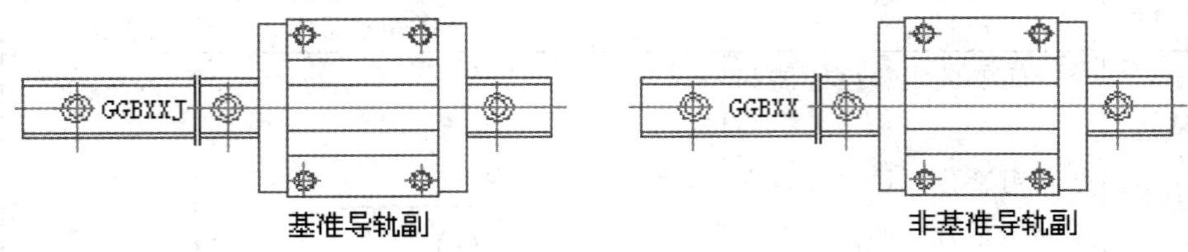

图 7-32　基准导轨副与非基准导轨副的区分

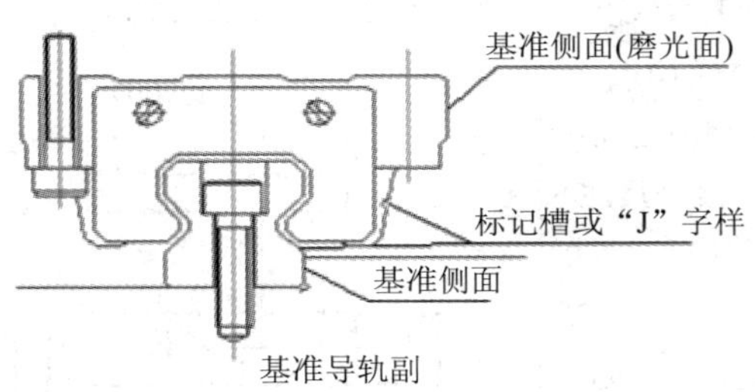

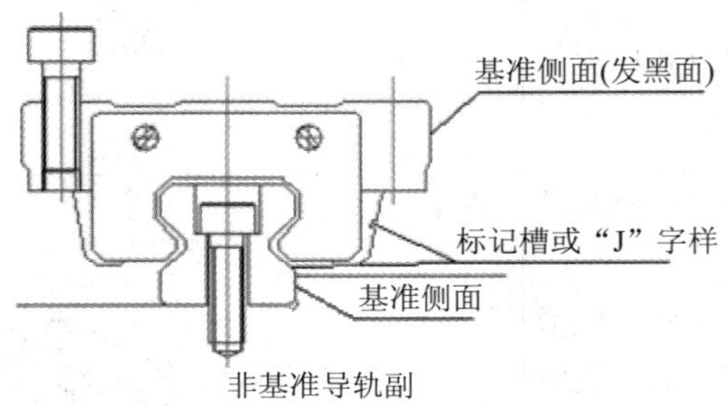

图 7-33　基准侧面的区分

讨论总结

3. 导轨的故障排除

导轨故障诊断的方法如表 7-4 所示。

表 7-4　导轨故障诊断

故障现象	故障原因	排除方法
导轨研伤	经长期使用，地基与工业机器人水平有变化，使导轨局部单位面积负荷过大	定期进行工业机器人导轨的水平调整，或修复导轨精度
	长期加工短工件或承受过分集中的负荷，使导轨局部磨损严重	注意合理分布短工件的安装位置避免负荷过分集中
	导轨润滑不良	调整导轨润滑油量，保证润滑油压力

笔记

续表

故障现象	故障原因	排除方法
导轨研伤	导轨材质不佳	采用电镀加热自冷淬火对导轨进行处理，导轨上增加锌铝铜合金板，以改善摩擦情况
	刮研质量不符合要求	提高刮研修复的质量
	工业机器人维护不良，导轨里落入脏物	加强工业机器人保养，保护好导轨防护装置
导轨上移动部件运动不良或不能移动	导轨面研伤	用 180#砂布修磨工业机器人导轨面上的研伤
	导轨压板研伤	卸下压板调整压板与导轨间隙
	导轨镶条与导轨闸隙太小，调得太紧	松开镶条止退螺钉，调整镶条螺栓，使运动部件运动灵活，保证 0.03 mm 塞尺不得塞入，然后锁紧止退螺钉

五、减速器

多媒体教学

1. RV 减速器

1) RV 减速器的特点和应用

RV 传动是新兴起的一种传动，是在传统针摆行星传动的基础上发展而来的，它不仅克服了一般针摆传动的缺点，而且具有体积小、重量轻、传动比范围大、寿命长、精度保持稳定、效率高、传动平稳等一系列优点。

2) RV 减速器的结构和原理

RV 减速器是减速器由第一级渐开线齿轮行星传动机构与第二级摆线针轮行星传动机构两部分组成的封闭的差动轮系，如图 7-34 所示。

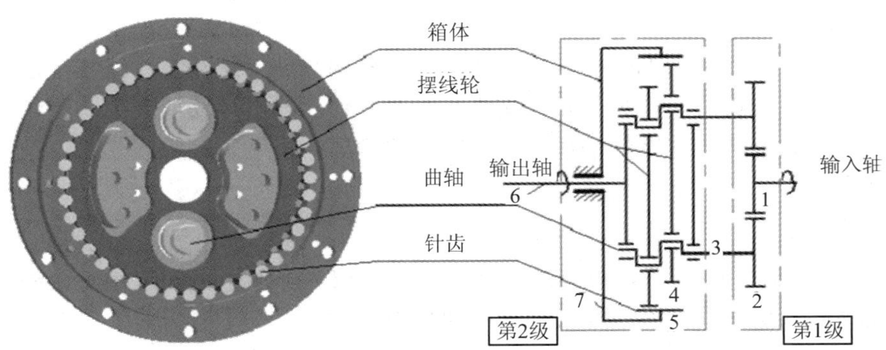

1—输入轴；2—行星轮；3—曲柄轴；4—摆线轮；5—针齿；6—输出轴；7—针齿壳

图 7-34　RV 减速器传动原理图

笔记

3) RV 减速器的组成

120 kg 点焊机器人上的 RV-6AⅡ减速器如图 7-35 所示。它的额定输入转速为 1500 r/min，负载为 58 N·m。它主要包括齿轮轴、曲柄轴、转臂轴承、摆线轮、针轮、刚性盘及输出盘等零部件。

图 7-35　RV 减速器

(1) 齿轮轴：齿轮轴是一根输入轴，它的一端与电动机相接，另一端是带一个齿轮，就是一个中心轮，它负责输入功率。行星轮所带的齿轮与所啮合的齿轮是渐开线行星轮。

(2) 行星轮：行星轮与转臂(曲柄轴)固联，两个行星轮均匀地分布在一个圆周上，起到功率分流作用，即将输入功率分成两路传递给摆线针轮行星机构。

(3) 转臂(曲柄轴)H：转臂是摆线轮的旋转轴。转臂的一端与行星轮相连接，另一端与支承圆盘相连，它可以带动摆线轮产生公转，而且又支承着摆线轮产生自转。

(4) 摆线轮(RV 齿轮)：为了实现径向力的平衡，在该传动机构中，一般应采用两个完全相同的摆线轮，分别安装在曲柄轴上，且两摆线轮的偏心位置相互成为 180°对称。

(5) 针轮：针轮与机架固定在一起成为一个针轮壳体，在针轮上安装有 30 个齿。

(6) 刚性盘与输出盘：输出盘是 RV 传动机构与外界从动工作机相互连接的构件，输出盘与刚性盘相互连接成为一个整体而输出运动或动力。刚性盘上均匀分布着两个转臂的轴承孔，而转臂的输出端借助于轴承安装在这个刚性盘上。

4) RV 减速器的装配技术要求

(1) 安装时请不要对减速机的输出部件、箱体施加压力，连接时请满足机器与减速机之间的同轴度与垂直度的相应要求。

(2) 减速机初始运行至 400 小时应重新更换润滑油，其后的换油周期约为 4000 小时。

(3) 箱体内应该保留足够的润滑油量，并定时检查。当发现油量减少或油质变坏时应及时补足或更换润滑油，应注意保持减速机外观清洁，及时清

笔记

除灰尘、污物以利于散热。

5) RV 减速器的装配注意事项

(1) 向减速器内添加润滑油时，应使润滑油占全部体积的 10%左右，保证润滑充分。

(2) 注意保持减速器外观清洁，及时清除灰尘、污物以利于散热。

(3) 装配时严禁用强力敲打 RV 减速器，避免损坏减速器。

(4) 涂抹密封胶时量不能太多，以免密封胶流入减速器内部；量也不能太少，否则会造成密封不良。

2. 谐波减速器

谐波减速器是应用于机器人领域的两种主要减速器之一，在关节型机器人中，谐波减速器通常放置在小臂、腕部或手部，如图 7-36 所示。谐波齿轮传动减速器是利用行星齿轮传动原理发展起来的一种新型减速器。谐波传动减速器靠波发生器装配上柔性轴承使柔性齿轮产生可控弹性变形，并与刚性齿轮相啮合来传递运动和动力的齿轮传动。谐波减速器的外观如图 7-37 所示。

图 7-36　谐波减速器的应用

图 7-37 谐波减速器外观

1) 谐波减速器的结构和原理

工业机器人中安装的谐波减速器如图 7-38 所示，它主要由三个基本构件组成：

(1) 带有内齿圈的刚性齿轮(刚轮)，它相当于行星系中的中心轮；

(2) 带有外齿圈的柔性齿轮(柔轮)，它相当于行星齿轮；

(3) 波发生器，它相当于行星架。

三个构件中可任意固定一个，其余两个一为主动，一为从动，可实现减速或增速，也可变成两个输入，一个输出，组成差动传动。作为减速器使用时，通常采用波发生器主动，刚轮固定，柔轮输出形式，如图 7-39 所示。谐波减速器常用的安装方式如图 7-40、图 7-41 所示。

笔记

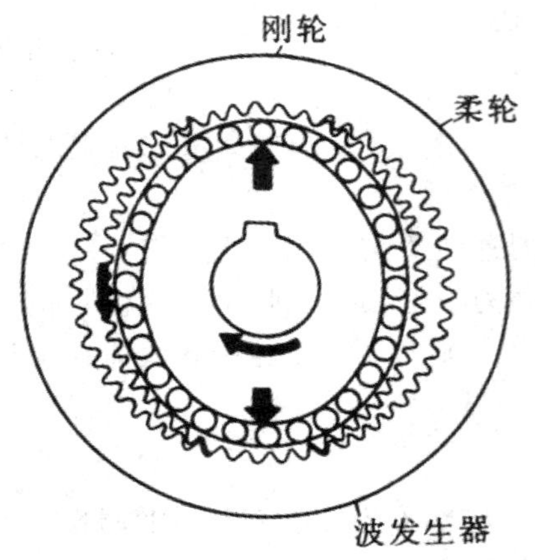

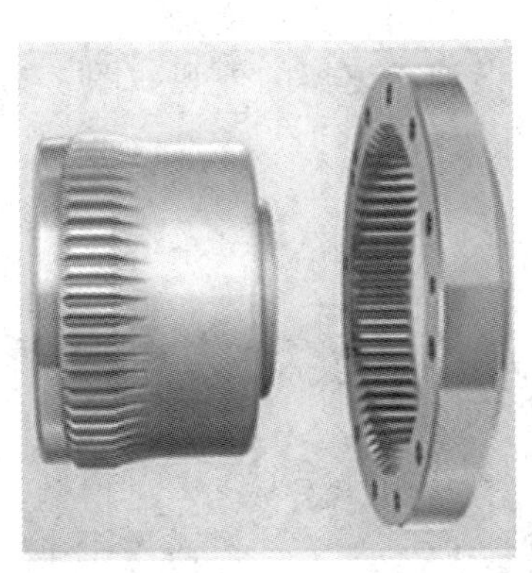

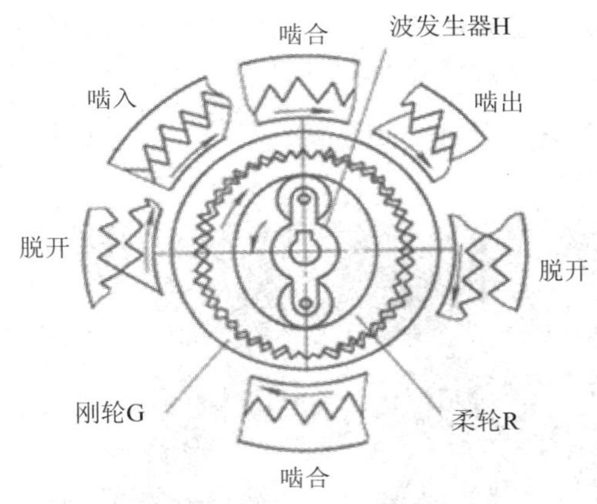

图 7-38 谐波减速器结构及工作原理

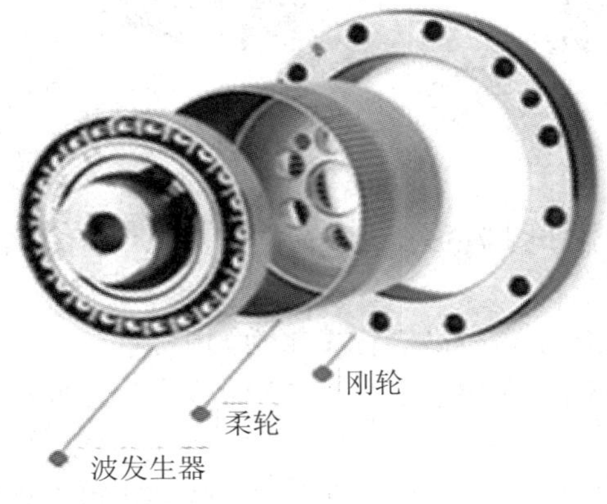

图 7-39 谐波减速器

笔记

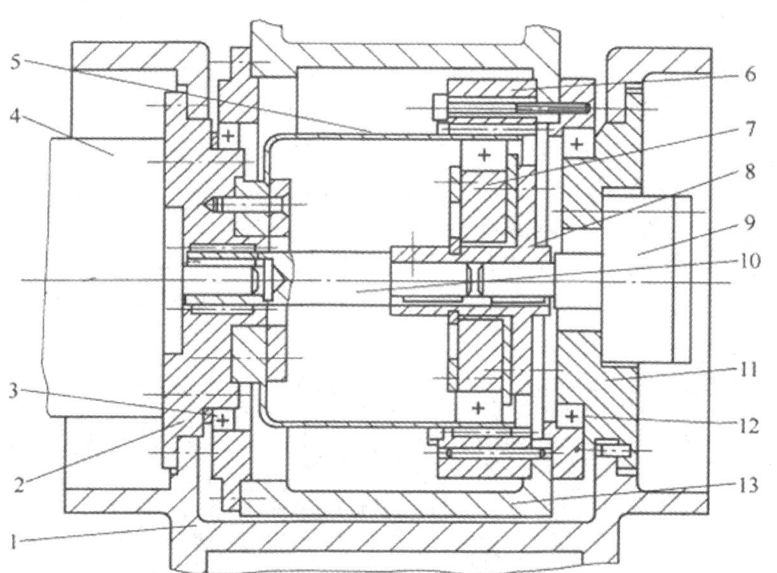

1—臂座；2、11—法兰盘；3、12—轴承；4—驱动电动机；5—柔轮；6—从动刚轮；7—波发生器；8—套筒；9—电磁制动器；10—驱动轴；13—手臂壳体

图 7-40　带谐波减速器的机器人手臂关节结构

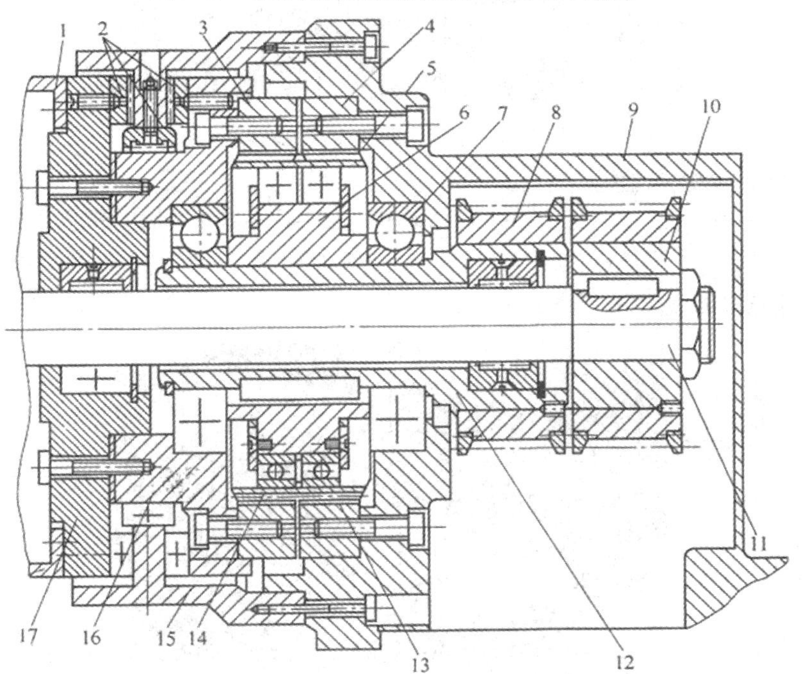

1—手腕；2—滚针轴承；3、4—刚轮；5—柔轮；6—波发生器；7—轴承；8、10—带轮；9—手臂壳体；11—传动轴；12—空心轴；13、14—柔轮工作段；15、17—法兰；16—壳体

图 7-41　带复波式谐波减速装置的传动结构

笔记

实训教学

2) 更换谐波减速器

(1) 准备工具。

如图 7-42 所示，准备①T 形扳手 T3、T4；②力矩扳手(装 M4、M5 用)；③转接头、M3、M4(加长)内六角头；④内六角扳手一套；⑤钩头扳手(固定皮带轮用)；⑥尖嘴钳(夹取螺钉垫片用)；⑦M4×30 顶丝若干；⑧螺纹密封胶(皮带轮螺栓用)；⑨1211 密封胶(端盖用)；⑩记号笔一支(确认螺栓紧固用)；⑪刀子或其他类似工具(清除硅胶用)等。⑫纸盒一个(保管螺栓用)，纱布若干；⑬SK1 润滑油一袋。

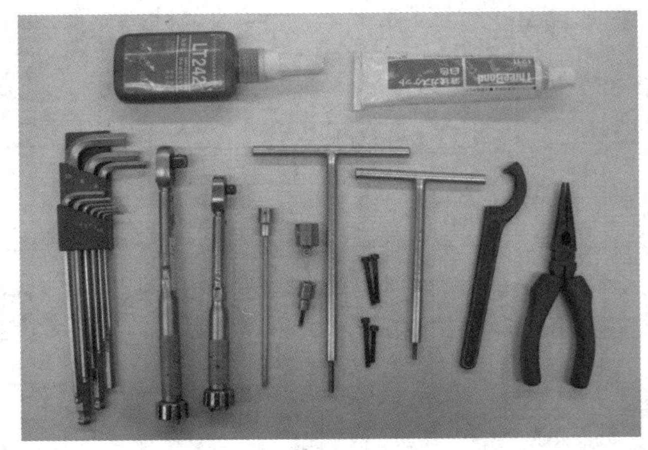

图 7-42　更换谐波减速器用的工具

(2) 拆卸谐波减速器。

① 如图 7-43 所示，用钩头扳手将皮带轮固定，用 T4 扳手将皮带轮松开，小心取下。

注意： 注意钩头扳手钩头的位置，防止把皮带轮、同步齿划伤。

图 7-43　取下皮带轮

② 将 B 轴移动到图 7-44 所示位置，取下皮带轮后，用 T3 扳手将端盖上的 4 个 M4 紧固螺钉拧下。

笔记

图 7-44　拧下紧固螺钉

③ 如图 7-45 所示，取下螺钉后，用事先准备好的顶丝将端盖顶出、取下。

说明：两顶丝要交替、轻缓起顶，防止顶偏。

图 7-45　顶出端盖

④ 如图 7-46 所示，用事先准备好的顶丝将谐波减速机的硬齿部分顶起，为防止顶丝起顶过度、划伤对接面，在顶起适当位置后，可用扳手等工具将谐波减速机的硬齿部分撬出。

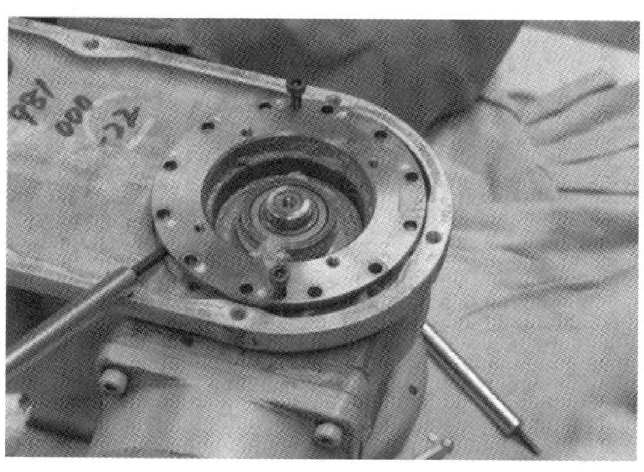

图 7-46　撬出硬齿

笔记

⑤ 将固定皮带轮的螺栓取下，旋拧在如图 7-47 所示位置，抓紧螺栓，用力起拉，将谐波减速器的波发生器从软齿部分中抽出。

图 7-47　抽出波发生器

⑥ 用 T4 扳手将固定谐波减速器的软齿部分的所有螺栓取下(如图 7-48 所示)，并用顶丝将其顶出，连同上步骤中的轴承套一并取出。

图 7-48　取出轴承套

⑦ 如图 7-49 所示，将上述所有零部件、螺钉等用纱布清洁干净，确认所有螺钉、垫片无缺漏。至此谐波减速器的拆卸过程完成。

图 7-49　清洁 B 轴减速腔

(3) 安装谐波减速器。

① 确认所有零部件、螺钉、垫片等无缺漏。

② 如图 7-50 所示，清洁 B 轴减速腔的油污，将谐波减速器的软齿部分安装进去(软齿部分是易损部分，安装时务必轻拿轻放)，安装螺钉时遵循对角加紧原则，并用记号笔对各紧固后的螺钉做记号，此处螺钉所需力矩为 4.8 N • m。

③ 向腔内注入适量润滑油 SKY，如图 7-50 所示。

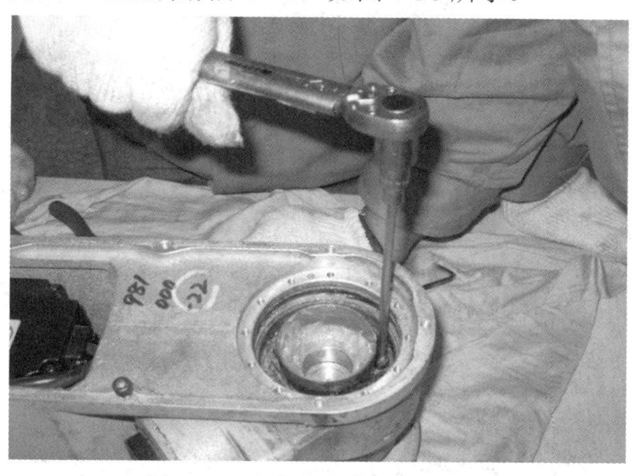

图 7-50　安装谐波减速器的软齿

④ 向图 7-51 所示位置均匀涂抹适量 1211 密封胶(切勿将密封胶涂抹到腔内，如若不慎流入腔内，可能造成减速机损坏，务必清除干净)。

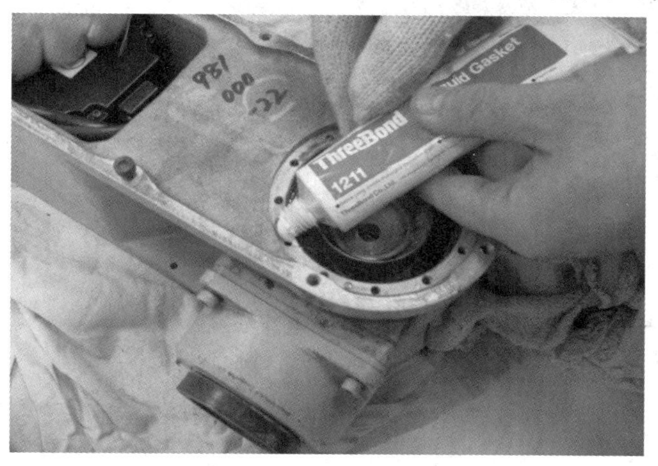

图 7-51　均匀涂抹适量 1211 密封胶

⑤ 如图 7-52 所示，把谐波减速器的硬齿部分装入腔内，安装螺钉时遵循对角加紧原则，并用记号笔对各紧固后的螺钉做记号，此处螺钉所需力矩为 2.8 N • m。

笔记

课程思政

课程思政指以构建全员、全程、全课程育人格局的形式将各类课程与思想政治理论课同向同行，形成协同效应，把“立德树人”作为教育的根本任务

笔记

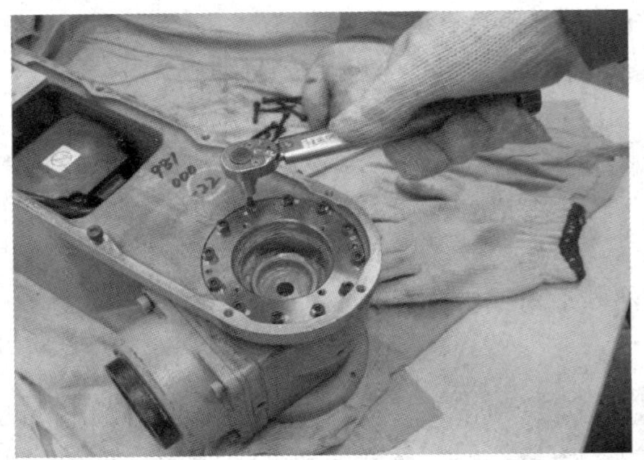

图 7-52　装入硬齿部分

说明：由于谐波减速机的啮合齿细小，而且软齿部分容易损坏，因此务必做到轻拿轻放，当软硬齿相啮合时，再用稳力将硬齿部分压入腔内。

⑥ 如图 7-53 所示，把固定皮带轮的 M5 螺栓拧到谐波减速器的波发生器上，将波发生器稳稳压进软齿腔内，压入后把螺栓取下。

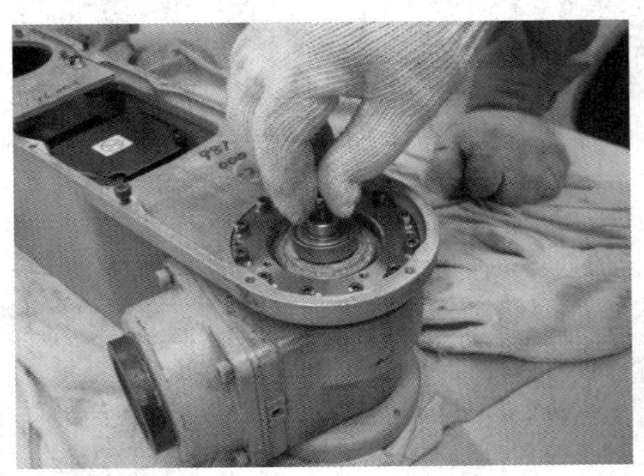

图 7-53　波发生器稳稳压进软齿腔内

说明：压入之前确认腔内有充足的润滑油。

看一看：对照图 7-54 查看安装是否正确。

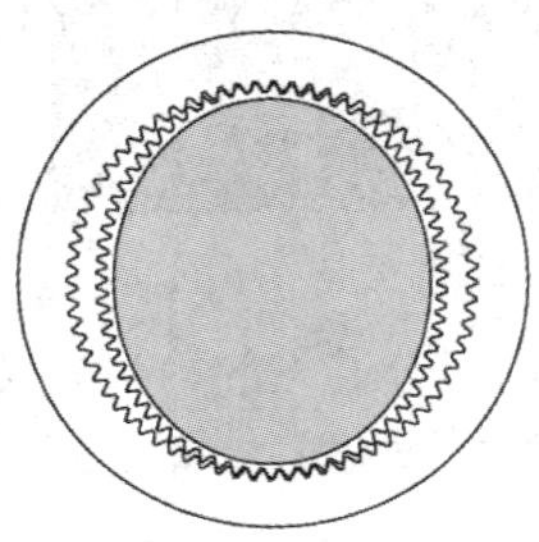

正常安装

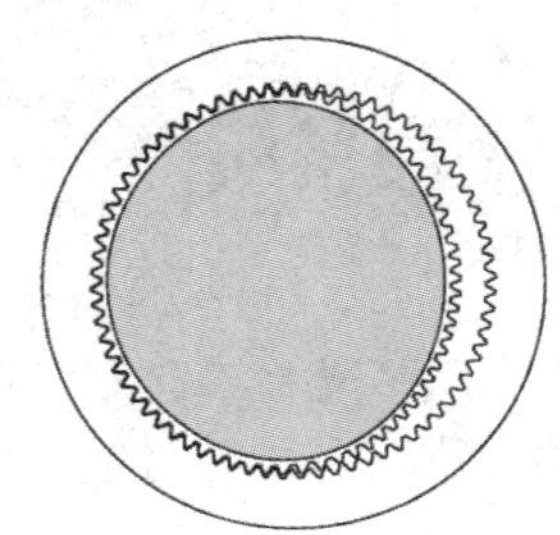

错误安装

图 7-54　正常安装与错误安装

笔记

⑦ 如图 7-55 所示，把减速机端盖装上，安装螺钉时遵循对角加紧原则，并用记号笔对各紧固后的螺钉做记号，此处螺钉所需力矩为 2.8 N • m。

说明：安装端盖后向腔内注满润滑油。

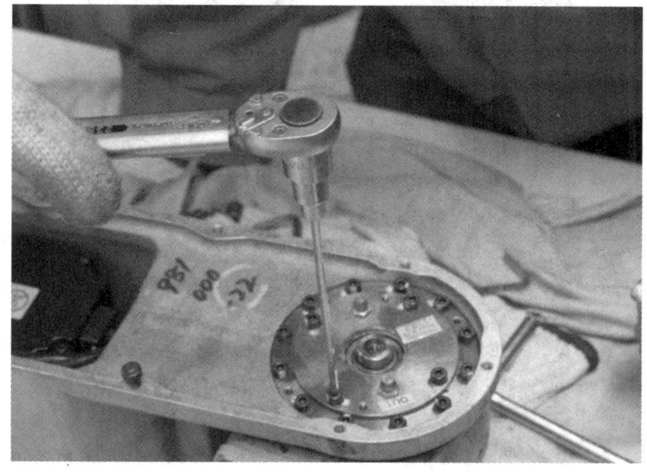

图 7-55　安装减速机端盖

⑧ 如图 7-56 所示，把皮带轮安装到位，加拧螺钉前，在螺栓前端螺纹处涂螺纹密封胶，加拧过程中用钩头扳手加以固定。

图 7-56　安装皮带轮

⑨ 拭除各部分多余油脂，清点工具，确保没有遗留螺栓、垫片。

3. 大型机器人电机减速器更换

1) 注意事项

如图 7-57 所示，大型机器人要涉及吊装问题，所以第一个注意事项是安全，包括吊装时的人身安全和设备安全。

笔记

图 7-57　吊装大型机器人

(1) 吊装时的个人安全。维修大型机器人必须戴好安全帽，穿好安全鞋等劳保用品。

(2) 吊装时的设备安全。大型机器人吊装时需要由专业人员进行操作；大型机器人吊装时需要掌握吊装时机器人的姿态及吊点，如图 7-58 所示。

图 7-58　吊装机器人姿态及吊点

2) 大型机器人电机减速器更换实例

以 ES165 机器人 L 轴电机更换为例，由于 ES165 机器人 L 轴有平衡杠，所以更换电机时必须注意吊装和平衡杠的处理。

(1) 按常规操作步骤进行检查。

笔记

(2) 将机器人移动到更换标准姿态(根据机器人和维修轴组的不同位置不相同)，如图 7-59 所示。

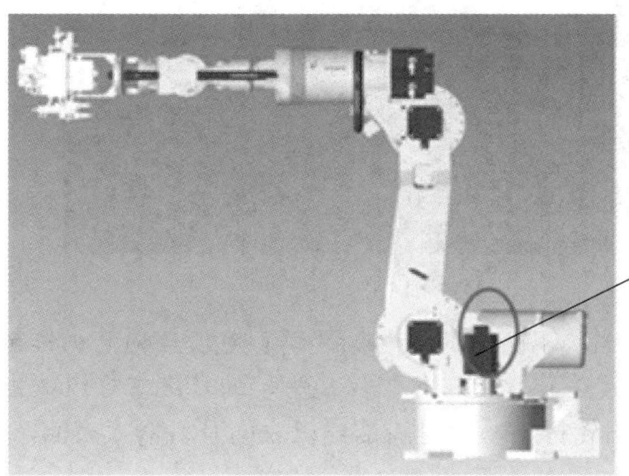

图 7-59　更换标准姿态

(3) 用三个 M8 × 45 的螺栓顶住平衡杠弹簧，如图 7-60 所示。

图 7-60　用三个 M8 × 45 的螺栓顶住平衡杠弹簧

(4) 调整位置，将电机拆下，如图 7-61 所示。

笔记

图 7-61 拆电机

注意：为了保证电机不受力，拆电机时候要用顶丝将电机接触面脱离后轻轻转一下电机。幅度不要太大，很轻松能转动的情况下可以拔出电机。

(5) 将电机输入齿轮拆下，同时清洁电机表面及机器人表面，如图 7-62 所示。

工匠精神

科学的思维方式、准确的计算习惯、严谨精细的学习态度

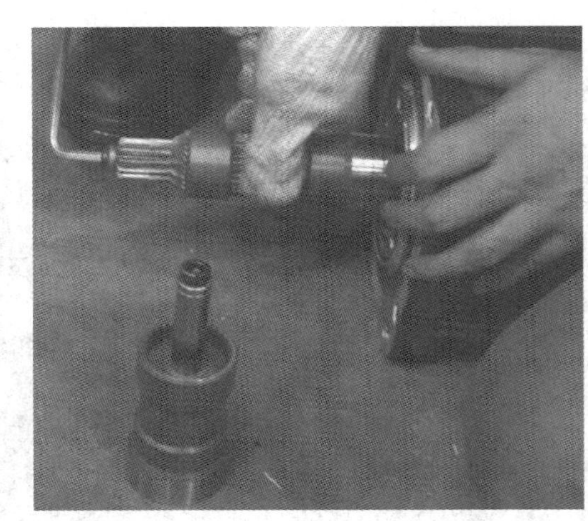

图 7-62 拆电机输入齿轮

(6) 电机接触面涂抹密封胶。

(7) 安装电机，如图 7-63 所示。

说明：安装时一定要用力矩扳手。

(8) 更换结束。

图 7-63 安装电机

笔记

任务扩展

传　动　带

带传动是传统的传动方式，常见的有V形带、平带、多联V形带、多楔带和齿形带。为了定位准确，常用多楔带和齿形带。

1. 多联V形带

多联V形带又称复合V形带，如图7-64所示，楔角为40°。多联V形带是一次成型，不会因长度不一致而受力不均，因而承载能力比多根V带(截面积之和相同)高。同样的承载能力，多联V形带的截面积比多根V带小，因而质量较轻，耐挠曲性能高，允许的带轮最小直径小，线速度高。多联V形带传递负载主要靠强力层。强力层中有多根钢丝绳或涤纶绳，具有较小的伸长率以及较大的抗拉强度和抗弯疲劳强度。带的基底及缓冲楔部分采用橡胶或聚氨酯。

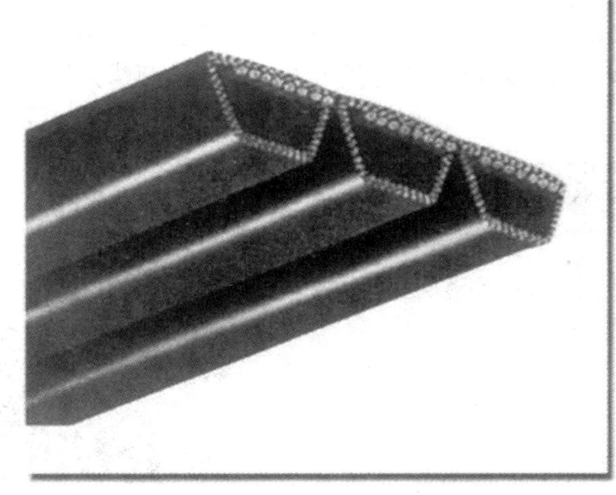

图7-64　多联V形带

2. 多楔带

多楔带如图7-65所示。多楔带综合了V形带和平带的优点，运转时振动小，发热少，运转平稳，重量轻，因此可在40 m/s的线速度下使用。此外，多楔带与带轮的接触好，负载分配均匀，即使瞬时超载也不会产生打滑，而传动功率比V形带大20%～30%，因此能够满足加工中心主轴传动的要求，即使在高速、大转矩下也不会打滑。多楔形带安装时需要较大的张紧力，因此使主轴和电动机承受了较大的径向负载。

笔记

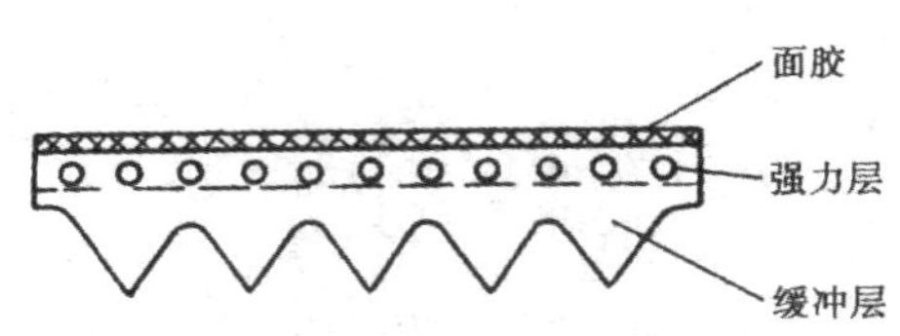

图 7-65 多楔带的结构

3. 齿形带

齿形带又称为同步齿形带，根据齿形不同又分为梯形齿同步带和圆弧齿同步带，如图 7-66 所示。图示是两种齿形带的纵断面，其结构与材质和楔形带相似，但在齿面上覆盖了一层尼龙帆布，用以减少传动齿与带轮的啮合摩擦。梯形齿同步带在传递功率时，由于应力集中在齿根部位，使功率传递能力下降。同时由于与带轮是圆弧形接触，当带轮直径较小时将使齿变形，影响了与带轮齿的啮合，不仅受力情况不好，而且在速度很高时会产生较大的噪声与振动，这对于主传动来说是不利的。因此，在工业机器人的主传动中很少采用齿形带，一般仅在转速不高的运动传动或小功率的动力传动中使用。圆弧齿同步带则克服了梯形齿同步带的缺点，均化了应力，改善了啮合。因此，传动中需要用带传动时，总是优先考虑采用圆弧齿形同步带。

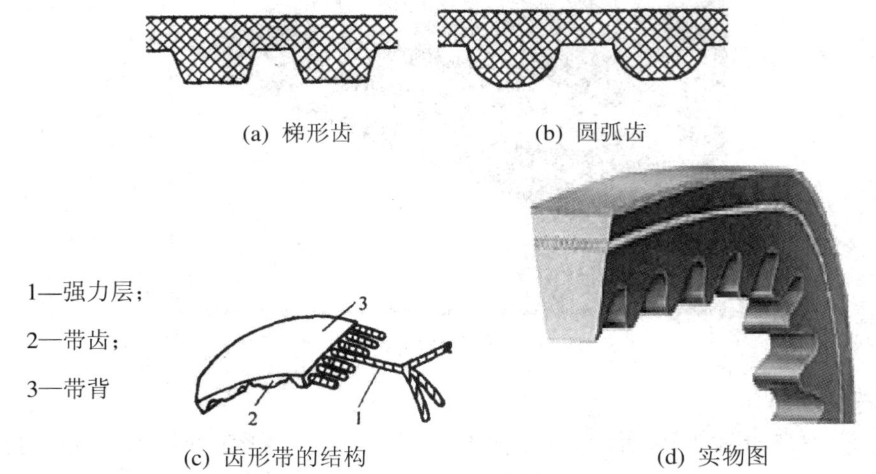

(a) 梯形齿 (b) 圆弧齿

(c) 齿形带的结构 (d) 实物图

图 7-66 同步齿形带

同步齿形带具有带传动和链传动的优点，与一般的带传动相比，它不会打滑，且不需要很大的张紧力，减少或消除了轴的静态径向力；传动效率高达 98%～99.5%；可用于 60～80 m/s 的高速传动。但是在高速使用时，由于带轮必须设置轮缘，因此在设计时要考虑轮齿槽的排气，以免产生“啸叫”。

同步齿形带的规格是以相邻两齿的节距来表示(与齿轮的模数相似)，主轴功率为 3～10 kW 的加工中心多用节距为 5 mm 或 8 mm 的圆弧齿形带，型号为 5M 或 8M。

应用齿形带时的注意事项如下：

(1) 为了使转动惯量小，带轮由密度小的材料制成。带轮所允许的最小直径根据有效齿数及平带包角，由齿形带厂确定。

(2) 为了避免离合器引起的附加转动惯量，驱动轴上的带轮应直接安装在电动机轴上。

(3) 为了对齿形带长度的制造公差进行补偿并防止间隙，同步齿形带必须预加载。预加载的方法可以是电动机的径向位移或安装张力轮。

(4) 对于较长的自由齿形带(大于带宽 9 倍)，为衰减带振动常用张力轮。张力轮可以是安装在齿形带内部的牙轮，但是更好的方式是在齿形带外部采用圆筒形滚轮，这种方式使齿形带的包角增大，有利于传动。为了减少运动噪声，应使用背面抛光的齿形带。

任务二　工业机器人电气元件的装调与维修

任务导入

工业机器人上常用的电气元件如图 7-67 所示。当然，在工业机器人安装时，也要用到一些其他元件。

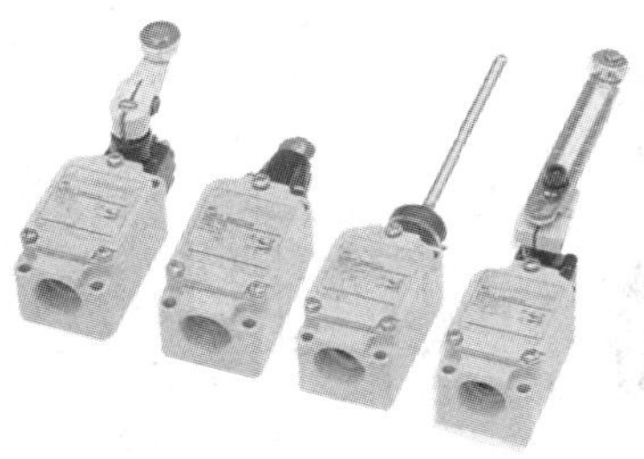
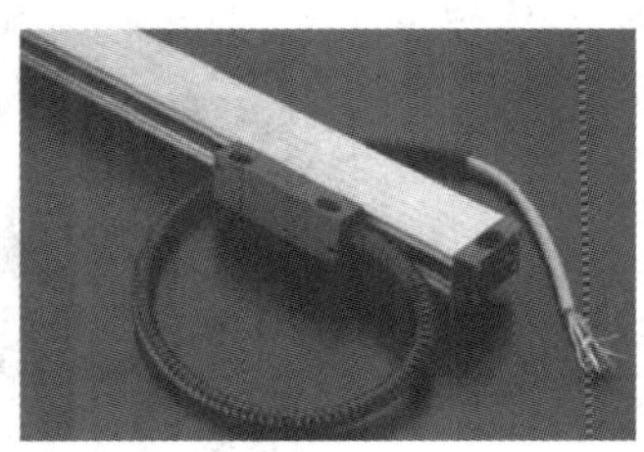

图 7-67　工业机器人上常用的电气元件

任务目标

知 识 目 标	能 力 目 标
1. 掌握工业机器人用电气元件的知识 2. 掌握检测元件的知识 3. 掌握输入/输出元件的知识	1. 能对常用电气元件、检测元件、输入/输出元件进行安装 2. 能对常用电气元件、检测元件、输入/输出元件进行故障排除

笔记

任务实施

实物教学

若有条件，结合实物进行现场讲授；若无条件，可采用多媒体教学。

一、工业机器人上常用的电气元件

工业机器人常用的低压电气元件中部分元件在运行过程中频繁动作，因此电气元件的质量是工业机器人安全运行的重要因素之一，了解电气元件的工作原理，学会电气原理图的分析是工业机器人电气维修的必备基础。

1. 断路器

低压断路器过去叫作自动空气开关，现采用 IEC 标准称为低压断路器，如图 7-68 与图 7-69 所示。低压断路器是将控制电器和保护电器的功能合为一体的电器，可以有效地保护串接在它后面的电器设备。

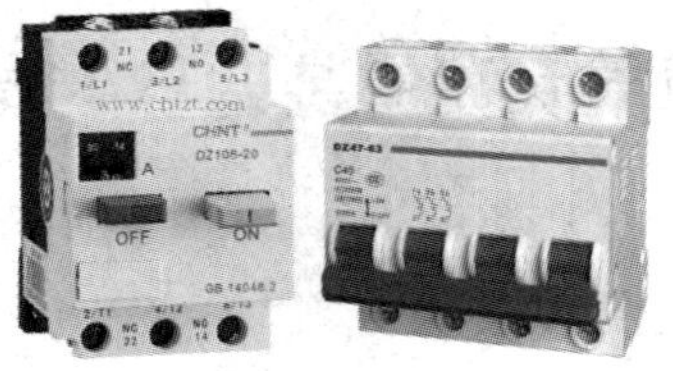

图 7-68　断路器

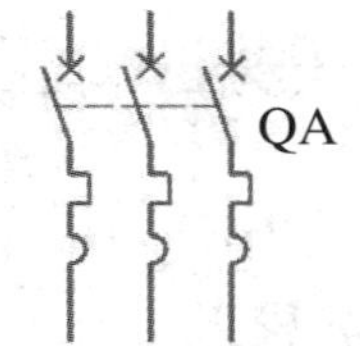

图 7-69　断路器图形符号

2. 接触器

接触器是用来频繁地接通或分断带有负载的主电路的自动控制电器，如图 7-70 与图 7-71 所示，由电磁机构、触点系统、灭弧装置等部件构成。

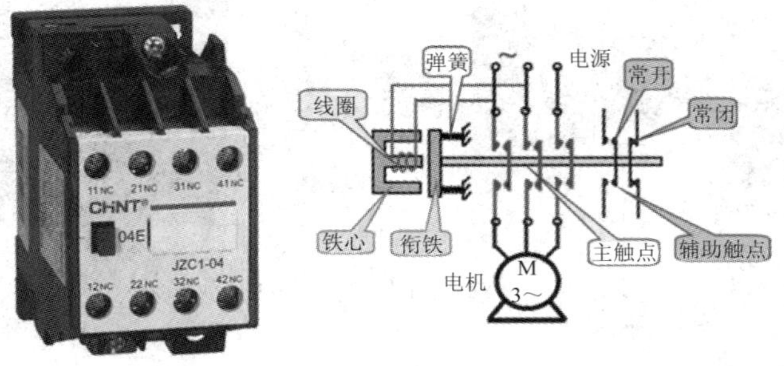

图 7-70　接触器

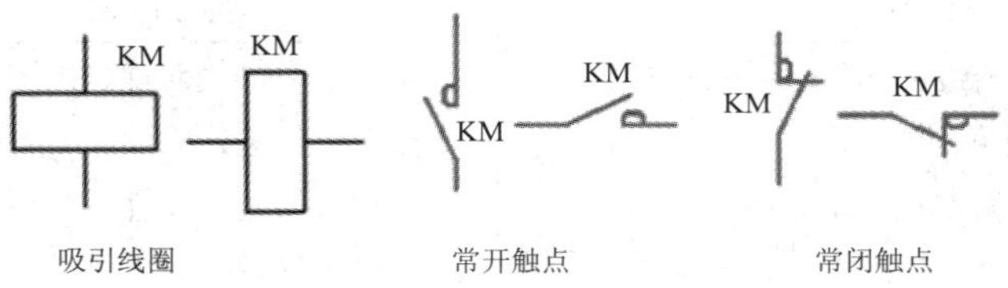

图 7-71　接触器图形符号

笔记

3. 继电器

继电器是一种根据输入信号的变化接通或断开控制电路，实现控制目的的电器，如图 7-72 与图 7-73 所示。

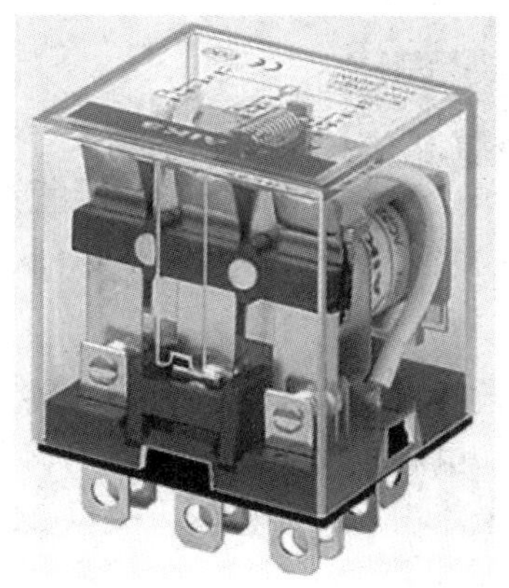

图 7-72　电磁继电器

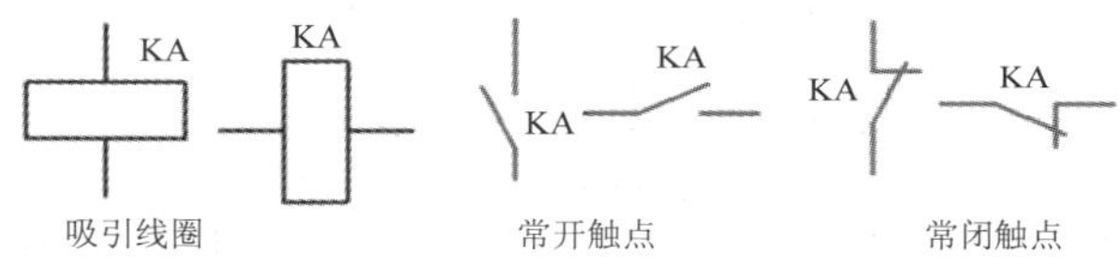

图 7-73　电磁继电器图形符号

注意：继电器的触点不能用来接通和分断负载电路，这也是继电器的作用和接触器的作用的区别。

4. 变压器

变压器是一种将某一数值的交流电压变换成频率相同但数值不同的交流电压的静止电器，如图 7-74 与图 7-75 所示。

图 7-74　变压器

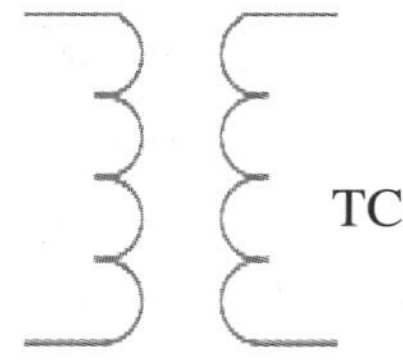

图 7-75　变压器图形符号

注意：由于变压器的线圈为储能元件，所以在进行工业机器人维修时，工业机器人断电后变压器短时间内会继续带电，因此维修时要注意安全。

5. 灭弧器

灭弧器的功能是消灭电弧防止电弧弧光短路，防止造成设备损毁，提高开关分断能力以及保护人员免受伤害，如图 7-76 与图 7-77 所示。

笔记

图 7-76　灭弧器

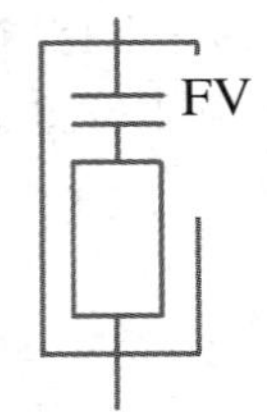

图 7-77　灭弧器图形符号

6. 开关电源

开关电源被称作高效节能电源，因为内部电路工作在高频开关状态，所以自身消耗的能量很低，电源效率可达 80%左右，比普通线性稳压电源提高近一倍。在工业机器人电路中为工业机器人提供 24 V、5 V 等直流电源，其符号如图 7-78 所示。

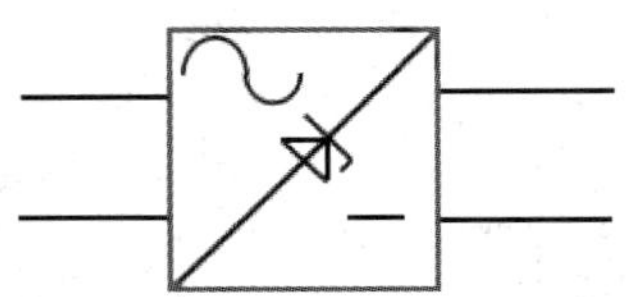

图 7-78　开关电源图形符号

注意： 部分开关电源罩壳内有一个输入电源为 110 V 和 220 V 的切换开关，安装时注意对照此开关的位置输入相应电压，否则易损坏开关电源。

7. 熔断器

熔断器是一种广泛应用的简单、有效的保护电器。熔断器一般由熔体、熔座组成。熔体一般由熔点低、导电性良好的合金材料制成，在工业机器人中起电路的保护作用，其符号如图 7-79 所示。

企业文化

目视化管理的基本要求

一、统一
二、简明
三、醒目
四、实用
五、严格

8. 急停开关

急停开关属于主令控制电器的一种，当机器处于危险状态时，通过急停开关切断电源，停止设备运转，保护人身和设备的安全。急停开关通常为手动控制的按压式开关(按键为红色)，串联接入设备的控制电路，用于紧急情况下直接断开控制电路电源从而快速停止设备，以避免其非正常工作，急停关的图形符号如图 7-80 所示。

图 7-79　熔断器图形符号

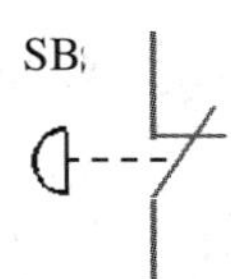

图 7-80　急停开关图形符号

笔记

9. 按钮

按钮通常用来接通或断开控制电路(其中电流很小)，从而控制电动机或其他电器设备的运行，原来就接通的触点称为常闭触点；原来就断开的触点称为常开触点，如图 7-81 与图 7-82 所示。

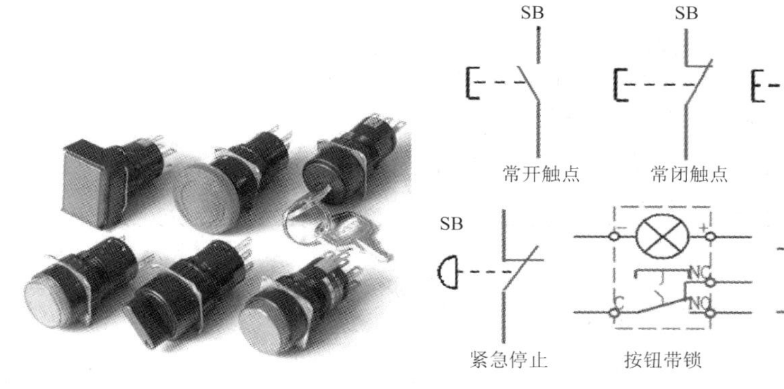

图 7-81　按钮开关　　　　图 7-82　按钮图形符号

讨论总结

上网查询，参与工厂调研，查阅参考资料，在教师的带领下学生与工厂技术人员讨论总结下面的问题。

电气元件故障是指元件功能的缺失和损坏，在工业机器人中易损坏的部件常见于常动作的电气元件和经常受到污染的电气元件，如表 7-5 所示。

表 7-5　电气元件常见故障

序号	部件名称	常出现的故障	检测方法
1	继电器、接触器	电磁继电器、接触器在控制回路中由于经常进行开关动作极易容易损坏，主要表现为触点接触不良，线圈烧毁等	1. 开关触点的检测：用万用表在继电器、接触器接通和断开的时候分别检测其触点的开合能力 2. 线圈的检测：使用万用表检测电磁继电器、接触器的线圈的两脚，若两脚间电阻为无穷大表示线圈烧毁(部分继电器线圈带有反向截止二极管，测量时要注意万用表笔的极性)
2	行程开关	行程开关主要装在工业机器人的本体上，用于限定工业机器人的行程，因此特别容易受到油气、切屑的污染，常表现为开关壳体的脆裂、进入切屑将开关卡死或将开关断路	1. 查看机械部分能否正常开断，壳体是否损坏，密封是否可靠 2. 用万用表检查开关触点开合是否正常

笔记

续表

序号	部件名称	常出现的故障	检测方法
3	熔断器	熔断器在电路中主要起过电流保护作用，当有浪涌电流涌入电路中时熔断器极易烧毁	用万用表检测熔断器是否熔断
4	变压器	变压器有三相变压器和单相变压器，部分变压器内部装有熔断器，常见故障表现为过电流烧毁	用万用表检测变压器输入侧电压和输出侧电压是否正常，若输出侧无电压则变压器烧毁或其内部熔断器烧毁

二、工业机器人常用检测装置

工业机器人中常用的位置检测装置如图 7-83 所示。

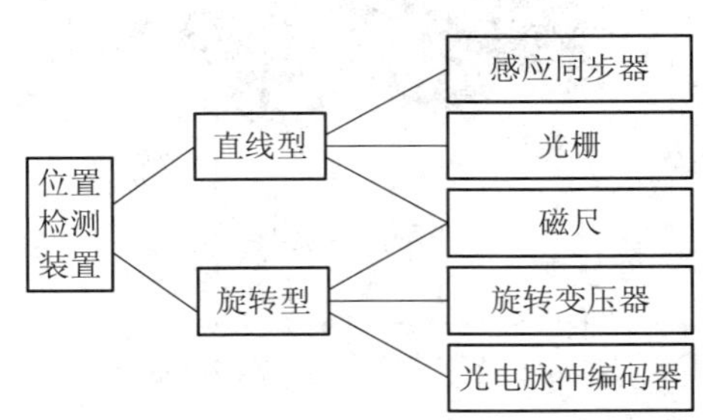

图 7-83　常用的位置检测装置

1. 光栅

根据光线在光栅中是反射还是透射分为反射光栅和透射光栅；根据光栅形状可分为直线光栅(图 7-84)和圆光栅(图 7-85)，直线光栅用于检测直线位移，圆光栅用于检测角位移；此外，还有增量式光栅和绝对式光栅之分。

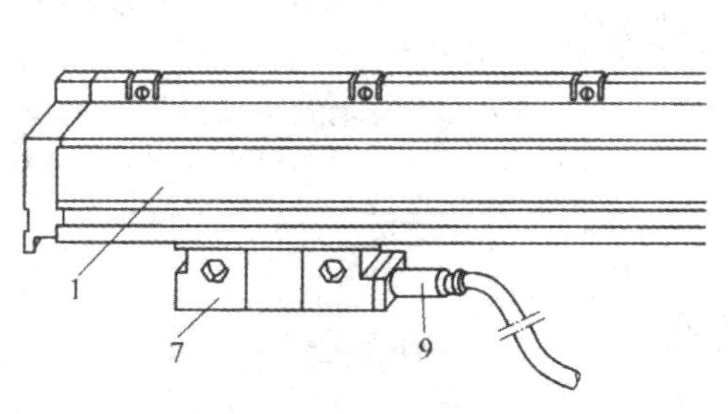

(a) 外观

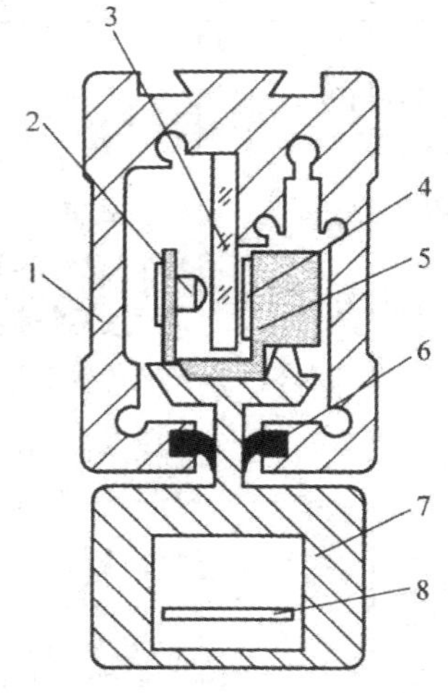

(b) 截面

1—尺身(铝外壳)；2—带聚光透镜的 LED；3—标尺光栅；4—指示光栅；5—游标(装有光敏器件)；6—密封唇；7—读数头；8—电子线路；9—信号电缆

图 7-84　直线光栅外观及截面示意图

笔记

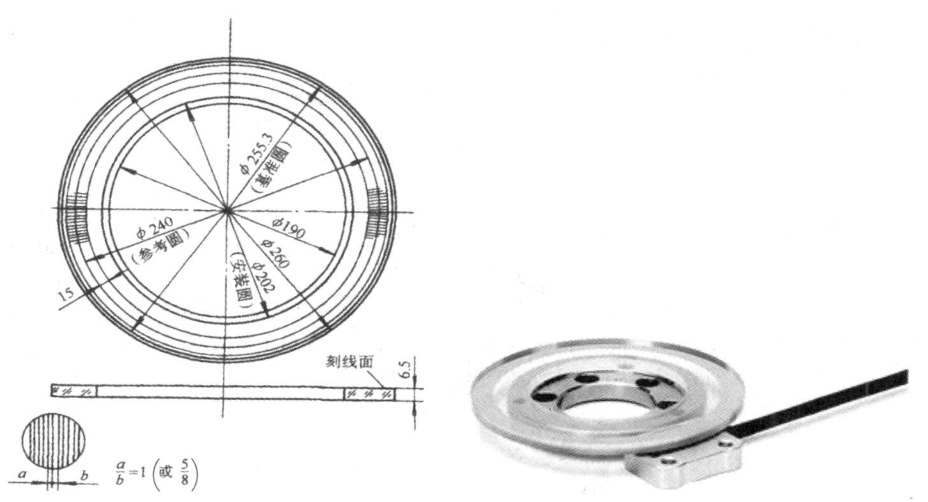

图 7-85　圆光栅

2. 光电脉冲编码器

光电脉冲编码器有绝对式和增量式两种。增量式脉冲编码器是一种旋转式脉冲发生器，能把机械转角转变成电脉冲，是工业机器人上使用广泛的位置检测装置，其工作示意图如图 7-86 所示。图 7-87 为光电脉冲编码器的结构示意图。光电脉冲编码器是工业机器人上使用广泛的位置检测装置。

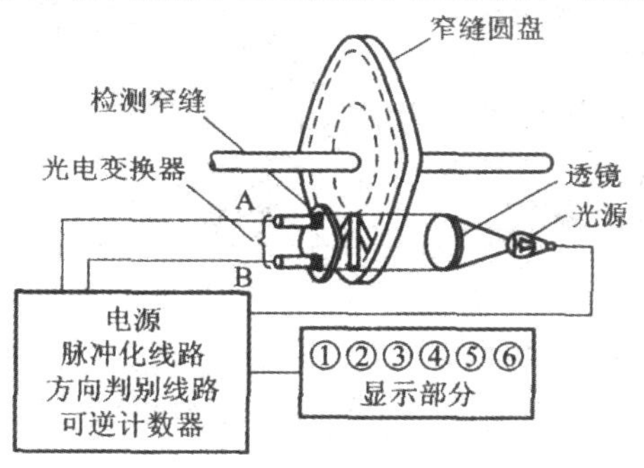

图 7-86　脉冲编码器工作示意图

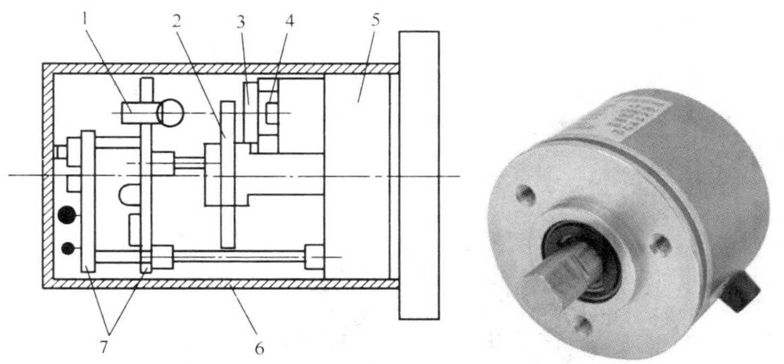

1—光源；2—圆光栅；3—指示光栅；4—光电池组；5—机械部件；
6—护罩；7—印制电路板

图 7-87　光电脉冲编码器的结构

笔记

3. 旋转变压器

从转子感应电压的输出方式来看，旋转变压器可分为有刷和无刷两种类型，如图 7-88 所示。

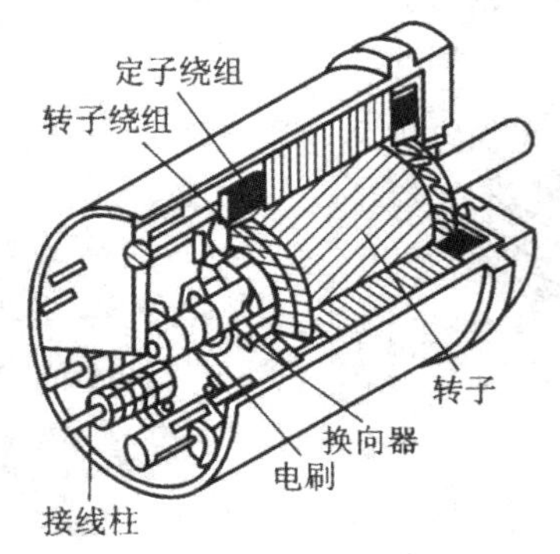

(a) 有刷式旋转变压器

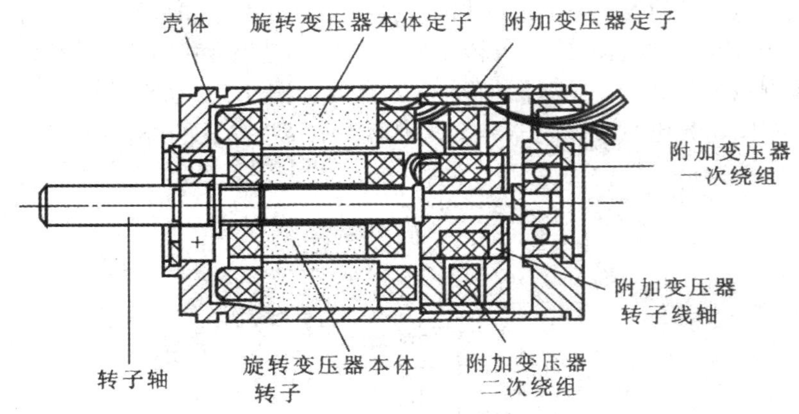

(b) 无刷式旋转变压器

图 7-88　旋转变压器结构示意图

4. 感应同步器

感应同步器是一种电磁式高精度位移检测装置，由定尺和滑尺两部分组成，如图 7-89 所示。

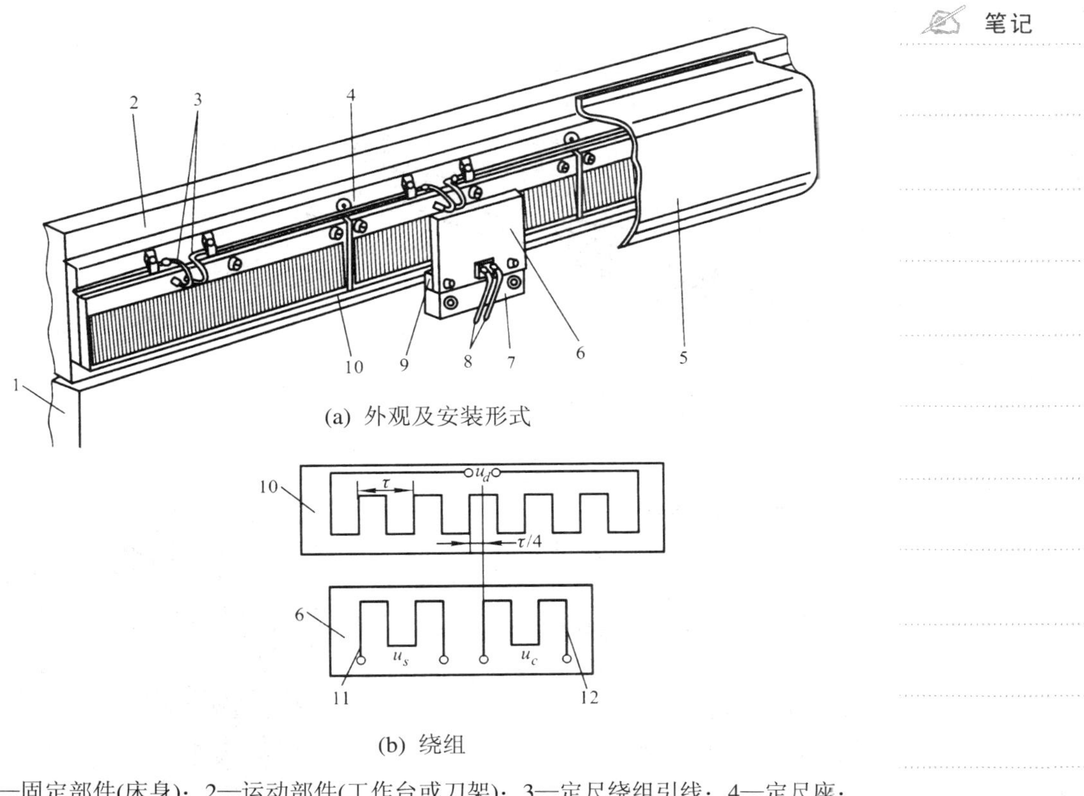

1—固定部件(床身)；2—运动部件(工作台或刀架)；3—定尺绕组引线；4—定尺座；5—防护罩；6—滑尺；7—滑尺座；8—滑尺绕组引线；9—调整垫；10—定尺；11—正弦励磁绕组；12—余弦励磁绕组

图 7-89　感应同步器结构示意图

5. 磁尺

磁尺由磁性标尺、磁头和检测电路三部分组成，如图 7-90 所示。磁性标尺是在非导磁材料的基体上覆盖一层 10～30 μm 厚的高导磁材料，形成一层均匀有规则的磁性膜，再用录磁磁头在尺上记录相等节距的周期性磁化信号。

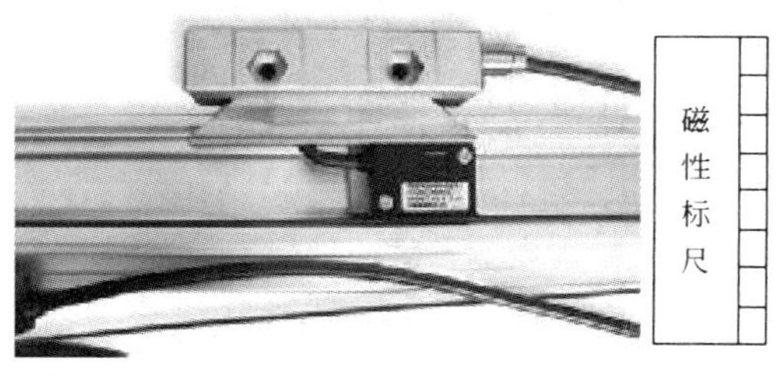

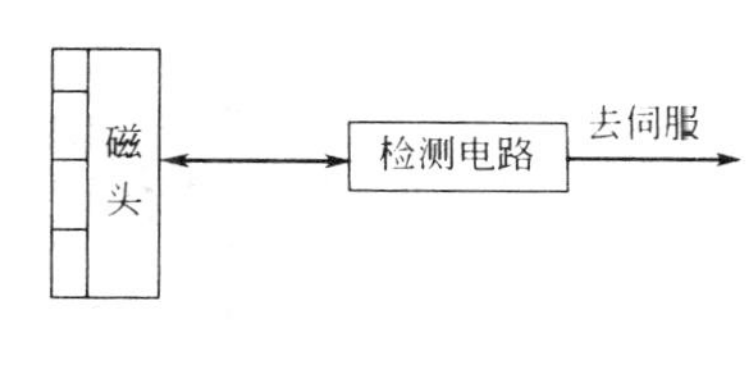

笔记

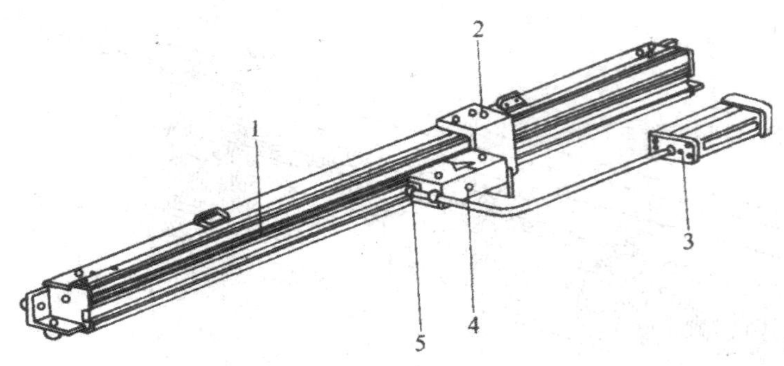

1—安装导轨；2—滑块；3—磁头放大器；4—磁头架；5—可拆插头

图 7-90　磁尺的结构

6. 测速发电机

测速发电机如图 7-91 所示。它是一种旋转式速度检测元件，可将输入的机械转速变为电压信号输出。测速发电机检测伺服电动机的实际转速，转换为电压信号后反馈到速度控制单元中，与给定电压进行比较，发出速度控制信号，调节伺服电动机的转速。为了准确反映伺服电动机的转速，要求测速发电机的输出电压与转速严格成正比。

图 7-91　测速发电机

7. 磁阻位移测量装置

磁阻位移测量装置是近年来发展起来的一种新型位移传感器，它是利用磁敏电阻随磁场强度大小的变化而引起阻值的改变来实现位移测量的，图 7-92 为磁阻位移测量示意图。

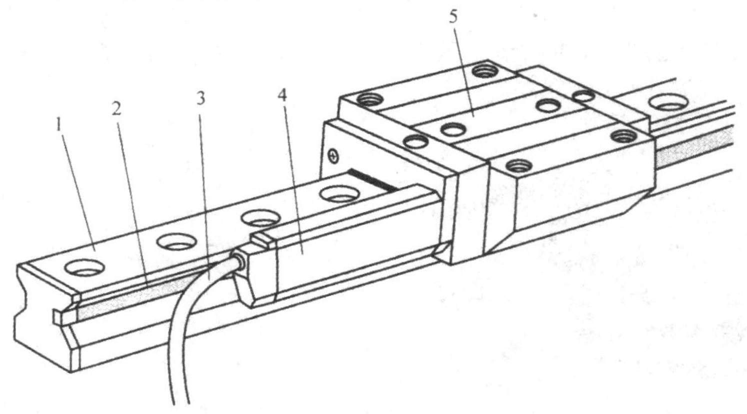

1—直线滚动导轨；2—磁性标尺；3—信号电缆；4—检测头；5—滑块

图 7-92　磁阻位移测量

笔记

三、常用输入/输出元件

1. 控制开关

工业机器人中常见的控制开关有：用于紧急停止，装有突出蘑菇形钮帽的红色急停开关；用于坐标轴选择、工作方式选择、倍率选择等，手动旋转操作的转换开关等。图 7-93(a)为控制按钮结构示意图，图 7-93(b)为控制开关图形符号。

在图 7-93(a)中，常态(未受外力)时，在复位弹簧 2 的作用下，静触点 3 与桥式动触点 4 闭合，习惯上称为常闭(动断)触点；静触点 5 与桥式动触点 4 分断，称之为常开(动合)触点。

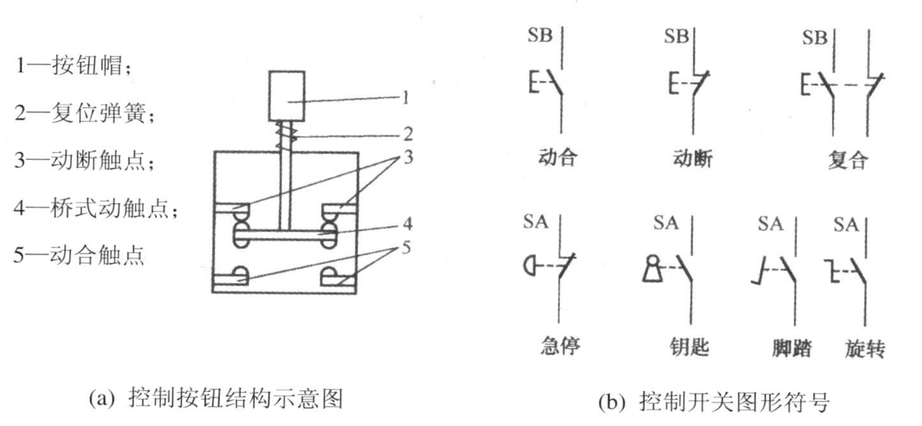

(a) 控制按钮结构示意图　　(b) 控制开关图形符号

图 7-93　控制开关

课程思政

李克强总理在给第十届全国职业院校技能大赛的重要批示中强调，要"坚持工学结合、知行合一、德技并修，坚持培育和弘扬工匠精神，努力造就源源不断的高素质产业大军。"

2. 行程开关

行程开关又称限位开关，它将机械位移转变为电信号，以控制机械运动。行程开关按结构可分为直动式、滚动式和微动式。

(1) 直动式行程开关。图 7-94(a)所示为直动式行程开关结构示意图，其动作过程与控制按钮类似，只是用运动部件上的撞块来碰撞行程开关的推开，触点的分合速度取决于撞块移动的速度。这类行程开关在工业机器人上主要用于坐标轴的限位、减速或执行机构，如液压缸、汽缸塞的行程控制。图 7-94(b)为直动式行程开关推杆的形式，图 7-94(c)为柱塞式行程开关外形图。

(2) 滚动式行程开关。图 7-95(a)为滚动式行程开关结构示意图，图 7-95(b)为滚动式行程开关的外形图。在图 7-95(a)中，当滚轮 1 受到向左的外力作用时，上转臂 2 向左下方转动，推杆 4 向右转动，并压缩右边弹簧 12，同时下面的小滚轮 5 也很快沿着擒纵件 6 向右转动，小滚轮滚动又压缩弹簧 11，当滚轮 5 走过擒纵件 6 的中点时，盘形弹簧 3 和弹簧 7 都使擒纵件 6 迅速转动，因而使动触点 10 迅速与右边的静触点 8 分开，并与左边的静触点 9 闭合。这类行程开关在工业机器人上常用于各类防护门的限位控制。

笔记

1—推杆；

2—动断触点；

3—动触点；

4—动合触点

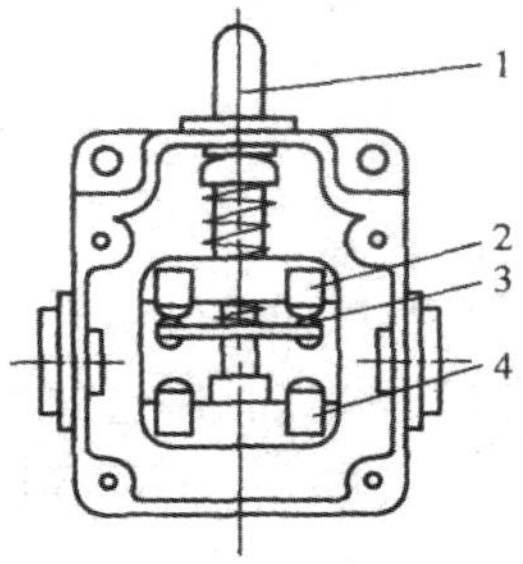

(a) 结构示意图

柱塞式　滚轮柱塞式　滚轮杠杆式

(b) 推杆形式

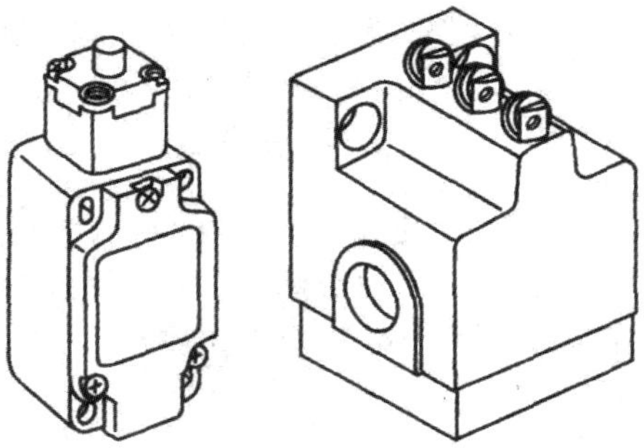

(c) 柱塞式行程开关外形图

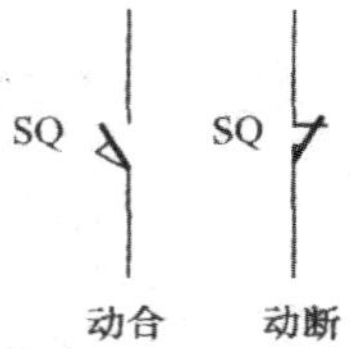

SQ　SQ

动合　动断

(d) 行程开关图形符号

图 7-94　直动式行程开关

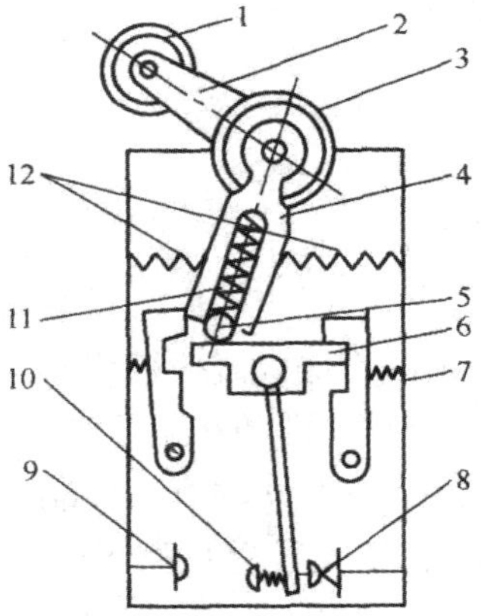

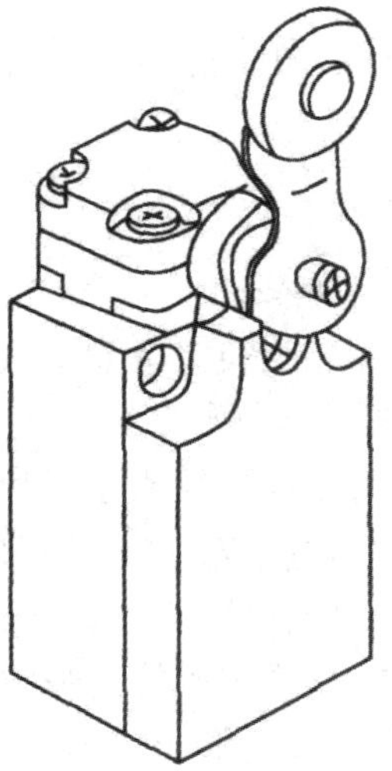

1—滚轮；2—上转臂；3—盘形弹簧；4—推杆；

5—滚轮；6—擒纵件；7—弹簧(1)；

8—动断触点；9—动合触点；10—动触点；

11—压缩弹簧；12—弹簧(2)

(a) 结构示意图

(b) 外形图

图 7-95　滚动式行程开关

(3) 微动式的行程开关。图 7-96(a)为采用弯片状弹簧的微动开关结构示意图，图 7-96(b)为微动开关外形图。

笔记

1—动触点；

2—推杆；

3—弓簧片；

4—动合触点；

5—动断触点；

6—外形盒

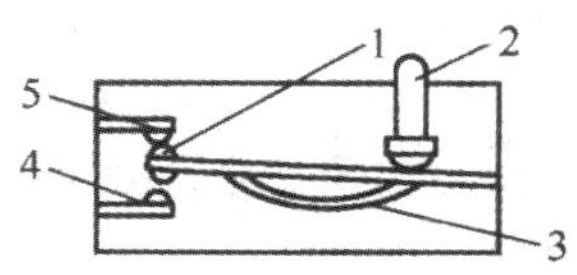

(a) 结构示意图

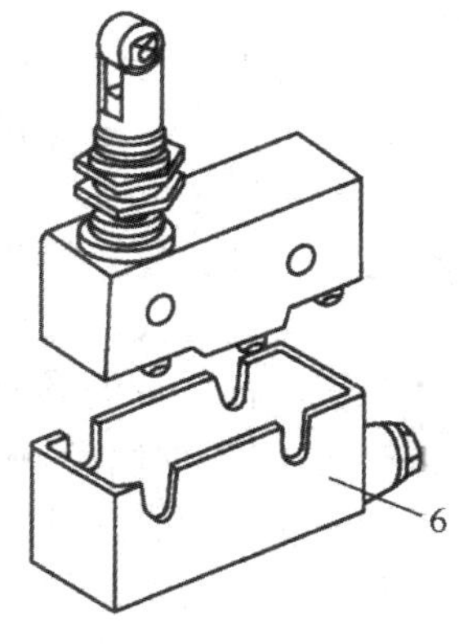

(b) 外形图

图 7-96　微动升关

当推杆 2 被压下时，弓簧片 3 产生变形，当到达预定的临界点时，弹簧片连同动触点 1 产生瞬时跳跃，使动断触点 5 断开，动合触点 4 闭合，从而导致电路的接通、分断或转换。微动开关的体积小，动作灵敏。

从以上各个开关的结构及动作过程来看，失效的形式一是弹簧片卡死，造成触点不能闭合或断开；二是触点接触不良。诊断方法为：用万用表测量接线端，在动合、动断状态下观察是否断路或短路。另外要注意的是，对于与行程开关相接触的撞块(如图 7-97 所示)，如果撞块设定的位置由于松动而发生偏移，就可能使行程开关的触点无动作或误动作，因此撞块的检查和调整是行程开关维护很重要的一个方面。

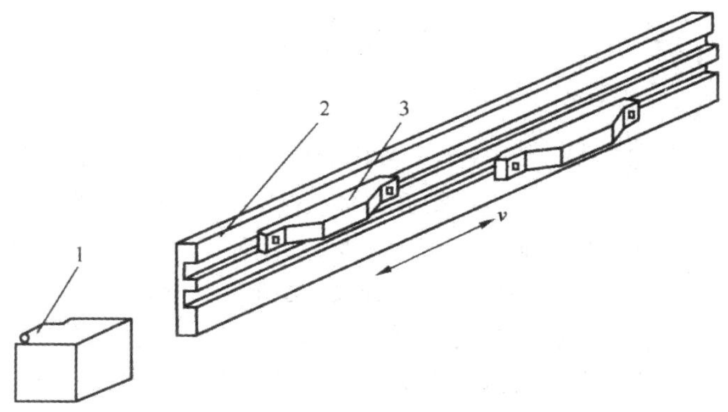

1—行程开关；2—槽板；3—撞块

图 7-97　行程开关撞块

3. 接近开关

接近开关是一种在一定的距离(几毫米至十几毫米)内检测有无物体的传感器。它给出的是高电平或低电平的开关信号，有的还具有较大的负载能力，可直接驱动断电器工作。接近开关具有灵敏度高、频率响应快、重复定位精

笔记

度高、工作稳定可靠、使用寿命长等优点。许多接近开关将检测头与测量转换电路及信号处理电路做在一个壳体内，壳体上多带有螺纹，以便安装和调整距离，同时外部有指示灯，以指示传感器的通断状态。常用的接近开关有电感式、电容式、磁感应式、光电式、霍尔式等。

(1) 电感式接近开关。图 7-98(a)为电感式接近开关的外形图，图 7-98(b)为电感式接近开关位置检测示意图，图 7-98(c)为接近开关的图形符号。

电感式接近开关内部大多由一个高频振荡器和一个整形放大器组成。振荡器振荡后，在开关的感应面上产生交变磁场，当金属物体接近感应面时，金属体产生涡流，吸收了振荡器的能量，使振荡减弱以致停振。振荡和停振两种不同的状态由整形放大器转换成开关信号，从而达到检测位置的目的。判断电感式接近开关好坏最简单的方法，就是用一块金属片去接近该开关，如果开关无输出，就可判断该开关已坏或外部电源短路。在实际位置控制中，如果感应块和开关之间的间隙变大，就会使接近开关的灵敏度下降甚至无信号输出，因此间隙的调整和检查在日常维护中是很重要的。

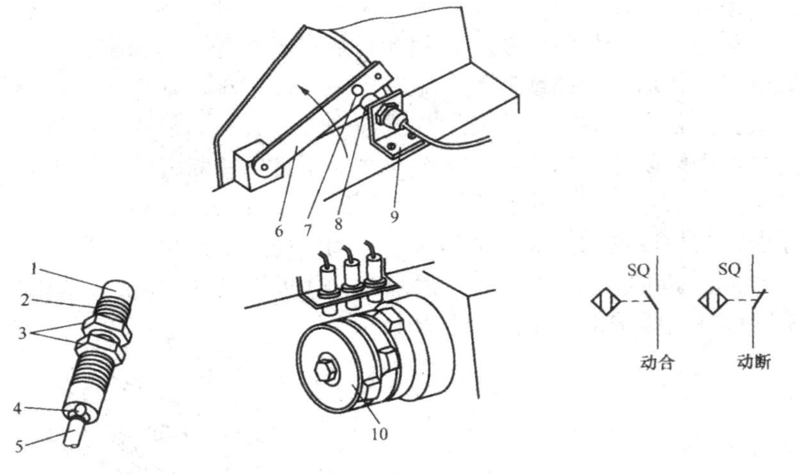

(a) 外形图　　(b) 位置检测示意图　　(c) 接近开关图形符号

1—检测头；2—螺纹；3—螺母；4—指示灯；5—信号输出及电源电缆；6—运动部件；7—感应块；8—电感式接近开关；9—安装支架；10—轮轴感应盘

图 7-98　电感式接近开关

(2) 电容式接近开关。电容式接近开关的外形与电感应式接近开关类似，除了对金属材料进行无接触式检测外，还可以对非导电性材料进行无接触式检测。

(3) 磁感应式接近开关。磁感应式接近开关又称磁敏开关，主要对汽缸内活塞位置进行非接触式检测。图 7-99 为磁感应式接近开关安装结构图。固定在活塞上的永久磁铁由于其磁场的作用，使传感器内振荡线圈的电流发生变化，内部放大器将电流转换成输出开关信号，根据汽缸形式的不同，磁感应式接近开关有绑带式安装、支架式安装等类型。

笔记

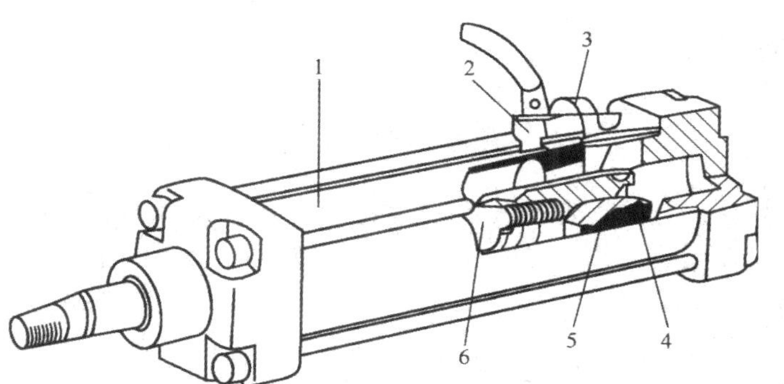

1—汽缸；2—磁感应式接近开关；3—安装支架；4—活塞；5—磁性环；6—活塞杆

图 7-99　磁感应式接近开关

(4) 光电式接近开关。图 7-100(a)所示的光电式接近开关是一种遮断型的光电开关，又称光电断续器。当被测物 4 从发光二极管 1 和光敏元件 3 中间槽通过时，红外光 2 被遮断，接收器接收不到红外线，而产生一个电脉冲信号。有些遮断型的光电式接近开关其发射器和接收器做成第 2 个独立的器件，如图 7-100(b)所示。这种开关除了方形外观外，还有圆柱形的螺纹安装形式。图 7-100(c)所示为反射型光电开关。当被测物 4 通过光电开关时，发光二极管 1 发射的红外光 2 通过被测物上的黑白标记反射到光敏元件 3，从而产生一个电脉冲信号。

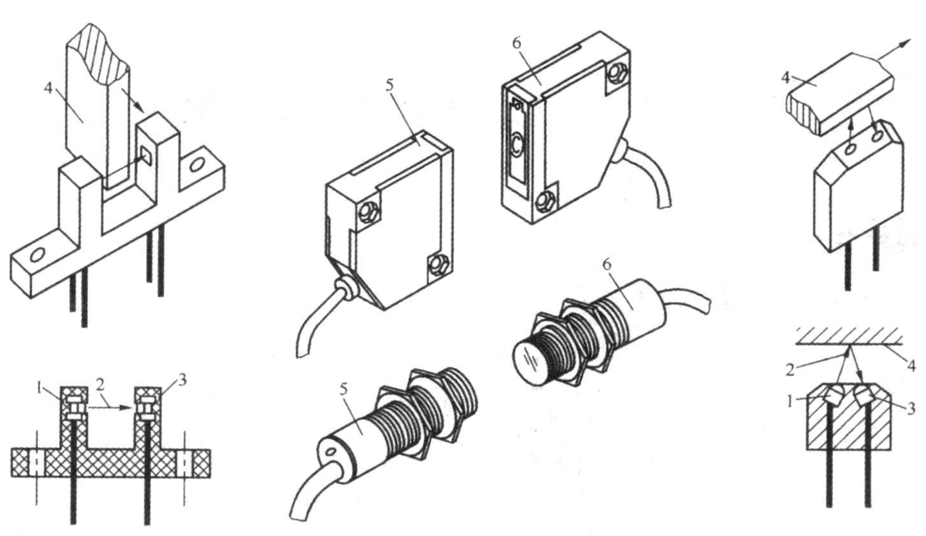

(a) 光电断续器外形及结构　(b) 遮断型光电开关外形　(c) 反射型光电开关外形及结构

1—发光二极管；2—红外光；3—光敏元件；4—被测物；5—发射器；6—接收器

图 7-100　光电式接近开关

笔记

任务扩展

霍尔式接近开关

霍尔式接近开关是将霍尔元件、稳压电器、放大器、施密特触发器和OC门等电路做在同一个芯片上的集成电路(见图7-101)，因此也称为霍尔集成电路，典型的有UGM3020等。

当外加磁场强度超过规定的工作点时，OC门由高电阻态变为导电状态，输出低电平；当外加磁场强度低于释放点时，OC门重新变为高阻态，输出高电平。

工匠精神

熟知行业规范，懂法、知法、守法、依法依规办事，严谨、细致

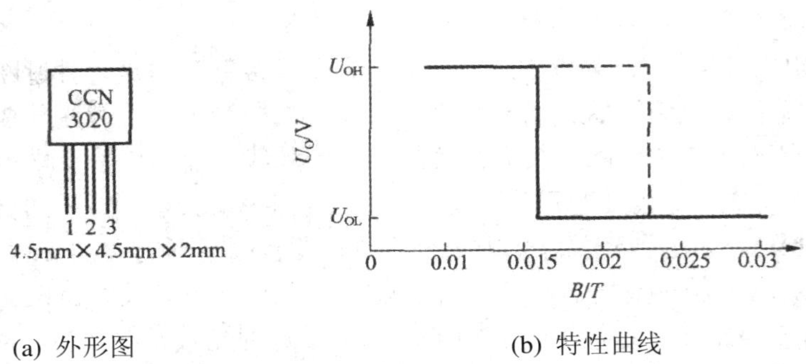

(a) 外形图　　(b) 特性曲线

图7-101　霍尔式接近开关

任务三　桁架工业机器人的装调与维修

任务导入

桁架工业机器人的结构如图7-102所示。

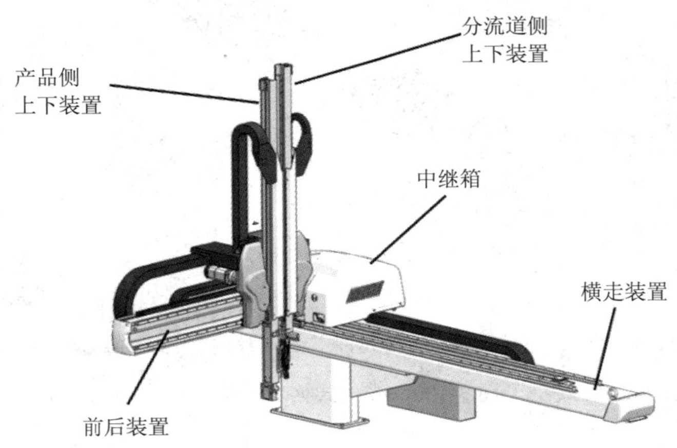

笔记

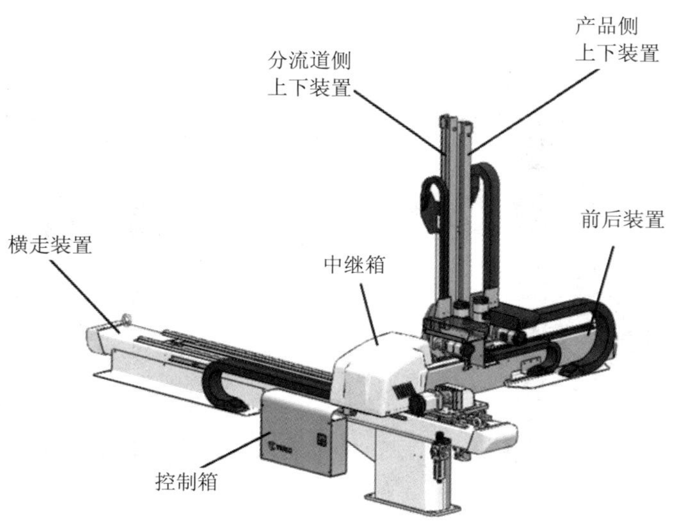

图 7-102　桁架工业机器人结构图

任务目标

知 识 目 标	能 力 目 标
1. 掌握机械零部件装配结构知识 2. 进一步掌握联轴器、滚珠丝杠、滚动导轨及齿轮—齿条装配的知识	1. 能装配桁架机器人的桁架 2. 能装配桁架机器人的纵向驱动装置、横向驱动装置 3. 能装配桁架机器人的升降机机构

任务实施

若有条件，带学生到现场进行讲授；若无条件，可采用多媒体教学。

一体化教学

一、桁架机器人的构成

桁架机器人一般由两个或者三个相互垂直的线性模组构成，除此之外的辅助部分包括用于承载安置机器人的底座或支架，模组之间的连接件，控制电柜及用于走线的线槽、拖链，大多数桁架机器人还有独立的示教装配，以及用于抓取搬运的工作手爪类执行附件。

1. 产品侧垂直单元/前后单元

产品侧垂直单元/前后单元如图 7-103 所示，图中元件的名称与作用见表 7-6。末端装置如图 7-104 所示，图中元件的名称与作用见表 7-7。

笔记

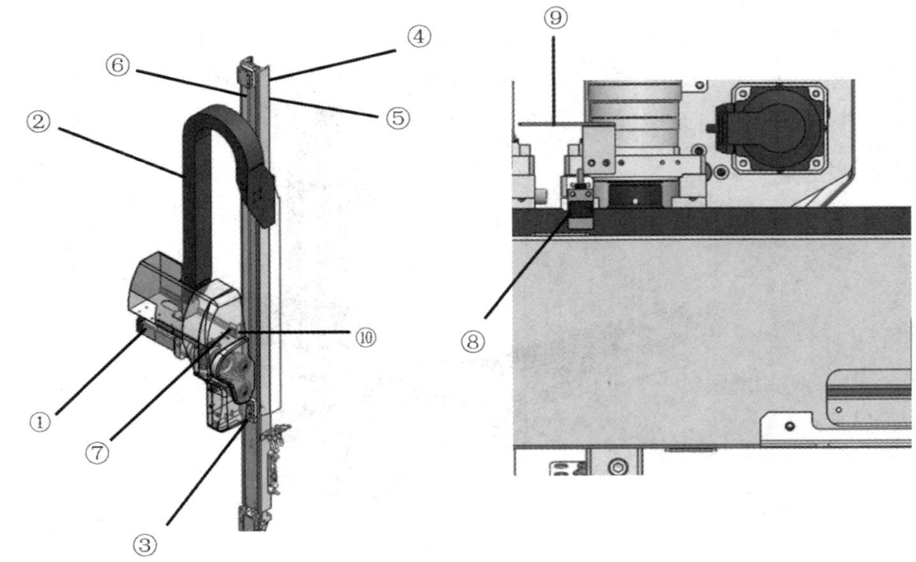

图 7-103　产品侧垂直单元/前后单元

表 7-6　产品侧垂直单元/前后单元元件及作用

序号	元　件	作　用
①	垂直 AC 伺服电机	驱动垂直滑动单元
②	上下电缆拖链	保护接线、管路导轨
③	张紧块	通过调节定时释放位置空间，调整皮带张力
④	滑臂	通过垂直 AC 伺服电动机的驱动上升或下降
⑤	上下滑臂 LM GUIDE	引导上下滑板的上升、下降动作
⑥	垂直同步齿形带	能够使垂直滑动单元上升或下降
⑦	上升结束接近开关(LS-3)	能够检测出垂直行程处于原点时的位置
⑧	前后原点接近开关(LS-6)	能够检测出前后行程处于原点时的位置
⑨	防止干涉接近开关的检出装置(LS-3S 用)	能够检测出产品侧同分流道侧垂直单元是否干涉
⑩	垂直原点接近开关检出装置(LS-3 用)	垂直原点接近开关为 ON

笔记

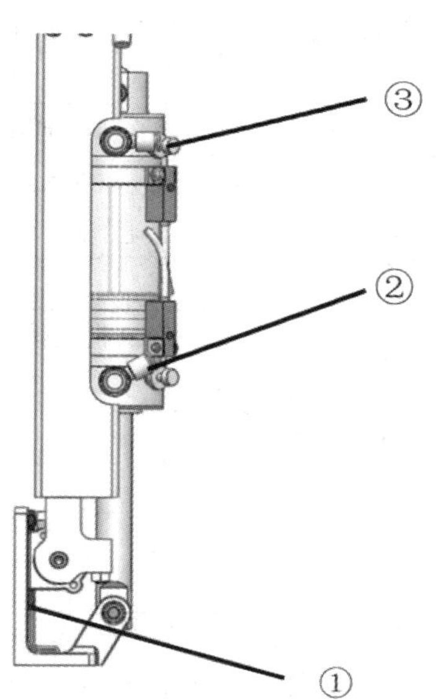

图 7-104　末端装置

表 7-7　末端装置元件及作用

序号	元　件	作　用
①	夹具安装板(连接托架)	用来安装夹具
②	姿势复位用速度控制器	能够调节姿势复位的速度
③	姿势动作用速度控制器	可以调节姿势动作的速度

2. 分流道侧垂直单元/前后单元

分流道侧垂直单元/前后单元如图 7-105 所示，图中元件的名称与作用见表 7-8。进给装置如图 7-106 所示，图中元件的名称与作用见表 7-9。

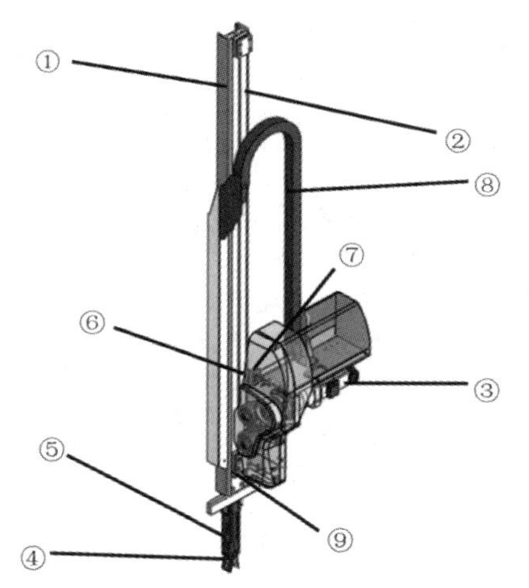

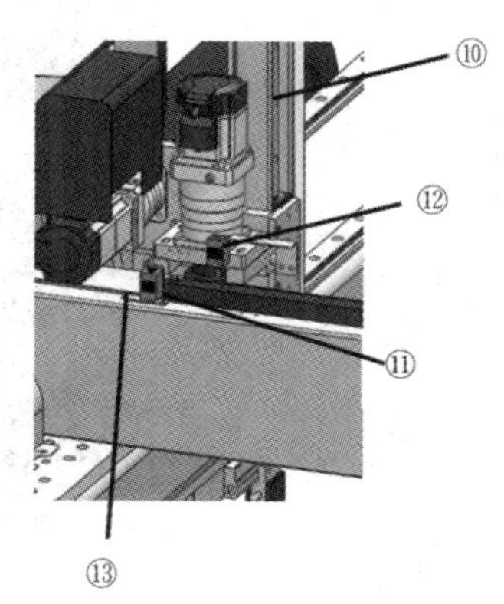

图 7-105　分流道侧垂直单元/前后单元

笔记

表 7-8　分流道侧垂直单元/前后单元元件及作用

序号	元　件	作　用
①	滑臂	通过垂直 AC 伺服电机的驱动上升或下降
②	垂直齿状皮带	使垂直滑动单元上升或下降
③	垂直 AC 伺服电动机	垂直滑动单元的驱动装置
④	分流道侧夹具	
⑤	分流道侧确认用夹具内传感器(LS-4S 用)	能够确认夹具是否确实夹住分流道侧的传感器
⑥	垂直原点接近开关检出装置(LS-3S 用)	垂直原点接近开关为 ON
⑦	垂直原点接近开关(LS-3S)	在垂直行程中，能够检测出原点位置
⑧	垂直行进用保护拖链	保护垂直滑动单元的配线、配管的运动
⑨	张紧块	通过调节定时释放位置空间调节皮带张力
⑩	垂直 LM 导轨	使垂直滑动单元的上升、下降保持直线运动
⑪	前后原点接近开关(LS-6S)	在前后行程中，能够检测出原点位置
⑫	碰撞保护开关(LS-7S 用)	防止分流道侧前后行程和产品侧碰撞
⑬	前后原点接近开关检出装置(LS-6S 用)	检查原点恢复装置

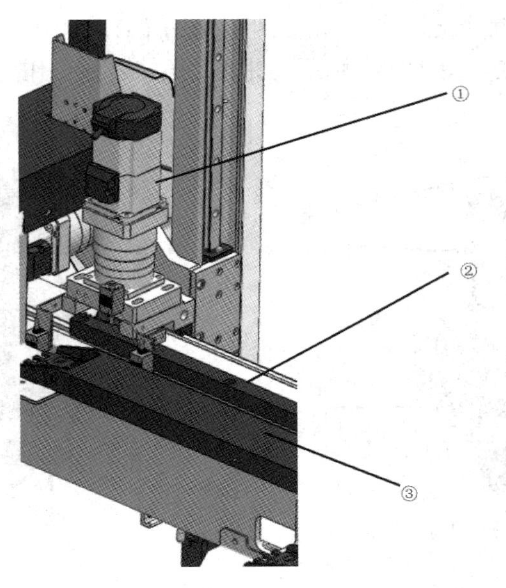

图 7-106　进给装置

笔记

表 7-9　进给装置元件与作用

序号	元　件	作　用
①	AC 伺服电动机	滑动单元的驱动装置
②	前后齿条	提供马达操作的动力
③	前后保护用拖链	保护及导向配线、配管

3. 轨道单元

轨道如图 7-107 所示，其组成元件及作用如表 7-10 所示。

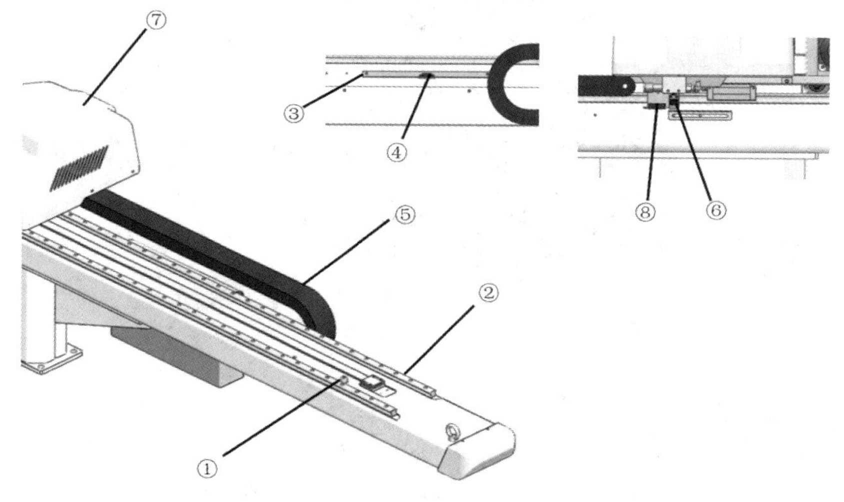

图 7-107　轨道

表 7-10　轨道组成元件及作用

序号	元　件	作　用
①	限位螺钉	
②	横走行用 LM 导轨	自动走行时维持直线性
③	永磁体工件支架	
④	永磁体	检查落下侧区域位置
⑤	行进保护用拖链	保护及导向配线、配管
⑥	走行原点接近开关(LS-1)	检查取出侧接近开关
⑦	中继箱	它是机器人和控制箱之间的接线部分
⑧	磁性开关(LS-12)	落下侧和取出侧区域 ON 或 OFF；落下侧 ON 取出侧 OFF

笔记

4. 电磁阀

桁架工业机器人上所用的电磁阀很多，图 7-108 就是其中的一种，其元件与作用见表 7-11。

注意：对电磁阀门上的手动操作按钮进行操作时，必须在控制箱的电源切断(OFF)后进行。这时有可能不能进行动作(Forward)、复位(Return)操作。

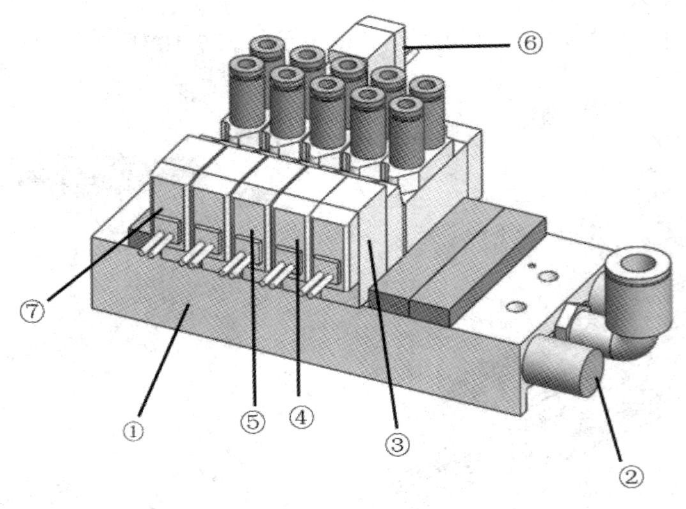

图 7-108　电磁阀

表 7-11　电磁阀元件与作用

序号	元　件	作　用
①	MANIFOLD(阀板)	安装电磁阀
②	消声器	
③	分流道侧专用电磁阀	控制分流道侧动作自动运行
④	产品侧 Sprue 电磁阀	控制产品侧 Sprue 动作自动运行
⑤	产品侧 Chuck 电磁阀	控制产品侧 Chuck 动作自动运行
⑥	产品侧姿势启动电磁阀	姿势自动动作/复原
⑦	真空电磁阀	驱动真空吸盘的打开和关闭

5. 限位开关的配置

桁架工业机器人上所用的限位开关很多，如图 7-109 所示，其元件与作用见表 7-12。

笔记

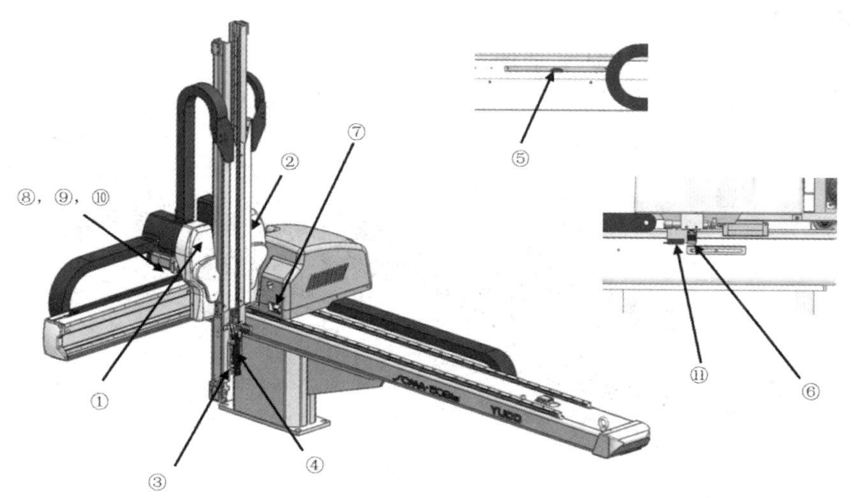

图 7-109　限位开关

表 7-12　限位开关元件与作用

序号	元　件	作　用
①	L3	产品侧垂直原点接近开关
②	L3S	分流道侧垂直原点接近开关
③	L8，L9	磁性开关
④	L4S	分流道侧夹具磁性开关
⑤	RSM-C	MAGNET(永磁体)
⑥	L1	走行原点接近开关
⑦	L4V	产品侧产品确认开关
⑧	L6	产品侧前后原点接近开关
⑨	L33	防止干涉接近开关
⑩	L6S	分流道侧前后原点接近开关
⑪	L12	落下侧区域接近开关

二、桁架工业机器人的装配

1. 物料与工具准备

内六角螺栓、十字螺丝刀、力矩扳手、油石、内六角扳手(或梅花 L 型套装扳手)、简易起重机、手电钻、六角头螺栓、活动扳手、气动扳手、润滑油脂、周转箱、油枪、锥铰刀。

笔记

2. 装配

(1) 装配横梁。横梁装配示意图如图 7-110 所示。

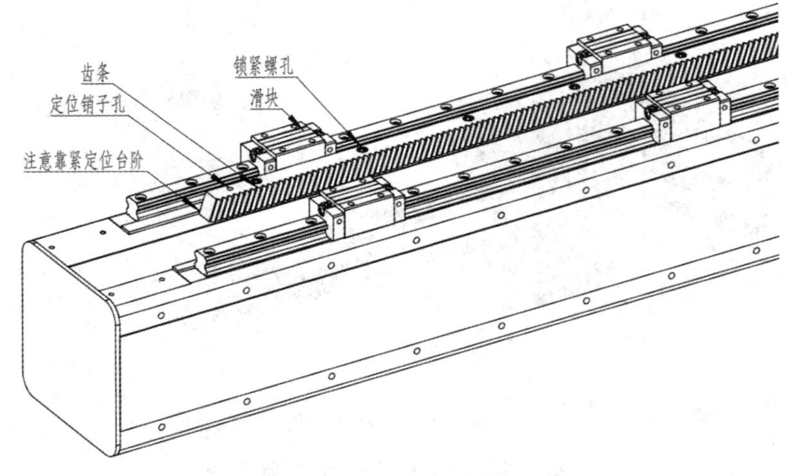

图 7-110　横梁

(2) 装配导轨。导轨装配示意图如图 7-111 所示。

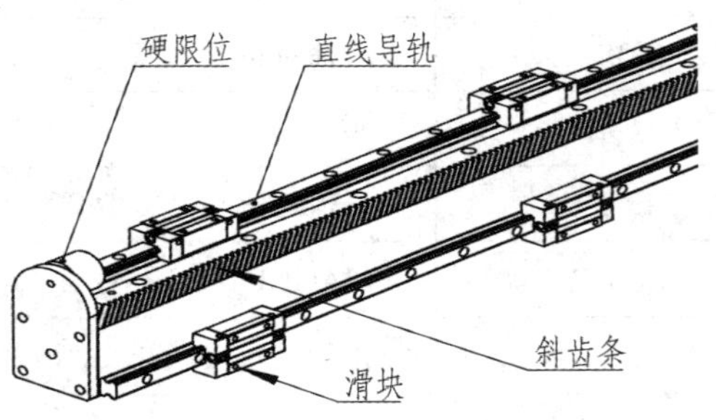

图 7-111　导轨

(3) 安装交叉拖板。交叉拖板安装示意图如图 7-112 所示。

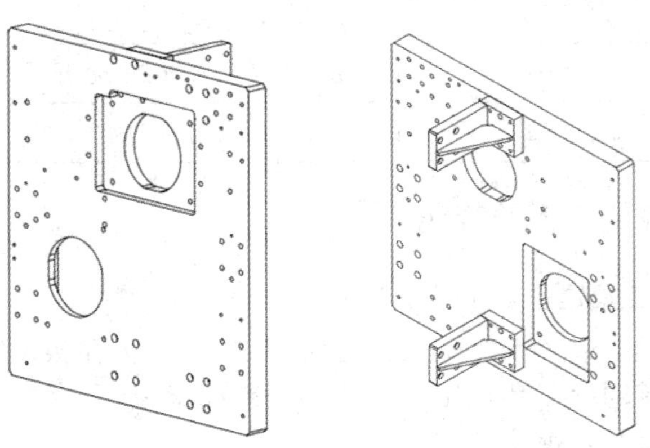

图 7-112　交叉拖板(正反两面)

笔记

3. 桁架机器人装配注意事项

(1) 桁架机器人一般体积较大，装配过程中务必保证可靠吊装，安放稳妥，防止发生倾覆事故。

(2) 桁架机器人工作运动速度较快，上电调试及跑合时，务必保证人员不能进入运动区域，调试速度一定要从低到高逐渐上升，防止撞车，警惕人身伤害的发生。

(3) 桁架机器人的电缆长度较长，很多电缆要穿过拖链及多个钣金穿线孔，穿线时要注意线路排布整齐，电缆曲折部分长度充裕，防止高速工作过程中的电缆相互缠绕、绞伤。

三、检修维护

为了长时间使用取出机，防止机械故障的发生，必须进行取出机的定期检修。

1. 检查各螺母、螺栓等的松紧状况

由于受到长时间的激烈冲击，螺母、螺栓的松弛是导致取出机故障的主要原因之一。

(1) 紧固垂直、前后、走行、产品用各限位开关的安装螺栓。

(2) 确认走行体部分和控制箱间的中继地点位置的终端箱内端子的松紧状况。

(3) 各行程开关的紧固。

2. 润滑供油

润滑部位如图 7-113 与表 7-13 所示。

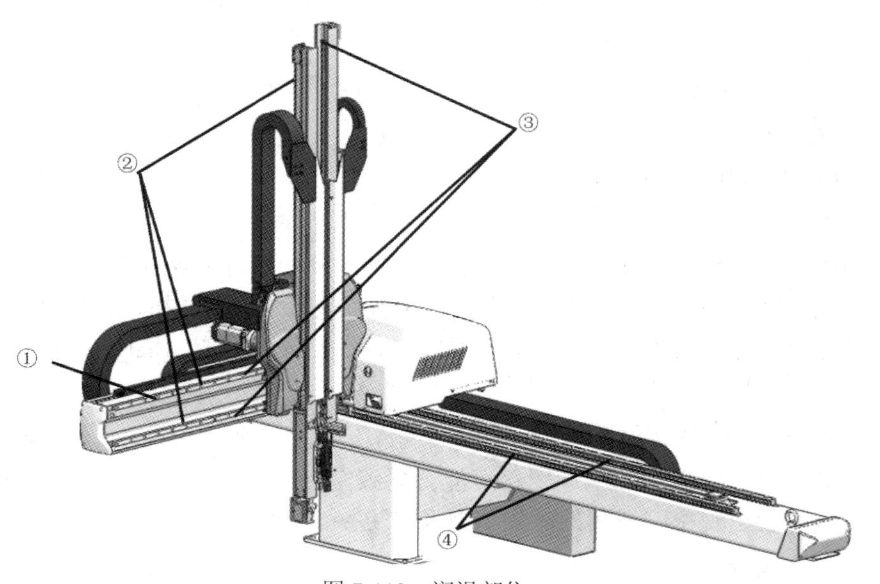

图 7-113　润滑部位

笔记

表 7-13 润滑部位

序 号	场 所
①	前后 RACK
②	产品侧垂直，前后 LM 导轨
③	分流道侧垂直，前后 LM 导轨
④	走行 LM 导轨

供油方法如下：

(1) 如图 7-114 所示，用油泵从注油口进行给油操作，应定期注入。使用锂 1 号润滑油(Lithium Grease #0-#1)。

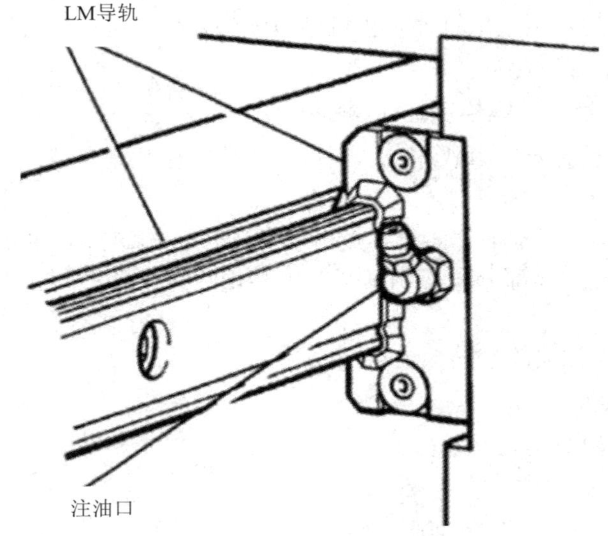

图 7-114 注油口

(2) 给油直到注油口稍微有油溢出为止。

(3) 将溢出的油擦拭干净。

3. 脏迹

垂直、前后 LM 导轨以及走行轨道上的脏迹和走行 LM 导轨表面上的划痕或由于润滑油脂导致灰尘及其他附着脏物等，会妨碍机械的正常运转，要定期进行清除，另外，若 LM 导轨表面上存在着撞击后的划痕或其他撞伤伤痕，要更换新的导轨。

4. 配管用的空气软管的破损

被折的或有划伤的空气配管可能会导致空气压(流量)不正常，当各接头或空气配管出现空气泄露的时候，要及时更换。

5. 检修方式

检修方式如表 7-14 所示。

笔记

表 7-14　检 修 方 式

序号	检修周期					检修点	检修方法	检修项目	处　理
	日常	一个月	六个月	一年	二年				
1	○					空气压	目视	压力计(0.5 MPa)	
2	○					螺栓、螺母	六角扳手活扳手	检查有无损坏、松紧	重新紧固
3		○				皮带		损坏、松紧	调整
4		○				LM 导轨	目视	损伤、脏物的有无	给油、清扫
5		○				配管、配线	目视	损伤	清扫、更换
6		○				空气缸		空气泄漏与否	更换密封装置
7			○			过滤芯(空气过滤器)	目视	污物、阻塞、排水	清扫、更换
8			○			消音器	目视	污物、阻塞	清扫、更换
9			○			真空过滤器(吸着单元用)	吸着气压	确认吸力	清扫、更换
10				○		※综合设备诊断	Yudo		Yudo
11					○	数据备份电池在控制箱内	万用表(数字)	DC3.0V	更换

任务扩展

铁粉浓度检测

铁粉浓度检测是指对机器人减速器(RV 减速器)润滑脂内铁粉含量的检测。通过润滑脂内铁粉的含量可判断该轴减速器的磨损情况。

铁粉浓度的检测方法如下：

(1) 通过对机器人减速器更换油脂的方法，将减速器内润滑脂排出，取样检测。

(2) 取样时间一般为出油口出油 10 分钟左右时。

(3) 将样品用铁粉浓度计进行检测，如图 7-115 与图 7-116 所示。

设备管理

设备管理包括设备目视化、设备保养体系、设备日常管理、设备能力管理等

笔记

图 7-115　现场检测

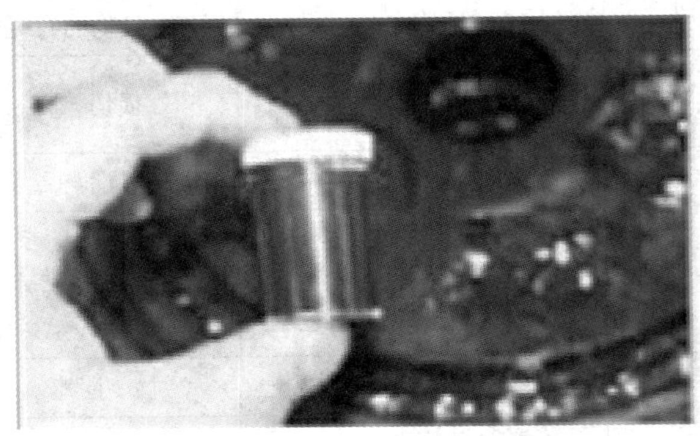

图 7-116　取样检测

检测结果判断如表 7-15 所示。

模块 7 资源

表 7-15　铁粉浓度检测结果判断

基准与对策 / 检测值	判定基准	对应措施
正常值	0.05%以下	建议正常使用做定期检测
注意值	0.05%～0.1%	建议更换油脂
异常值	0.1 以上	建议购买减速器备件

综合测试七

一、填空题

1. 凸缘式联轴器是把两个带有________的半联轴器分别与________连接，然后用螺栓把两个半联轴器连成一体，以传递________和________。

2. 丝杠螺母副的作用是________与________相互转换。

3. 常用的双螺母丝杠消除间隙方法有________、________、________三种。

4. 滚珠丝杠螺母副是一种在丝杠和螺母间装有________作为中间元件

的丝杠副，有________和________两种。

5. 若电动机与丝杠联轴器松动，则滚珠丝杠副产生________。

6. 滚动导轨的结构形式可按滚动体的种类分为________、________和________。

7. 根据光线在光栅中是反射还是透射分为________和________。

8. 光栅根据形状可分为________和________。________用于检测直线位移，________用于检测角位移。

9. ________是一种旋转式脉冲发生器，能把机械转角转变成电脉冲，是工业机器人上广泛使用的位置检测装置。

10. 脉冲编码器分为________、________和________三种。

11. ________是一种控制用的微电动机，它将机械转角变换成与该转角呈某一函数关系的电信号。

12. ________是一种电磁式高精度位移检测装置，它是由旋转变压器演变而来的，即相当于一个展开的旋转变压器。

13. 磁尺由________、________和________三部分组成。

14. ________是一种旋转式速度检测元件，可将输入的________变为电压信号输出。

15. 测速发电机分为________和________。

16. RV 减速器是减速器由第一级渐开线__________传动机构与第二级________传动机构两部分组成的封闭的差动轮系。

17. 在关节型机器人中，谐波减速器通常放置在________、________或手部。

18. 谐波传动减速器是一种靠________装配上柔性轴承使柔性齿轮产生可控_________变形，并与________相啮合来传递运动和动力的_______传动。

二、选择题(单选)

1. 运动部件的(　　)对伺服机构的启动和制动特性都有影响，尤其是处于高速运转的零、部件。

A. 摩擦力　　　B. 惯量　　　C. 调速范围

2. 套筒联轴器由连接两轴轴端的套筒和联接套筒与轴的联接件(键或销钉)所组成，一般当轴端直径 $d>80$ mm 时，可用强度较高的(　　)制造。

A. 45 钢　　　B. Q235　　　C. 铸铁

3. 电动机和滚珠丝杠连接用的(　　)松动或(　　)本身的缺陷，如裂纹等，会造成滚珠丝杠转动与伺服电动机的转动不同步，从而使进给运动忽快忽慢，产生爬行现象。

A. 套筒　　　B. 键　　　C. 联轴器

4. 在工业机器人的进给传动系统中，通常都采用(　　)来连接两轴(伺服或步进电机的轴与滚珠丝杠)的旋转运动。

A. 齿轮　　　B. 铰链

笔记

C. 无间隙传动联轴器　　D. 键槽

5. 滚珠丝杆副有可逆性，可以从旋转运动转换为直线运动，也可以从直线运动转换为旋转运动，即丝杠和螺母都可以作为(　　)。

A. 主动件　　B. 从动件　　C. 主运动

6. 滚珠丝杠螺母副消除间隙的方法常采用双螺母结构，利用两个螺母的相对轴向位移，使两个滚珠螺母中的滚珠分别贴紧在螺旋滚道的两个相反的侧面上，预紧力要小于最大轴向载荷的(　　)。

A. 1/2　　B. 1/3　　C. 1/4

7. 滚珠丝杠副用润滑脂的给脂量一般为螺母内部空间容积的(　　)。

A. 1/2　　B. 1/3　　C. 1/4

8. 滚珠丝杠螺母副由丝杠、螺母、滚珠和(　　)组成。

A. 消隙器　　B. 补偿器

C. 反向器　　D. 插补器

9. 一端固定、一端自由的丝杠支承方式适用于(　　)。

A. 丝杠较短或丝杠垂直安装的场合

B. 位移精度要求较高的场合

C. 刚度要求较高的场合

D. 以上三种场合

10. 滚珠丝杠预紧的目的是(　　)。

A. 增加阻尼比，提高抗振性

B. 提高运动平稳性

C. 消除轴向间隙和提高传动刚度

D. 加大摩擦力，使系统能自锁

11. 滚珠丝杠副消除轴向间隙的目的是(　　)。

A. 减小摩擦力矩　　B. 提高使用寿命

C. 提高反向传动精度　　D. 增大驱动力矩

12. 可以精确调整滚珠丝杠螺母副轴向间隙的结构形式是(　　)。

A. 双螺母垫片式　　B. 双螺母齿差式　　C. 双螺母螺纹式

13. 滚珠丝杠副在工作过程中所受的载荷主要是(　　)。

A. 轴向载荷　　B. 径向载荷　　C. 扭转载荷

14. (　　)不是滚动导轨的缺点。

A. 动、静摩擦因数很接近

B. 结构复杂

C. 防护要求高

15. 如果滚动导轨强度不够，结构尺寸亦不受限制，应该(　　)。

A. 增加滚动体数目　　B. 增大滚动体直径

C. 增加导轨长度　　D. 增大预紧力

16. 滚动导轨预紧的目的是(　　)。

A. 提高导轨的强度　　B. 提高导轨的接触刚度　　C. 减少牵引力

笔记

17. 定位精度下降、反向间隙过大、机械爬行、轴承噪声过大等故障现象的原因通常是(　　)故障。

A. 进给传动链　　B. 主轴部件　　C. 自动换刀装置

18. 普通闭环控制系统要求测量元件能测量的最小位移为(　　)mm，测量精度应满足±0.002～0.02 mm/m，工作台运动速度应满足 0～20 m/min。

A. 0.005～0.01　　B. 0.001～0.01　　C. 0.001

19. 物理光栅的刻线细而密，栅距(两刻线间的距离)在(　　)mm 之间，通常用于光谱分析和光波波长的测定。

A. 0.001～0.002　　B. 0.004～0.25　　C. 0.002～0.005

20. (　　)是用于工业机器人的精密检测装置，具有测量精度高、响应速度快、量程宽等特点，是闭环系统中常用的位置检测装置。

A. 计量光栅　　B. 物理光栅　　C. 直线光栅

21. (　　)是一种旋转式脉冲发生器，能把机械转角转变成电脉冲，是工业机器人上使用广泛的位置检测装置。

A. 光栅　　B. 旋转变压器　　C. 脉冲编码器

22. (　　)是一种旋转式速度检测元件，可将输入的机械转速变为电压信号输出。

A. 测速发电机　　B. 旋转变压器　　C. 感应同步器

23. (　　)是一种旋转式测量元件，通常装在被检测轴上，随被检测轴一起转动。可将被测轴的角位移转换成增量脉冲形式或绝对式的代码形式。

A. 旋转变压器　　B. 脉冲编码器

C. 圆光栅　　D. 测速发电机

三、判断题

(　　) 1. 进给传动系统常用齿轮箱进给系统来工作。

(　　) 2. 联轴器是伺服电动机与丝杠之间的支承元件。

(　　) 3. 联轴器是用来连接进给机构的两根轴使之一起回转，以消除反向间隙的一种装置。

(　　) 4. 安全联轴器的调整工业机器人许用的最大进给力取决于锥环的胀紧力。

(　　) 5. 安全联轴器与电动机轴、滚珠丝杠相连时，采用了无键锥环连接。

(　　) 6. 为了减少传动阻力，只在丝杆的一端安装轴承。

(　　) 7. 滚珠丝杠副实现无间隙传动，定位精度高，刚度好。

(　　) 8. 滚珠丝杠副有高的自锁性，不需要增加制动装置。

(　　) 9. 滚珠在循环过程中有时与丝杠脱离接触的称为内循环。

(　　) 10. 工业机器人中常采用滚珠丝杠，用滚动摩擦代替滑动摩擦。

(　　) 11. 滚珠丝杠螺母副是通过预紧的方式调整丝杠和螺母间的轴向间隙的。

笔记

(　　) 12. 滚珠丝杠副消除轴向间隙的目的主要是减小摩擦力矩。

(　　) 13. 工业机器人传动丝杠反方向间隙是不能补偿的。

(　　) 14. 滚珠丝杠副由于不能自锁，故在垂直安装应用时需添加平衡或自锁装置。

(　　) 15. 采用滚珠丝杠作为传动的工业机器人机械间隙一般可忽略不计。

(　　) 16. 导轨按运动轨迹可分为开式导轨和闭式导轨。

(　　) 17. 滚动导轨支承块已做成独立的标准部件，其特点是刚度高，承载能力大，便于拆装，可直接装在任意行程长度的运动部件上。

(　　) 18. 直线滚动导轨制造精度高，可高速运行，通过预加负载可提高刚性，不能承受颠覆力矩。

(　　) 19. 导轨润滑不良可使导轨研伤。

(　　) 20. 检测装置是用来提供相对位移信息的一种装置，其作用是检测运动部件的位移并发出反馈信息，相当于人的眼睛。

(　　) 21. 在工业机器人上，使用光栅作为位置检测装置。它可将机械位移或模拟量转换为数字脉冲，反馈给控制系统，实现半闭环位置控制。

(　　) 22. 旋转变压器可单独和滚珠丝杠相连，也可与伺服电动机合为一体。

(　　) 23. 感应同步器只能用于测量直线位移。

(　　) 24. 感应同步器安装时，一般滑尺固定在工业机器人的固定部件上，定尺固定在工业机器人的移动部件上。

(　　) 25. 感应同步器可以采用拼接的方法增大测量尺寸。

(　　) 26. 直线型检测装置有感应同步器、光栅、旋转变压器。

(　　) 27. 常用的间接测量元件有光电编码器和感应同步器。

(　　) 28. 旋转型检测元件有旋转变压器、脉冲编码器、测速发电机。

(　　) 29. 直线型检测元件有感应同步器、光栅、磁栅、激光干涉仪。

四、简答题

1. 简述 RV 减速器的组成。
2. 简述 RV 减速器的装配技术要求。
3. 简述谐波减速器的结构。

五、应用题

1. 在有条件的情况下对减速器进行拆装。
2. 在有条件的情况下对桁架工业机器人进行拆装。

综合测试答案(部分)

笔记

操作与应用

工作单

<table>
<tr><td>姓名</td><td></td><td>工作名称</td><td colspan="2">工业机器人典型部件与直角坐标工业机器人的装调与维修</td></tr>
<tr><td>班级</td><td></td><td>小组成员</td><td colspan="2"></td></tr>
<tr><td>指导教师</td><td></td><td>分工内容</td><td colspan="2"></td></tr>
<tr><td>计划用时</td><td></td><td>实施地点</td><td colspan="2"></td></tr>
<tr><td>完成日期</td><td colspan="2"></td><td>备注</td><td></td></tr>
<tr><td colspan="5">工 作 准 备</td></tr>
<tr><td colspan="3">资　料</td><td>工具</td><td>设　备</td></tr>
<tr><td colspan="3"></td><td></td><td rowspan="2"></td></tr>
<tr><td colspan="3"></td><td></td></tr>
<tr><td colspan="5">工作内容与实施</td></tr>
<tr><td colspan="2">工作内容</td><td colspan="3">实　施</td></tr>
<tr><td colspan="2">1. 对图示工业机器人的减速器进行拆装
(注：可根据实际情况对不同的工业机器人减速器进行拆装)</td><td colspan="3"></td></tr>
<tr><td colspan="2">2. 对图示桁架工业机器人进行拆装
(注：可根据实际情况对不同的桁架工业机器人进行拆装)</td><td colspan="3"></td></tr>
</table>

笔记

工 作 评 价

	评 价 内 容				
	完成的质量(60 分)	技能提升能力(20 分)	知识掌握能力(10 分)	团队合作(10 分)	备注
自我评价					
小组评价					
教师评价					

1. 自我评价

序号	评 价 项 目	是	否
1	是否明确人员的职责		
2	能否按时完成工作任务的准备部分		
3	工作着装是否规范		
4	是否主动参与工作现场的清洁和整理工作		
5	是否主动帮助同学		
6	能否看懂工业机器人机械说明书		
7	能否看懂桁架工业机器人的机械与电气连接图		
8	能否完成配电板、面板、示教盒的配线与装配		
9	是否完成了清洁工具和维护工具的摆放		
10	是否执行 6S 规定		

评价人		分数		时间	年　月　日

2. 小组评价

序号	评 价 项 目	评 价 情 况
1	与其他同学的沟通是否顺畅	
2	是否尊重他人	
3	工作态度是否积极主动	
4	是否服从教师的安排	
5	着装是否符合标准	
6	能否正确地理解他人提出的问题	
7	能否按照安全和规范的规程操作	
8	能否保持工作环境的干净整洁	
9	是否遵守工作场所的规章制度	
10	是否有工作岗位的责任心	
11	是否全勤	

续表　　笔记

序号	评价项目	评价情况
12	是否能正确对待肯定和否定的意见	
13	团队工作中的表现如何	
14	是否达到任务目标	
15	存在的问题和建议	

3. 教师评价

课程	工业机器人机电装调与维修	工作名称	工业机器人典型部件与直角坐标工业机器人的装调与维修	完成地点	
姓名		小组成员			
序号	项目		分值	得分	
1	减速器的拆装		40		
2	桁架工业机器人的机械拆装		30		
3	桁架工业机器人的电气拆装		30		

自学报告

自学任务	工业机器人不同减速器的拆装
自学内容	
收　获	
存在问题	
改进措施	
总　结	

笔记

附录

工业机器人常用词汇中英文对照表

(按字母排序)

A

a variety of　各种各样
abrasive wheel　砂轮
absolute accuracy　绝对精度
AC inverter drive　交流变频器驱动
acceleration performance　加速性能
acceleration time　加速时间
accurate positioning　准确定位
adaptive control　适应控制
adaptive robot　适应机器人
adaptive controlled robot　适应控制型机器人
additional load　附加负载
additional mass　附加质量
additional axis　附加轴
additional operation　附加操作
adhesive sealing　胶黏剂密封
advanced collision avoidance　高级碰撞避免
aerospace industry　航空航天工业
agricultural robot　农业机器人
air robot　空中机器人
air tube　空气管
alignment pose　校准位姿
all-electric industrial robot　全电动工业机器人
ant colony algorithm　蚁群算法
anthropomorphic robot　拟人机器人
application program　应用程序

笔记

arc teaching　圆弧示教
arc welding robot　电弧焊机器人
arc welding　电弧焊
arch motion　圆弧运动
arm configuration　手臂配置
arm　手臂
articulated model 关节模型
articulated robot　铰接式机器人，关节型机器人
articulated structure　关节结构
artificial intelligence　人工智能
assembly line　流水线，装配线
assembly robot　装配机器人
atomization air　雾化空气
attained pose　实到位姿
augmented reality technology　增强现实技术
auto part　汽车零件
automated palletizing　自动码垛
automated production　自动化生产
automatic end effector exchanger　末端执行器自动更换装置
automatic operation　自动操作
automatic assembly line　自动装配线
automatic control　自动控制
automatic logistics transport　自动物流运输
automatic mode　自动模式
automatic tool changer　自动换刀
automation technology　自动化技术
automotive industry　汽车行业
auxiliary axis cable　辅助轴电缆
axis movement　轴运动
axis　轴

B

base　机座
base coordinate system　机座坐标系
base mounting surface　机座安装面
beltless structure　无带结构
bend motion　弯曲运动
best-in-class path planning　一流的路线规划

笔记

big data　大数据
bio-inspired robotics　仿生机器人
brief description　项目简介
brake filter　制动过滤器
brake resistor　制动电阻
built-in collision detection feature　内置碰撞检测功能
built-in controller　内置控制器
built-in ladder logic processing　内置梯形图逻辑处理
bus cable　总线电缆
business plan　商业计划

C

cable interference　电缆干扰
camera sensor　相机传感器
camera-based part location　基于相机的工件定位
cartesian (coordinate) robot　直角坐标机器人
Cartesian coordinate robot　笛卡尔坐标机器人
Cartesian coordinate　笛卡尔坐标
chemical solution　化学溶液
child care robot　儿童看护机器人
clean room　洁净室
clean room version　净化机器人
cloud computing　云计算
cloud storage technology　云存储技术
collaborative robot　协作机器人
colour touch screen　彩色触摸屏
combustible gass　可燃气体
command pose　指令位姿
commissioning　试运行
communication feature　通信功能
communication protocol　通信协议
compact six-axis robot　紧凑式六臂机器人
compliance　柔顺性
component placemen　元件贴装
composite material　复合材料
compound movement　复合运动
compressed air　压缩空气
computer numerical control machine　计算机数控机床

笔记

computer numerical control system 计算机数控系统
computer numerical control 计算机数控
computing control 计算控制
computing power 计算能力
configuration 构形
connect seamlessly 无缝连接
connectable controller 可连接控制器
consumable part 中小型零部件
consumer electronics 消费类电子产品
continuous path control 连续路径控制
continuous path(cp) controlled robo 连续路径控制机器人
continuous path 连续路径
continuous-path controlled 轨迹控制
control program 控制程序
control system 控制系统
control electronics 电子控制装置
control movement 控制运动
control scheme 控制方案
controller cabinet 控制器机柜；控制柜
Controller System Panel(CSP) 控制器系统面板(CSP)
cooperation of humans and machines 人机协作
cooperative control 协调控制
coordinate transformation 坐标变换
core competitiveness 核心竞争力
corner deviation 拐角偏差
cumbersome process 烦琐的过程
current situation 现在的情况
curve teaching 曲线示教
customers machinery 客户机械
cyber-physical system 网络物理系统
cycle time 循环时间
cycle 循环
cylindrical joint 圆柱关节
cylindrical robot 圆柱坐标机器人
cylindrical coordinate system 圆柱坐标系

D

Da Vinci Surgical robot 达芬奇手术机器人

笔记

dedicated arc welding robot　专用电弧焊机器人
degree of protection　防护等级
degrees of freedom　自由度
Delta parallel joint robot Delta　并联关节机器人
Delta robot Delta　机器人
DexTAR educationalrobot DexTAR　教育机器人
die-casting machine　压铸机
digital power　数字动力
direct air line　直接空气管路
direct coupling　直接耦合
direct drive　直接驱动
disability auxiliary robot　残障辅助机器人
displacement machine　变位机
distance repeatability　距离重复性
distance accuracy　距离准确度
distributed joint　分布关节
do work by themselves　自动作业
double-arm SCARA robot　双臂 SCARA 机器人
drawing machine 拉丝机
drift of pose accuracy　位姿准确度漂移
drift of pose repeatability　位姿重复性漂移
drive controller for axes　伺服驱动器轴
drive controller　伺服驱动器
drive mechanism　驱动机构
drive power supply　驱动电源
drive ratio　驱动比
drive unit　驱动单元
driving device　驱动装置
dual arm　双臂
DX200 controller DX200　控制器

E

ease of use　使用方便
educational robot　教育机器人
electric parallel gripper　电动平行夹具
electric power　电力
electric product　电气产品
electronic component　电子元器件

笔记

electronic components breakdown　电子元件故障
electronic technology　电子技术
eliminating the cable disconnection　消除电缆断裂
emergency stop button　急停按钮
emergency stop function　急停功能
emerging technology　新兴技术
end effector coupling device　末端执行器连接装置
end effector　末端执行器
end of arm tool　端部执行器
end user　最终用户
energy consumption　能耗
energy efficiency　能效
energy resource　能源资源
energy saving　节能
energy source　能源
energy supply system　能源供应系统
energy-saving lamp　节能灯
engraving panel　雕刻面板
environmental parameter　环境参数
EPSON robot　爱普生机器人
E-server connection　电子服务器连接
ether Net　以太网
ethical issue　伦理道德问题
excellent maintenance ability　良好的维护能力
expert system　专家系统
explosion proof arm　防爆手臂
external force　外力
extreme environment　极端环境
extreme precision　极度精准

F

facial recognition　面部识别
factory automation　工厂自动化
factory of the future　未来工厂
feeding system　进料系统
fettling machine　保养机器人
field bus network connection　现场总线网络连接
fine organization operation　良好的组织行为

笔记

five degrees of freedom robot　五自由度机器人
fixed sequence manipulator　固定顺序操作机
flash memory　闪存
flash slot　闪光灯槽
flexible automation　柔性自动化
flexible hand　灵巧手
flow wrapped product　流水线包装产品
fluid flow　流体流动
fly-by point　路经点
folding mechanism　折叠机构
food packaging　食品包装
force detection　力检测
force sensor controller　力传感器控制器
force sensor　力传感器
force torque sensor　力矩传感器
forward dynamics　正向动力学
forward kinematics　正向运动学
fossil fuel　化石燃料
four-bar linkage　四杆联动
function package　函数包
functional package　功能包

G

gantry robot　龙门式机器人
gas welding　气焊
general automation　自动化生产
given point　给定点
go down　下降
goal directed programming　目标编程
governing structure　管理结构
graphical user interface　图形用户界面
greenhouse gas　温室气体
gripper　夹持器
ground robot　地面机器人
group control system　群控系统

H

hand cabling　手工布线

笔记

hand held operator unit　手持式操作装置
hard automation　刚性自动化
harmonic drive　谐波机构
heat exchanger　热交换器
heavy object　重物
help-old robot　助老机器人
hierarchical control　分级控制
high accuracy　高准确率
high function control　高功能控制
high level of cleanliness　高度清洁
high mix production　高混合生产
high palletizing load　高码垛负载
high performance　高性能
high pressure stream cleaning　高压喷流清洗
high quality　高质量
high speed picking　高速搬运
high-end technology　高端技术
highly concentrated　高度集中
high-performance controller　高性能控制器
high-speed communication　高速通信
hinge joint　铰链接头
hollow axis　空心轴
hollow structure　中空结构
home appliance　家用电器
home operation robot　家庭操作机器人
horizontal joint robot　水平关节机器人
horizontal reach　水平距离
hot spray　热喷雾
household cleaning robot　家用清洁机器人
human chemical plant　人性化工厂
human machine interface　人机界面
human-computer interaction interface　人机交互界面
humanoid robot　类人机器人
human-robot collaboration　人机协作
hydraulic actuator　液压执行机构
hydraulic-air pressure technology　液压气压技术

I

I/O cable　I/O 电缆

笔记

I/O board　I/O 电路板
image recognition　图像识别
immune algorithm　免疫算法
impact force　冲击力
independent operation　独立运作
indexing belt　分度带
individual axis acceleration　单轴加速度
individual axis velocity　单轴速度
individual joint acceleration　单关节加速度
individual joint velocity　单关节速度
industrial automation application　工业自动化应用
industrial automation solution　工业自动化解决方案
industrial big data　工业大数据
industrial field　工业领域
industrial Internet　工业互联网
industrial revolution　工业革命
industrial robot　工业机器人
industry 4.0　工业 4.0
industry term　行业术语
inertia moment　惯性力矩
initial price gap　初始价格差距
injection moulding machine　注塑机
installation position　安装位置
installation　安装
installed capacity　装机容量
integrated air supply　集成气路接口
integrated cable　集成电缆
integrated cell control capability　集成单元控制功能
integrated circuit　集成电路
integrated debugger　集成调试器
integrated energy supply system　集成式能源供应系统
integrated signal supply　集成信号接口
integrated vision system　综合视觉系统，集成视觉系统
integration of joints　集成一体化关节
intelligent assistant　智能助手
intelligent manufacturing　智能制造
intelligent palletizing robot　智能码垛机器人
intelligent robot　智能机器人
intelligent system　智能系统

笔记

interference contour　干扰轮廓
internal sensor　内部传感器
Internet of Things　物联网
inverse dynamics　反向动力学
inverse kinematics　运动学逆解

J

jogging the manipulator　控制机器人本体
joint angle　关节角度
joint coordinate system　关节坐标系
jointed-arm kinematic system　关节运动系统
joystick　操作杆

key benefit　主要优点
kinematic chain　运动链
kinematics equation　运动学方程
kinematic pair　运动对偶，运动副

L

lab automation　实验室自动化
labor intensity　劳动强度
labor productivity　劳动生产率
labor shortage　劳动力短缺
laboratory automation　实验室自动化
laboratory equipment　实验室设备
language recognition　语言识别
laws of robotics　机器人定律
legged robot　腿式机器人
light industry　轻工业
limited energy resource　有限资源
line loading　线路加载
linear robot　线性机器人
loading and unloading　装载和卸载
long arm type robot　长臂式机器人

笔记

long-term business plan　长期商业计划

low payload　低负载区

low power output　低功率输出

low volume　低容量

lower arm　下臂

low-voltage power supply unit　低压供电单元

learning control　学习控制

learning controlled robot　学习控制型机器人

limiting load　极限负载

link coordinate system　腕坐标系

link　杆件

load　负载

M

(manipulating) industrial robot　(操作型)工业机器人

machine actuator　机器驱动器

machine interconnection　机器互联

machine tending　机器管理

machine tool　机床

main computer　主机

main mechanical　机械主体，主要机械

mains filter　电源滤波器

manipulate part　操纵零件

manipulator programmable　机械手可编程

manipulator　操作机

man-machine integration system　人机一体化系统

manual date input　programming　人工数据输入编程

manual mode　手动方式

manual painting　手工喷涂

manufacturing business　制造业务

manufacturing industry　制造业

material handling robot　材料处理机器人

material handling　物料搬运

maxim um thrust　最大推力

maxim um torque　最大扭矩

maximum moment　最大力矩

maximum payload　最大有效负载

maximum space　最大空间

笔记

maximum speed 最大速度
mechanical interface coordinate system 机械接口坐标系
mechanical interface 机械接口
mechanical design 机械设计
mechanical origin 机械原点
mechanical power 机械动力
mechanical structure 机械结构
medical and pharmaceutical industry 医药行业
medical robot 医疗机器人
memory capacity 存储容量
microelectronics technology 微电子技术
military robot 军事机器人
military unmanned aerial vehicle 军用无人机
milking robot 挤奶机器人
mini robot 迷你机器人
minimum cycle time 最短循环时间
minimum posing time 最小定位姿时间
mobile pedestal 移动底座
mobile robot 移动机器人
modular manufacturing cell 模块化制造单元
modular plug 模块化插头
modular robot 模块化机器人
molten metal 熔融金属
motion control 运动控制
motion optimization 动作优化
motion planning 运动规划
mounting configuration 安装配置
multi degrees of freedom 多自由度
multidirectional pose accuracy variation 多方向位姿准度变动
multi-process system 多进程系统
multipurpose 多用途

N

NAO academics edition NAO 学术版
national defense robot 国防机器人
natural language processing 自然语言处理
network communication 网络通信
new intelligent robot 新智能机器人

笔记

nominal payload　额定负载
nonservo-controlled robot　非伺服控制型机器人
normal operating conditions　正常操作条件
normal operating state　正常操作状态
numerical control　数字控制
numerically controlled robot 数控型机器人

O

off-line programmable robot　离线编程机器人
off-line programming　离线编程
oil that sticks to the disk　粘在磁盘上的油
open industry standard　开放式工业标准
open software architecture　开放的软件架构
operating mode　操作方式
operating system　操作系统
operation panel　操作面板
operational space　操作空间
operator　操作员
optical encoder　光学编码器
orange intelligenz　橙色智能
organic EL display　有机 EL 显示器
outer space 外太空

P

painting application　喷涂应用
painting automation　喷涂自动化
painting robot　喷涂机器人
palletizing robot　码垛机器人
palletizing system　物流系统
parallel manipulator　并联机械臂
parallel robot　并联机器人
part transfer　零件转移
parts feeder　上料机
parts feeding system　零件供料系统
patented multiple robot control technology　机器人控制技术专利
path repeatability　路径重复性
path acceleration　路径加速度

笔记

path accuracy　路径准确度
path planning　路径规划
path velocity accuracy　路径速度准确度
path velocity fluctuation　路径速度波动
path velocity repeatability　路径速度重复性
path velocity　路径速度
path　路径
payload capacity　负载能力
PC-based controller　基于 PC 的控制器
pendant　示教盒
pendular robot　摆动机器人
peripheral equipment　外围设备
physical alteration　物理变更
pick and place machine　拾放机
pick and place　挑选和放置(拾取和放置)
picking cycle　拾料节拍
pin joint　针接头
pioneer for the automation　自动化先锋
piping drastically　从动臂管
plastic moulding　塑料成型
play a significant role in　扮演重要角色；发挥重要作用
playback robot　示教再现型机器人
pneumatic enclosure　气动外壳
pneumatic hose　气动软管
point and click set up　点击设置
polar robot　极坐标机器人
polar coordinate system　极坐标系
polishing power head　打磨头
polishing robot　打磨机器人
portable display　便携式显示器
pose accuracy　位姿准确度
pose overshoot　位姿超调
pose repeatability　位姿重复性
pose to pose(PTP) controlled robot　点位控制
pose stabilization time　位姿稳定时间
pose　位姿
pose-to-pose control　点位控制
position repeatability　重复定位精度
positioning machine　定位机

笔记

positioning time　定位时间
power density　功率密度
power electronics technology　电力电子技术
power electronics　电源电子设备
power generation　发电
precise interaction of software　机电一体化
preparation cycle　准备周期
prescription drug dispensing　处方药分配
press-to-press robot　冲压连线机器人
primary axes　主关节轴
printed circuit board　印刷电路板
prismatic joint　棱柱关节
process application　过程应用
process equipment　工艺设备
process station　处理站
processing mode　处理模式
production chain　生产链
production contro1　产品控制
production line　生产线
professional service robot　专业服务机器人
programmable pet　可编程宠物
programmed pose　编程位姿
programmer　编程员
programming pendant　示教器
programming　编程
protection against dust　防尘
protection against humidity　防潮
pushing work　推动工作

Q

quantum leap　飞跃

R

raise awareness　增强意识
rated acceleration　额定加速度
rated load　额定负载
rated velocity　额定速度

rather than　而不是

real time　即时的

record playback robot　录返机器人

recreational robot　娱乐机器人

rectangular robot　直角坐标机器人

recycling system　回收系统

reduce power　降低功耗

reduced coating consumption　降低涂料损耗

refining surface　精制面

rehabilitation robot　康复机器人

relative movement　相对运动

remote control　遥控；遥控装置；远程控制

remote monitoring　远程监控

reprogrammable　可重复编程

resolution　分辨率

restricted space　限定空间

resultant acceleration　合成加速度

resultant velocity　合成速度

revolute joint　旋转关节

rigid body　刚体

robot base　机器人底座

robot boom　机器人热潮

robot model　机器人模型

robot palletizer　机器人码垛机

robot structure　机器人结构

robot system　机器人系统

robot　机器人

robotic automation system　机器人自动化系统

robotic business　机器人业务

robotic co-worker　人机合作

robotic hand　机器手

robotic machine tending　机器人管理

robotics institute　机器人协会

robotics　机器人学

rotary joint　回转关节

rotary joint　旋转接头，旋转关节

rotational motion　旋转运动

running program　运行程序

笔记

S

safety hazard　安全隐患
safety interface board　安全接口面板
safety unit　安全单元
sanitary ware　洁具
SCARA robot　SCARA 机器人
secondary axes　副关节轴
security fence　安全栅栏
self diagnosis ability　自诊断功能
self-contained paint system　独立的油漆系统
semiconductor manufacturing　半导体制造
sensing system　传感系统
sensor cable　传感器电缆
sensory control　传感控制
sensory controlled robot　感觉控制型机器人
sequenced robot　顺序控制机器人
serial architecture　串行架构
serial chain　串行链
serial manipulator　串联机械臂
service robot　服务用机器人
servo actuator　伺服执行器
servo control　伺服控制
servo- controlled robot　伺服控制型机器人
servo system　伺服系统
servo technology　伺服技术
servo-float function　伺服浮动功能
share information　共享信息
shelf-mounted robot　架装式机器人
shorter suction time　较短的吸入时间
single arm robot　单臂机器人
single chip microcomputer technology　单片机技术
six degrees of freedom　六自由度
six-axis articulated robot　六轴铰链机器人
six-axis industrial robot　六轴工业机器人
size limitation　尺寸限制
sliding joint　滑动关节
small parts assembly　小零件组装

笔记

smart factory　智慧工厂

smart vibration control　智能振动控制

smart vibration　智能振动

smooth straight　平滑直线

software architecture　软件架构

software engineering　软件工程

solenoid valve　电磁阀

space exploration　太空探索

space robot　空间机器人

space-saving integration　节省空间的集成

space-saving robot　节省空间的机器人

spatial generalization　空间泛化

speed of the delta design　速度增量设计

spherical joint　球关节

spherical robot　球形机器人

spine robot　脊柱式机器人

spot welding，soldering and handling task　点焊、焊接和处理任务

spot welding　点焊

spray painting　喷漆

stable path length　稳定路径长度

stack controller　堆栈控制器

standard cycle　标准循环

state-of-the-art robot control　尖端运动控制系统

state-of-the-art　最先进的

static compliance　静态柔顺性

steady rate　稳定率

steam power　蒸汽动力

Stewart platform　Stewart 平台

stop-point　停止点

straight teaching　直线示教

suffer from moisture　受潮

superior cost performance　卓越的性价比

surveillance robot　监视机器人

switch off　关掉

systematic way　系统的方式

T

tactile sensor　触觉传感器

笔记

take collective responsibility for 承担集体责任
tandem joint robot 串联关节机器人
targeted initiative 有针对性的措施
task program 任务程序
task programming 任务编程
TCP 工具中心点
TCS 工具坐标系
teach pendant 示教盒
teach programming 示教编程
teach window 示教窗口
teaching box 示教盒
teaching module 教学模块
teaching pendant 示教器
teaching time 教学时间
technical parameter 技术参数
technical specification 技术规格
the control algorithm 控制算法
the corresponding joint 对应关节
the device to put workpiece 工件摆放装置
the Internet of things 物联网
the movement and performance 运动范围及性能
the operating system of polishing 打磨操作系统
the robot platform 机器人平台
The Robotics Institute of America 美国机器人研究所
the user environment 用户环境
three laws of robotics 机器人三原则
tiny SCARA Robot 小 SCARA 机器人
tool centre point 工具中心点
tool coordinate system 工具坐标系
tool rack 工具架
touch screen 触摸屏
toxic fume 有毒烟雾
track teaching 轨迹示教
training platform 实训台
trajectory operated robot 轨迹控制机器人
trajectory 轨迹
transient limiter 瞬态抑制器
translational(1inear)displacement 平移(线性)位移
transmission device 传动装置

笔记

two parallel rotary joints　两个平行的旋转关节
two-finger gripper　双手指夹
Two-link arm　联合双链臂

underwater robot　水下机器人
unidirectional pose accuracy　单方向位姿准确度
unidirectional pose repeatability　单方向位姿亘复性
uni-axial rotation　单轴旋转
upper arm　上臂
upside-down mounting　顶吊安装
up-down stream industry chain　上下游产业链
utmost precision　最高精度

V

vacuum cup gripper　真空夹具
vacuum negative pressure station　真空负压站
verstran robot　Verstran 机器人
vertical reach　垂直距离
video game　视频游戏
virtual reality　虚拟现实
virtual simulation　虚拟仿真
vision sensor　视觉传感器
vision technology　视觉技术
visual ability　视觉能力
Visual inspection　视觉分拣
voice recognition　语音识别

W

5/2-way valve　二位五通阀
warning function　报警功能
weed robot　除草机器人
weld trajectory　焊接轨迹
welding equipment　焊接设备
welding gun　焊枪

笔记

welding robot　焊接机器人

welding tong　焊钳

wire feeder　送丝机

wisdom factory　智慧工厂

work frequency　工作频率

work piece　工件

working envelope　工作空间

working range　工作范围

working space　工作空间

working volume　工作量

workpiece coordinate system　工件坐标系

world coordinate system　绝对坐标系

wrist　reference point　手腕参考点

wrist　手腕

Y

yaw motion　偏航运动

笔记

参 考 文 献

[1] 张培艳. 工业机器人操作与应用实践教程[M]. 上海：上海交通大学出版社，2009.

[2] 邵慧，吴凤丽. 焊接机器人案例教程[M]. 北京：化学工业出版社，2015.

[3] 韩建海. 工业机器人[M]. 武汉：华中科技大学出版社，2009.

[4] 董春利. 机器人应用技术[M]. 北京：机械工业出版社，2015.

[5] 于玲，王建明. 机器人概论及实训[M]. 北京：化学工业出版社，2013.

[6] 余任冲. 工业机器人应用案例入门[M]. 北京：电子工业出版社，2015.

[7] 杜志忠，刘伟. 点焊机器人系统及编程应用[M]. 北京：机械工业出版社，2015.

[8] 叶晖，管小清. 工业机器人实操与应用技巧[M]. 北京：机械工业出版社，2011.

[9] 肖南峰. 工业机器人[M]. 北京：机械工业出版社，2011.

[10] 郭洪江. 工业机器人运用技术[M]. 北京：科学出版社，2008.

[11] 马履中，周建忠. 机器人柔性制造系统[M]. 北京：化学工业出版社，2007.

[12] 闻邦椿. 机械设计手册(单行本)：工业机器人与数控技术[M]. 北京：机械工业出版社，2015.

[13] 魏巍. 机器人技术入门[M]. 北京：化学工业出版社，2014.

[14] 张玫， 邱钊鹏， 诸刚. 机器人技术[M]. 北京：机械工业出版社，2015.

[15] 王保军，滕少峰. 工业机器人基础[M]. 武汉：华中科技大学出版社，2015.

[16] 孙汉卿，吴海波. 多关节机器人原理与维修[M]. 北京：国防工业出版社，2013

[17] 张宪民，杨丽新，黄沿江. 工业机器人应用基础[M]. 北京：机械工业出版社，2015.

[18] 李荣雪. 焊接机器人编程与操作[M]. 北京：机械工业出版社，2013.

[19] 郭彤颖，安冬. 机器人系统设计及应用[M]. 北京：化学工业出版社，2016.

[20] 谢存禧，张铁. 机器人技术及其应用[M]. 北京：机械工业出版社，2015.

[21] 芮延年. 机械人技术及其应用[M]. 北京：化学工业出版社，2008.

[22] 张涛. 机器人引论[M]. 北京：机械工业出版社，2012.

[23] 李云江. 机器人概论[M]. 北京：机械工业出版社，2011.

[24] Bruno Siciliano，Oussama Khatib. 机械人手册[M]. 《机械人手册》翻译委员会，译. 北京：机械工业出版社，2013.

[25] 兰虎. 工业机器人技术及应用[M]. 北京：机械工业出版社，2014.

[26] 蔡自兴. 机械人学基础[M]. 北京：机械工业出版社，2009.

[27] 王景川，陈卫东，[日]古平晃洋. PSoC3 控制器与机器人设计[M]. 北京：化学工业出版社，2013.

[28] 兰虎. 焊接机器人编程及应用[M]. 北京：机械工业出版社，2013.

[29] 胡伟. 工业机器人行业应用实训教程[M]. 北京：机械工业出版社，2015.

[30] 杨晓钧，李兵. 工业机器人技术[M]. 哈尔滨：哈尔滨工业大学出版社，2015.

[31] 叶晖. 工业机器人典型应用案例精析[M]. 北京：机械工业出版社，2015.

笔记

[32] 叶晖. 工业机器人工程应用虚拟仿真教程[M]. 北京：机械工业出版社，2016.
[33] 汪励，陈小艳. 工业机器人工作站系统集成[M]. 北京：机械工业出版社，2014.
[34] 蒋庆斌，陈小艳. 工业机器人现场编程[M]. 北京：机械工业出版社，2014.
[35] (美)John J. Craig . 机器人学导论[M]. 负超，译. 北京：机械工业出版社，2006.
[36] 刘伟，李飞，姚鹤鸣. 焊接机器人操作编程及应用[M]. 北京：机械出版社，2014.
[37] 肖明耀，程莉. 工业机器人程序控制技能实训[M]. 北京：中国电力出版社，2010.
[38] 陈以农. 计算机科学导论基于机器人的实践方法[M]. 北京：机械出版社，2013.
[39] 李荣雪. 弧焊机器人操作与编程[M]. 北京：机械出版社，2015.
[40] 杜祥瑛. 工业机器人及其应用[M]. 北京：机械工业出版社，1986.
[41] GBT 16977-2005 工业机器人 坐标系和运动命名原则[S]. 中华人民共和国国家标准.
[42] 刘极峰，丁继斌. 机器人技术基础[M]. 2 版. 北京：高等教育出版社，2012.
[43] 吴振彪，王正家. 工业机器人[M]. 2 版. 武汉： 华中理工大学出版社，2006.
[44] 张建民. 工业机器人[M] . 北京：北京理工大学出版社，1988.
[45] 郑笑红，唐道武. 工业机器人技术及应用[M]. 北京：煤炭工业出版社，2004.
[46] 韩鸿鸾. 工业机器人装调与维修[M]. 北京：化学工业出版社，2018.